普通高等教育"十四五"系列教材
高等学校土木类专业本科系列教材

房屋建筑学

主 编 安巧霞 杨晓松 张晓宇

中国水利水电出版社
www.waterpub.com.cn
·北京·

内 容 提 要

本教材立足"创新性、实用性、应用型、立体化"原则，着重体现对学生知识、能力、素养的培养。教材采用模块化架构，分为民用建筑与工业建筑两大篇：民用建筑篇设置民用建筑空间设计和建筑构造两大核心模块，结合现行国家规范、标准，对民用建筑设计和构造的基本原理和方法进行较系统的阐述。工业建筑篇以单层厂房为主，重点阐述工业建筑的特点、工业建筑空间设计和构造设计原理。本教材贯彻"数字化＋思政"育人理念，通过嵌入式课程思政（如生态伦理、文化传承）实现价值引领，嵌入二维码链接知识图谱资源库，数字资源还包含微课视频、课件等，形成"纸质教材＋移动课堂"的立体化学习生态。

本教材适配多层次教学需求，覆盖本科及高职院校土木工程类专业，可服务于自学考试、岗位技术培训，亦可作为设计院、施工企业技术人员的参考用书。

图书在版编目（CIP）数据

房屋建筑学 / 安巧霞，杨晓松，张晓宇主编. 北京：中国水利水电出版社，2025.7. --（普通高等教育"十四五"系列教材）（高等学校土木类专业本科系列教材）. -- ISBN 978-7-5226-3197-4

Ⅰ. TU22

中国国家版本馆CIP数据核字第20251YZ561号

书　　名	普通高等教育"十四五"系列教材 高等学校土木类专业本科系列教材 **房屋建筑学** FANGWU JIANZHUXUE
作　　者	主编　安巧霞　杨晓松　张晓宇
出版发行	中国水利水电出版社 （北京市海淀区玉渊潭南路1号D座　100038） 网址：www.waterpub.com.cn E-mail: sales@mwr.gov.cn 电话：（010）68545888（营销中心）
经　　售	北京科水图书销售有限公司 电话：（010）68545874、63202643 全国各地新华书店和相关出版物销售网点
排　　版	中国水利水电出版社微机排版中心
印　　刷	天津嘉恒印务有限公司
规　　格	184mm×260mm　16开本　19.5印张　475千字
版　　次	2025年7月第1版　2025年7月第1次印刷
印　　数	0001—2000册
定　　价	55.00元

凡购买我社图书，如有缺页、倒页、脱页的，本社营销中心负责调换

版权所有·侵权必究

编 委 会

主　　编　安巧霞　杨晓松　张晓宇
副 主 编　王　荣　葛广华　赵　成
参编人员　孙艳玲　唐拥军　张小东　杨保存
　　　　　　张振华　关亚楠　梁斯洁　王春玲
　　　　　　宋传新　马　兵

前言

"房屋建筑学"作为土木工程类专业的核心课程，系统讲授建筑空间设计原理与构造方法，着力培养学生建筑设计创新思维和工程实践能力。教材通过思维导图呈现知识点框架，深度融合"数字化＋思政"教育理念，通过二维码嵌入知识图谱线上教学资源，实现"纸质教材＋移动课堂"的立体化学习。

党的二十大报告中指出："完善科技创新体系，坚持创新在我国现代化建设全局中的核心地位""我们要加快发展方式绿色转型，实施全面节约战略，发展绿色低碳产业，倡导绿色消费，推动形成绿色低碳的生产方式和生活方式"。身处建筑行业，要以自信自强、守正创新、踔厉奋发、勇毅前行的精神风貌，投身全面建设社会主义现代化国家的伟大事业，奋力谱写新时代建筑业发展新篇章。

《房屋建筑学》分为民用建筑和工业建筑两篇内容，共17章。民用建筑内容包括：民用建筑概论、建筑平面设计、建筑剖面设计、建筑体型和立面设计、民用建筑构造概述、基础与地下室、墙体、楼梯、楼板层与楼地面、屋顶、门窗、变形缝、绿色建筑与建筑节能。工业建筑内容包括：工业建筑概述、单层工业厂房设计、单层工业厂房构造、多层工业厂房设计等内容。本书可作为土木工程、房地产管理等专业的教材，也可以作为自学考试、岗位技术培训的教材，还可以作为水利水电土建管理人员、建筑设计人员和建筑施工技术人员的阅读参考用书。

本书编写分工如下：第1章由塔里木大学张晓宇、张小东、唐拥军、张振华、关亚楠和梁斯洁编写，第2章由塔里木大学张小东、关亚楠编写，第3章由塔里木大学唐拥军、张振华编写，第4章由塔里木大学张晓宇、梁斯洁编写，第5章、第11章由塔里木大学王荣编写，第6章由塔里木大学杨晓松编写，第7章、第13章、第14章由塔里木大学安巧霞编写，第8章由塔里木大学葛广华编写，第9章由塔里木大学孙艳玲编写，第10章由塔里木大学赵成编写，第12章由塔里木大学安巧霞、杨保存编写，第15～17章由塔里木大学安巧霞、王春玲编写。另外新疆生产建设兵团第六建筑工程有限责任公司宋传新、新疆塔建三五九建工有限责任公司马兵也参与部分内容的修订。全书由安巧霞统稿、主审。

  编者在编写本书的过程中参阅了现行的建筑标准规范及国内外同行的著作，在此向相关人员表示感谢。由于时间仓促，加之编者水平有限，书中难免存在不足之处，恳请广大读者批评指正并提出宝贵意见。

编者

2025 年 3 月

数 字 资 源 清 单

资源编号	资源名称	资源类型	页码
1.1	建筑及其基本构成要素	PPT	4
1.2	建筑的分类与等级划分	PPT、视频	8
1.3	建筑设计的内容和程序	PPT、视频	11
1.4	建筑设计的要求和依据	PPT、视频	14
1.5	民用建筑模数与定位轴线	PPT	16
2.1	主要使用房间的设计	PPT	20
2.2	房间平面形状设计及其影响因素	视频	22
2.3	房间尺寸的确定	视频	24
2.4	辅助使用房间的设计	PPT、视频	29
2.5	交通联系部分的设计	PPT、视频	31
2.6	建筑平面组合设计	PPT、视频	36
3.1	房间的剖面形状	PPT、视频	44
3.2	房间各部分高度的确定	PPT	47
3.3	房间的层高和净高的确定	视频	48
3.4	建筑层数的确定	PPT、视频	52
3.5	建筑空间的组合和利用	PPT、视频	54
4.1	建筑体型和立面设计要求	PPT、视频	60
4.2	建筑体型设计	PPT、视频	66
4.3	建筑立面设计	PPT、视频	71
4.4	思政范例	视频	73
5.1	民用建筑构造概述	PPT、视频	76
6.1	基础的构造	PPT、视频	88
6.2	地下室的构造	PPT、视频	92
7.1	墙体的类型及设计要求	PPT、视频	99
7.2	砖墙	PPT	104
7.3	砖墙的组砌方式及尺度	视频	104
7.4	砖墙的细部构造	视频	105

续表

资源编号	资源名称	资源类型	页码
7.5	墙身加固	视频	109
7.6	隔墙	PPT	115
7.7	墙面装饰	PPT	119
7.8	幕墙	PPT	124
8.1	楼梯概述	PPT	131
8.2	楼梯的组成与形式	视频	131
8.3	楼梯设计	PPT	133
8.4	楼梯的主要尺度	视频	135
8.5	钢筋混凝土楼梯	PPT、视频	139
8.6	台阶与坡道	PPT	147
9.1	楼地层概述	PPT、视频	160
9.2	钢筋混凝土楼板	PPT、视频	164
10.1	屋顶概述	PPT、视频	186
10.2	屋顶防水与排水	PPT、视频	189
10.3	平屋顶构造	PPT、视频	192
10.4	坡屋顶	PPT	196
11.1	门和窗	PPT、视频	208
12.1	变形缝设置的要求	PPT、视频	230
12.2	变形缝的构造做法	PPT、视频	233
14.1	工业建筑概述	PPT	257
15.1	单层工业建筑设计	PPT	265

目录

前言
数字资源清单

第1篇 民 用 建 筑

第1章 民用建筑概论 ··· 3
1.1 建筑及其基本构成要素 ··· 4
1.2 建筑物的分类与等级划分 ··· 8
1.3 建筑设计的内容和程序 ··· 11
1.4 建筑设计的要求和依据 ··· 14
本章小结 ··· 16
思考题 ··· 16

第2章 建筑平面设计 ··· 17
2.1 概述 ··· 18
2.2 主要使用房间设计 ··· 20
2.3 辅助使用房间设计 ··· 29
2.4 交通联系部分设计 ··· 31
2.5 建筑平面组合设计 ··· 36
本章小结 ··· 42
思考题 ··· 42

第3章 建筑剖面设计 ··· 43
3.1 房间的剖面形状 ··· 44
3.2 房间各部分高度的确定 ··· 47
3.3 建筑层数的确定 ··· 52
3.4 建筑空间的组合与利用 ··· 54
本章小结 ··· 58
思考题 ··· 58

第 4 章 建筑体型和立面设计 ... 59
4.1 建筑体型和立面设计要求 ... 60
4.2 建筑体型设计 ... 66
4.3 建筑立面设计 ... 71
本章小结 ... 75
思考题 ... 75

第 5 章 民用建筑构造概述 ... 76
5.1 建筑物的构造组成与作用 ... 77
5.2 影响建筑构造的因素 ... 80
5.3 建筑构造设计原则 ... 81
5.4 建筑构造详图的表达方式 ... 82
本章小结 ... 84
思考题 ... 84

第 6 章 基础与地下室 ... 85
6.1 概述 ... 86
6.2 基础的类型与构造 ... 88
6.3 地下室 ... 92
本章小结 ... 97
思考题 ... 97

第 7 章 墙体 ... 98
7.1 墙体类型及设计要求 ... 99
7.2 砖墙 ... 104
7.3 砌块墙 ... 112
7.4 隔墙 ... 114
7.5 墙面装修 ... 119
7.6 幕墙 ... 124
本章小结 ... 128
思考题 ... 129

第 8 章 楼梯 ... 130
8.1 概述 ... 131
8.2 楼梯设计 ... 134
8.3 钢筋混凝土楼梯构造 ... 139
8.4 台阶与坡道 ... 147
8.5 电梯与自动扶梯 ... 149
8.6 有高差处的无障碍设计 ... 152
本章小结 ... 158
思考题 ... 158

第 9 章 楼地层与楼地面 ········159
9.1 概述 ········160
9.2 钢筋混凝土楼板 ········164
9.3 顶棚 ········173
9.4 楼地面构造 ········176
9.5 楼地面的防水与隔声 ········179
9.6 阳台与雨篷 ········181
本章小结 ········184
思考题 ········184

第 10 章 屋顶 ········185
10.1 概述 ········186
10.2 平屋顶 ········189
10.3 坡屋顶 ········196
10.4 屋顶的防水、保温与隔热 ········202
本章小结 ········207
思考题 ········207

第 11 章 门窗 ········208
11.1 概述 ········209
11.2 木门窗构造 ········212
11.3 铝合金门窗 ········218
11.4 塑钢门窗 ········222
11.5 特殊门窗 ········223
11.6 门窗节能与遮阳设施 ········226
本章小结 ········228
思考题 ········228

第 12 章 变形缝 ········229
12.1 变形缝的作用、类型及设置原则 ········230
12.2 变形缝的构造 ········233
本章小结 ········236
思考题 ········236

第 13 章 绿色建筑与建筑节能 ········237
13.1 绿色建筑 ········238
13.2 建筑节能 ········242
本章小结 ········254
思考题 ········254

第 2 篇 工 业 建 筑

第 14 章 工业建筑概述 ………………………………………………………………… 257
14.1 工业建筑的分类 ……………………………………………………………… 258
14.2 工业建筑设计的任务及要求 ………………………………………………… 262
本章小结 …………………………………………………………………………… 264
思考题 ……………………………………………………………………………… 264

第 15 章 单层工业厂房设计 …………………………………………………………… 265
15.1 单层厂房总平面设计 ………………………………………………………… 266
15.2 单层厂房平面设计 …………………………………………………………… 267
15.3 单层厂房剖面设计 …………………………………………………………… 270
15.4 单层厂房定位轴线 …………………………………………………………… 274
本章小结 …………………………………………………………………………… 278
思考题 ……………………………………………………………………………… 279

第 16 章 单层工业厂房构造 …………………………………………………………… 280
16.1 单层厂房外墙 ………………………………………………………………… 281
16.2 单层厂房天窗 ………………………………………………………………… 283
16.3 单层厂房屋顶 ………………………………………………………………… 286
16.4 单层厂房侧窗、大门及其他构造 …………………………………………… 288
本章小结 …………………………………………………………………………… 292
思考题 ……………………………………………………………………………… 292

第 17 章 多层工业厂房设计 …………………………………………………………… 293
17.1 多层厂房的平面设计 ………………………………………………………… 293
17.2 多层厂房的剖面设计 ………………………………………………………… 296
本章小结 …………………………………………………………………………… 299
思考题 ……………………………………………………………………………… 299

参考文献 …………………………………………………………………………………… 300

第1篇 民用建筑

第1章 民用建筑概论

本章导读

建筑是建筑物和构筑物的总称。供人们在其内进行生产、生活或其他活动的房屋（或场所）都称为建筑物，如住宅、教学楼、厂房等；为满足某一特定的功能建造的，人们一般不直接在其内进行活动的场所则称为构筑物，如水塔、电视塔、烟囱等。本书所指的建筑主要是建筑物。

学习目标

◎知识目标
1. 了解建筑的概念及构成要素。
2. 掌握建筑物的分类和等级划分。
3. 掌握建筑设计的内容和程序。
4. 了解建筑设计的要求和依据。

◎能力目标
1. 能够区分一般民用建筑的类型。
2. 具备基本的建筑审美意识和艺术鉴赏能力。

◎素质目标
1. 培养学生爱岗敬业，严谨务实的工作作风。
2. 培养学生热爱建筑事业、科学严谨的工作态度。

思维导图

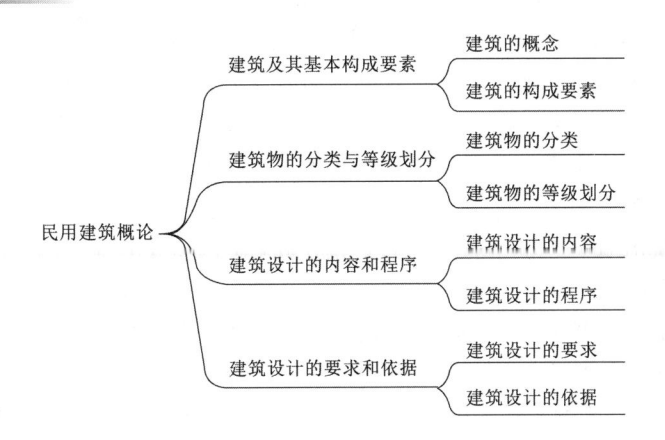

民用建筑概论
- 建筑及其基本构成要素
  - 建筑的概念
  - 建筑的构成要素
- 建筑物的分类与等级划分
  - 建筑物的分类
  - 建筑物的等级划分
- 建筑设计的内容和程序
  - 建筑设计的内容
  - 建筑设计的程序
- 建筑设计的要求和依据
  - 建筑设计的要求
  - 建筑设计的依据

1.1 建筑及其基本构成要素

1.1.1 建筑的概念

建筑是为满足人们一定的需要，利用已有的物质技术条件和社会条件创造出的人为空间。建筑解决人类四大日常生活必需"衣食住行"中"住"的问题。人类对建筑的需要，正如清朝李渔（号笠翁）在《闲情偶寄》中的《居室部·房舍第一》中所说的那样："人之不能无屋，犹体之不能无衣"。人类为了生存和发展，需要有相应的场所来抵御自然灾害和虫兽侵害，保存生产工具和劳动成果，休养生息，抚养子女，以及利用它来进行生产、劳动和从事政治、经济、文化、科技等多方面的社会活动。而在这些社会活动中，不论是生产、生活，还是文化活动，它所包含的要求都不仅仅是人类物质方面的要求，还有人类精神方面的要求。因此，可以这么说：建筑是根据人们物质生活和精神生活的要求，为满足各种不同的社会过程的需要而建造的有组织的内部和外部的空间环境。

建筑一般包括建筑物和构筑物。满足功能要求并提供活动空间和场所的建筑称为建筑物，是供人们生活、学习、工作、居住，以及从事生产和文化活动的房屋，如工厂、住宅、学校、影剧院等；仅满足功能要求的建筑称为构筑物，如水塔、纪念碑等。

建筑物通常按其使用性质分为民用建筑和工业建筑两大类。民用建筑是供人们从事非生产性活动使用的建筑物，又分为居住建筑和公共建筑两类。居住建筑包括住宅、公寓、宿舍等；公共建筑是供人们进行各类社会、文化、经济、政治等活动的建筑物，如图书馆、车站、办公楼、电影院、宾馆、医院等。工业建筑是供生产使用的建筑物。

拓展阅读

建筑的起源和发展

1. 建筑的起源

人类祖先原始的栖息场所是用来遮风避雨和防备野兽侵袭的天然洞穴（山洞、溶洞）、树杈等，只是可利用的天然居所，都不是建筑。随着居住、防御等使用要求的提高，为了进一步解决生存、生产和防御等问题，人们开始对原始住所进行改善，因地制宜地搭建出人工的树枝棚、石屋等，创造了建筑的雏形，成为建筑的起源。用天然石材堆砌的石屋，满足人类生活需要并且具有一定的防御性能。原始人类用天然树枝、茅草搭建居所。

2. 建筑的发展

建筑的发展是人类社会发展的见证。几千年来，人们对建筑的功能和形象要求的不断提高，促进了建筑材料、施工技术、建筑结构、建筑造型等各个方面的不断发展，为建筑发展史留下了无数浓墨重彩的光辉篇章。

（1）奴隶社会时期的建筑。古埃及、古希腊、古罗马创造了不朽的建筑成就，如古埃及的搬运和组砌技术的成熟，造就了代表性建筑——金字塔、太阳神庙等，如图

1.1~图 1.2 所示。

图 1.1 吉萨金字塔

图 1.2 太阳神庙石柱

古希腊建筑的柱式（多立克、爱奥尼、科林斯）丰富多样。古罗马拱券和穹顶结构技术发达，代表性建筑有万神庙、罗马斗兽场，如图 1.3~图 1.4 所示。

图 1.3 万神庙

图 1.4 罗马斗兽场

（2）封建社会时期的建筑。由于物质材料的发展、建筑技术的提高，社会资源、财富的大量聚集，庙宇、宫殿、祭坛、花园和城市基础设施等得到进一步发展，如图 1.5~图 1.6 所示。

图 1.5 中国汉代白马寺

图 1.6 中国古建筑飞檐

（3）资本主义萌芽时期的建筑。古典主义学院派基于当时的物质技术条件，总结出了完整的构图原理，甚至有的把建筑形式绝对化、教条化，使建筑越来越趋向纷繁复杂、教条刻板。从18世纪下半叶开始，新古典主义倡导简化古典的繁杂，并与现代材质相结合，兼容华贵典雅与现代时尚。

在19世纪中叶所谓的"新建筑运动"中，人们愈加强调建筑的内容与形式的统一，追求使用功能的适用性和以人为本的建筑理念，摒弃烦琐虚假的表面装饰，进一步重视建筑的经济性以及建筑与环境的协调，空间布局灵活、功能合理分区、造型简洁明快。

1.1.2 建筑的构成要素

早在公元前1世纪，古罗马建筑师维特鲁威在其《建筑十书》中提出"适用、坚固、美观"的建筑原则。后来经过长期的发展，逐步形成了现在的"建筑三要素"，即建筑功能、建筑物质技术条件和建筑形象。

1. 建筑功能

建筑功能就是建筑物在物质方面和精神方面的具体使用要求。当人们说某个建筑物适用或者不适用时，一般就是指它能满足或者不能满足某种功能的需要。所以建筑功能是建筑最基本的要求，也是人们建造房屋的主要目的。

建筑功能要求是随着社会生产和生活的发展而发展的，建筑功能日趋复杂多样，人们对建筑功能的要求也越来越高，此外，不同类型的建筑物对建筑的功能要求也不一样。但不论哪种建筑物，它都应该满足以下几点基本功能的要求：

（1）人体活动尺度的要求。人在建筑所形成的空间里活动，人体的各种活动尺度与建筑空间具有十分密切的关系，为了满足使用活动的需要，首先应该熟悉人体活动的一些基本尺度。

（2）人的生理要求。人的生理要求主要包括对建筑物的朝向、保温、隔热、防水、防潮、隔声、隔振、采光、通风、照明等方面的要求，它们都是满足人们生产或生活所必需的条件。

随着物质技术水平的提高，满足上述生理要求的可能性将会日益增大，如改进材料的各种物理性能，使用机械通风辅助或代替自然通风等。

（3）使用过程和特点的要求。人们在各种类型建筑中的活动，经常是按照一定的顺序或路线进行的。如一个满足使用要求的铁路旅客车站，必须充分考虑旅客的活动顺序和特点，才能合理地安排好售票厅、候车室、进出站口等各部分之间的关系。

各种建筑在使用上又常具有某些特点，如影剧院的看和听，图书馆建筑的出入管理，一些实验室对温、湿度的要求等，它们都直接影响着建筑的功能使用。

在工业建筑中，许多情况下厂房的大小和高度并不是取决于人的活动，而是取决于设备的数量和大小，建筑的使用过程也常以产品的加工顺序和工艺流程来确定。这些都是工业建筑设计中必须解决的功能问题。

2. 建筑物质技术条件

建筑物质技术条件主要包括房屋用什么建造和怎样建造的问题。它一般包括建筑的材料、结构、施工技术、设备等。

（1）建筑材料。材料对于结构的发展和建筑形式的改变起着至关重要的作用。如砖的出现使拱券结构得以发展；钢和水泥的出现促进了高层框架结构和大跨度空间结构的发展；塑胶材料则带来了面目全新的充气建筑等。同样，材料对建筑的装修和构造也十分重要，玻璃的出现给建筑的采光带来了方便，油毡的出现解决了平屋顶的防水问题，胶合板和各种其他材料的饰面板则正在取代各种抹灰中的湿操作等。

（2）建筑结构。结构是建筑的骨架，它为建筑提供合乎使用的空间并承受建筑物的全部荷载，抵抗由于风雪、地震、土壤沉陷、温度变化等可能对建筑引起的损坏。结构的坚固程度直接影响建筑物的安全和使用寿命。

（3）建筑施工技术。施工是建筑物得以实现的途径，通过建筑施工才能把设计变为现实。它一般包括施工技术和施工组织两个方面。施工技术主要包括人的操作熟练程度、施工工具和机械、施工方法等；施工组织主要包括材料的运输、进度的安排、人力的调配等。

（4）建筑设备。建筑设备是为建筑物的使用者提供便利、确保舒适和安全等的设备，是建筑功能得以实现的不可或缺的重要条件。它主要包括建筑中的给水、排水、供暖、通风、消防、空调、供电、照明等系统。

3. 建筑形象

建筑形象是建筑体型、立面形式、建筑色彩、材料质感、细部装修等的综合反映。它以其内部和外部的空间组合、建筑体型、立面构图、细部处理、材料的色彩与质感的运用等，构成一定的建筑形象。建筑形象处理得当，就能产生一定的艺术效果，给人以感染力和美的享受。例如我们看到的一些建筑，常常给人以庄严雄伟、朴素大方、生动活泼等不同的感觉，这就是建筑艺术形象的魅力。不同时代的建筑有不同的建筑形象，例如古代建筑与现代建筑的形象就不一样。不同民族、不同地域的建筑也会产生不同的建筑形象，例如汉族和少数民族，南方和北方，都会形成本民族、本地区各自的建筑形象。

构成建筑的三个要素彼此之间为辩证统一的关系，不能分割，但又有主次之分。建筑功能是起主导作用的因素；物质技术是达到目的的手段，同时技术对功能又有约束和促进的作用；建筑形象是功能和技术的反映。充分发挥设计者的主观作用，在一定功能和技术条件下，可以把建筑设计得更加美观。

和其他造型艺术一样，建筑形象问题涉及文化传统、民族风格、社会思想意识、地域环境等多方面的因素，所以它并不仅仅是一个美观的问题。但一个良好的建筑形象，首先应该是美观的。建筑表现中形式美的法则主要有比例、尺度、均衡、韵律、对比等。由于建筑首先是一种物质资料的生产，因此建筑形象就不能离开建筑的功能要求和物质技术条件而任意创造，否则就会走向形式主义、唯美主义的歧途。

总而言之，上述三个基本要素之间，建筑功能是建筑的主要目的，材料、结构等物质技术条件是达到目的的手段，而建筑形象则是建筑功能、技术和艺术内容的综合表现。也就是说，三者的关系是目的、手段和表现形式的关系。其中，建筑功能常常居于主导地位，它对建筑的物质技术条件和建筑形象起决定作用；结构等物质技术条件是实现建筑的手段，因而建筑的功能和形象一定程度上受其制约；建筑形象也不是完全被动的，同样的功能要求，同样的材料或技术条件，由于设计的构思和艺术处理手法的不同，以及所处的具体环境的差异，完全可能产生风格和品位各异的艺术形象。

建筑三要素之间是相互联系、约束，又不可分割的，三者的关系是辩证统一的。

1.2 建筑物的分类与等级划分

1.2.1 建筑物的分类

建筑物按照使用性质通常可分为民用建筑、工业建筑和农业建筑三大类。

1. 民用建筑

（1）按照民用建筑的使用功能分类。按建筑的使用功能，民用建筑可分为居住建筑和公共建筑两大类。

1）居住建筑。居住建筑是以家庭为单位，长期供人们家居居住生活的建筑，如住宅、联排别墅等。

2）公共建筑。公共建筑是供人们进行办公、学习、经商、生活等各种公共活动的建筑，如办公建筑、文教建筑、托幼建筑、科研建筑、医疗建筑、商业建筑、观演建筑、体育建筑、旅馆建筑、交通建筑、通信建筑、园林建筑、纪念建筑、展览建筑、生活服务建筑等。

（2）按照民用建筑的规模大小分类。

1）大量性建筑。大量性建筑指单体建筑规模不大，但修建数量多，与人们生活密切相关的、分布面广的建筑，如住宅、中小学校、医院、中小型影剧院、中小型工厂等，如图1.7所示。

2）大型性建筑。大型性建筑是指规模宏大的建筑，如大型办公楼、大型体育馆（图1.8）、大型剧院、大型火车站和航空港、大型展览馆等。这些建筑规模巨大，耗资也大，不可能到处都修建，与大量性建筑比起来，其修建量是很有限的。但这些建筑在一个国家或一个地区具有代表性，对城市的面貌影响也较大。

图1.7 上海瑞金医院病房楼　　图1.8 国家体育馆

（3）按结构类型分类。

1）砌体结构。砌体结构是将块状材料用砂浆砌筑成建筑内外墙的承重结构。块状材料主要有砖块、石块，或专门制作的砌块，因此砌体结构就可以分为砖砌体结构、石砌体结构、砌块砌体结构等类型。砌体结构材料多以砖石等为主，这是因为砖石是古老而又传统的建筑材料，易于就地取材，并能节约钢材、水泥和木材。砌块可充分利用工业废料,制作方便,便于工业化、机械化与装配化,避免取用黏土,节约土地资源。此外,砌体结构具有耐火性好,化学稳定性高,大气稳定性好,隔热、隔声性能好且抗压强度高等优点。

砌体结构根据在砌体内设置钢筋或加强构件与否,又可分为配筋砌体和无筋砌体。我国属于发展中国家,建于地震区和非地震区的多层砌体房屋基本上属于无筋砌体。根据多次试验研究结果,我国在建筑结构抗震规范中提出了在不同抗震设防烈度下多层砌体房屋的层数和高度限值,见表1.1。

表1.1　　　　不同抗震设防烈度下多层砌体房屋的层数和高度限值

抗震设防烈度	层数/层	高度/m	抗震设防烈度	层数/层	高度/m
6度	≤8	24	8度	≤6	18
7度	≤7	21	9度	≤4	12

2) 框架结构。框架结构的承重部分是由钢筋混凝土或钢材制作梁、板、柱形成的骨架承担,墙体只起围护和分隔作用,这种结构可以用于多层和高层建筑中。

3) 钢筋混凝土板墙结构。钢筋混凝土结构的竖向承重构件和水平承载构件均采用钢筋混凝土制作,施工时可以在现场浇筑或在加工厂预制,现场吊装。这种结构可以用于多层和高层建筑中,适用的最大高度见表1.2。

表1.2　　　　　　　现浇钢筋混凝土房屋适用的最大高度　　　　　　　单位:m

结构类型		抗震设防烈度/度				
		6	7	8(0.2g)	8(0.3g)	9
框架		60	50	40	35	24
框架-抗震墙		130	120	100	80	50
抗震墙		140	120	100	80	60
部分框支抗震墙		120	100	80	50	不应采用
筒体	框架-核心筒	150	130	100	90	70
	筒中筒	180	150	120	100	80
板柱-抗震墙		80	70	55	40	不应采用

注 1. 房屋高度指室外地面到主要屋面板板顶的高度(不包括局部凸出屋顶部分)。
　　2. 框架-核心筒结构指周边稀柱框架与核心筒组成的结构。
　　3. 部分框支抗震墙结构指首层或底部两层框支抗震墙结构。
　　4. 乙类建筑可按本地区抗震设防烈度确定适用的最大高度。
　　5. 超过表内高度的房屋,应进行专门研究和论证,采取有效的加强措施。
　　6. 该表摘自《建筑抗震设计标准》(GB/T 50011—2010)(2024年版)。

(4) 按建筑层数或高度分类。建筑层数是房屋建筑的一项非常重要的控制指标,但必须结合建筑总高度综合考虑。根据《民用建筑设计统一标准》(GB 50352—2019)和《建筑设计防火规范》(GB 50016—2014)(2018年版),民用建筑按地上层数或高度划分,应符合以下规定:

1) 建筑高度不大于27m的住宅建筑、建筑高度不大于24m的单层公共建筑和建筑高度不大于24m的其他公共建筑为单层或多层民用建筑。

2) 高层民用建筑根据建筑高度、使用功能和楼层的使用面积可分为一类和二类高层建筑。其中一类高层建筑为高度大于 50m 的住宅建筑、建筑高度大于 50m 的公共建筑；建筑高度 24m 以上部分任一楼层建筑面积大于 1000m² 的商店、展览、电信、邮政、财贸金融建筑和其他多种功能组合的建筑；医疗建筑、重要公共建筑、独立建造的老年人照料设施；省级及以上的广播电视和防灾指挥调度建筑、网局级和省级电力调度建筑；藏书超过 100 万册的图书馆、书库。二类高层建筑为建筑高度大于 27m 但不大于 54m 的住宅建筑（包括设置商业服务网点的住宅建筑）及除一类高层公共建筑外的其他高层公共建筑。

建筑高度的计算应符合防火规范的有关规定。在重点文物保护单位和重要风景区附近的建筑物，其高度是指建筑物的最高点，包括电梯间、楼梯间、水箱和烟囱等。当建筑为坡屋面时，建筑高度应为建筑物室外设计地面到其檐口与屋脊的平均高度；当为平屋面（包括有女儿墙的平屋面）时，建筑高度应为建筑物室外设计地面到其屋面面层的高度；当同一座建筑物有多种屋面形式时，建筑高度应按上述方法分别计算后取其中最大值。局部突出屋顶的瞭望塔、冷却塔、水箱间、微波天线间或设施、电梯机房、排风和排烟机房以及楼梯出口小间等辅助用房占房屋面积不大于 1/4 者，可不计入建筑高度。

2. 工业建筑

工业建筑是指为工业生产服务的建筑，如主要生产厂房、辅助生产厂房、动力用厂房等。

3. 农业建筑

农业建筑是指供农牧业生产和加工用的厂房，如饲料场、粮仓、温室大棚等。

1.2.2 建筑物的等级划分

建筑物的等级一般按设计使用年限和耐火等级进行划分。

1. 按设计使用年限划分

设计使用年限主要指主体结构的设计使用年限。建筑的设计使用年限是进行基本建筑投资、建筑设计、结构设计和材料选择的主要依据，主要根据建筑物的重要性和规模来划分等级。根据《民用建筑设计统一标准》（GB 50352—2019）的规定，民用建筑设计使用年限分为四类，见表 1.3。

表 1.3　　　　　　　　设计使用年限分类

类　别	设计使用年限/年	建筑类别
1	5	临时性建筑
2	25	易于替换结构构件的建筑
3	50	普通建筑和构筑物
4	100	纪念性建筑和特别重要的建筑

2. 按耐火等级划分

建筑物的耐火等级是衡量建筑物耐火程度的标准，划分耐火等级是建筑防火设计规范中规定的防火技术措施中最基本的措施之一。为了提高建筑物对火灾的抵抗能力，在建筑构造上采取措施控制火灾的发生和蔓延就显得非常重要。建筑物耐火等级的划分，是按照建筑物的使用性质、体形情况、防火面积等确定的。我国《建筑设计防火规范》(GB 50016—2014)(2018年版)规定,民用建筑耐火等级分为四级,不同耐火等级建筑物相应构件的燃烧性能和耐火极限见表1.4。

表1.4　　不同耐火等级建筑物相应构件的燃烧性能和耐火极限　　单位:h

构件名称		耐 火 等 级			
		一级	二级	三级	四级
墙	防火墙	不燃性,3.00	不燃性,3.00	不燃性,3.00	不燃性,3.00
	承重墙	不燃性,3.00	不燃性,2.50	不燃性,2.00	难燃性,0.50
	非承重外墙	不燃性,1.00	不燃性,1.00	不燃性,0.50	可燃性
	楼梯间和前室的墙 电梯井的墙 住宅建筑单元之间的墙和分户墙	不燃性,2.00	不燃性,2.00	不燃性,1.50	难燃性,0.50
	疏散走道两侧的隔墙	不燃性,1.00	不燃性,1.00	不燃性,0.50	难燃性,0.25
	房间隔墙	不燃性,0.75	不燃性,0.50	难燃性,0.50	难燃性,0.25
柱		不燃性,3.00	不燃性,2.50	不燃性,2.00	难燃性,0.50
梁		不燃性,2.00	不燃性,1.50	不燃性,1.00	难燃性,0.50
楼板		不燃性,1.50	不燃性,1.00	不燃性,0.50	可燃性
屋顶承重构件		不燃性,1.50	不燃性,1.00	难燃性,0.50	可燃性
疏散楼梯		不燃性,1.50	不燃性,1.00	不燃性,0.50	可燃性
吊顶(包括吊顶搁栅)		不燃性,0.25	难燃性,0.25	难燃性,0.15	可燃性

1.3　建筑设计的内容和程序

1.3.1　建筑设计的内容

一项建筑工程从拟订计划到建成使用是一个涉及规划、政策、法规、金融、材料、设备供应等多方面因素的复杂工程。我国的工程建设程序主要有以下阶段:提出项目建议书、编制可行性研究报告、进行项目评估、编制设计文件、施工准备、组织施工、竣工验收及交付使用等。设计工作是其中的重要环节,具有较强的政策性、技术性和综合性。

建筑工程设计一般包括建筑设计、结构设计、设备设计等方面的内容。

建筑设计文件一般分为方案设计文件、初步设计文件与施工图设计文件。

1. 方案设计文件

(1) 设计说明书,包括各专业设计说明以及投资估算等内容;对于涉及建筑节能设计的专业,其设计说明应有建筑节能设计的专门内容。

(2) 总平面图以及建筑设计图纸(若为城市区域供热或区域煤气调压站,应提供热能动力专业的设计图纸)。

(3) 设计委托或设计合同中规定的透视图、鸟瞰图、模型等。

2. 初步设计文件

(1) 设计说明书。设计说明书主要包括设计总说明、各专业设计说明两部分。对于涉及建筑节能设计的部分，其设计说明应有建筑节能设计的专项内容。

(2) 有关专业的设计图纸。

(3) 主要设备或材料表。

(4) 工程概算书。

(5) 有关专业计算书（计算书不属于必须交付的设计文件，但应按相关规定相关条款的要求编制）。

3. 施工图设计文件

(1) 合同要求所涉及的所有专业的设计图纸（含图纸目录、说明和必要的设备、材料表）以及图纸总封面；对于涉及建筑节能设计的专业，其设计说明应有建筑节能设计的专项内容。

(2) 合同要求的工程预算书。对于方案设计后直接进入施工图设计的项目，若合同未要求编制工程预算书，施工图设计文件应包括工程概算书。

(3) 各专业计算书。计算书不属于必须交付的设计文件，但应按相关规定相关条款的要求编制并归档保存。

1.3.2 建筑设计的程序

根据我国基本建设程序，一栋房屋从开始拟定计划至建成投入使用，一般需经过以下几个环节——建设项目的可行性研究，计划任务书（包括设计任务书）的编制，主管部门和规划管理部门的批文，基地的选用、勘察和征用，建筑设计，建筑施工，设备安装，竣工验收与交付使用等，如图1.9所示。

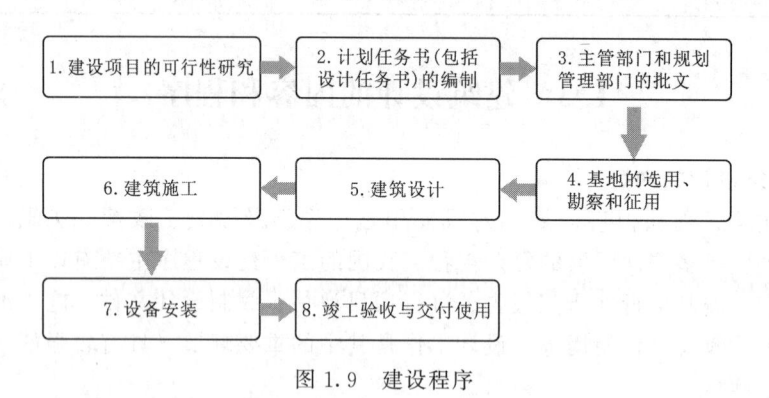

图1.9 建设程序

其中，建筑设计的程序一般分为初步设计和施工图设计两个阶段。大型和重要的工程项目或技术复杂的项目，采用三阶段设计，即初步设计、技术设计、施工图设计三个阶段。不同设计阶段有不同的设计内容及设计深度要求，如图1.10所示。

建筑师在建筑设计开始之前，有必要进行设计前期准备工作。前期工作准备越充分，越有利于后续设计工作的开展。设计前期准备工作主要有以下几项。

1. 熟悉设计任务书及相关必要文件

设计前期准备如图1.11所示。

1.3 建筑设计的内容和程序

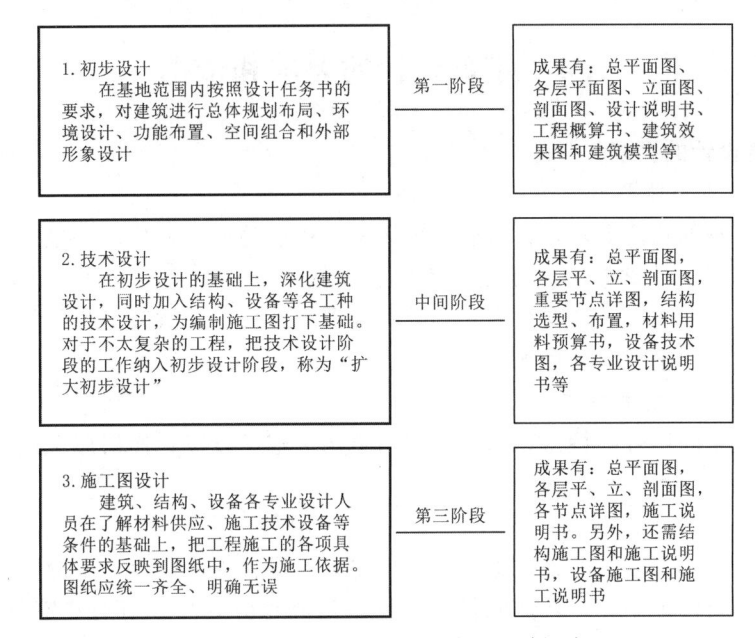

1. 初步设计
在基地范围内按照设计任务书的要求,对建筑进行总体规划布局、环境设计、功能布置、空间组合和外部形象设计

第一阶段

成果有：总平面图、各层平面图、立面图、剖面图、设计说明书、工程概算书、建筑效果图和建筑模型等

2. 技术设计
在初步设计的基础上,深化建筑设计,同时加入结构、设备等各工种的技术设计,为编制施工图打下基础。对于不太复杂的工程,把技术设计阶段的工作纳入初步设计阶段,称为"扩大初步设计"

中间阶段

成果有：总平面图、各层平、立、剖面图,重要节点详图,结构选型、布置,材料用料预算书,设备技术图,各专业设计说明书等

3. 施工图设计
建筑、结构、设备各专业设计人员在了解材料供应、施工技术设备等条件的基础上,把工程施工的各项具体要求反映到图纸中,作为施工依据。图纸应统一齐全、明确无误

第三阶段

成果有：总平面图,各层平、立、剖面图,各节点详图,施工说明书。另外,还需结构施工图和施工说明书,设备施工图和施工说明书

图 1.10　建筑计阶段的内容及设计深度

2. 结合任务书，学习相关设计法规

设计规范示例如图 1.12 所示。建筑设计相关规范、标准等的数量较多，例如《民用建筑设计统一标准》（GB 50352—2019）、《公共建筑节能设计标准》（GB 50189—2015）、《建筑设计防火规范》（GB 50016—2014）（2018 年版）、《严寒和寒冷地区居住建筑节能设计标准》（JGJ 26—2018）、《住宅设计规范》（GB 50096—2011）、《夏热冬冷地区居住建筑节能设计标准》（JGJ 134—2010）、《建筑工程建筑面积计算规范》（GB/T 50353—2013）、《商店建筑设计规范》（JGJ 48—2014）、《建筑节能与可再生能源利用通用规范》（GB 55015—2021）、《办公建筑设计标准》（JGJ/T 67—2019）等。

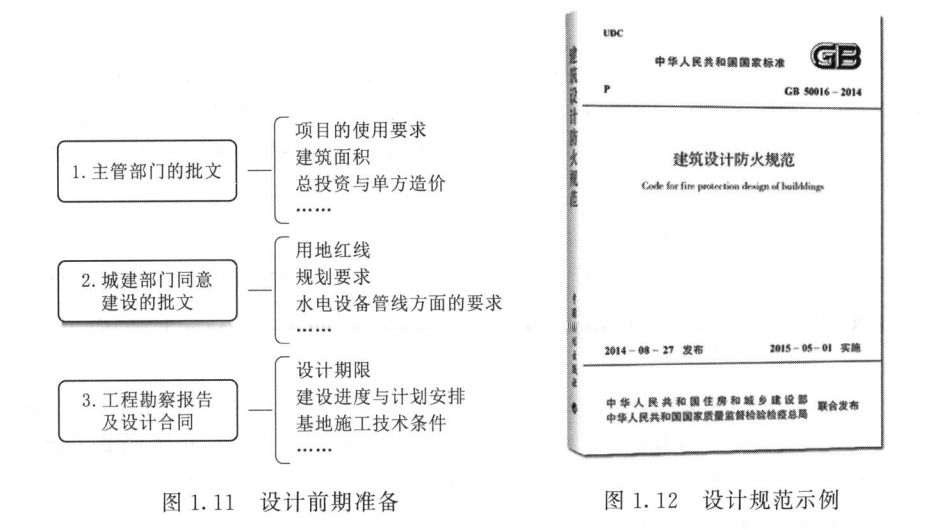

1. 主管部门的批文
- 项目的使用要求
- 建筑面积
- 总投资与单方造价
- ……

2. 城建部门同意建设的批文
- 用地红线
- 规划要求
- 水电设备管线方面的要求
- ……

3. 工程勘察报告及设计合同
- 设计期限
- 建设进度与计划安排
- 基地施工技术条件

图 1.11　设计前期准备

图 1.12　设计规范示例

13

1.4 建筑设计的要求和依据

1.4.1 建筑设计的要求

1. 满足建筑功能要求

满足建筑物的功能要求，为人们的生活和生产活动创造良好的环境，是建筑设计的首要任务。如设计学校时，首先要考虑满足教学活动的需要，教室设置应分班合理，采光通风良好。同时还要合理安排教师备课、办公、储藏和卫生间等房间，并配置良好的体育场和室外活动场地等。

2. 采用合理的技术措施

根据建筑空间组合的特点，选择合理的结构、施工方案，使房屋坚固耐久、建造方便。

3. 具有良好的经济效果

建造房屋是一个复杂的物质生产过程，需要大量人力、物力和财力，在房屋的设计和建造中，要因地制宜、就地取材，尽量做到节省劳动力，节约建筑材料和资金。设计和建造房屋要有周密的计划和核算，重视经济规律，讲究经济效益。房屋设计的使用要求和技术措施，要和相应的造价、建筑标准统一起来。

4. 考虑建筑美观要求

建筑物是社会的物质和文化财富，它在满足使用要求的同时，还需要考虑人们对建筑物在美观方面的要求，考虑建筑物所赋予人们精神上的感受。

5. 符合总体规划要求

单体建筑是总体规划中的组成部分，单体建筑应符合总体规划提出的要求。建筑物的设计还要充分考虑和周围环境的关系，如原有建筑的状况、道路的走向、基地面积大小以及绿化等方面与拟建建筑物的关系。新设计的单体建筑，应使所在基地形成协调的室外空间组合和良好的室外环境。

1.4.2 建筑设计的依据

1. 人体尺度及人体活动的空间尺度

建筑物中家具、设备的尺寸，踏步、窗台、栏杆的高度，门洞、走廊、楼梯的宽度和高度，以及各类房间的高度和面积大小等，都和人体尺度和人体活动的空间尺度直接或间接相关。人体尺度和人体活动所需的空间尺度是确定建筑物空间的基本依据之一。

2. 家具、设备尺寸和使用所需的必要空间

房间内家具、设备的尺寸以及人们使用时所需活动空间是确定房间内部使用面积的重要依据。

3. 自然条件

（1）气象条件。建筑建设地区的温度、湿度、日照、雨雪、风向、风速等对建筑设计有较大影响。如炎热地区的建筑应考虑隔热、通风和遮阳，建筑处理较为开敞；寒冷地区应考虑防寒和保温，建筑处理较为封闭，房屋的体型也尽可能设计得紧凑一些，以减少外围护面的散热。

日照和主导风向通常是确定房屋朝向和间距的主要因素,风速是高层建筑设计中考虑结构布置和建筑体型的重要因素,雨雪量的多少对屋顶形式和构造也有一定影响。

如图 1.13 所示为我国部分城市的风向频率玫瑰图,即风玫瑰图。它是根据某一地区多年统计的各个方向吹风次数的百分数平均值,并按一定比例绘制,一般多用 8 个或 16 个罗盘方位表示。玫瑰图上所表示的风向,指的是从外面吹向地区中心的方向。中实线部分表示全年风向频率,虚线部分表示夏季风向频率。

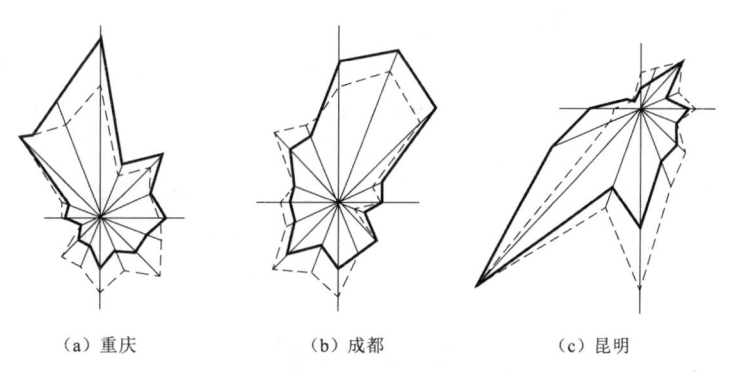

(a) 重庆　　　　　　(b) 成都　　　　　　(c) 昆明

图 1.13　我国部分城市的风向频率玫瑰图

(2) 地形、水文地质及地震烈度。基地的地形、水文地质及地震烈度直接影响房屋的平面空间组织、结构选型、建筑构造处理及建筑体型设计等。

地震烈度表示当发生地震时,地面及建筑物遭受破坏的程度。6 度以下时,地震对建筑物影响较小;9 度以上地区,地震破坏力很大,一般应尽量避免在该地区建造房屋。

水文条件是指地下水位的高低及地下水的性质,直接影响建筑物的基础及地下室的设计。一般应根据地下水位的高低及地下水性质确定是否对建筑采用相应的防水和防腐蚀措施。

4. 建筑模数

为了建筑设计、构件生产以及施工等方面尺寸协调,建筑设计应采用国家规定的建筑统一模数制。建筑模数是选定的标准尺寸单位,作为建筑物、构配件、建筑制品等尺寸相互协调的基础。

(1) 基本模数。基本模数的数值为 100mm,以 1M 表示,即 1M=100mm。基本模数主要适用于门窗洞口、建筑物的层高、构配件断面尺寸。

(2) 扩大模数。扩大模数是基本模数的整数倍。扩大模数的基数为 3M、6M、12M、15M、30M、60M,共 6 个,主要适用于建筑物的开间或柱距、进深或跨度、建筑物的高度、层高、构件标志尺寸和门窗洞口尺寸。

(3) 分模数。分模数是基本模数除以整数。分模数的基数为 1/10M、1/5M、1/2M,共 3 个,主要适用于缝隙、构造节点、构配件断面尺寸。

拓展阅读

什么是统一模数制?什么是基本模数、扩大模数、分模数?

【答】(1) 所谓统一模数制,就是为了实现设计的标准化而制定的一套基本规则,使不同的建筑物及各分部之间的尺寸统一协调，使之具有通用性和互换性，以加快设计速度，提高施工效率，降低造价。

（2）基本模数是模数协调中选用的基本尺寸单位，用 M 表示，1M＝100mm。

（3）扩大模数是导出模数的一种，其数值为基本模数的倍数。扩大模数共六种，分别是 3M（300mm）、6M（600mm）、12M（1200mm）、15M（1500mm）、30M（3000mm）、60M（6000mm）。建筑中较大的尺寸，如开间、进深、跨度、柱距等，应为某一扩大模数的倍数。

（4）分模数是导出模数的另一种，其数值为基本模数的分倍数。分模数共三种，分别是 1/10M（10mm）、1/5M（20mm）、1/2M（50mm）。建筑中较小的尺寸，如缝隙、墙厚、构造节点等，应为某一分模数的倍数。

【分析】建筑模数是选定的标准尺寸单位，作为建筑物、构配件、建筑制品等尺寸相互协调的基础。基本模数、扩大模数、分模数分别应用于不同场合，需明确它们的适用范围。

本 章 小 结

本章主要介绍了建筑的概念及其基本构成要素、建筑物的分类和等级划分，还介绍了建筑设计的内容和程序、要求和依据。通过对本章的学习，读者能够掌握建筑的物质技术条件，建筑的形象、形式与风格，民用建筑的分类，建筑物的等级划分。

思 考 题

1. 建筑的含义是什么？建筑的基本要素有哪些？
2. 民用建筑按使用性质如何划分？
3. 建筑工程设计的内容有哪些？

第 2 章 建筑平面设计

本章导读

一个完整的建筑物在进行建筑设计时应从平面、立面、剖面三个不同方向的投影来综合分析建筑物的各种特征，并利用制图知识和相应图示表达出设计意图。

建筑的平面、立面、剖面设计是密不可分而又相互制约的，平面设计主要反映建筑平面各部分的特征和关系、建筑使用功能的要求、建筑和周围环境的关系。在进行方案设计时，主要从平面设计入手，同时结合立面和剖面设计的可能性及合理性来进行建筑设计，因此，建筑平面设计是基本也是关键。

学习目标

◎知识目标
1. 了解建筑平面设计概述。
2. 掌握主要使用房间的平面设计要求及相关设计内容。
3. 掌握辅助使用房间的平面设计要求及相关设计内容。
4. 掌握交通联系空间的设计要求及相关设计内容。
5. 掌握建筑平面组合设计的主要内容。

◎能力目标
1. 能够根据设计任务书，合理设计主要使用房间、辅助使用房间。
2. 能够根据具体工程条件，合理设计交通联系空间。
3. 能够合理完成建筑平面组合设计，并绘制各层建筑平面施工图。

◎素质目标
1. 具有诚实守信、遵纪守法的良好品质。
2. 具有严谨的学习工作态度及良好的职业道德。

思维导图

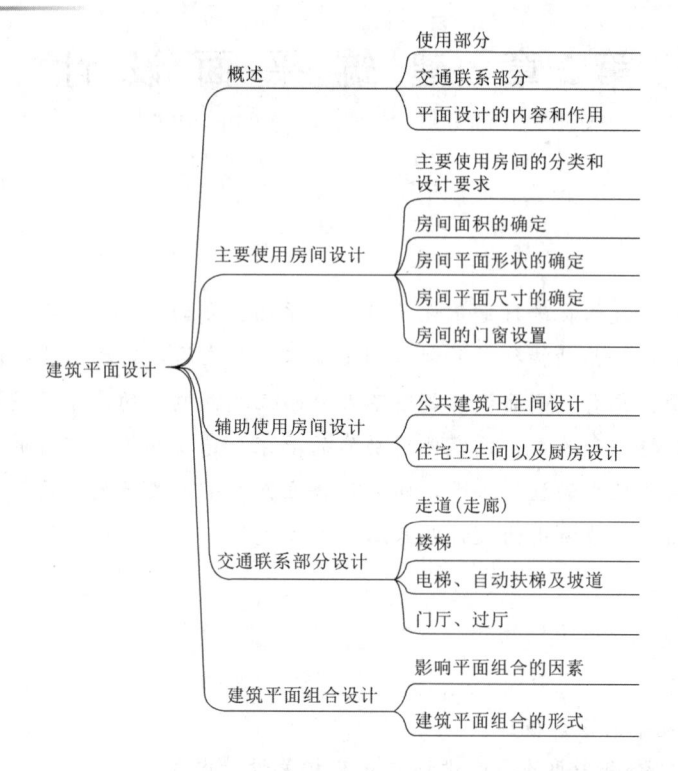

- 建筑平面设计
  - 概述
    - 使用部分
    - 交通联系部分
    - 平面设计的内容和作用
  - 主要使用房间设计
    - 主要使用房间的分类和设计要求
    - 房间面积的确定
    - 房间平面形状的确定
    - 房间平面尺寸的确定
    - 房间的门窗设置
  - 辅助使用房间设计
    - 公共建筑卫生间设计
    - 住宅卫生间以及厨房设计
  - 交通联系部分设计
    - 走道（走廊）
    - 楼梯
    - 电梯、自动扶梯及坡道
    - 门厅、过厅
  - 建筑平面组合设计
    - 影响平面组合的因素
    - 建筑平面组合的形式

2.1 概 述

每一幢建筑在总体设计时都要三维一体，要求从空间上去思维、去创造。将建筑简化为平面图、立面图、剖面图去工作，不仅技术上更方便，而且从空间中抽出两个维度，尺度、比例和相互关系都容易被更正确、更精准地表达出来，这样更直观，且条理性、工作步骤更容易被掌握。一幢建筑物的平面图、立面图、剖面图，是这幢建筑物在不同方向的外形及剖切面的投影，这几个面之间是有机联系的，平面、立面、剖面综合在一起，表达一幢三维空间的建筑整体。

建筑平面是表示建筑物在水平方与房屋各部分的组合关系。由于建筑平面通常较为集中地反映建筑功能方面的问题，一些剖面关系比较简单的民用建筑，它们的平面布置基本上能够反映空间组合的主要内容，因此，从学习和叙述的先后考虑，可以从建筑平面设计的分析入手。但是在平面设计中，始终需要从建筑整体空间组合的效果来考虑，紧密联系建筑剖面和立面，分析剖面、立面的可能性和合理性，不断调整修改平面，反复深入。也就是说，虽然从平面设计入手，但是其着眼点却是建筑空间的组合。

建筑平面设计是在熟悉任务，是在对建设地点、周围环境及设计对象有了较为深刻的理解的基础上开始的，设计时应首先进行总体分析，初步确定出入口位置及建筑物平面形状，然后分析功能关系和流线组织，安排建筑各部分的相对位置，再确定建筑各部分的尺寸。

2.1 概 述

各种类型的民用建筑,从组成平面各部分的使用性质来分析,主要可以归纳为使用部分和交通联系部分两类。

2.1.1 使用部分

使用部分是指人们日常使用活动的空间,又可分为主要使用活动空间和辅助使用活动空间,即各类建筑物中的使用房间和辅助房间。

1. 使用房间

人们经常使用活动的房间,是一幢建筑的主要功能房间。例如住宅中的起居室、卧室;学校中的教室、实验室;商店中的营业厅;剧院中的观众厅等。

2. 辅助房间

人们不经常使用,但又是生活活动必不可缺的房间,是一幢建筑辅助功能用房。例如住宅中的厨房、浴室、厕所;一些建筑物中的储藏室、厕所以及各种电气、水暖等设备用房。

2.1.2 交通联系部分

交通联系部分是指建筑物中各个房间之间、楼层之间和房间内外之间联系通行的空间,即各类建筑物中的走廊、门厅、过厅、楼梯、坡道,以及电梯和自动楼梯,如图 2.1 所示。

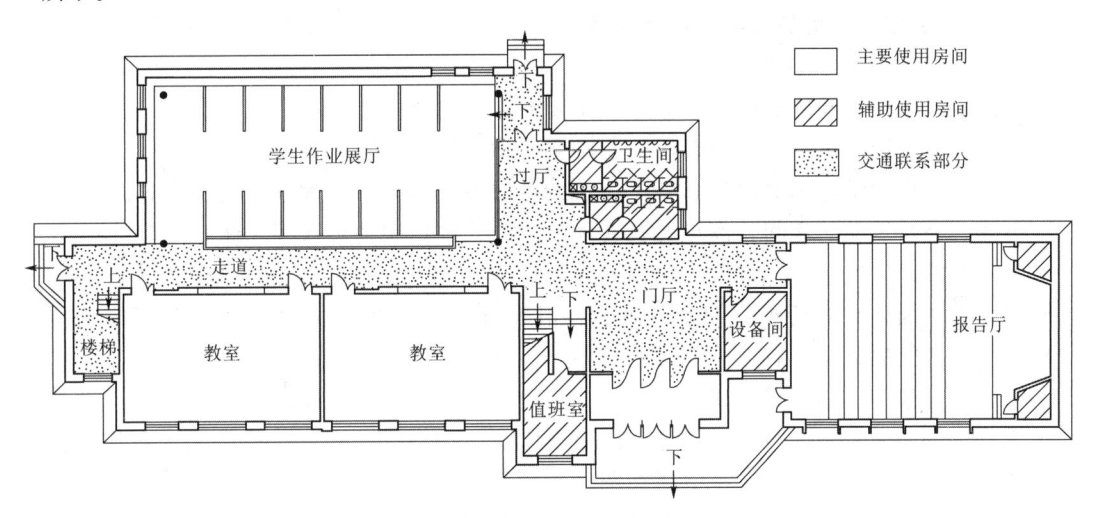

图 2.1 某教学楼首层平面图

2.1.3 平面设计的内容和作用

平面设计的主要任务是根据设计要求和基地条件,确定建筑平面中各组成部分的大小和相互关系,通常用平面图来表示。平面设计是整个建筑设计中的一个重要组成部分。一般来说,它对建筑方案的确定起着决定性的作用,是建筑设计的基础。

因为平面设计不仅决定了建筑各部分的平面布局、面积、形状,而且还影响到建筑空间的组合、结构方案的选择、技术设备的布置、建筑造型的处理和室内设计等许多方面。所以在进行建筑平面设计时,需要反复推敲,综合考虑剖面、立面、技术、经济等各方面因素,使平面设计尽善尽美。

平面设计的内容主要包括以下几个方面:

（1）结合基地环境、自然条件，根据城乡规划建设要求，使建筑平面形式、布局与周围环境相适应。

（2）根据建筑规模和使用性质要求进行单个房间的面积、形状及门窗位置等设计以及交通部分和平面组合设计。

（3）妥善处理好平面设计中的日照、采光、通风、隔声、保温、隔热、节能、防潮防水和安全防火等问题，以满足不同的功能使用要求。

（4）为建筑结构选型、建筑体型组合与立面处理、室内设计等提供合理的平面布局。

（5）尽量减少交通辅助面积和结构面积，提高平面利用系数，有利于降低建筑造价，节约投资。

在平面设计中，会经常遇到各种矛盾。平面设计的过程，实际上也是协调矛盾诸方面、综合解决矛盾的过程。在设计中要善于从全局出发，抓住主要矛盾，不断地对方案进行修改和调整，使之逐步趋于完善。

2.2 主要使用房间设计

2.2.1 主要使用房间的分类和设计要求

1. 主要使用房间的分类

按主要使用房间的功能要求划分，主要有以下几类。

（1）生活用房间：住宅的起居室、卧室，宿舍等。

（2）工作和学习用的房间：各类建筑的办公室，学校中的教室、实验室等。

（3）公共活动的房间：商场的营业厅，剧院、电影院的观众厅、休息厅等。

一般来说，生活、工作和学习用的房间要求安静、朝向好；公共活动的房间人流比较集中，因此室内活动组织和交通组织比较重要，特别是人员的疏散问题较为突出。使用房间的分类，有助于平面组合中对不同房间进行分组和功能分区。

2. 主要使用房间的设计要求

（1）房间的面积、形状和尺寸，应适合家具、设备合理布置、使用和人员活动的要求。卧室中人使用家具所占空间如图 2.2 所示。

（2）门窗的大小和位置，应考虑房间出入方便、疏散安全、采光、通风良好。

（3）房间的构成应使结构布置合理，施工方便，有利于房间之间的组合，所用材料要符合相应的建筑标准。

（4）室内空间形状、比例、色彩、装饰等要符合人们的精神要求和审美习惯。

2.2.2 房间面积的确定

1. 房间的面积组成

房间面积是由使用面积和结构或围护构件所占面积组成的。以图 2.3 所示教室和卧室使用面积分析示意图为例，其使用面积由以下三部分组成：

（1）家具和设备所占用的面积。

（2）人们使用家具设备及活动所需的面积。

（3）房间内部的交通面积。

资源 2.1 主要使用房间的设计

2.2 主要使用房间设计

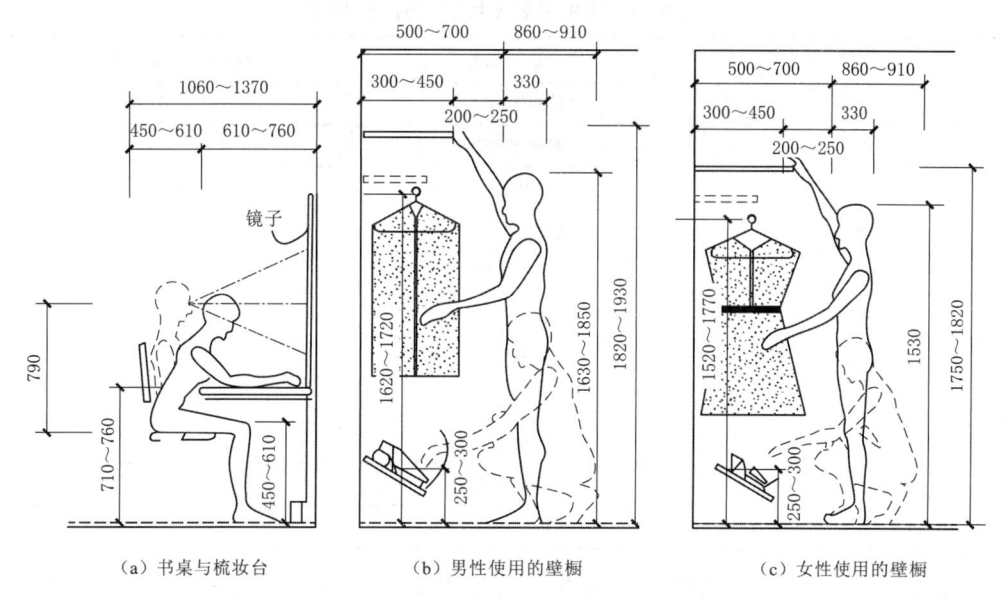

(a) 书桌与梳妆台　　(b) 男性使用的壁橱　　(c) 女性使用的壁橱

图 2.2 卧室中人使用家具所占空间

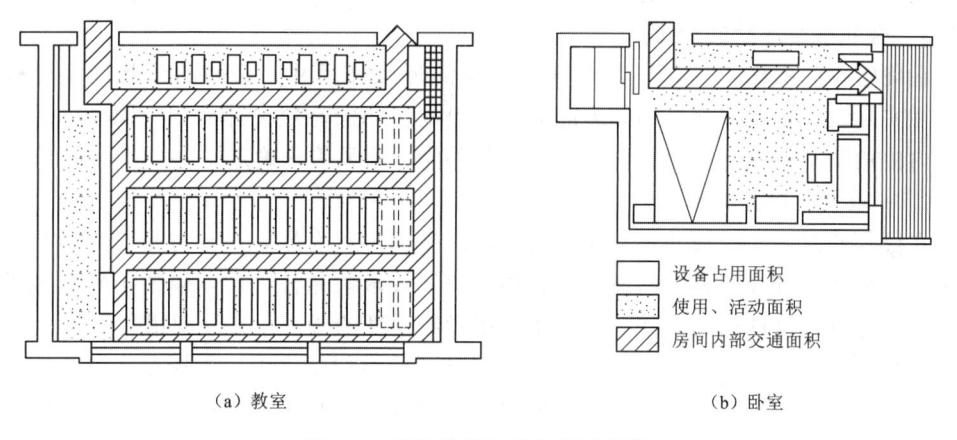

(a) 教室　　(b) 卧室

图 2.3 房间使用面积分析示意图

2. 房间面积确定的影响因素

房间面积确定的影响因素有如下几点：

（1）房间用途、使用特点及其要求。
（2）房间使用人数的多少。
（3）家具设备的品种、规格、数量及其布置方式。
（4）室内交通情况和内部活动特点。

在实际工作中，房间面积确定的主要依据是我国有关部门及各地区制定的面积定额指标。进行具体工作时，应在已有面积定额的基础上，通过调查研究并结合建筑物的标准，综合考虑适用性与经济性两方面要求，确定合理的房间面积。表 2.1 是部分民用建筑中主要使用房间的面积定额。

表 2.1　　　　　　　部分民用建筑中主要使用房间的面积定额

建筑类型	使用房间名称	面积定额/(m²/人)
小学	普通教室	1.36
中学	普通教室	1.39
办公室	普通办公室	4
	设计绘图室	6
	研究工作室	5
博物馆	报告厅	1~2
汽车客运站	候车厅	1.1
图书馆	普通阅览室	1.8~2.3
	儿童阅览室	1.8
	专业参考阅览室	3.5
	计算机目录检索	2.0

有些建筑的房间面积指标未作规定，使用人数也不固定，如展览室、营业厅等。这就要求设计人员根据设计任务书的要求，对同类型、规模相近的建筑物进行调查研究，通过分析比较得出合理的房间面积。

资源2.2　房间平面形状设计及其影响因素

2.2.3　房间平面形状的确定

在确定房间的面积后，还需要确定房间的形状和尺寸，房间的形状确定比较灵活，在实际设计中，应满足功能为前提，以提高房间的有效设计面积为原则，综合考虑室内使用活动特点、家具布置方式，以及采光、通风等来确定。

1. 一般使用功能的房间

在民用建筑中，一般使用功能的房间常用平面形状有矩形、正方形、六边形、八边形、圆形等。选择何种形状应根据具体的使用要求和条件确定，以便于家具或设备的布置、保证良好的采光与通风、满足使用者舒适度的要求、充分利用空间等。

如住宅的卧室、起居室等房间一般采用方形或类似于方形，如图2.4所示。这种房间形状利于室内家具的摆放，并可缩短交通路线，提高房间面积利用率，同时还具有利于平面组合、结构简单、方便施工的优点。

如教室，平面形状一般采用矩形、方形或六边形，如图2.5所示。以普通教室为例，第一排座位距黑板的最小尺寸为2m，最后一排座位距黑板的距离应不大于8.5m，前排边座与黑板远端夹角不小于30°，且必须注意从左侧采光。矩形教室便于室内桌椅摆放，进深较小，易与其他房间尺寸协调，是常见的形式。六边形教室视听效果好，面积利用率高，多个六边形教室组合后可在中间形成中厅，作为交通枢纽，但缺点是结构复杂、施工复杂。

2. 特殊使用功能的房间

一些有特殊使用功能的房间，因其使用功能需要的特殊性而平面形状也多种多样。例如，影剧院的观众厅或报告厅，为了满足良好的视听效果，让观众听得清、看得好，平面形状可采用矩形、钟形、扇形、六边形及圆形等，如图2.6所示。再如滑冰馆，多采用盆状，以便在侧壁上进行飞车表演。

2.2 主要使用房间设计

(a)

(b)

图 2.4 一般卧室的平面形状

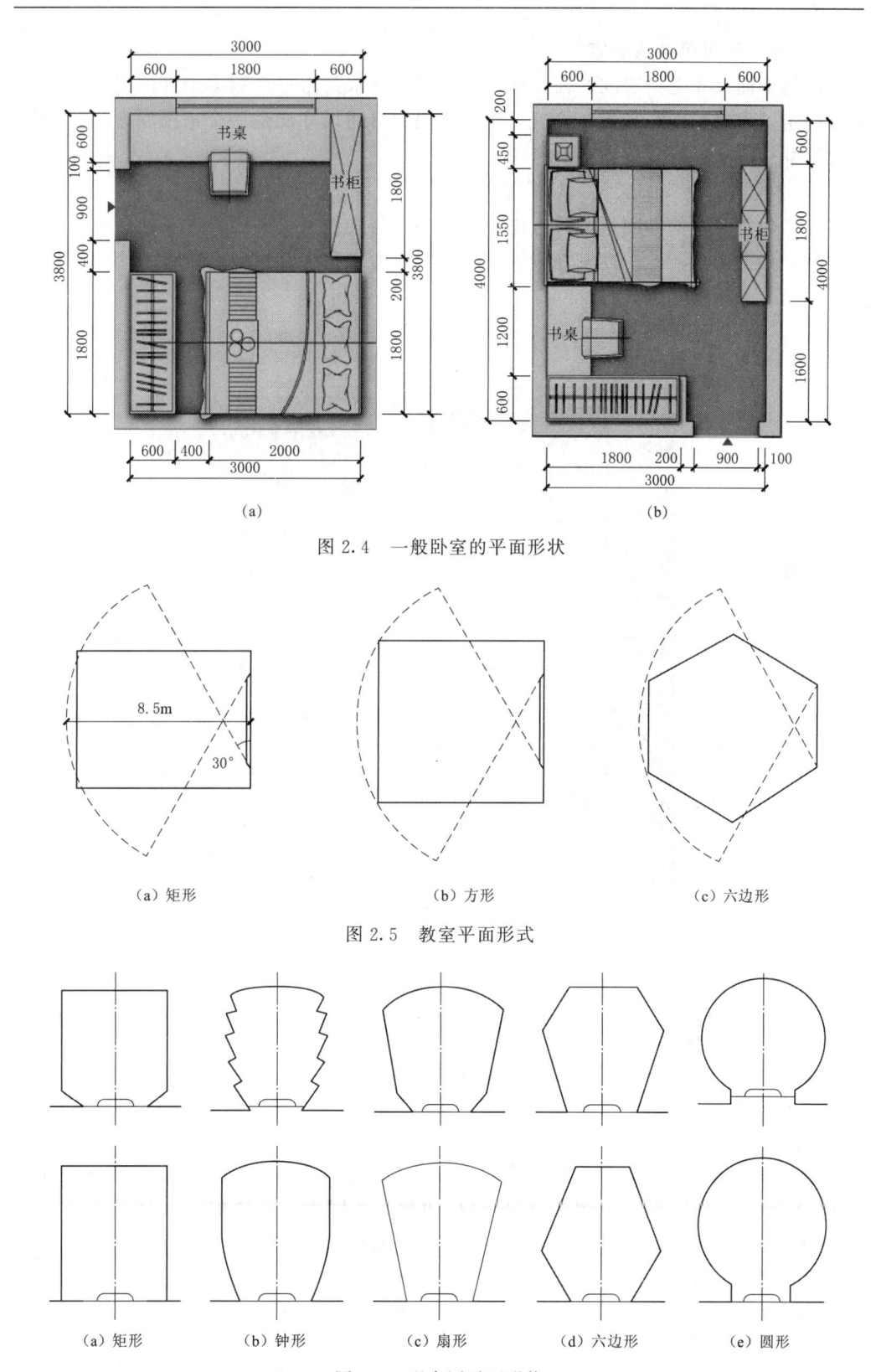

(a) 矩形　　　　　　　　(b) 方形　　　　　　　　(c) 六边形

图 2.5 教室平面形式

(a) 矩形　　(b) 钟形　　(c) 扇形　　(d) 六边形　　(e) 圆形

图 2.6 观众厅平面形状

23

2.2.4 房间平面尺寸的确定

房间平面尺寸是指房间的面宽和进深,面宽常常是由一个或多个开间组成的。在初步确定了房间的面积和形状以后,确定合适的房间尺寸便是一个重要问题了。房间平面尺寸一般从以下几方面综合考虑。

资源2.3 房间尺寸的确定

1. 满足家具设备布置及人们活动的要求

住宅建筑卧室的平面尺寸应考虑床的大小、与其他家具的关系以及使用家具所需的空间,如图2.7所示。尤其在设计宿舍时,要考虑宿舍的家具、设备大小和布置方式,如图2.8所示。

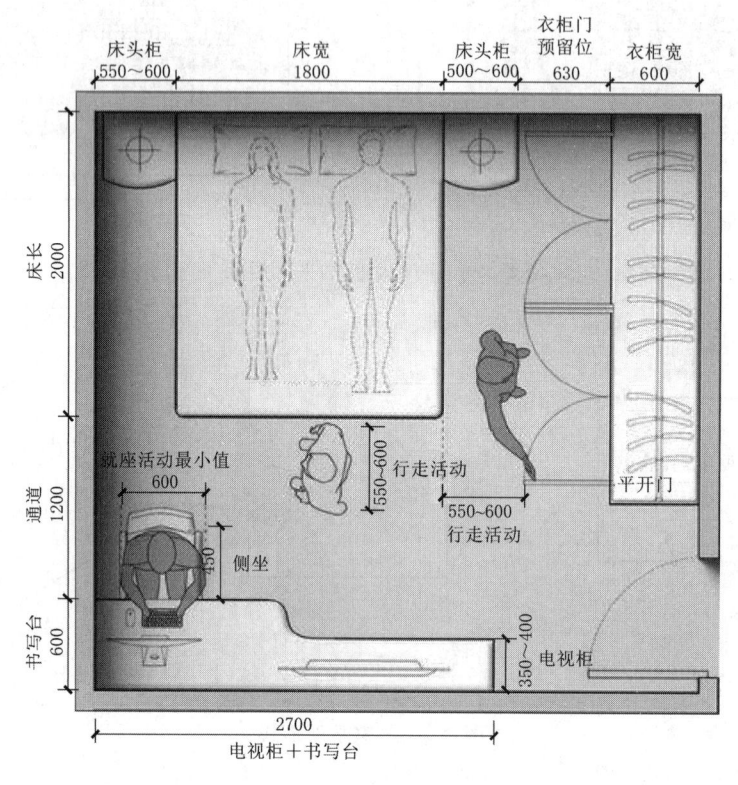

图2.7 卧室的平面布置

2. 满足视听要求

教室、会堂、观众厅等的平面尺寸除满足家具、设备布置及人们活动要求外,还应保证良好的视听条件。需要根据水平视角、视距、垂直视角的要求,来设计合适的房间尺寸。

从视听的功能考虑,教室的平面尺寸应满足以下要求:第一排座位距黑板的距离不小于2m,垂直视角大于45°;后排座位距黑板的距离,中学教室不宜大于8.5m,小学教室不宜大于8m;为避免学生过于斜视,前排边座的学生与黑板远端形成的水平视角应不小于30°。教室平面尺寸一般常用进深6.6～8.4m,开间8.4～9.9m。中学教室平面尺寸常取6.6m×9.0m、6.9m×9.0m等,如图2.9所示。

3. 良好的天然采光

一般房间多采用单侧或双侧采光,因此,房间的深度常受到采光的限制。单侧采

2.2 主要使用房间设计

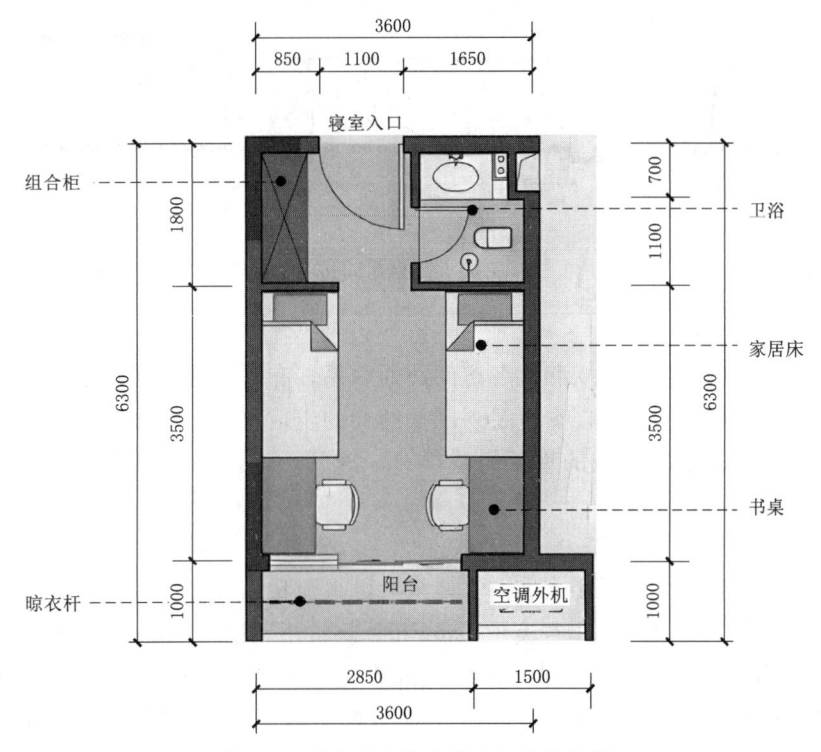

图2.8 四人间大学生宿舍平面布置图

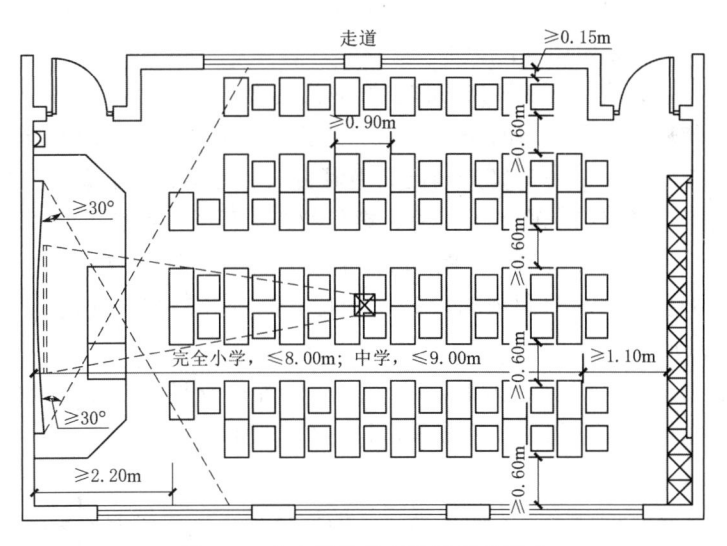

图2.9 中小学教室布置及相关尺寸

光时进深不大于窗上口至地面距离的2倍，双侧采光时进深可比单侧采光时增大1倍，如图2.10所示。

4. 满足结构要求

结构要求主要考虑结构布置的经济合理性。钢筋混凝土梁较经济的跨度是不大于9.0m。房间尺寸采用统一适当的模数尺寸，并尽量统一开间尺寸，减少构件类型。房间开间和进深尺寸一般以300mm为模数。

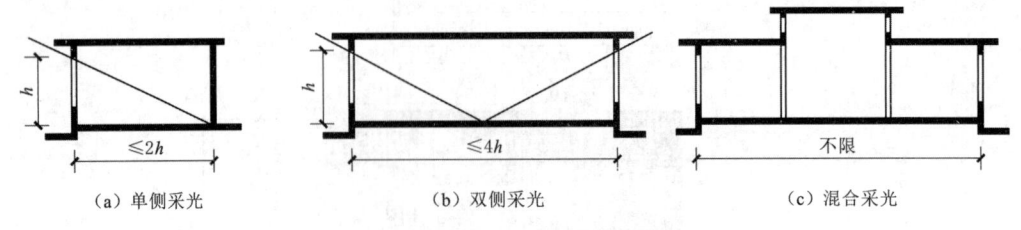

(a) 单侧采光　　　　　(b) 双侧采光　　　　　(c) 混合采光

图 2.10　采光方式对房间进深的影响

2.2.5　房间的门窗设置

房间门的作用是供人出入和供各房间交通联系，有时也兼采光和通风。窗的主要功能是采光和通风。同时，门窗也是外围护结构的组成部分。外墙门窗的大小、形式及其组合设计又是建筑造型的重要组成部分。因此，门窗的布置需要多方面综合考虑，反复推敲。

1. 门的宽度和开启方式

（1）门的宽度。门的最小宽度由人体尺寸、人流量和搬进房间家具、设备的大小决定。一般单股人流通行最小宽度取 550mm。门常用宽度 900mm，住宅中厕所门常取 700mm；住宅中分户门，一般为 1000mm 或 1200mm（子母门有 900mm 和 300mm 两扇，平时只开 900mm 的那一扇，需要时同时开启）；住宅中卧室门常取 900mm。普通教室、办公室等的门采用 1000mm。

门扇数量与门洞尺寸有关。一般 1000mm 以下为单扇门，1200～1800mm 为双扇门，2400mm 以上的宜做四扇门。

（2）门的开启方式。门的开启方式多数采用内开方式，可防止门开启时影响走道和其他空间的使用。但是，门的开启方式还要根据房间内部的使用特点来考虑。如医院病房常采用 1200mm 的不等宽双扇门，平时出入可用较宽的单扇门，当有手推车出入时，可同时开启两扇门。商场、医院、银行的营业厅或一些公共场所，因人流出入比较频繁，可采用双扇弹簧门，如图 2.11 所示，这样使用比较方便。

另外，一些公共活动房间或封闭楼梯间门，门的开启方式应与人流疏散方向一致，如图 2.12 所示。

有的房间由于平面组合的需要，几个门的位置比较集中，并且经常需要同时开启，这时要注意协调几个门的开启方式，如图 2.13 所示。

2. 门的数量和位置

门的数量和位置的确定，主要根据房间的用途和人群疏散的需要。门的位置对室内使用面积能否充分利用，家具布置是否合理，以及组织室内穿堂风等有很大影响。门的位置应使室内交通路线便捷，防止迂回，从而缩短室内交通面积，并且应尽量避免斜穿房间，保留较完整的活动空间。

对于多开间房间如教室、会议室等，为了便于组织内部交通和有利于人流疏散，常将门设置于两端；对于观众厅等超大空间，为了便于疏散，常将门与室内通道结合起来设计；对于面积小、人数少，只需设置一个门的房间，门的位置首先要考虑家具布置的合理性，如图 2.14 所示。

2.2 主要使用房间设计

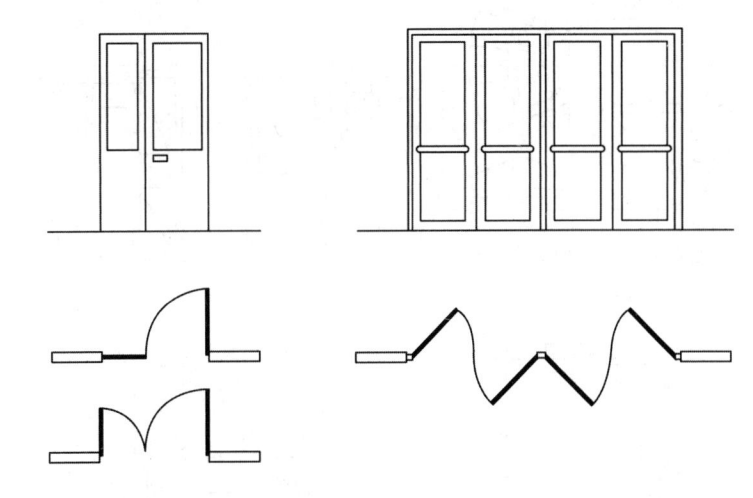

(a) 医院病房的不等宽双扇门　　(b) 商场营业厅的双扇弹簧门

图 2.11　门的开启方式

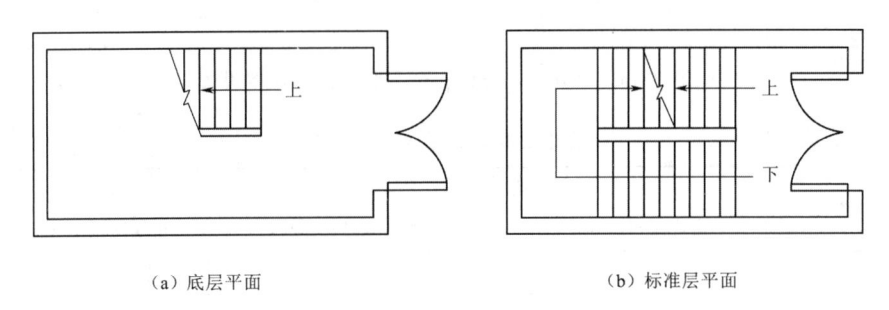

(a) 底层平面　　(b) 标准层平面

图 2.12　封闭楼梯间门的开启方式

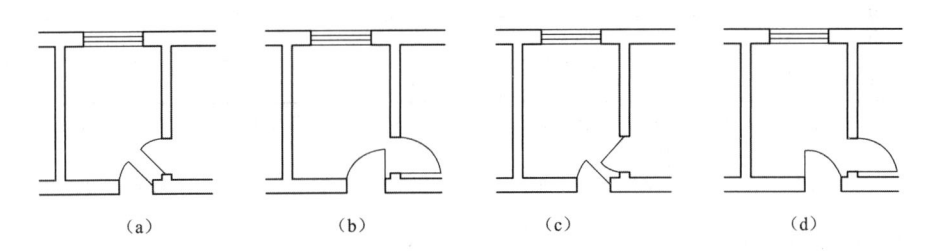

(a)　(b)　(c)　(d)

图 2.13　房间门靠近时的开启方式

注：(a)、(b)、(c) 不确定，(d) 正确。

房间门的数量应经计算确定，并且应满足《建筑设计防火规范》（GB 50016—2014）（2018年版）的规定。

3. 窗的大小

绝大多数民用建筑的主要使用房间都需要有直接的自然光线。窗的面积大小应根据不同房间的采光等级，通过窗地面积比来确定。采光等级与窗地面积比的关系，见表 2.2。各类建筑的主要使用房间的采光等级可参见《建筑采光设计标准》（GB 50033—2013）。

27

(a) 观众厅　　　　　(b) 宿舍

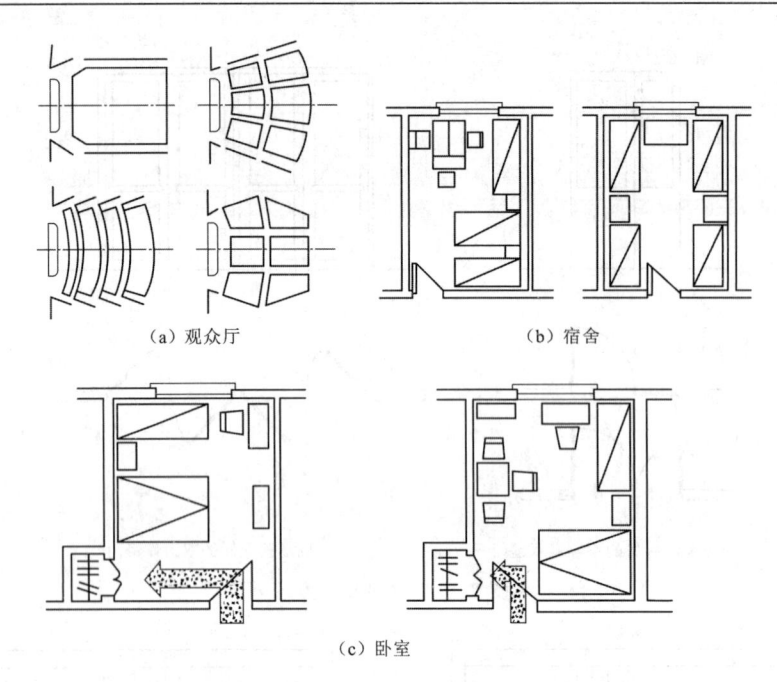

(c) 卧室

图 2.14　观众厅、集体宿舍和卧室门的位置设置

表 2.2　　　　　　　　　窗地面积比和采光有效进深

采光等级	侧面采光		顶部采光
	窗地面积比 (A_c/A_d)	采光有效进深 (b/h_s)	窗地面积比 (A_c/A_d)
Ⅰ	1/3	1.8	1/6
Ⅱ	1/4	2.0	1/8
Ⅲ	1/5	2.5	1/10
Ⅳ	1/6	3.0	1/13
Ⅴ	1/10	4.0	1/23

注　1. 窗地面积比计算条件：窗的总透射比 τ 取 0.6；室内各表面材料反射比的加权平均值 ρ_j，Ⅰ～Ⅲ级取 0.5，Ⅳ级取 0.4，Ⅴ级取 0.3。
　　2. 顶部采光指平天窗采光，锯齿形天窗和矩形天窗可分别按平天窗的 1.5 倍和 2 倍窗地面积比进行估算。

对于日照较强的地区，采光面积比可取低限，而对阴雨天气较多的地区，采光面积比可取高限。窗的面积对于室内通风也有影响。对于炎热地区，为了加强室内通风，窗面积可大些，而对于寒冷地区，为减少房间采暖的热损失，窗面积可适当小些。对于一些需安装空调设备以改善室内环境的房间，应从节能角度出发，合理设计窗的大小。

4. 窗的位置

窗的位置及分布决定了光线的方向和室内采光的均匀性。在设计时应综合考虑室内照度均匀程度、有无暗角、眩光及其通风效果等的影响，如图 2.15 所示。窗的位置一般居中设置。

另外为形成良好的穿堂风的效果，窗与门的位置呼应，以便使室内空气流通范围加大，如图 2.16 所示。

(a) 很好　　　　(b) 较好　　　　(c) 较差

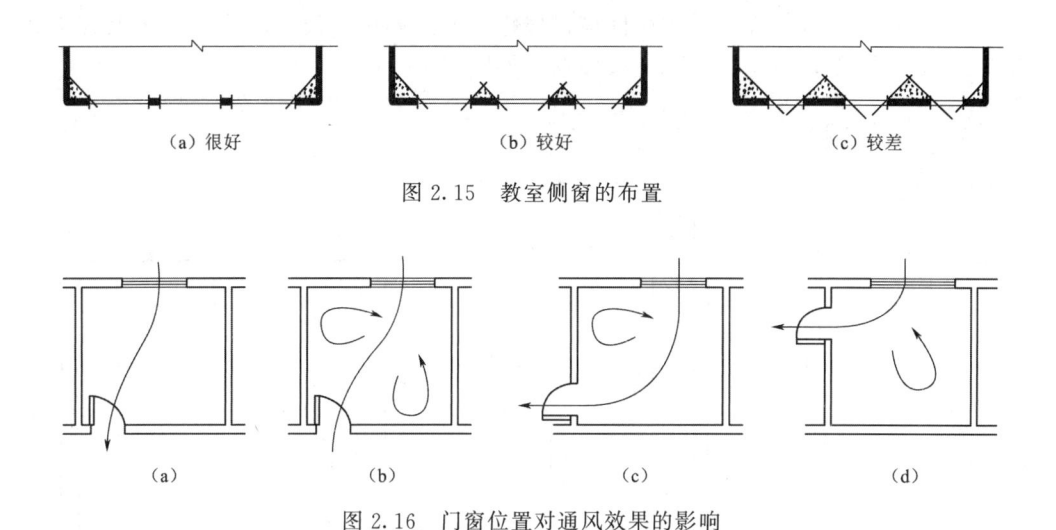

图 2.15 教室侧窗的布置

(a)　　(b)　　(c)　　(d)

图 2.16 门窗位置对通风效果的影响

2.3 辅助使用房间设计

建筑物的辅助房间主要包括卫生间、厨房、盥洗室、储藏室、洗衣房、浴室、通风机房、水泵房、配电室、锅炉房等。公共建筑卫生间、住宅卫生间以及厨房是民用建筑中常见的辅助使用房间。

资源 2.4 辅助使用房间的设计

2.3.1 公共建筑卫生间设计

公共建筑中的厕所、盥洗室通称为卫生间，是最常见的辅助使用房间，其特点是用水频繁。

1. 卫生间的尺寸设计

卫生间的设计首先应了解各种设备及人体活动的基本尺度，其次根据使用人数和参考指标确定设备数量，最后确定房间的尺寸。

2. 卫生间布置原则

在确定卫生间的尺寸后，位置和细部构造设计需要注意以下几个方面。

(1) 卫生间的位置一般布置在人流活动的交通路线上，特别是一些有大厅的建筑，既要使卫生间中的气味和外观不影响厅内活动，做到尽可能隐蔽，又要便于寻找。

(2) 卫生间尽可能设置前室或过厅，以遮挡视线和气味，同时作为使用的缓冲地带，满足人的心理需要，如图 2.17 所示。

(3) 卫生间一般应有自然采光和通风，位置设在朝向较差的部位，如北面或西面。旅馆客房的卫生间，仅供少数人使用，允许间接采光或无采光，但必须设有通风换气设施。

(4) 为了节省管道，减少立管，男女厕所一般并排布置。多层建筑的厕所在各层位置最好垂直上下对齐，以便上下水管道的布置。

(5) 卫生间的地面应低于公共走道 20～50mm，以免走道潮湿。地面应做防滑处理，并应妥善处理好防水排水问题。

（6）无障碍设计。在公共卫生间应设残疾人专用厕位，设计时注意空间上宜与其他部分之间有遮挡，卫生间采用坐式便器，如图 2.18 所示。

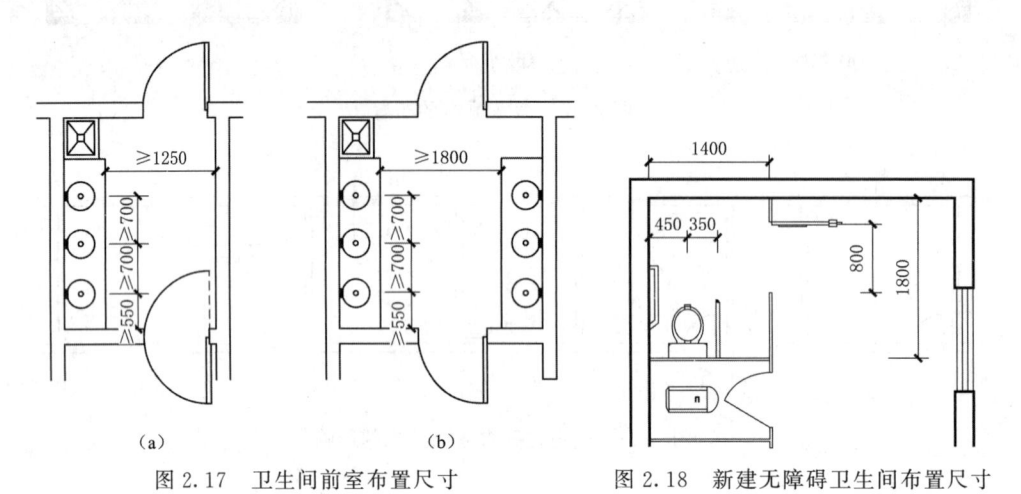

(a)　　　　　　　(b)

图 2.17　卫生间前室布置尺寸

图 2.18　新建无障碍卫生间布置尺寸

2.3.2　住宅卫生间以及厨房设计

1. 住宅卫生间设计

住宅卫生间根据使用特点，其功能主要为洗浴、便溺、洗面化妆、洗衣等。卫生间的卫生器具主要为三大件，即大便器、浴缸（淋浴器）、洗脸盆，如图 2.19 所示。卫生间采用干湿分离形式的较多。

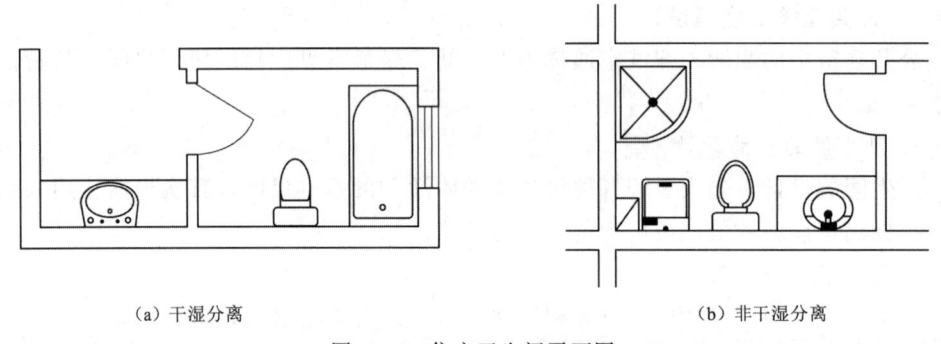

(a) 干湿分离　　　　　　　　　　(b) 非干湿分离

图 2.19　住宅卫生间平面图

2. 厨房设计

住宅、公寓内每户使用的专用厨房的主要设备有灶台、案台、水池、储藏设施及排烟装置等。厨房的布置形式有单排、双排、L 形、U 形，如图 2.20 所示。其中，L 形是最常用的布置形式。

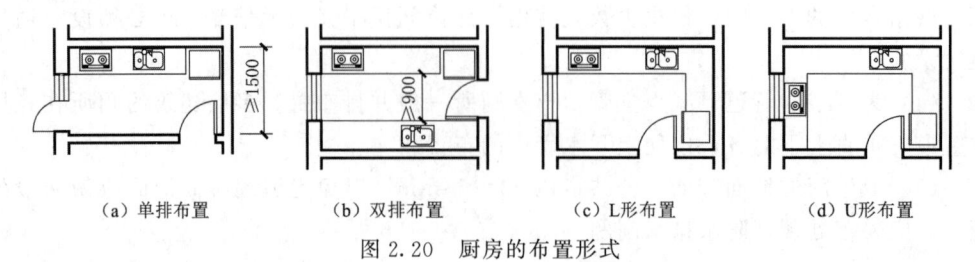

(a) 单排布置　　(b) 双排布置　　(c) L 形布置　　(d) U 形布置

图 2.20　厨房的布置形式

> **拓展阅读**

厨房设计应满足以下要求：
（1）符合厨房洗、切、烧的操作流程，并保证必要的操作空间。
（2）应有良好的采光通风，以保证油烟不窜入其他房间。
（3）应尽量利用有效空间，以保证足够的储藏空间。
（4）应有足够的电器插座（一般不少于3个）。
（5）地面、墙面应考虑防潮，便于清洗。

2.4 交通联系部分设计

建筑物内各个使用空间之间，除了某些建筑类型，如展览馆、浴室、画廊等，由于人流活动或使用特点，有些可以用门或门洞直接连接外，大多要通过一定的交通空间把它们有机地联系起来。这些交通联系空间包括：水平交通空间的走道、过道等；垂直交通空间的楼梯、坡道、电梯、自动扶梯等；交通枢纽空间的门厅、过厅等。

交通联系空间平面设计主要要求有：交通路线简洁明确，人流通畅，互不交叉；疏散时迅速、安全；满足一定的采光通风要求；力求节省交通面积，同时综合考虑空间造型问题。

资源2.5 交通联系部分的设计

2.4.1 走道（走廊）

走道是解决建筑水平联系和疏散的交通空间的方式，是建筑物中使用最多的交通联系部分。各使用空间可以分列于走道的一侧、双侧或尽端。

按走道的使用性质不同，可分为三种情况：完全为交通需要而设置的走道，如办公楼、旅馆、电影院的走道；主要为交通联系的同时兼有其他功能的走道，如教学楼的走道、医院门诊楼的走道，这时过道的宽度和面积应相应增加；多种功能综合使用的走道，如展览馆的走道应满足边走边看的要求。

1. 走道的类型

走道又称为过道、走廊。凡走道一侧或两侧空旷者称为走廊，有内廊和外廊之分。

2. 走道的宽度

走道的宽度主要根据人流和家具通行、安全疏散、走道性质、空间感受来综合考虑。如办公建筑走道净宽应满足表2.3的要求。疏散走道最小宽度为1.10m，还要符合表2.4的有关规定。

表2.3　　　　　　　办公建筑走道净宽　　　　　　　单位：m

走道长度	走道净宽	
	单面布房	双面布房
≤40	1.30	1.50
>40	1.50	1.80

表 2.4　　　　疏散出口、疏散走道和疏散楼梯每100人
所需最小疏散净宽　　　　　单位：m/100人

建筑层数或埋深		建筑的耐火等级或类型		
		一、二级	三级、木结构建筑	四级
地上楼层	1～2层	0.65	0.75	1.00
	3层	0.75	1.00	—
	不少于4层	1.00	1.25	—
地下、半地下楼层	埋深不大于10m	0.75	—	—
	埋深大于10m	1.00	—	—
	歌舞娱乐放映游艺场所及其他人员密集的房间	1.00	—	—

注　根据《建筑防火通用规范》（GB 55037—2022）中7.4.7条内容。

3. 最大安全疏散距离

建筑中的最大安全疏散距离应根据建筑的耐火等级、火灾危险性、空间高度、疏散楼梯（间）的形式和使用人员的特点等因素确定，根据《建筑防火通用规范》（GB 55037—2022）的要求，疏散距离应满足人员安全疏散的要求；房间内任一点至房间疏散门的疏散距离，不应大于建筑中位于袋形走道两侧或尽端房间的疏散门至最近安全出口的最大允许疏散距离，走道如图2.21所示。

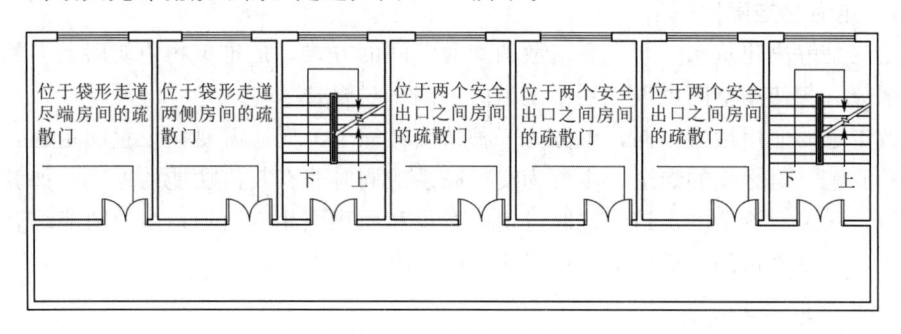

图 2.21　走道示意图

2.4.2　楼梯

楼梯是建筑中常用的垂直交通联系空间和防火疏散的重要通道。楼梯的设计内容包括：根据使用要求选择合适的形式和恰当的位置，根据人流通行情况及防火疏散要求综合确定楼梯的宽度及数量。

1. 楼梯的形式

楼梯形式的选择主要以建筑性质、使用要求和空间造型为依据。楼梯的常见形式主要有直行单跑楼梯、直行多跑楼梯、平行双跑楼梯、平行双分楼梯、折行多跑楼梯、剪刀楼梯、弧形楼梯及螺旋形楼梯等形式，如图2.22所示。根据楼梯与走廊的联系情况，楼梯间可分为开敞式楼梯间、封闭式楼梯间和防烟楼梯间三种情况。

2.4 交通联系部分设计

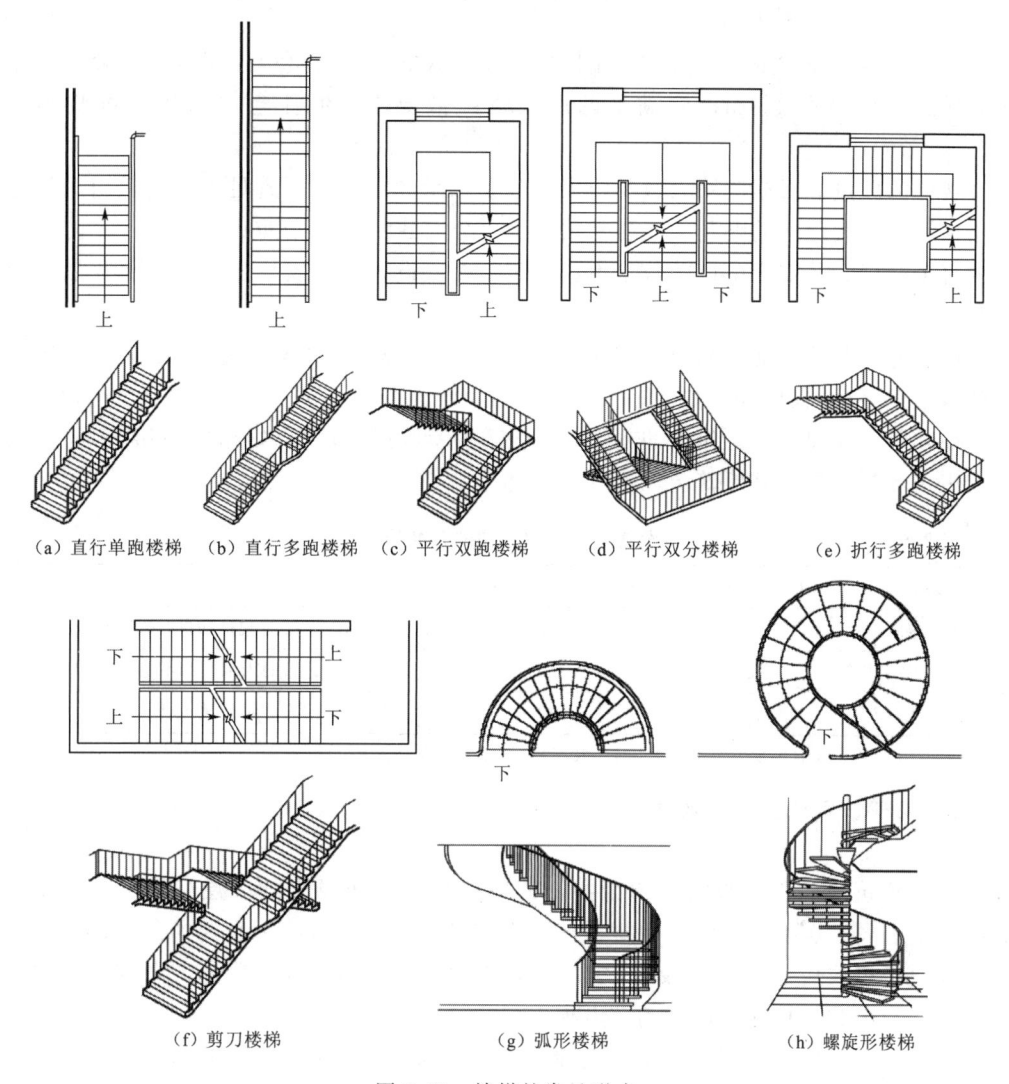

(a) 直行单跑楼梯　(b) 直行多跑楼梯　(c) 平行双跑楼梯　(d) 平行双分楼梯　(e) 折行多跑楼梯

(f) 剪刀楼梯　(g) 弧形楼梯　(h) 螺旋形楼梯

图 2.22　楼梯的常见形式

(1) 开敞式楼梯间：楼梯间直接与走廊连通，没有任何分隔。

(2) 封闭式楼梯间：楼梯间与走廊之间有防火门分隔。

(3) 防烟楼梯间：楼梯间与走廊之间设有前室（阳台或凹廊），楼梯间、前室和走廊之间有防火门分隔。

各类楼梯间的设置应符合《建筑设计防火规范》（GB 50016—2014）（2018 年版）的规定。

2. 楼梯的平面位置

一般公共建筑通常在主入口处设置一个位置明显的主要楼梯；在次入口、建筑尽端、房屋的转折和交接处设置辅助楼梯，供疏散或服务用。为保证主要使用房间的良好朝向，楼梯多布置于朝向较差的一面。楼梯一般应有自然采光，位置要适中、均匀，其设置主要根据建筑交通流线的需要和防火规范的要求。

33

3. 楼梯的宽度和数量

楼梯的宽度和数量主要根据使用性质、使用人数和防火规范来确定。一般民用建筑楼梯的最小净宽 1.1m，应满足两股人流疏散要求，但住宅内部楼梯可减小到 0.75～0.90m。

楼梯的数量应根据使用人数及防火规范要求来确定，必须满足关于走道内房间门至楼梯间的最大距离的限制。在通常情况下，公共建筑内每个防火分区或一个防火分区的每个楼层，其安全出口的数量不应少于 2 个。设置 1 个安全出口或 1 部疏散楼梯的公共建筑应符合下列条件之一：

（1）除托儿所、幼儿园外，建筑面积不大于 200m² 且人数不超过 50 人的单层公共建筑或多层公共建筑的首层。

（2）除医疗建筑、老年人照料设施、儿童活动场所和歌舞娱乐放映游艺场所外，符合表 2.5 规定的公共建筑。

表 2.5　　　　　　　　　　设置 1 部疏散楼梯的公共建筑

耐火等级	最多层数/层	每层最大建筑面积/m²	人　　　数
一、二级	3	200	第二、三层的人数之和不超过 50 人
三级、木结构建筑	3	200	第二、三层的人数之和不超过 25 人
四级	2	200	第二层的人数不超过 15 人

注　根据《建筑防火通用规范》（GB 55037—2022）中 7.4.1 条内容。

2.4.3　电梯、自动扶梯及坡道

1. 电梯

高层建筑的垂直交通以电梯为主，其他有特殊功能要求的多层建筑，如大型宾馆、百货公司、医院等，除设置楼梯外，也需设置电梯以解决垂直交通的问题。一类公共建筑、塔式住宅、12 层及 12 层以上的单元式住宅和通廊式住宅、高度超过 32m 的其他二类公共建筑还应设置消防电梯。

电梯按其使用性质可分为乘客电梯、载货电梯、消防电梯、客货两用电梯、杂物梯等类型。确定电梯间的位置及布置方式时，应充分考虑以下几点要求：

（1）电梯间应布置在人流集中的地方，如门厅、出入口等，位置要明显，电梯前面应有足够的等候面积，以免造成人员拥挤和堵塞。

（2）按相关防火规范的要求，设计电梯时应配置辅助楼梯，供电梯发生故障时使用。布置时可将两者靠近，以便灵活使用，并有利于安全疏散。

（3）电梯井道无天然采光要求，布置较为灵活，通常主要考虑人流交通方便、通畅。电梯等候厅由于人流集中，最好有天然采光和自然通风。

电梯布置方式有单面式和对面式两种，如图 2.23 所示。

2. 自动扶梯及坡道

自动扶梯用于人流频繁而连续的大型公共建筑。自动扶梯是一种在一定方向上能大量、连续输送流动客流的装置。在具有频繁而连续人流的大型公共建筑中，如百货大楼、展览馆、医院、游乐场、火车站、地铁站、航空港等建筑，自动扶梯是主要垂直交通工具。自动扶梯宽度较楼梯更小，通常为 600～1000mm。

2.4 交通联系部分设计

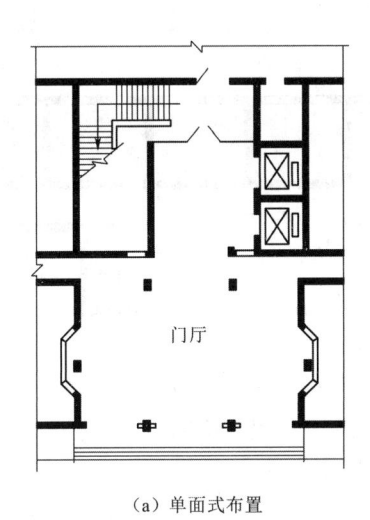

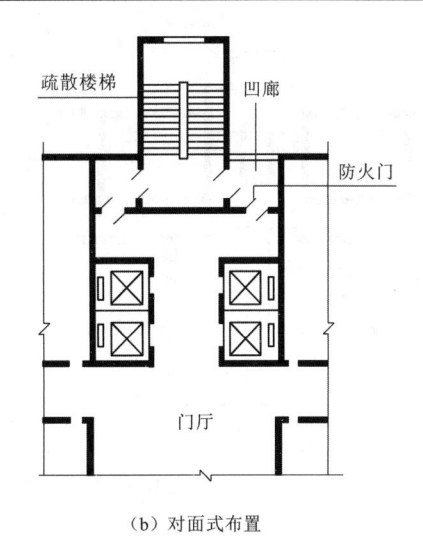

(a) 单面式布置　　　　(b) 对面式布置

图 2.23　电梯布置示意

坡道的特点是通行方便、省力，但所占面积较大。医院为了病人上下和手推车通行的方便，可采用坡道；为儿童上下方便的建筑物，也可采用坡道；有些人流量集中的公共建筑，如大型体育馆的部分疏散通道，也可用坡道来进行垂直交通联系。室外坡道常作为公共建筑的车行道或残疾人通道。

2.4.4　门厅、过厅

门厅作为交通枢纽还兼具导向性功能，其主要作用是接纳、分配人流，室内外空间过渡及各方面交通的衔接。使用者在门厅或过厅中应能很容易发现其所希望到达的通道、出入口或楼梯、电梯等部位，而且能够很容易选择和判断通往这些处所的路线，在行进中又较少受到干扰。

同时，根据建筑物使用性质的不同，门厅还兼有其他功能，如医院门厅常设挂号、收费、取药的房间；旅馆门厅兼有休息、会客、接待、登记、小卖部等功能。兼有其他用途的门厅仍应将供交通的部分明确区分开来，不要同其他功能部分互相干扰，同时有效地组织其交通的流线。和所有交通联系部分的设计一样，疏散出入安全也是门厅设计的一个重要内容，门厅对外出入口的总宽度，应不小于通向该门厅的过道、楼梯宽度的总和，人流比较集中的公共建筑物，门厅对外出入口的宽度，一般按每 100 人 600mm 计算。外门的开启方式应向外开启或采用弹簧门扇。

根据不同建筑类型平面组合的特点，以及房屋建造所在基地形状、道路走向对建筑中门厅设置的要求，门厅的布局通常有对称和不对称两种。对称的门厅有明显的轴线，如果起主要交通联系作用的过道或主要楼梯沿轴线布置，主导方向较为明确，如图 2.24（a）所示。不对称的门厅，如图 2.24（b）所示。由于门厅中没有明显的轴线，交通联系主次的导向，往往需要通过对走廊口门洞的大小、墙面的透空和装饰处理以及楼梯踏步的引导等设计手法，使人们易于辨别交通联系的主导方向。

过厅通常设置在过道和过道之间或过道和楼梯的连接处，它起到交通路线的转折和过渡的作用，有时为了改善过道的采光、通风条件，也可以在过道的中部设置过厅，如图 2.25 所示。

(a) 对称的门厅　　　　　　　　　(b) 不对称的门厅

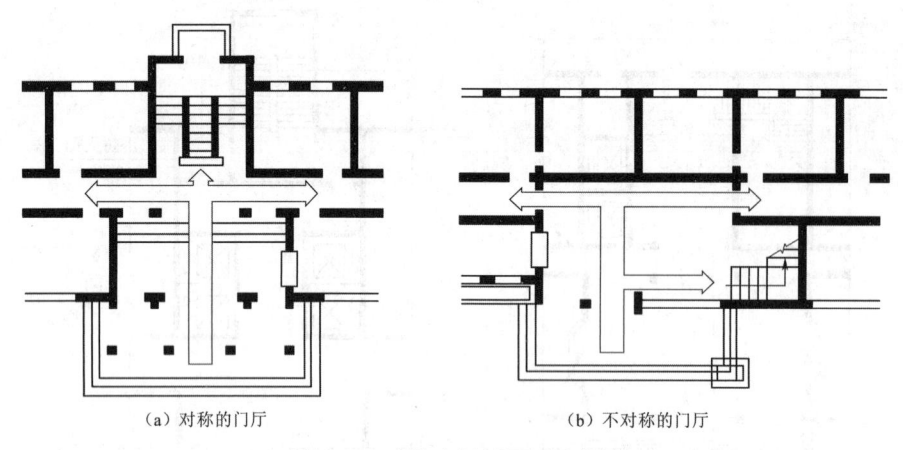

图 2.24　建筑中门厅平面示意图

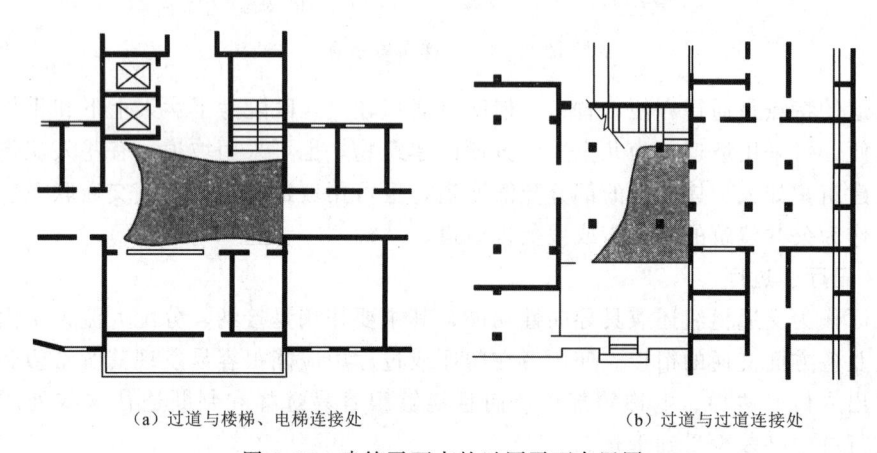

(a) 过道与楼梯、电梯连接处　　　　(b) 过道与过道连接处

图 2.25　建筑平面中的过厅平面布置图

2.5　建筑平面组合设计

资源 2.6　建筑平面组合设计

建筑平面组合设计就是将建筑平面中的使用部分通过交通联系部分有机地联系起来，使之成为一个使用方便、结构合理、体型简洁、构图完整、造价经济及与环境协调的建筑物。例如商场建筑中的营业厅属于主要使用部分，库房属于辅助使用部分，加上交通面积的合理安排，就形成了符合建筑功能要求的平面组合，如图 2.26 所示。借助功能分析图（或称之为气泡图）可以归纳、明确使用部分的功能分区，兼顾其他的可能性，尤其建筑的结构传力系统的布置。

2.5.1　影响平面组合的因素

1. 使用功能

平面组合应符合使用功能要求，集中表现为合理的功能分区及明确的流线组织两个方面。

（1）合理的功能分区。建筑物的功能分区是将建筑物各个组成部分按不同的功能特点进行分类、分组，使之分区明确、联系方便。应注意以下几个关系：

2.5 建筑平面组合设计

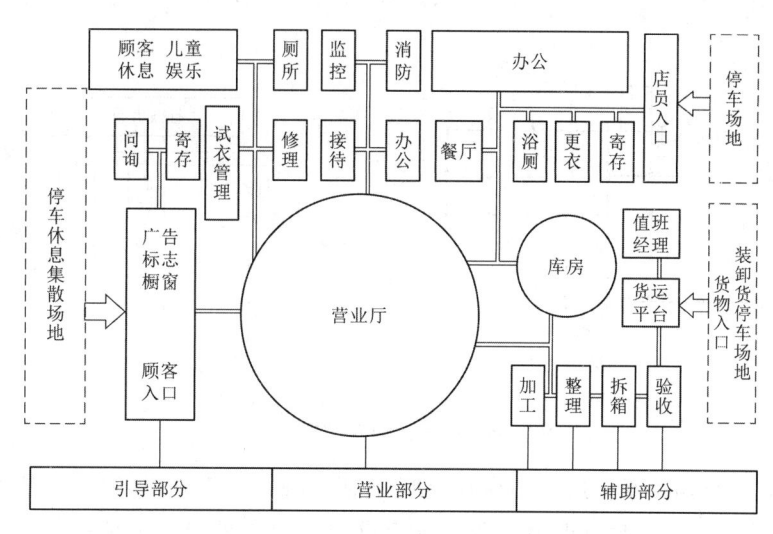

图 2.26 商场建筑中功能组合设计示意图

1) 主次关系。组成建筑物的各个房间，按使用性质和重要性的差异，必然存在主次之分。应将主要使用房间布置在朝向较好、通行较方便的位置，并使其具有良好的采光通风条件；而将次要房间布置在朝向、采光通风、交通条件相对较差的位置。如幼儿园的活动单元主要使用房间为活动室、寝室，而衣帽间、卫生间、储藏间均属次要房间。因此，幼儿园的活动室、寝室往往安排在采光充裕、视野开阔、南向的位置，如图 2.27 所示。

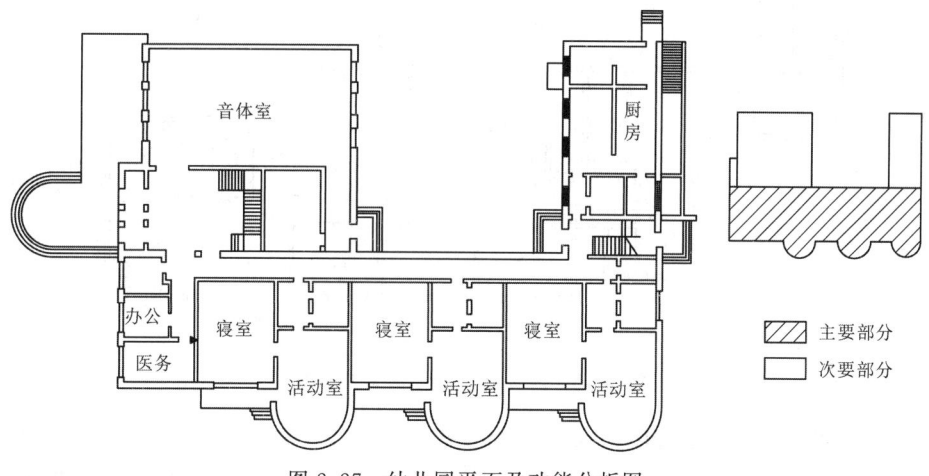

图 2.27 幼儿园平面及功能分析图

2) 内外关系。在公共建筑的各种使用空间中，有的对外联系功能居主导地位，直接为公众服务；有的对内关系密切一些，主要供内部工作人员使用。一般来讲，对外性强的房间应靠近入口或直接进入，布置在交通枢纽附近；而对内性强的房间尽量布置在比较隐蔽的位置，避免外来人员干扰。如商场的营业厅应安排在人们出入和疏散方便、人流导向比较明确的位置；而内部办公用房应在较隐蔽位置，避免顾客人流干扰，如图 2.28 所示。

(a) 商场平面图　　　　　　　　　　　　(b) 功能分析图

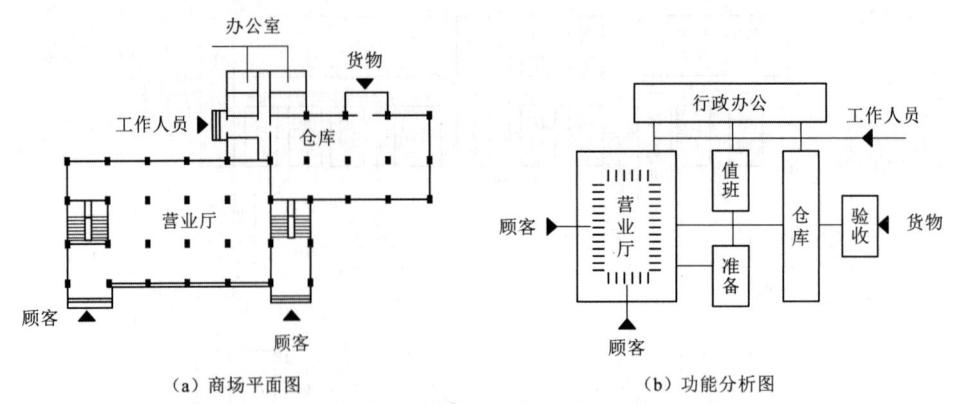

图 2.28　商场平面及功能分析图

3) 联系与分隔关系。房间的使用性质上还有如"闹"与"静"、"清"与"污"等方面的特性区别，应使其既有分隔，又有联系。公共建筑中一般提供学习、工作、休息等用途的主要使用房间需要有安静的环境，应与嘈杂喧闹的房间适当隔离。如中小学的教室、办公室等需要安静的房间，应与体育馆、音乐教室、室外操场等活动区域适当分开，如图 2.29 所示。

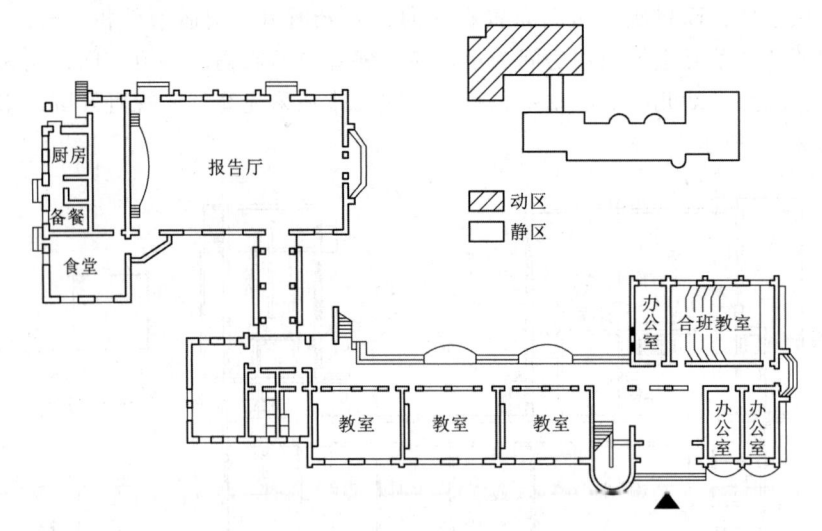

图 2.29　教学楼房间的联系与分隔

公共建筑中某些辅助或附属房间，如厨房、锅炉房、洗衣房等，在使用过程中会产生气味、烟灰、污物与垃圾，从而影响主要使用房间的环境。一般应将这些房间布置于常年主导风向的下风向，且不在公共人流的主要交通路线及建筑物的主要立面上，以免影响建筑物的整洁和美观。如餐厅要求环境干净、卫生、舒适，因而厨房与餐厅应适当隔离。同时，厨房的位置应在下风向，其货流的出入口应与餐厅的入口分离。

(2) 明确的流线组织。民用建筑的流线分为人流和物流两类。所谓流线组织明确，即要保证各种流线简洁、通畅，不迂回，不逆行，避免相互交叉和干扰。如在车站建筑中，其活动具有明确的使用顺序：售票—候车—检票—进入站台—上车；下

2.5 建筑平面组合设计

车—检票—出站。交通路线的组织要符合车站的使用顺序要求。因此,分析车站的基本流线有三种:一是旅客流线;二是行包流线;三是车辆流线。在组织交通流线时要以进站和出站分开为基本原则,同时考虑旅客流线与车辆流线、旅客流线与行包流线、旅客流线与职工流线分开。故车站建筑的设计,成功的流线组织是最重要的,如图 2.30 所示。

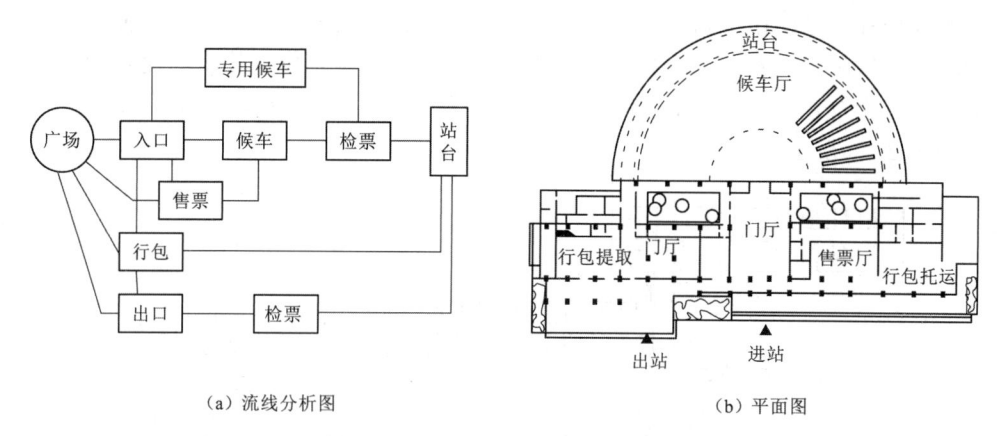

(a)流线分析图　　　　　(b)平面图

图 2.30　车站流线分析图与平面图

2. 结构类型

建筑结构与材料是构成建筑物的物质基础,在很大程度上影响建筑的平面组合。建筑平面组合在满足使用功能要求的前提下,还有利于选择经济合理的结构方案。目前,民用建筑常用的结构类型有墙承重结构、框架结构和空间结构三类。不同的结构类型往往采取不同的平面组织形式。

(1)墙承重结构。其要求房间的开间、进深尺寸不大,且要尽量统一,上下承重墙要对齐,为保证墙体有足够的刚度,门窗洞口不宜过大。由于房间的开间、进深受到梁板经济跨度的限制,只能用于小空间的民用建筑,如中小学校的教学楼、医院、办公楼、住宅等。

(2)框架结构。其布置强度较高,刚度大,特点是梁柱承重,墙体只起分隔、围护的作用。平面布局较灵活,窗洞口的大小不受限制,所以适用于开间、进深较大的公共建筑和高层建筑,如大型商场、实验楼、高层旅馆等建筑。

(3)空间结构。其常见的有薄壳、悬索、网架等。这种结构受力合理,适用于大跨度的公共建筑,如体育建筑和交通建筑等。

3. 设备管线

民用建筑中的设备管线主要包括给水、排水、供热、通风以及电气、照明等专业的设备管线。在保证满足使用要求的同时,还应力求使各种设备管线集中布置,上下对齐,以利施工和节约管线。

4. 建筑造型

建筑不同的功能要求和平面组合,则有不同的建筑造型。建筑造型也影响到建筑物的平面组合。建筑体型及其外部特征要充分反映出建筑的功能要求及建筑的性格,以达到形式与内容的统一。

2.5.2 建筑平面组合的形式

平面组合形式是指经平面组合后使用房间及交通联系空间所形成的平面布局。下面介绍几种常见的平面组合形式。

1. 走道式组合

走道式组合是以走道联系各使用空间的建筑布局方式。其特点是使用空间和交通空间明确分开，各使用房间相对独立，不受干扰，有比较安静的环境。这种布局方式适用于单个房间面积不大、层高较低，同类房间多次重复、数量较多的建筑。如行政办公建筑、学校建筑、医疗建筑等。走道式空间组合通常有内廊式和外廊式两种形式，如图 2.31 所示。

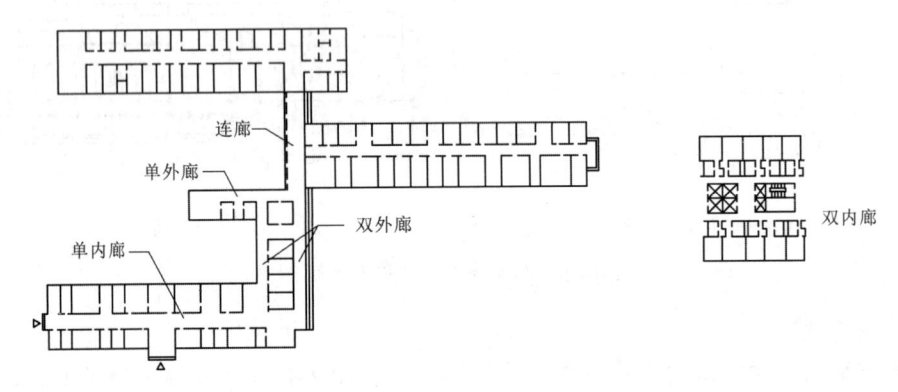

图 2.31 走道式组合图

（1）内廊式。内廊式即走道两侧布置房间。该布局方式平面紧凑，交通面积较少。但建筑进深大，有一侧房间朝向差。当走道较长时，采光、通风都不利，需开设高窗或设置过厅以改善采光、通风条件。

（2）外廊式。外廊式组合采光、通风、朝向都较好，但交通面积偏大。南向外廊式组合多用于学校教学楼，起到一定遮阳作用，使室内光线柔和；北向外廊式组合多用于宿舍、办公楼，以争取较好的朝向和日照条件。

有的公共建筑，根据使用要求及空间处理的需要，采用内外廊相结合的布局方式，使平面布局紧凑，采光、通风良好。

2. 套间式组合

套间式组合是空间互相穿套、直接连通的一种布局方式。其特点是使用空间和交通联系空间组合在一起，联系紧密、便捷。适用于房间使用顺序和连续性较强、使用房间不需要单独分隔的建筑，如车站、商场、展览馆等。它可分为串联式、放射式两种组合方式，如图 2.32 所示。

串联式组合人流路线紧凑、方向单一，简洁明确，人流不重复、不交叉，其缺点是活动路线不够灵活。放射式组合是围绕中心枢纽空间或某个大厅，放射状地布置各个使用房间。其特点是空间形式呈现出一定的连续性，使用灵活，各使用空间可单独开放；其缺点是交通路线不够明确，容易造成交叉干扰。根据实际需要，串联式组合可与走廊式或放射式组合结合起来布置，使空间布局兼具各自的优点。

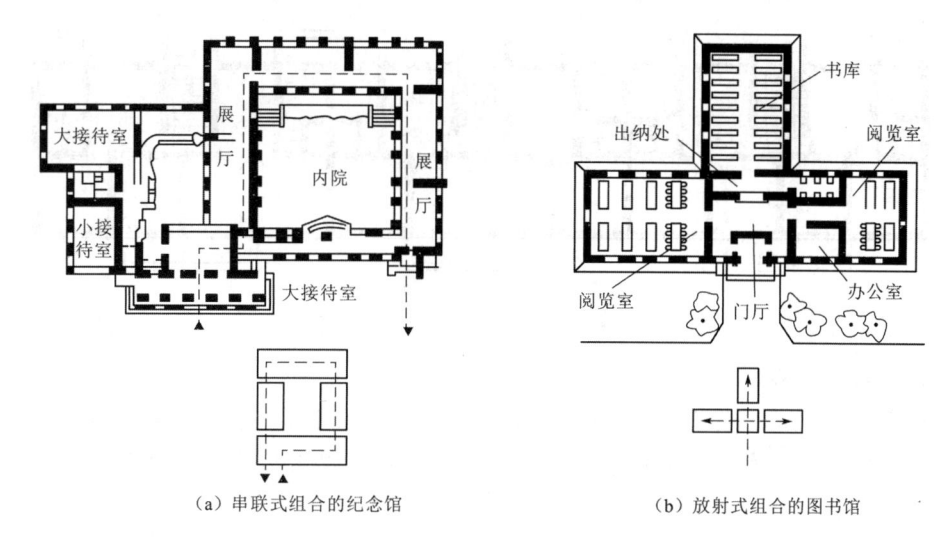

(a) 串联式组合的纪念馆　　　　(b) 放射式组合的图书馆

图 2.32　套间式组合图

3. 大厅式组合

大厅式组合是以主体空间大厅为中心，环绕布置其他辅助房间。这种组合形式的特点是主体空间体量突出，主次分明，辅助房间与大厅联系紧密，使用方便。主体空间常常具有一定的视听要求。这种空间组合适用于影剧院、体育馆等建筑类型。大厅式组合中应注意人流疏散通畅，导向明确，避免交叉干扰；同时应合理选择覆盖和围护大厅的结构体系，如图 2.33 所示。

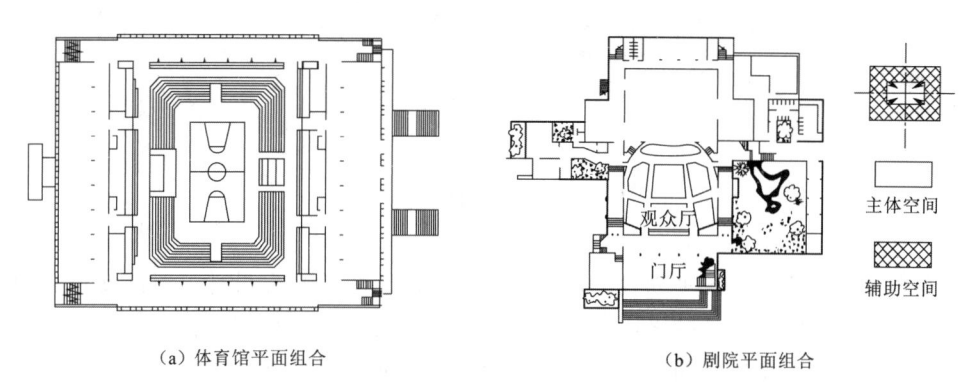

(a) 体育馆平面组合　　　　(b) 剧院平面组合

图 2.33　大厅式组合图

4. 单元式组合

将关系密切的相关房间组合在一起并成为一个相对独立的整体，称为组合单元。将一种或多种单元按地形和环境情况组合起来成为一幢建筑，这种组合方式称为单元式组合。

单元式组合的优点是功能分区明确，平面布局紧凑，单元与单元之间相对独立，互不干扰。除此以外，单元组合布局灵活，并能适应不同的地形。这种空间组合适用于住宅等建筑类型，如图 2.34 所示。

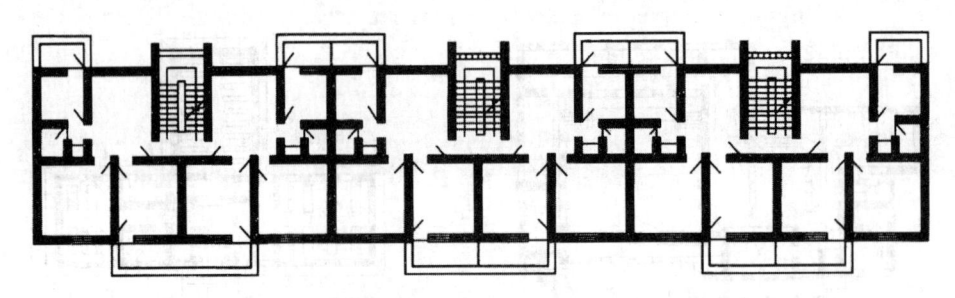

图 2.34　单元式组合示意图

5. 混合式组合

某些民用建筑，由于功能关系复杂，往往不能局限于某一种组合形式，而必须采用多种组合混用的形式，也称为混合式组合，常用于幼儿园、俱乐部等建筑，如图2.35 所示。

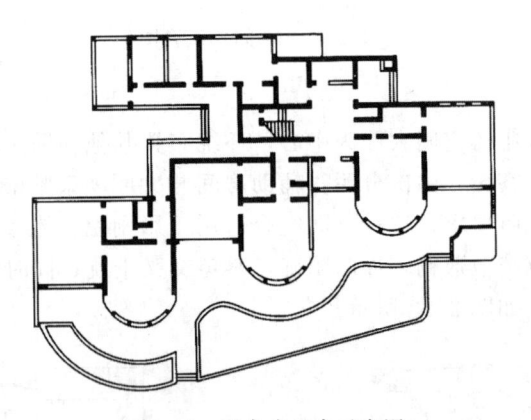

图 2.35　混合式组合示意图

本 章 小 结

本章主要介绍了建筑平面设计，包含主要使用房间的平面设计、辅助使用房间的平面设计、交通联系部分的平面设计以及建筑平面的组合设计四部分。使用部分的平面设计主要介绍了使用房间的分类、面积和房间平面中门窗的布置；交通联系部分的平面设计主要介绍了走道、楼梯、电梯、自动扶梯、门厅和过厅等；建筑平面组合设计主要介绍了影响组合设计的因素、平面组合形式等知识。通过对本章的学习，读者在实际工程中能运用所学知识进行一般民用建筑的平面设计。

思 考 题

1. 平面设计包含哪些基本内容？
2. 确定房间面积大小时应考虑哪些因素？
3. 影响房间形状和尺寸的因素有哪些？试举例说明。

第 3 章 建筑剖面设计

本章导读

建筑剖面设计是建筑设计的基本组成部分之一，主要分析建筑各部分应有的高度、建筑层数、建筑空间的组合利用，以及建筑剖面中的结构、构造关系等。建筑剖面设计所要解决的问题实质上是使用空间、交通联系空间等在竖向的组合问题。建筑剖面设计和建筑的使用、造价、节约用地等因素密切相关，因此对这些问题往往要平面、剖面结合在一起研究，才能具体确定下来，如平面组合设计时使用空间的分层安排、各层面积的大小应和建筑剖面中层数的确定一起通盘考虑才能决定。

学习目标

◎知识目标

1. 了解房间剖面形状设计的要求。
2. 理解房间各部分高度的确定。
3. 掌握房屋的层数设计。
4. 熟悉建筑空间的组合与利用。

◎能力目标

1. 能够进行建筑剖面设计，绘制建筑剖面施工图。
2. 能够利用建筑空间的组合方法进行建筑的竖向空间组合设计。

◎素质目标

1. 具有建筑设计遵循标准规范、精益求精的工匠精神。
2. 具有追求建筑设计经济合理的职业素养。

第3章 建筑剖面设计

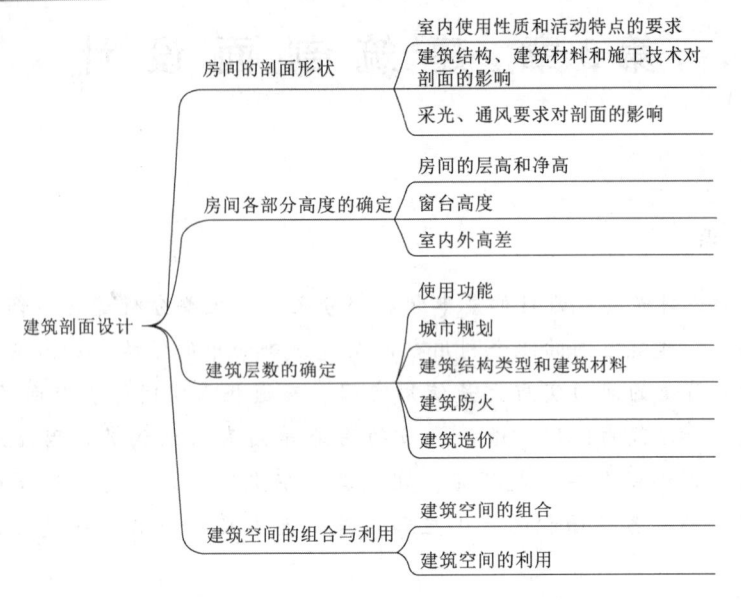

> **思维导图**
>
> 建筑剖面设计
> ├─ 房间的剖面形状
> │   ├─ 室内使用性质和活动特点的要求
> │   ├─ 建筑结构、建筑材料和施工技术对剖面的影响
> │   └─ 采光、通风要求对剖面的影响
> ├─ 房间各部分高度的确定
> │   ├─ 房间的层高和净高
> │   ├─ 窗台高度
> │   └─ 室内外高差
> ├─ 建筑层数的确定
> │   ├─ 使用功能
> │   ├─ 城市规划
> │   ├─ 建筑结构类型和建筑材料
> │   ├─ 建筑防火
> │   └─ 建筑造价
> └─ 建筑空间的组合与利用
>   ├─ 建筑空间的组合
>   └─ 建筑空间的利用

资源3.1 房间的剖面形状

3.1 房间的剖面形状

房间的剖面形状主要是根据功能要求和使用特点来确定的。同时，建筑结构、建筑材料、建筑技术以及建筑造型等对剖面形状的确定也有很大的影响。此外，还需要考虑具体的材质、经济条件及特定的艺术构思的影响，既要满足使用要求，又要达到一定的艺术效果。

房间的剖面形状分为矩形和非矩形两类。矩形剖面简单、规整，有利于人的行动和家具、设备的布置，便于竖向空间的组合，容易获得简洁而完整的体型。同时，矩形剖面结构简单，有利于采用梁板式结构，节约空间，方便施工。非矩形剖面常用于有特殊要求的房间，或者因结构形式不同而形成的房间。

3.1.1 室内使用性质和活动特点的要求

1. 人体活动及家具设备要求

建筑的剖面形状主要是由使用功能决定。在民用建筑中，大多数建筑的房间在功能上对其剖面形状并无特殊要求，如卧室、起居室、教室、办公室等。利用矩形剖面就能满足其使用要求，并且还能提供给房间水平向的地面和顶棚。

2. 视线要求

对于有特殊要求的房间，为满足视觉需要，地面应有一定坡度。坡度大小与设计视点的选择、视线升高值 C、座位排列方式、排距等因素有关。设计视点是指按设计要求所能看到的极限位置，代表了可见和不可见的界限，以此作为视线设计的依据。视点高度的选择要以人的视线不受遮挡为限。建筑功能不同，观看对象不同，设计视点的位置选择也不同。如电影院的视点高度选在银幕底边中心点，可以保证人的视线能够看到银幕的全画面，如图3.1所示；阶梯教室视点高度常选在讲台桌面，大约距地面1100mm

处；电影院视点的高度一般定于大幕在舞台面上水平投影的中心点。一般视点选择越低，地面升起坡度越大；视点选择越高，地面升起坡度就越小。设计视点选择是否合理，是衡量视觉质量的重要标准，直接影响地面升起坡度的大小及建筑的经济性。

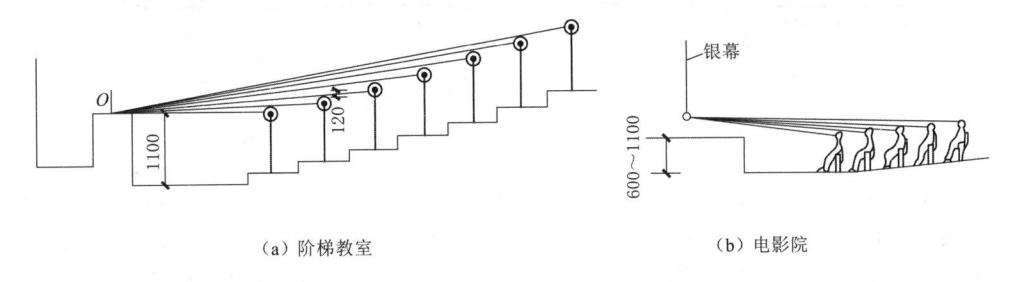

（a）阶梯教室

（b）电影院

图 3.1 设计视点与地面起坡的关系

设计视点确定后，就要进行地面起坡计算。首先要确定每排视线升高值 C。C 值为后排观众的视线与前排观众眼睛之间的视高差，一般定为 120mm，当座位错位排列时，C 值为 60mm，这样可以保证人的视线不被遮挡，如图 3.2 所示。错位排列布置要比对位排列布置的地面起坡缓一些。当进行无障碍视线设计时，C 值应每排升起 120mm。

（a）错位　　　　（b）隔排升起120mm　　　　（c）每排升起120mm

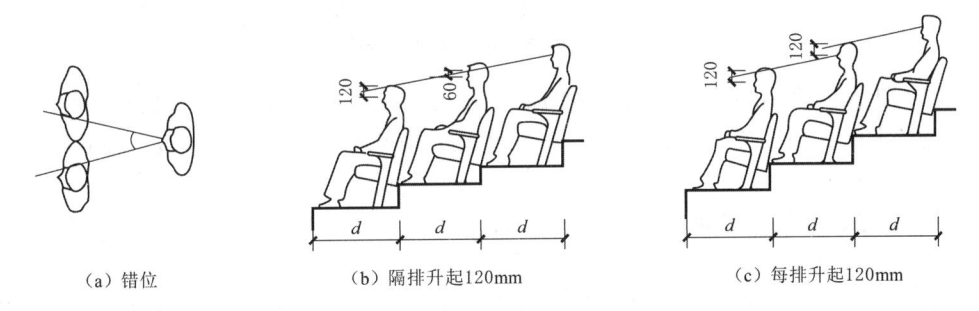

图 3.2 视觉标准与地面升起关系

3. 音质要求

在影剧院、会堂等建筑中，观演大厅对音质要求都很高，需要采用比较特殊的剖面形式，且剖面形式应与平面形式相适应。平面与剖面设计应同时进行，当平面形式有明显声学缺陷时，剖面设计应予以适当调整。为了保证室内声场分布均匀，避免出现声音空白区、回声及声音聚焦等现象，在剖面设计中要特别注意顶棚、墙面、地面的处理。通常，按照视线要求设计的地面能够满足声学的要求，而顶棚的高度和形状是保证室内声场均匀、良好的一个重要条件。所以，顶棚的形状应根据声音反射的基本原理来设计，以保证大厅各个座位都能获得均匀的反射声，并加强声压不足的部位。一般情况下，凸面可以使声音扩散，声场分布较均匀；凹曲面和拱顶都易产生声音聚焦，声场分布不均匀，设计时应尽量避免，如图 3.3 所示。

3.1.2 建筑结构、建筑材料和施工技术对剖面的影响

房间的剖面形状除应满足使用要求外，还应考虑建筑的建筑结构、建筑材料和施工技术的影响。民用建筑屋顶的剖面形状一般有平屋顶、坡屋顶、曲面屋顶等。这些形状一般和构成它们的结构类型、建筑材料和建筑技术有很大关系。矩形的剖面形状规整而简洁，可采用简单的钢筋混凝土梁板结构，施工方便，适用于大量的民用建

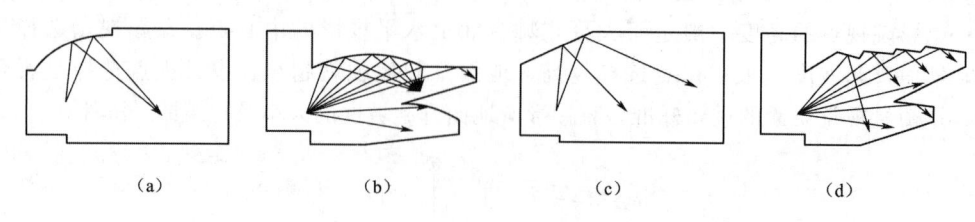

图 3.3 不同顶棚对声音反射的影响

注：(a)、(b)、(c) 声音反射不均匀，有聚焦；(d) 反射较均匀。

筑。但是，钢筋混凝土构件自重较大，对于跨度不大的情况比较适宜。如果是大跨度的建筑，如体育馆、展览馆等，常采用空间结构形式，如屋架、网架、拱、悬索、壳体等结构形式。受结构形式的影响，对应的剖面形状就不再是简单的矩形了。而非矩形剖面往往能为建筑创造独特的室内空间，如图 3.4 所示。

图 3.4 结构形式对剖面的影响

现代建筑的发展离不开建筑材料的发展和施工技术的改进。钢和钢筋混凝土、新的施工技术的出现，使建筑在跨度、空间和高度上实现了进一步的突破，建筑剖面也愈发富于变化。

3.1.3 采光、通风要求对剖面的影响

1. 采光对剖面的影响

室内光线的强弱和照度是否均匀，与平面中窗户的宽度及位置、剖面中窗户的高低有关。使用空间内光线的照射深度，主要靠侧窗的高度来确定。

对于一般进深不大的房间，侧窗即能满足室内采光和通风等卫生要求。进深越大，要求侧窗上沿的位置越高，即相应的净高也要高一些。房间较高，采光不足时，可增设高侧窗。单侧采光时，通常窗上沿离地高度应大于进深的一半；允许两侧开窗时，净高应不小于总深度的 1/4。为了避免在使用空间顶部出现暗角，窗上沿到顶棚底面的距离，应在保证有设置窗过梁或圈梁的空间，同时，满足建筑结构、构造要求的基础上应尽可能小一些。

当进深较大，侧窗无法满足室内照度要求时，就需要设置各种形式的天窗。有一些房间，虽进深不大，但功能上却有特殊要求，如展览类建筑中的展厅或陈列室，为使室内照度均匀，光线稳定而柔和，应避免光线直接照射到展品或陈列品上，并消除眩光，以留出足够的墙面布置展品或陈列品。此类建筑常利用形式多样的天窗采光，其屋顶天窗的形状各不相同，有矩形天窗、拱形天窗、屋面点状天窗等，它们都改变了建筑的屋面形状，如图 3.5 所示。

2. 通风对剖面的影响

房间一般都需要通风，无论是自然通风还是机械通风都需要设置出气口和进气口。一般情况下，房间在墙的两侧设窗以进行空气对流，也可一侧设窗让空气上下对

(a) 单侧窗　　(b) 双侧窗　　(c) 带光搁板单侧窗　　(d) 矩形天窗

(e) 锯齿形天窗　　(f) 斜锯齿形天窗　　(g) 平天窗采光带　　(h) 平天窗采光罩

(i) 锥形天窗　　(j) 三角形天窗　　(k) 横向天窗　　(l) 下沉式天窗

图 3.5　不同采光类型对剖面的影响

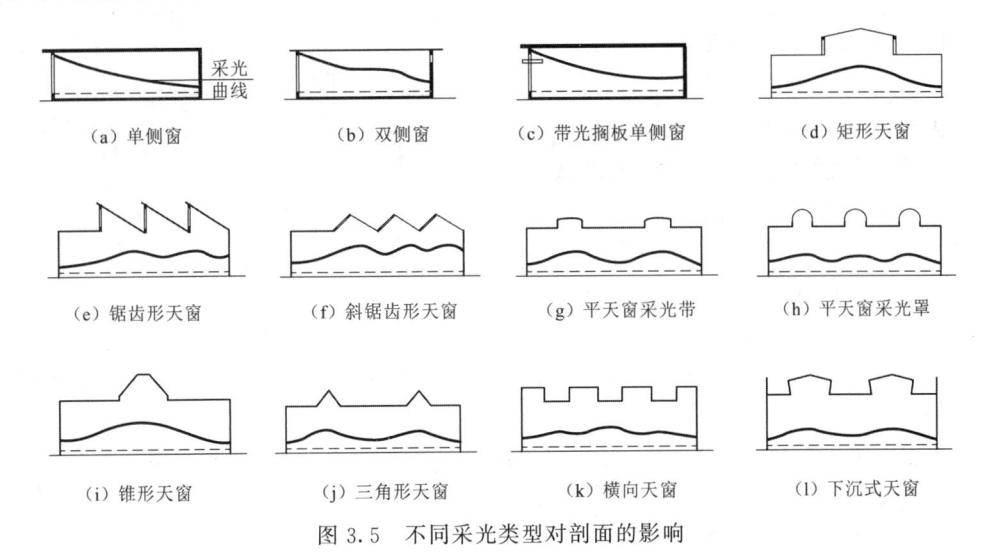

流。对于有特殊要求的房间或湿度较大、温度较高、烟尘较多的房间，除了在墙面两侧开窗外，还需在屋顶开设出气孔，以天窗的形式增加空气压差，这种处理同样改变了房间的剖面形状，如图 3.6 所示。

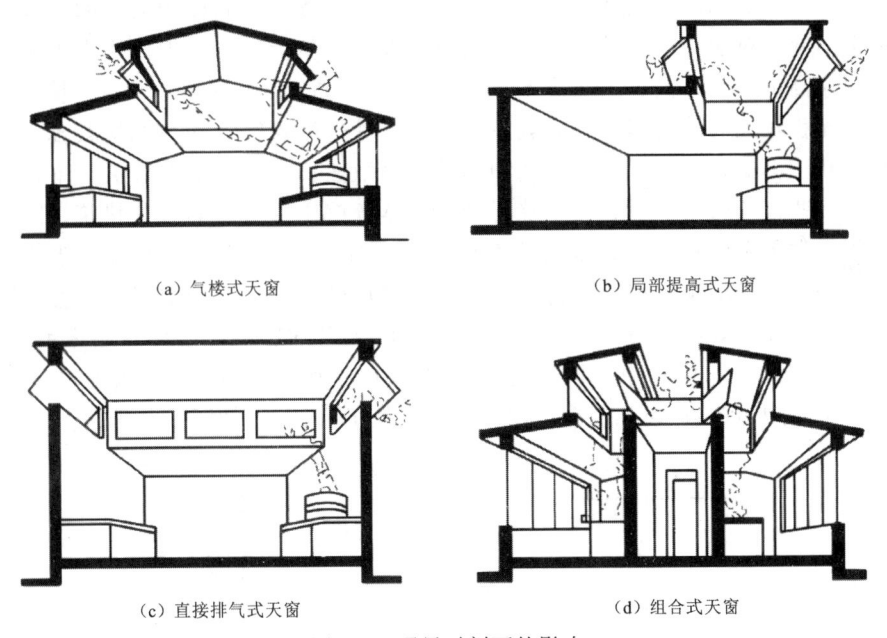

(a) 气楼式天窗　　(b) 局部提高式天窗

(c) 直接排气式天窗　　(d) 组合式天窗

图 3.6　通风对剖面的影响

3.2　房间各部分高度的确定

剖面设计研究的是建筑各部分在垂直方向上的相互关系，确定各部分的高度是剖面设计的重要内容之一，需要确定的有房间的层高和净高、窗台高度、室内外高差等。

资源 3.2　房间各部分高度的确定

3.2.1 房间的层高和净高

房间的层高是指建筑物上下相邻两层楼面或楼面与地面之间的垂直距离。而净高是指楼面或地面至上部楼板底面或顶棚底面之间的垂直距离。如图 3.7 所示，即层高等于净高加上楼板厚度（或包括梁高）。不过，对于房屋顶层，由于防水屋顶的厚度较大，屋面做法有一定的坡度，往往将顶层层高定为屋面结构板上表面到下一层楼面之间的垂直距离。

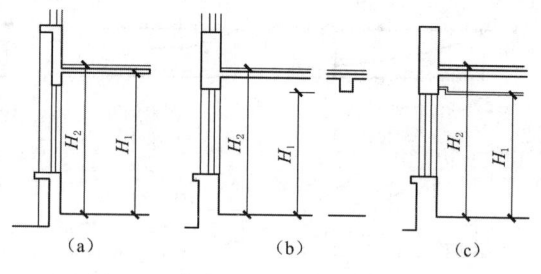

图 3.7 净高（H_1）和层高（H_2）

房间高度是否恰当，将直接影响到房间的使用、经济以及室内空间的艺术效果。在确定层高时，需要从以下几个方面出发，综合考虑。

1. 活动特点及家具设备的使用要求

确定房间高度，通常先确定净高，用净高和结构层高度计算楼层层高。房间的净高与人体的使用活动特点和家具设备的使用要求有关。为保证人们的正常活动，一般室内最小净高应以人举手触摸不到顶棚为宜，即不小于 2200mm，如图 3.8 所示。

不同类型的房间因使用性质和活动特点、使用人数及房间面积大小的不同，对净高要求也不同。对于住宅中的居室和旅馆中的客房等生活用房，因使用人数少，房间面积小，净高可以低一些，一般应不小于 2.4m，层高在 2.8m 左右；对于使用人数较多，房间面积较大的公用房间，如教室、办公室等，需要空气的容积量较多，室内净高常为 3.0～3.3m，其中，阶梯教室由于使用人数多，且地面需要起坡，室内的净高要求更大一些；商店营业厅、影剧院观众厅、体育馆比赛大厅等公共建筑，因空间更大，使用人数更多，在确定其净高时考虑的因素应更多，以满足各方面的要求。

除此之外，房间里的家具设备及人们使用家具设备所必需的空间，也直接影响房间的净高和层高。如学生宿舍的层高主要受床的类型的影响，使用双层床铺的房间，层高要考虑上铺到顶板的距离，坐着叠被要求距离为 1.05m，跪着叠被要求距离为 1.3m，床高约 1.75m，因此室内净高一般应不低于 3.2m，如图 3.9 所示。

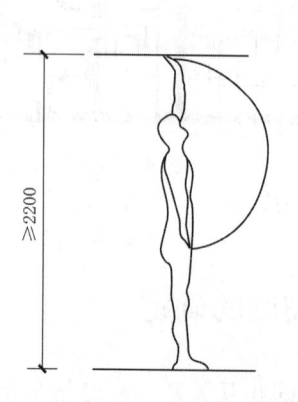

图 3.8 房间最小净高

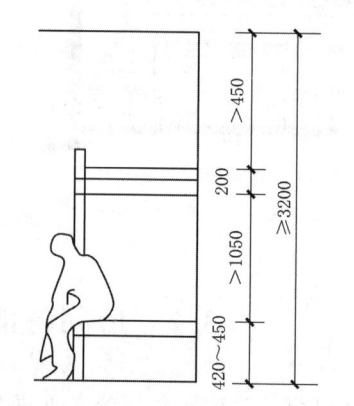

图 3.9 人体活动空间、家具及设备高度对空间高度的影响

3.2 房间各部分高度的确定

2. 采光、通风的要求

房间内尽量采用天然采光。采光房间内光线的照射深度,主要由侧窗的高度决定。进深越大,要求侧窗上沿的位置越高,即相应房间的净高也要大一些。当房间采用单侧采光时,通常侧窗上沿离地的高度应大于房间深度的 1/2,如图 3.10(a)所示;当房间允许两侧开窗时,侧窗上沿离地的高度大于总深度的 1/4,如图 3.10(b)所示。当房间进深较大,侧窗不能满足采光要求时,可以采用高侧窗或屋顶设置天窗采光等方法解决,从而形成各种不同的剖面形状,如图 3.11 所示。

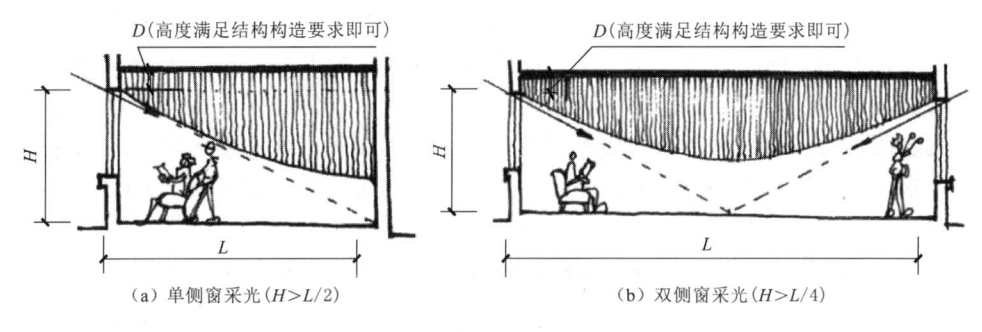

(a) 单侧窗采光($H>L/2$)　　(b) 双侧窗采光($H>L/4$)

图 3.10 房间窗高与进深的关系

(a) 设置高侧窗采光　　(b) 设置天窗采光

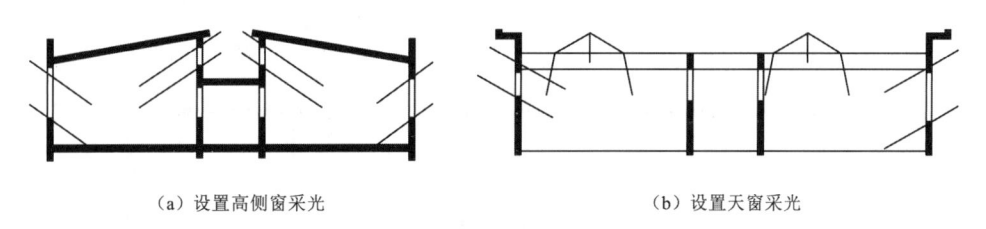

图 3.11 房间利用高侧窗和天窗采光

从通风要求来说,室内进出风口在剖面上的高低位置,对房间净高也有一定的要求。潮湿和炎热地区的民用建筑,经常利用空气的压力差形成室内穿堂风,如在内墙上开高窗、门上设亮子等。这样的设计就要求房间净高相对高一些。为保证房间有必要的卫生条件,除了组织好通风外,还应在剖面设计中考虑房间内必需的空气容量,具体取值与房间用途有关。一般使用人数较多,空气容量标准要求高的房间,要求房间的净高也就更高。

3. 结构高度及其布置要求

结构高度是指楼板、屋面板、梁及屋架所占的高度。在使用空间设计中,梁的高度、板的厚度、墙与柱的稳定性以及空间的结构整体形状、高度对剖面设计都有一定影响。在结构安全可靠的前提下,减少结构高度会增加房间的净高和降低建筑造价。因此,合理选择、布置结构承重方案意义重大。一般开间、进深小的房间可直接利用墙体承重,将楼板搭在承重墙上,这样结构所占的高度最小;开间、进深较大的房间,一般要设置梁,楼板搭在梁上,这就增加了结构层的厚度,应尽量避开这种承重方案。若只能选择这种承重方案,也要尽可能使楼板的厚度包含在梁的高度内,做成梁板合一的整浇式或花篮梁形的装配式。大跨度建筑、大空间建筑屋顶往往采用薄腹梁、屋架、空间网架等结构形式,其所占高度更大,截面高度可达几米。因此,如何

49

降低结构的高度是设计人员在剖面设计时必须要考虑的问题。

当房间采用吊顶构造时,要保证吊顶后的净高满足使用要求,可将层高适当增加,以满足净高需要。对于坡屋顶建筑的顶层空间,不做吊顶时可以充分利用屋顶空间,房间的高度可以比平屋顶建筑低一些。

4. 室内空间比例要求

室内空间长、宽、高的比例,对人的心理行为影响很大。宽而低的空间常使人感觉压抑、沉闷,狭而高的空间使人感到拘谨、局促,在宽而高的空间内一人独居,又使人感觉空旷、冷清、迷茫。同时,人们在视觉上对空间高低的感受,通常具有一定的相对性,即和空间本身的面积大小、顶棚的处理方式以及窗户的比例等有关。住宅建筑的居室净高取 2.7m 左右时,使人感到亲切、舒适,但若用于教室,就会显得过于低矮、压抑。不同的建筑,需要不同的空间比例。在确定房间净高时,应根据使用功能要求,提供优良的空间环境,一般民用建筑的空间尺度,高宽比在 1∶1.5～1∶3 之间较为适宜,如图 3.12 所示。

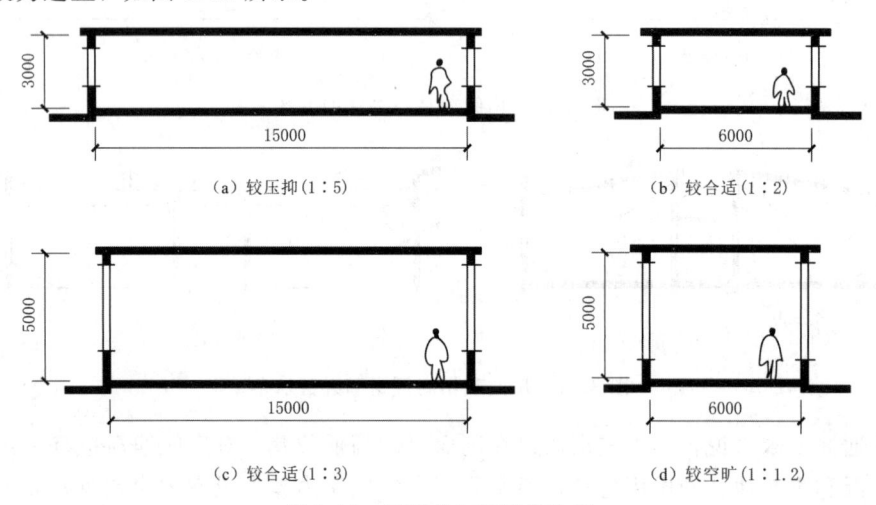

图 3.12 不同的空间尺度比例

5. 建筑经济效益要求

层高对建筑造价和用地面积影响很大。降低层高可减轻建筑自重,减少围护分隔结构面积,节约材料,也有利于结构受力,降低能耗。为了力求节约,在满足使用、采光通风、观感和模数制要求的前提下,应尽可能地降低层高。实践证明,普通砖混结构的住宅,层高每减少 100mm,土建投资可节约 1% 左右。层高的降低还可降低建筑总高度,从而缩小建筑的间距,节约建筑用地。

6. 建筑工业化要求

层高是剖面设计的重要数据,是工程常用的控制尺寸。确定层高时,除考虑室内净高与结构、构造高度外,还需符合建筑模数,并力求节约。在建筑设计、制造、施工安装等活动中,遵循模数协调原则,全面实现尺寸配合,保证房屋建设过程中,在功能、质量、技术和经济等方面获得优化,促进房屋建设从粗放型生产转化为集约型社会化协作生产。通常,在大量性民用建筑中,当层高在 4.2m 以内时,可用 100mm 作为级差,否则应以 300mm 作为级差。

3.2.2 窗台高度

窗台高度主要根据使用要求、人体尺度和家具设备的高度来确定。一般窗台高度应满足人的活动行为要求，适应人的生理行为和心理行为。窗台高度在人的坐姿视点以下，保证人的坐姿工作、学习面的照度，同时应保证对窗外的可视性。

一般民用建筑中，生活、学习或工作用房的窗台高度常采用900～1000mm，窗台距桌面的高度为100～200mm，这既可以保证有充足的光线照射到桌面上，又能避免桌上的东西被风吹出窗外；幼儿园建筑结合儿童尺度，活动室的窗台高度常采用700mm左右；展览建筑的展室、陈列室，由于需要利用室内墙面布置展品，为避免眩光，在人的站立视点高度处一般不设窗，而在视点高度以上开设高侧窗或天窗，窗台到陈列品的距离要有大于14°的保护角，窗台高度一般为2500mm以上；浴室、厕所走廊两侧的窗台为遮挡人们的视线，往往设置在1800mm以上，如图3.13所示。

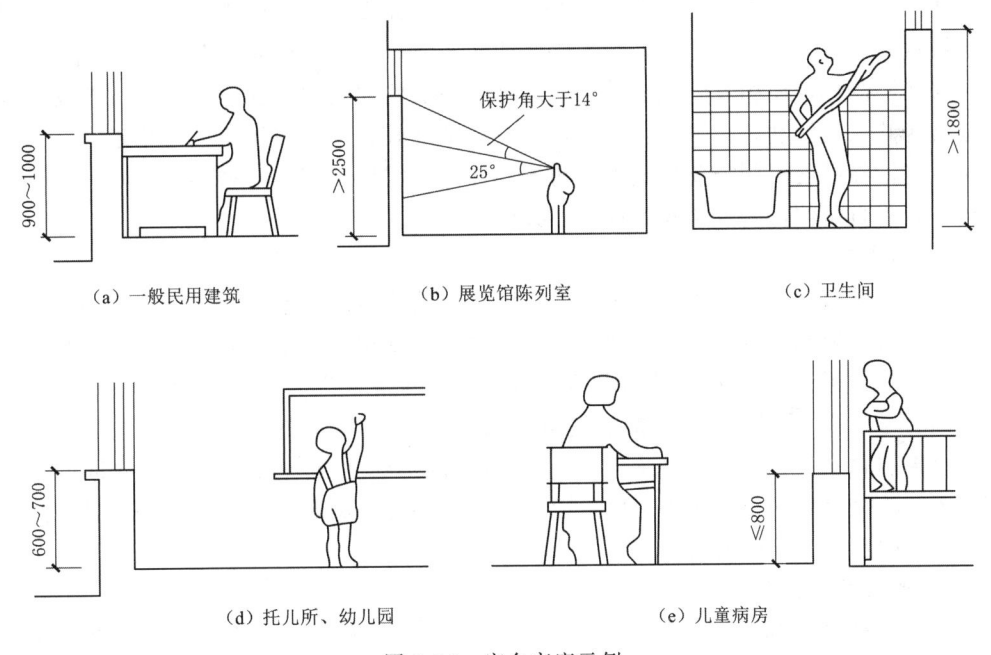

（a）一般民用建筑　　（b）展览馆陈列室　　（c）卫生间

（d）托儿所、幼儿园　　（e）儿童病房

图3.13　窗台高度示例

3.2.3 室内外高差

室内外高差是指建筑物室内地面到室外自然地面的垂直高度。为了防止室外雨水流入建筑物室内，使建筑底层地面过于潮湿，以及防止由于建筑物的沉降导致室内地面低于室外地面等，在设计时，往往把室内底层地面设计得高于室外自然地面。室内外高差的取值应适当，高差过小，难于保证基本要求，高差过大，既不利于室内外联系，又会增加建筑高度和工程造价。室内外高差取值通常为300～600mm。

对一些有特殊要求的建筑，室内外高差应根据使用要求、建筑物性质来确定。如仓库、工业建筑一般要求室内外联系要方便，且因常有车辆出入，高差要小一些，入口处不设台阶只做坡道；一些重要性建筑和纪念性建筑，为强调其严肃性，增加庄严、雄伟的气氛，常借助增大室内外高差值的手法来增加建筑物基座的高度以获得效

51

果。位于山地、坡地的建筑，应结合地形、地貌和室外道路的布置，确定其室内外高差。

3.3 建筑层数的确定

资源3.4 建筑层数的确定

建筑层数是在方案设计阶段就需要初步确定的问题。层数不确定，建筑各层平面就无法布置，剖面、立面高度也无法确定。影响建筑层数的因素主要包括以下五个方面。

3.3.1 使用功能

不同的建筑用途、不同的使用对象对建筑层数有不同要求。如体育馆、影剧院、展览馆等大型公共建筑，其面积、空间较大，使用人数多、人流集中，地面荷载大，为满足室内外联系方便和能够安全快速疏散的要求，往往建成单层或低层。对于托儿所、幼儿园、敬老院等建筑，为使用安全以及便于儿童和老人经常性的户外活动，其建筑层数一般以一至三层为宜。对于一般的住宅、办公楼等建筑，其使用人数相对较少，房间层高低，使用较分散，常采用多层或高层的建筑形式。对于宾馆、贸易大厦等建筑，其人员活动相对独立且集中，区域活动性较强，多位于市区繁华地段，土地造价极高，在高度上既需要形成中心的导向性，又需要良好的可视性和观赏性，则只能向高处垂直延伸，所以常建为高层公共建筑。

3.3.2 城市规划

建筑是城市的细胞，对城市风貌影响很大，尤其是位于城市干道、广场和道路交叉口的建筑。因此，城市规划对建筑层数、建筑高度均有严格的规定。例如在某些风景区附近不得建造体量大、层数高的建筑，以实现建筑与环境相协调。在飞机场附近，因为考虑飞机起降空间的需要，其附近的建筑也有限高的规定。城市规划必须从宏观上控制每个局部区域的人口密度，而通过调整住宅层数可以调整居住区的容积率，因此，城市规划中的人口密度也影响着建筑层高的确定。此外，建筑物日照间距的要求也限制了建筑的高度。

3.3.3 建筑结构类型和建筑材料

建筑结构类型和建筑材料是影响建筑层数的主要因素。一般砖混结构常用于建造七层及以下的大量性民用建筑。钢筋混凝土框架结构、剪力墙结构、框架-剪力墙结构及筒体结构适用于多层和高层建筑。目前世界各国建造的高层宾馆、高层办公楼、高层住宅等都是采用上述结构类型，而建筑材料基本上都采用钢筋混凝土和钢材。

钢材及钢筋混凝土等材料作为高层建筑的建筑材料，突破了难以解决的大空间、大跨度的难题。悬索结构、空间网架壳体、折板结构等是大空间、大跨度屋盖的主要结构体系，适用于单层、低层大跨度建筑，如影剧院、体育馆等。

在地震区，建筑物允许建造的层数，根据结构形式和地震烈度的不同，在抗震规范的限制下酌情确定。

3.3.4 建筑防火

建筑的耐火等级或工程结构的耐火性能，应与其火灾危险性、建筑高度、使用功

3.3 建筑层数的确定

能和重要性，火灾扑救难度等相适应。根据《建筑防火通用规范》(GB 55037—2022)的规定，地下、半地下建筑（室）的耐火等级应为一级。建筑高度大于100m的工业与民用建筑楼板的耐火极限不应低于2.00h。一级耐火等级工业与民用建筑的上人平屋顶，屋面板的耐火极限不应低于1.50h；二级耐火等级工业与民用建筑的上人平屋顶，屋面板的耐火极限不应低于100h。民用建筑耐火等级划分见表3.1。

表3.1　民用建筑耐火等级划分

耐火等级	建筑类型
一级	一类高层民用建筑
	二层和二层半式、多层式民用机场航站楼
	A类广播电影电视建筑
	四级生物安全实验室
不应低于二级	二类高层民用建筑
	一层和一层半式民用机场航站楼
	总建筑面积大于1500m²的单、多层人员密集场所
	B类广播电影电视建筑
	一级普通消防站、二级普通消防站、特勤消防站、战勤保障消防站
	设置洁净手术部的建筑，三级生物安全实验室
	用于灾时避难的建筑
不应低于三级	城市和镇中心区内的民用建筑
	老年人照料设施、教学建筑、医疗建筑

拓展阅读

根据《建筑防火通用规范》(GB 55037—2022) 中4.3条内容，营业厅等建筑最大防火分区面积应符合下列规定：

(1) 一、二级耐火等级建筑内的商店营业厅，当设置自动灭火系统和火灾自动报警系统并采用不燃或难燃装修材料时，每个防火分区的最大允许建筑面积应符合下列规定：

1) 设置在高层建筑内时，不应大于4000m²。

2) 设置在单层建筑内或仅设置在多层建筑的首层时，不应大于10000m²。

3) 设置在地下或半地下时，不应大于2000m²。

(2) 除有特殊要求的建筑、木结构建筑和附建于民用建筑中的汽车库外，其他公共建筑中每个防火分区的最大允许建筑面积应符合下列规定：

1) 对于高层建筑不应大于1500m²。

2) 对于一、二级耐火等级的单、多层建筑，不应大于2500m²；对于三级耐火等级的单、多层建筑，不应大于1200m²；对于四级耐火等级的单、多层建筑，不应大于600m²。

3) 对于地下设备房，不应大于1000m²；对于地下其他区域，不应大于500m²。

4）当防火分区全部设置自动灭火系统时，上述面积可以增加1.0倍；当局部设置自动灭火系统时，可按该局部区域建筑面积的1/2计入所在防火分区的总建筑面积。

（3）总建筑面积大于20000m² 的地下或半地下商店，应分隔为多个建筑面积不大于20000m² 的区域且防火分隔措施应可靠、有效。

3.3.5　建筑造价

建筑层数直接影响建筑造价。大量性民用建筑，如住宅，在多层建筑范围内，增加建筑层数，可以降低造价。以砖混结构为例，在建筑平面不变的情况下，占地面积不变，随着层数的增加，建筑面积成倍增加，而土地、基础、屋盖等费用会相对减少，相对单位面积造价则明显降低。但到了一定层数以上，因荷载较大，结构受力发生很大变化，设备要求提高，建筑材料用量增多，层数的增加使建筑相对单位面积造价明显上升，如图3.14所示。一般砖混结构建造3～6层较经济。

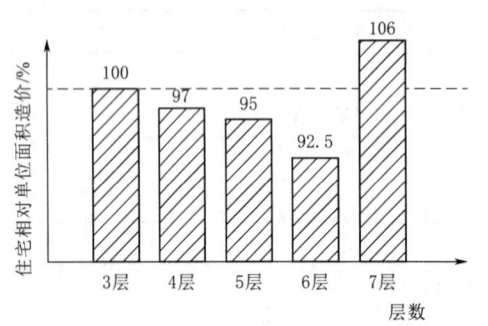

图3.14　住宅相对单位面积造价与层数关系比例

层数与建筑造价的关系还体现在群体组合中。一般建筑的层数越多，用地越经济。据有关资料表明，每公顷用地若能建平房住宅面积达4400m²，改建5层住宅则可达13000m²，土地利用率可提高近3倍。

综上所述，在确定建筑层数时，要综合考虑各方面的影响因素，满足建筑物的使用要求，确定经济、合理、安全、可靠的结构类型及层数。

3.4　建筑空间的组合与利用

资源3.5　建筑空间的组合和利用

3.4.1　建筑空间的组合

建筑空间组合就是根据内部使用要求，结合基地环境等条件，将各种不同形状、大小、高低的空间组合起来，使之成为使用方便、结构合理、体型简洁完美的整体。

1. 空间组合的设计原则

空间组合的设计原则是结构布置合理，空间有效利用，建筑体型美观。一般情况下可以将使用性质近似、高度又相同的部分放在同一层内；空旷的大空间尽量设在建筑顶层，避免放在底层形成"下柔上刚"的结构或是放在中间层造成结构刚度的突变；利用楼梯等垂直交通枢纽或过厅、连廊等来连接不同层高或不同高度的建筑段落，既可以解决垂直的交通联系，又可以丰富建筑体型。

2. 组合方法

（1）高度相同或接近的房间组合。这类组合常采用走道式或单元式的组合方式，如住宅、医院、学校、办公楼等，在组合过程中，尽可能统计房间的高度。如教学楼中的普通教室和实验室、住宅中的卧室等组合在同一层并逐层向上叠加，用楼梯将各垂直排列的空间联系起来构成一个整体，结构布置也合理。有的建筑由于使用要求或房间大小不同,出现了高低差别。如学校中的教室和办公室,可将它们分别集中布置,以小空间为主,灵活布置大空间,采取不同的层高,以楼梯或踏步来解决两部分空间的垂直交通联系,如图 3.15 所示。

(2) 高度相差较大房间的组合。

1) 以大空间为主体的空间组合。有些建筑如体育馆、影剧院等,主要是以大空间为主要组合对象,在其周围布置小空间,或利用大空间中的局部夹层来布置小空间。这种组合方式应注意处理好辅助空间的通风、采光、疏散等问题。如图 3.16 所示的建筑,以比赛大厅为中心,将其他辅助用房布置在看台下,并向周边延伸,充分利用了空间,丰富了造型。

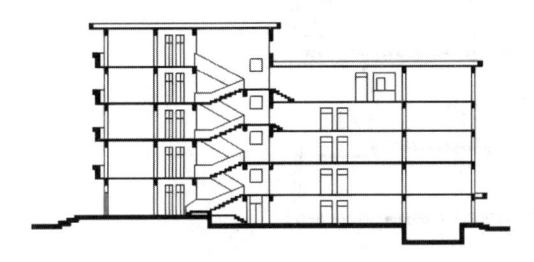

图 3.15 教学楼不同层高的剖面处理　　图 3.16 以大空间为主体的空间组合

2) 以小空间为主体的空间组合。以小空间为主的建筑,由于某些功能需要在建筑内部设置大空间,如商住楼的营业厅、办公楼中的会议室和报告厅、教学楼中的活动室等。通常将这类建筑的大空间依附于主体小空间的一侧,从而不受层高与结构的限制;或将大小空间上下叠合,把大空间布置在一层、二层或是顶层,如图 3.17 所示。

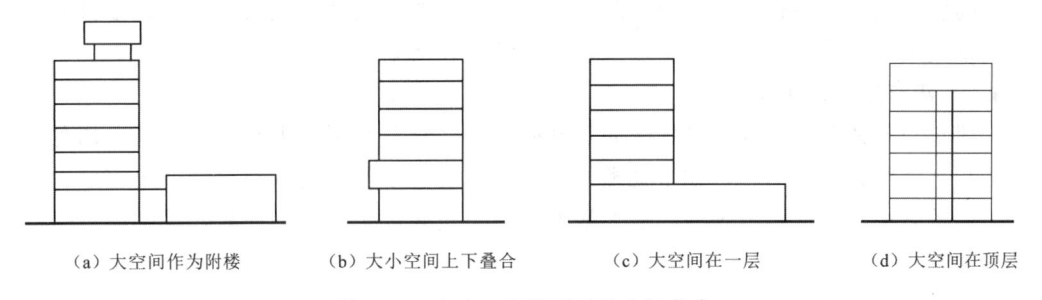

(a) 大空间作为附楼　　(b) 大小空间上下叠合　　(c) 大空间在一层　　(d) 大空间在顶层

图 3.17 大小、高低不同的空间组合

3) 综合性的空间组合。某些综合性建筑,集多功能于一身,常常由若干大小、高低、形状各不相同的空间组成。对于这类复杂空间的组合,必须综合运用多种组合形式,才能满足功能及艺术性的要求。如图 3.18 所示的某大学图书馆,采用集中式布置,一侧入口门厅与阅览空间分开设置,有利于简化结构布置。

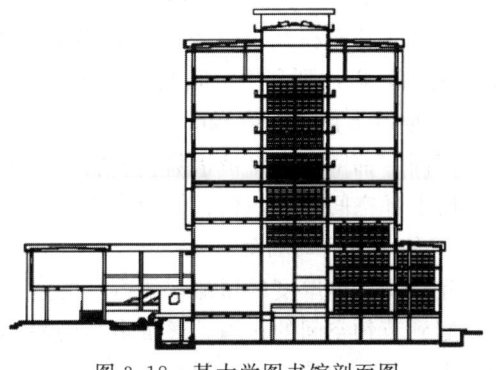

图 3.18 某大学图书馆剖面图

3. 错层、跃层和复式住宅组合

(1) 错层式组合。错层剖面是指在建筑物纵向或横向剖面中，房间几部分之间的楼地面高低错开。在同一楼层上形成了不同的楼面标高，称为错层设计，如图 3.19 所示。应当注意，错层的建筑物交通组织不应过于复杂，抗震设防地区需要采取措施解决错层对建筑刚度的影响。

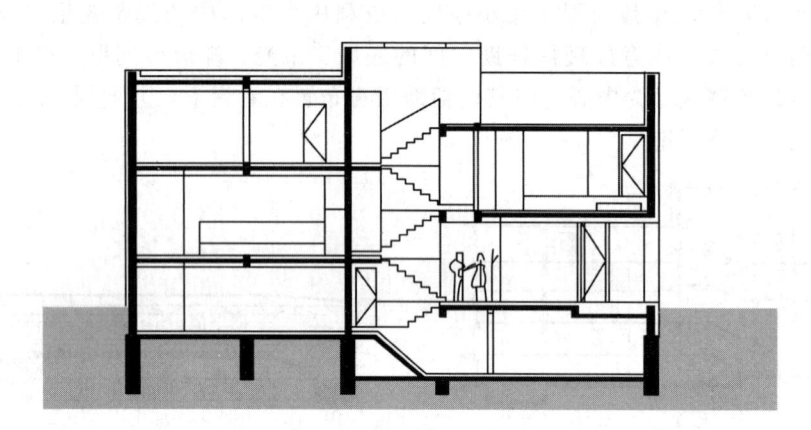

图 3.19 错层建筑剖面图

(2) 跃层剖面的组合。跃层剖面的组合方式主要用于住宅建筑中，是指室内空间跨越两层及两层以上的住宅。有上下两层楼面、卧室、走道及其他辅助用房，上下层之间的通道不经过公共楼梯，而是采用户内独立的小楼梯联系。

(3) 复式住宅。复式住宅源于中国香港设计师李鸿仁设计的一种经济住宅样式。在层高较高的一层中设置一夹层，两层合计的层高要大大低于跃层式住宅。复式住宅下层供起居、厨房、进餐用，上层供休息、睡眠和储藏。

3.4.2 建筑空间的利用

建筑空间的利用涉及建筑的平面及剖面设计。充分利用室内空间不仅可以增加使用面积、节约投资，而且，如果处理得当还可以起到改善室内空间比例、丰富室内空间艺术的效果。因此，合理地、最大限度地利用空间以扩大使用面积，是空间组合的重要问题。

1. 夹层空间的利用

公共建筑中的营业厅、体育馆、影剧院、候机楼等，由于功能要求，其主体空间与辅助空间的面积和层高不一致，因此常采取在大空间周围布置夹层的方式，如图 3.20 所示，以达到利用空间及丰富室内空间效果的目的。

2. 房间上部空间的利用

房间上部空间主要是指除了人们日常活动和家具布置以外的空间。如住宅中常利用房间上部空间设置搁板、吊柜作为储藏之用，如图 3.21 所示。

3. 结构空间的利用

建筑物墙体厚度的增加，所占用的室内空间也相应增加，因此充分利用墙体空间可以起到节约空间的作用。通常多利用墙体空间设置壁柜、窗台柜，利用角柱布置书架及工作台，如图 3.22 所示。

3.4 建筑空间的组合与利用

图 3.20 夹层空间的利用

图 3.21 上部空间的利用

图 3.22 结构空间的利用

4. 楼梯间及走道空间的利用

一般民用建筑楼梯间底层休息平台下至少有半层高,可作为布置储藏室及辅助用房和出入口之用。同时,楼梯间顶层有一层半的空间高度,可以利用部分空间布置一个小储藏间,如图 3.23 所示。

民用建筑走道主要用于人流通行,其面积和宽度都较小,高度也相应要求低一些,可以充分利用走道上部多余的空间布置设备管道及照明线路,如图 3.24 所示。

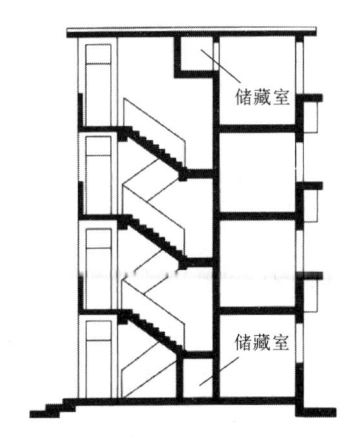

图 3.23 楼梯间及走道空间的利用

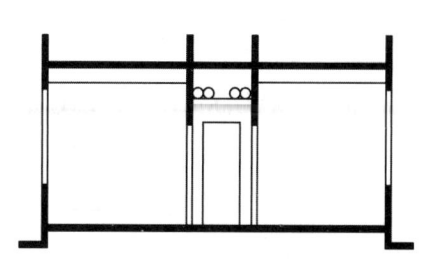

图 3.24 走道上部设备的空间

本章小结

建筑剖面设计讲述了建筑剖面形状设计的要求，房间各部分高度的确定，建筑层数的确定、建筑空间的组合和利用。建筑剖面设计是一个综合考虑建筑物外观、空间功能和结构等因素的过程。它不仅关注建筑物外部的外观效果，还注重内部空间的布局和功能实现，旨在创建出符合使用需求和审美要求的建筑。

思 考 题

1. 建筑结构、建筑材料和施工技术对建筑剖面设计有何影响？
2. 什么是层高、净高？请举例说明确定房间高度应考虑的因素。
3. 建筑层数的影响因素有哪些？
4. 建筑平面组合与总平面的关系有哪些？

第 4 章　建筑体型和立面设计

本章导读

建筑的体型和立面是建筑形象的具体体现，是城市景观的重要组成部分。建筑形象不仅体现了建筑性质、时代特征、地方特色及建筑艺术特点，还与其内部使用空间、结构形式及材料特性存在辩证统一的关系。

建筑体型和立面设计所研究的主要问题是建筑物的体量大小、体型组合、立面及细部处理等，是建筑设计的重要组成部分。进行体型和立面设计时，应和建筑的平面、剖面设计同时进行，根据建筑的不同功能要求及有关制约因素（城市规划、环境、技术经济条件等），初步确定建筑物的体型及立面雏形。随着设计的深入，在平面、剖面设计的基础上对建筑形象从总体到细部反复推敲，并结合构造设计，把握合适的尺度关系，使之达到形式与内容的完美统一。

学习目标

◎知识目标

1. 了解建筑体型及立面设计的要求。
2. 掌握建筑体型及立面设计方法。

◎能力目标

1. 能够进行建筑体型和立面设计。
2. 能够解决建筑体型组合和立面设计的一般问题。

◎素质目标

1. 培养学生对建筑之美的认知，具有建筑美学素养。
2. 具有心灵美的职业素养。

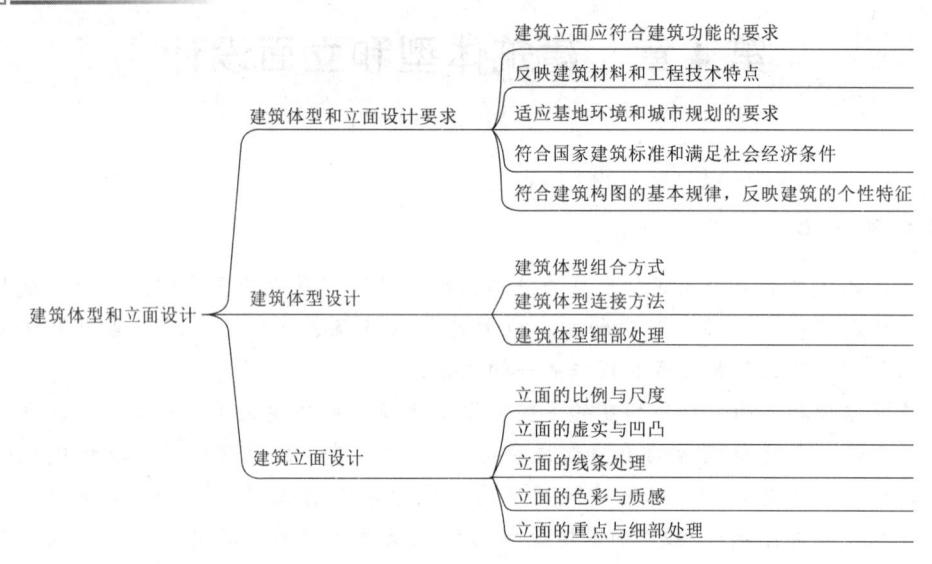

第 4 章 建筑体型和立面设计

> 思维导图

```
                        ┌─ 建筑立面应符合建筑功能的要求
                        ├─ 反映建筑材料和工程技术特点
        建筑体型和立面设计要求 ─┼─ 适应基地环境和城市规划的要求
                        ├─ 符合国家建筑标准和满足社会经济条件
                        └─ 符合建筑构图的基本规律,反映建筑的个性特征

建筑体型和立面设计 ─ 建筑体型设计 ─┬─ 建筑体型组合方式
                        ├─ 建筑体型连接方法
                        └─ 建筑体型细部处理

        建筑立面设计 ─┬─ 立面的比例与尺度
                   ├─ 立面的虚实与凹凸
                   ├─ 立面的线条处理
                   ├─ 立面的色彩与质感
                   └─ 立面的重点与细部处理
```

资源 4.1 建筑体型和立面设计要求

4.1 建筑体型和立面设计要求

4.1.1 建筑立面应符合建筑功能的要求

房屋外部形象应反映建筑内部空间的组合特点,美观问题须紧密地结合功能要求。不同功能要求的建筑类型具有不同的内部空间组合特点,房屋的外部形象也应相应地表现出这些建筑类型的特征,有时也会采用一些独特的艺术形式来突出建筑的个性,强化建筑特色,增加建筑鲜明的可识性。商业建筑的大面积橱窗设计是为了最大范围地展示室内的商品和体现商业氛围,而住宅建筑由于其进深较小,以及为满足生活适用和私密性的需要,通常在立面上设置较小的窗子和阳台。体育和观演类建筑,则因为空间、人流、声响、灯光等方面的要求,以及建筑类型所附有的艺术特色,在建筑体型上,一般都会具有大面积的封闭厅堂。教学楼建筑一般多重采光,连续大窗,大开间,入口宽敞,以满足教学场所对自然采光、空间流动性和人流通行的特殊需求。行政建筑则注重通过严谨的体块构成、对称式布局和规整的立面处理,塑造庄重典雅的建筑形象,其主入口常通过柱廊、门厅等建筑元素强化仪式感,充分彰显行政建筑的权威性与公共性,如图 4.1 所示。这种差异化的设计手法精准地诠释了不同类型建筑的功能属性,实现了使用需求与空间美学的有机统一。

在幼儿教育建筑设计中,其功能属性与空间形态需严格遵循儿童行为特征与安全规范。通常采用低层化设计策略,将建筑高度控制在 2~3 层,通过紧凑型平面布局确保各功能单元可达性,同时设置多重安全防护体系。在形态塑造方面,强调非对称构图手法,运用圆弧形窗洞、明快色彩对比及趣味性构件组合,构建富有童趣的立面语汇,如图 4.2 所示。

4.1.2 反映建筑材料和工程技术特点

建筑是一个技术与艺术的综合体,技术是艺术的先决条件,艺术是技术的客观反

4.1 建筑体型和立面设计要求

图 4.1 某行政中心立面图

图 4.2 某幼儿园立面

映。其中，技术包括建筑结构选型、施工工艺、结构及饰面材料做法、建构技术手法等。建筑结构作为建筑的骨架，对建筑造型艺术起到支撑作用。因此，建筑的外观体形也反映出其空间的支撑体系和结构类型特点，古罗马斗兽场通过混凝土拱券体系实现环形观演空间的跨越，其放射状拱肋系统在立面上演化为经典的三层券柱式构图；而深圳国贸大厦采用的滑模施工技术，则通过核心筒剪力墙结构的精准攀升，造就了标志性的摩天楼垂直线条，如图 4.3 所示。

(a) 拱券结构的古罗马斗兽场　　(b) 深圳国贸大厦(滑模建筑)

图 4.3 建筑的外观体型对比

随着建筑材料和施工做法的日益革新，出现了越来越多的建筑外观形式；反之，通过建筑物外观体型和立面材料可以判断其建造年代，并反映出相应时代的建构技术特征。

4.1.3 适应基地环境和城市规划的要求

建筑基地的地形、地质、气候、方位、朝向、形状、大小、道路、绿化以及原有建筑群的关系等，都对建筑外部形象有极大影响。美国国会大厦是华盛顿古典建筑群的核心，代表历史传承；美国国家美术馆东馆作为现代建筑，在保留区域文化脉络的同时，以创新形态（如三角几何造型）打破传统建筑语言，形成"历史与现代并置"的城市景观，展现建筑对环境关系的动态回应，如图 4.4 所示。位于自然环境中的建筑要因地制宜，结合地形起伏变化使建筑高低错落、层次分明，并与环境融为一体。位于城市街道和广场的建筑物，建筑造型设计要密切结合城市道路、基地环境、周围原有建筑物的风格及城市规划部门的要求等。美国流水别墅选址宾夕法尼亚州熊跑溪峡谷，赖特依托自然地形，让建筑随山势高低错落，层层悬挑的平台宛如从岩石中生长而出，与瀑布、森林浑然一体，建筑顺应峡谷起伏，以石材、混凝土模拟自然肌理，将人工构造完全融入山水环境，如图 4.5 所示。

图 4.4　美国国家美术馆东馆 　　　　图 4.5　美国流水别墅

建筑体型和立面设计既要与所在地区的地形、气候、道路、原有建筑物等基地环境相协调，同时也要满足城市总体规划的要求，符合传统人文的脉络要求。吊脚楼是苗族传统建筑，由于苗族大多居住在高寒山区，山高坡陡，平整、开挖地基极不容易，再加上天气阴雨多变，潮湿多雾，砖屋底层地气很重，不宜起居。因而，形成了这种依山傍水、通风性能好的干栏式建筑，俗称"吊脚楼"，如图 4.6 所示。再如新疆喀什的高台民居，房间、楼层相连，层层叠叠，独特的过街楼、半街楼、悬空楼等空中楼阁，四通八达，上下旋转，是千百年来令人赞叹的独特人居建筑景观，如图 4.7 所示。

图 4.6　吊脚楼 　　　　图 4.7　高台民居

4.1.4　符合国家建筑标准和满足社会经济条件

在建筑体型和立面设计中，应根据其使用性质和规模，严格按照国家规定的建筑标准和相应的经济指标处理好适用、安全、经济、美观的关系。在建筑标准、所用材料、造型要求和外观装饰等方面要区别对待，防止片面强调建筑的艺术性而忽略建筑设计的经济性。要在满足一定的经济条件下，合理、灵活地运用技术手段和构图法则

建造出美观、简洁、朴素、大方的建筑物。
4.1.5 符合建筑构图的基本规律，反映建筑的个性特征

建筑构图的基本规律是创造优美建筑视觉形象的基本规律的总结。建筑艺术与其他视觉形象艺术的构图基本规律是一致的，甚至与听觉艺术的表现规律也是相通的，有异曲同工之美妙。

1. 统一与变化

统一是指建筑的完整性、一致性，它是建筑构图最基本的要求。其他的构图规律或手法，都是围绕统一来表现的。脱离统一的建筑，是支离破碎的、杂乱无章的。

变化是指建筑形式的丰富性、多样性。没有变化的建筑，是单调无奇、枯燥无味的。统一与变化是通过建筑的立面元素（建筑构件）来表现的。统一与变化的关系是"统一中有变化""变化中求统一"。著名建筑法国卢浮宫的玻璃金字塔，在统一的形式下，采用现代材料及样式，让卢浮宫这个拥有古老传统的艺术殿堂插上了现代的翅膀，让巴黎具有了新的魅力，如图4.8所示。

2. 稳定与均衡

稳定是指建筑物自身体量对抗重力以求得平衡的状态，即建筑体量上下之间的轻重关系。一般来说，上小下大、上轻下重的建筑给人以稳定、安全的感觉，而上大下小会给人头重脚轻、不稳定的感觉。但随着新结构、新材料、新技术的发展，传统的稳定观被颠覆，上大下小、上重下轻的建筑同样可以获得稳定感。上海世博会中国馆（图4.9），其"东方之冠"造型呈现上大下小的"斗冠"形态，若以传统稳定观衡量，这种上大下小的体量易给人"头重脚轻"的不稳定感。然而，建筑依托现代结构技术，配合富有张力的红色斗拱造型与材质运用，不仅在结构上实现了坚实支撑，更通过视觉层面的美学处理，赋予建筑庄重、沉稳的气质。这一设计颠覆了传统"上小下大、上轻下重"的稳定认知，借助新技术、新材料，让上大下小的特殊体量获得视觉与结构的双重稳定感，成为新技术革新建筑稳定观的经典范例。

图4.8 法国卢浮宫的玻璃金字塔　　图4.9 上海世博会中国馆

均衡是指建筑各组成部分前后左右的轻重关系。建筑体型包括对称和非对称两种类型，但具体选择哪种类型，应由建筑性质和使用功能决定。如需要直观带来稳定的构图，可采用中轴对称的均衡形式，因为中轴对称的建筑体型具有明确的中轴线，可看成是均衡中心（也是视觉中心），左右体量对称相等，其本身就是均衡的，如图4.10所示；如需要相对稳定的效果，则采用非对称形式，非对称的建筑体型由于构图

元素形式不同，建筑形式自由灵活，可将建筑的主出入口或要突出的主要体部放在视觉中心位置，达到不对称的均衡，如图 4.11 所示。

图 4.10　重庆人民大礼堂

图 4.11　加拿大德罕法院

3. 对比与变化

在二物之间彼此相互衬托作用下，使其形、色更加鲜明，如大者更觉其大、小者更觉其小、深者更觉其深、浅者更觉其浅，给人以强烈的感受、深刻的印象，称为对比。同一要素对比在建筑设计中恰当地运用对比是取得统一与变化的有效手段，如高体量与低体量可形成对比（图 4.12）、玻璃和实墙可形成对比（图 4.13）。

图 4.12　高体量与低体量对比　　　　图 4.13　玻璃和实墙对比

体型组合中常采用方向对比、形状对比、直线与曲线的对比方式达到体型变化。

4.1 建筑体型和立面设计要求

例如吉林广播电视中心大楼（图 4.14），通过简单体块在三个维度进行穿插组合方向对比，增强了建筑体型的空间变化。

4. 韵律与节奏

建筑的韵律是指建筑整体构图中建筑构件有规律地重复出现。这样的布局形成形式上的节奏感，使人们将音乐与建筑两种不同门类的艺术联系在一起。因此，建筑素有"凝固的音乐"之称，相应地也有"音乐是流动的建筑"之说。建筑的韵律分为连续的韵律、渐变的韵律和交错的韵律。连续的韵律是单一构件或一组构件有规律地重复出现，如图 4.15 所示。渐变的韵律是重复出现的构件有规律地逐渐变化。在渐变的韵律中，出现起伏的变化，称之为起伏的韵律。交错的韵律是指两种以上的元素交替出现、相互交织、相互穿插，形成统一整体的构图。

图 4.14　吉林广播电视中心大楼　　　　图 4.15　某幼儿园建筑

5. 比例与尺度

建筑构图中的比例是指一个系统中的不同尺寸关系，如窗户里面的高度和宽度关系、建筑的长度和高度关系、同类构件的大小关系等。人们在简单的比例（1∶1、1∶2、2∶3 等）、复杂的比例（1∶$\sqrt{2}$、1∶$\sqrt{3}$ 等）、黄金分割比例（1∶0.618）等比例关系中都能创造出优美的建筑造型。由此可见，赋予实际功能和空间意义的比例关系才具有形式美的生命力。

尺度是建筑的整体或局部与人或人所熟悉的物体之间的尺寸关系，给人带来的大小感受。在建筑设计中，常以人或与人体活动有关的一些不变因素如门、台阶、栏杆等作为比较标准，通过与它们的对比而获得一定的尺度感，见图 4.16。

图 4.16　建筑中的尺度感

尺度分为自然的尺度、夸张的尺度和亲切的尺度。建筑的整体或局部的尺寸、给人的感觉大小适当、正常，称之为自然的尺度。为了达到某种形式的设计效果，刻意放大构件或空间的尺寸，称之为夸张的尺度。反之，小巧的构件、空间，则给人以亲切的感觉，称之为亲切的尺度。

6. 色彩与质感

建筑色彩是建筑的反射或折射等光线给人的视觉效应。没有光就没有色。人们对某一物体颜色的感觉，会受到周围颜色的影响。建筑的外部构件因材质、位置等不同、必然构成不同的色彩组合。建筑与周围环境又会组成更大的色彩体系。色彩的组合包括同一色、调和色和对比色。追求建筑自身以及建筑与环境的色彩协调，可以通过建筑色彩合理组合，形成统一协调的空间环境。

建筑的质感是建筑表面材质、质量给人的感觉和印象。良好的质感可以提升建筑的外观品质，更能实现建筑形式美的效果。例如，玻璃饰面或透光、或反射，金属饰面或光亮、或亚光、或拉毛，涂料饰面或平面、或橘皮、或浮雕，石材饰面或光面、或烧毛、或机刨，都会给人不同的表观感受。建筑立面设计，并不是饰面材料的堆砌，也不是无意识的形成，而是深谙建筑的内涵和饰面材料的特质，恰当地选材、合理地配置，创造完美的建筑艺术形象。

7. 比拟与联想

建筑的比拟是利用建筑的整体或局部的形式表达所需的设计意境。这样的设计，往往使人浮想联翩，从而实现设计者与建筑、建筑与世人之间的互动、共享和联系。上海博物馆抬高的基座、厚重的墙面、高大的圆顶展现了渊博、沧桑和丰富的建筑气质，表现了内容与形式的统一，如图 4.17 所示。而古希腊的三种柱式——多立克柱式、爱奥尼柱式和科林斯柱式分别创造了刚劲有力、纤细优美以及华丽精巧的建筑意境，如图 4.18 所示。

图 4.17　上海博物馆

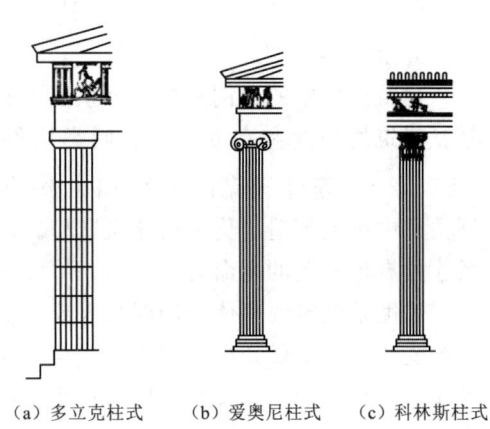

(a) 多立克柱式　(b) 爱奥尼柱式　(c) 科林斯柱式

图 4.18　古希腊的三种柱式

4.2　建筑体型设计

建筑体型设计是建筑设计的重要环节，客观反映了建筑的内部空间。体型设计的内容涉及建筑体型所采用的组合方式、连接方法、细部处理等。

4.2.1　建筑体型组合方式

建筑体型组合方式基本上可归纳为三种类型：单一体型、单元组合体型和复杂体型。无论哪种组合形式的建筑在设计中都存在一定的普遍性，即在多样变化中求得统一，在统一的基调下求得变化，做到体型简洁、突出重点、比例适当、交接明确并环境相协调。

资源 4.2　建筑体型设计

4.2 建筑体型设计

1. 单一体型

单一体型是指复杂的内部空间组合到一个完整的体型中去。这类建筑的特点是明显的主从关系和组合关系，造型统一、简洁、轮廓分明，给人以鲜明而强烈的印象。通过基本形发展出的体块如长方体、球体、棱锥等，具有简洁、明了、完整的形体特征。例如，1967年蒙特利尔博览会馆（图4.19）简练地采用了球体，多伦多汤姆逊音乐厅（图4.20）运用完整四棱锥体块等，都创造出完整协调的建筑体型，令人深刻印象。

图4.19　1967年蒙特利尔博览会馆

图4.20　多伦多汤姆逊音乐厅

2. 单元组合体型

单元组合体型建筑是通过模数化设计将功能相同的基础单元（如居住、教学、医疗单元）以线性排列、错动拼接、围合式布局等方式进行系统性组合的建筑形态，其核心特征表现为可复制的模数体系与动态生长机制。该模式在保障性住房、学校教学楼、医院病房楼等功能重复性强的建筑类型中具有显著优势。Habitat 67是建筑史上具有开创性的住宅实验项目，为1967年蒙特利尔世界博

图4.21　加拿大蒙特利尔综合居住体

览会而建。该建筑通过将354个预制混凝土箱体以3×3×3模数单元进行三维错动组合，在梯形场地上创造出层层叠叠的立体村落形态，如图4.21所示。但是这种组合体型的各单元形式及体量均等，缺乏主从关系，不易突出构图中心。

3. 复杂体型

复杂体型是由两个以上的简单体型组合而成，适用于内部功能复杂的建筑。由于组合的空间体量多且复杂，在体型设计中要以各体量之间的协调与统一为前提，解决好组合中的主从关系、对比变化关系和均衡与稳定等问题。

建筑是由不同的内部空间组成的有机整体，每一个空间根据自身的功能属性，所占的体量和比例也不尽相同，这就从客观上决定了建筑有主要使用部分和从属部分。

如果主次不分，将影响建筑的完整统一性。因此，解决好体型的主从关系，主次分明、重点突出，是达到建筑整体造型统一的有效手段。在设计中，通常采用以下两种主从关系。

（1）中轴线对称主从关系。对称的体型有明确的中轴线，建筑物各部分组合体的主从关系分明，形体比较完整，容易取得端正、庄严的感觉。我国古典建筑较多地采用对称的体型，一些纪念性建筑、大型会堂和政府办公楼等，为了使建筑物显得庄严、完整，也常采用对称的体型，如图 4.22 所示。

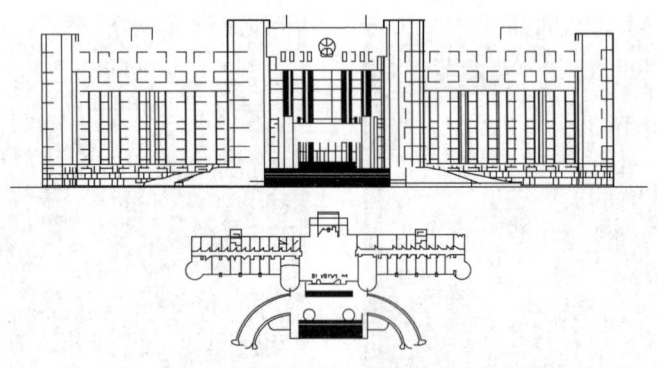

图 4.22 对称平衡的办公楼平面和立面图

（2）不对称主从关系。不对称的体型，它的特点是布局比较灵活自由，对功能关系复杂或不规则的基地形状较能适应。不对称的体型，容易使建筑物取得舒展、活泼的造型效果，不少医院、疗养院、园林建筑等，常采用不对称的体型，如图 4.23 所示。

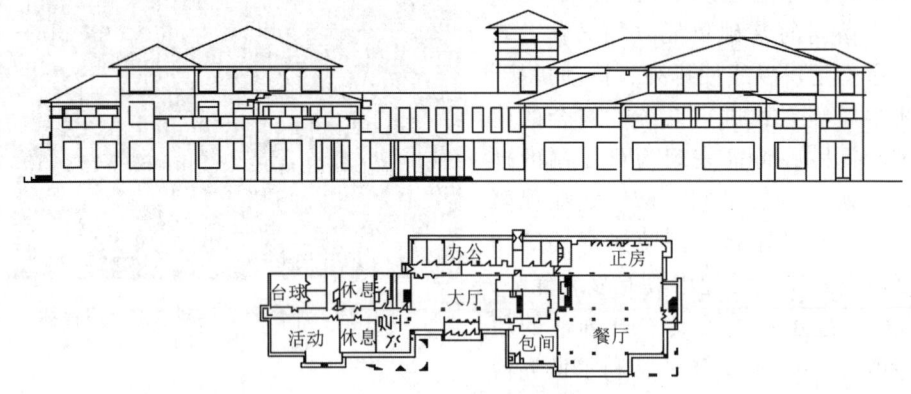

图 4.23 不对称的建筑平面和立面图

4.2.2 建筑体型连接方法

绝大多数的建筑体型设计不只局限于单一体型，在多空间体块的组合时，建筑体量之间如何衔接是需要考虑的重要问题。建筑的使用功能、结构形式、所处地块环境等都是建筑各体部连接的影响因素，常见的连接方法可概括为以下三种。

1. 直接连接

在建筑体型设计时，将各单一体部连接在一起的形式即为直接连接，如图 4.24 所示。这种直接连接的形式是体部组合中较为常见的，它可以有机完整地连接各单一体块，简洁明快，是满足功能连续性最直接的连接方式。

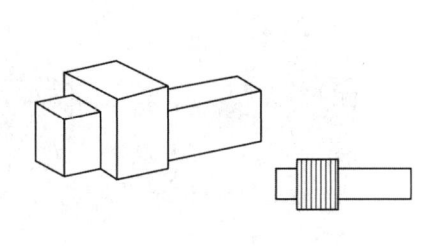

图 4.24 直接连接方式（卢森堡银行）

2. 咬合连接

咬合连接是相连接的两个体量穿插连接、部分重叠的方式，如图 4.25 所示。从外观上，相连接的两部分虽有重合的公共区域，但各体量还保持了自身的形体识别性，从而具有有机紧凑的整体效果。

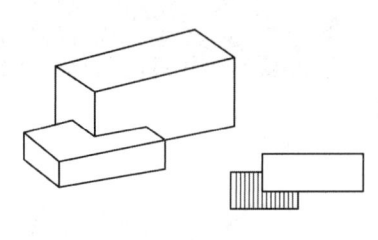

图 4.25 咬合连接方式

3. 过渡连接

过渡连接有两种形式。一种是连廊连接，如图 4.26（a）所示，各体量各自独立通过走廊连接，体型舒展而通透，有利于围合庭院，营造室内外良好的流通环境；另一种是通过有实用功能的连接体连接，如图 4.26（b）所示，结合使用功能的需要，连接体可作为主要体量的公共部分，配以楼梯、卫生间等辅助空间，可以有效地节省面积，确保主要体量的完整性。

4.2.3 建筑体型细部处理

1. 转角处理

建筑体型的细部设计需综合响应周边建筑环境、路网形式及地形特征等多重因素，通过形体转折与转角变化实现整体协调。在视觉中心强化方面，可通过两种主要手法实现：①一般是根据街路或待建地块规划控制线的走向，进行建筑形体的曲折变化，以取得整体统一的流畅效果，如图 4.27 所示；②提升转角局部高度形成塔楼，如通过垂直元素（楼梯、电梯核心筒）的堆叠塑造标志性，如图 4.28 所示。

相邻墙在转折处常采用直角处理，这利于内部空间的利用，但立面视觉较差，可采用圆角处理，以形成墙面连续而丰富的视觉效果；或针对特殊需要采用锐角处理，使转折棱线更为挺拔，但会导致内部空间浪费，因此应灵活地进行切角处理；此外，还有虚角和镂空角等处理方法，如图 4.29 所示。

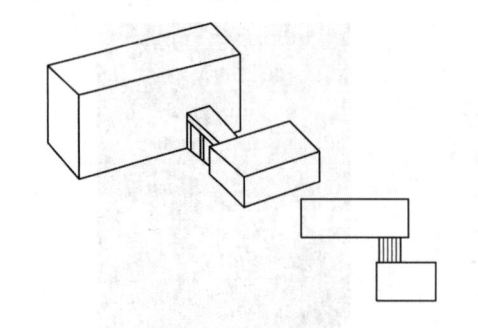

（a）连廊连接

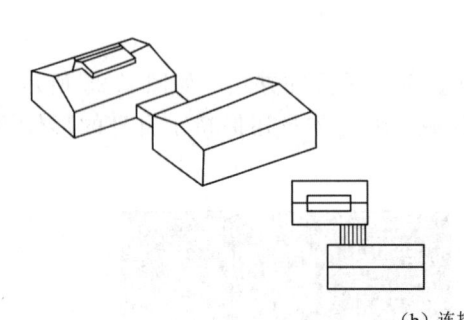

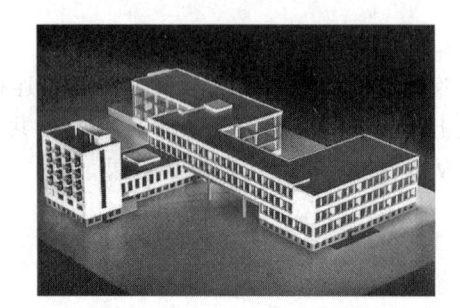

（b）连接体连接

图 4.26　建筑体型的过渡连接方式

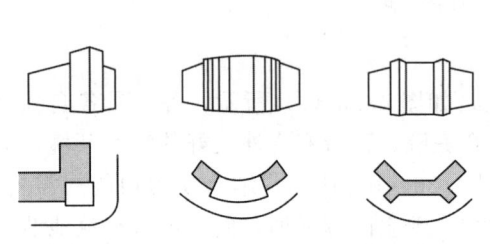

图 4.27　结合地块进行体型转折的常见方式

图 4.28　瑞典斯德哥尔摩市市政厅

图 4.29　某建筑转折转角处理

2. 入口处理

为了避免体型单一导致呆板的效果，单一体型建筑在不影响结构的前提下，通常会加强主入口、檐口或细部的处理。例如，伦敦瑞士再保险大厦（图4.30）在保证整体效果完整的前提下入口镂空处理，突出了建筑入口，增加了建筑的灵动性。

图4.30 伦敦瑞士再保险大厦

> **拓展阅读**
>
> **尺度的处理方法**
>
> 建筑设计中，尺度的处理通常有以下三种方法。
>
> 1. 自然的尺度
>
> 它以人体大小来度量建筑物的实际大小，从而给人的印象与建筑物真实大小一致。常用于住宅、办公楼、学校、小型厂房等建筑。
>
> 2. 夸张的尺度
>
> 它运用夸张的手法给人以超过真实大小的尺度感。常用于纪念性建筑或大型公共建筑。
>
> 3. 亲切的尺度
>
> 它以较小的尺度获得小于真实的感觉，从而给人以亲切宜人的尺度感。常用来创造亲切、舒适的氛围，如庭院建筑。

4.3 建筑立面设计

建筑立面是由许多部件组成的，这些部件包括门窗、墙柱、阳台、遮阳板、雨篷、檐口、勒脚、花饰等。立面设计就是恰当地确定这些部件的尺寸大小、比例关系以及材料色彩等通过形的变换、面的虚实对比、线的方向变化等，求得外形的统一与变化以及内部空间与外形的协调统一。

4.3.1 立面的比例与尺度

组成立面的各构件本身及相互之间良好的比例与尺度关系，是取得建筑立面完整统一的重要条件。立面尺度变化范围很大，真实反映建筑尺度是立面设计的主要任务

资源4.3 建筑立面设计

之一。台阶、栏杆、窗台等与人体关系密切的建筑构件尺寸，一般不随建筑尺度的变化而变化，只是反映建筑真实尺度的重要参照物，如图4.31所示。

图4.31 法国萨伏伊别墅

门窗通常是立面设计中活跃的因素，如普通旅馆空间小，层高低，因此门窗尺寸较小；学校教室空间较大，层高较高，门窗尺寸则相对大一些；体育馆是大型空间，人流量大，通常设置宽大通畅的出入口和大片通透的玻璃窗。门窗自身尺度、比例以及与建筑立面之间的比例是决定立面设计的重要因素，设计时需要仔细推敲、不断调整，使之协调一致。

4.3.2 立面的虚实与凹凸

"虚"指窗、空廊、凹廊等，给人以轻巧、通透的感觉；"实"指墙、柱、屋面、栏板等，给人以厚重、封闭的感觉。以虚为主、虚多实少的处理手法能获得轻巧、开朗的效果，如图4.32所示。以实为主、实多虚少能产生稳定、庄严、雄伟的效果，如图4.33所示。虚实相当的处理容易给人以单调、呆板的感觉。在功能允许的条件下，可以适当调整虚部分和实部分的比例，使建筑物产生一定的变化。在一个建筑立面中，虚与实一般不宜均等，根据建筑功能及性格需要突出某一方面，以虚为主，轻巧开敞；以实为主，厚重庄严。

图4.32 香港中银大厦　　　　图4.33 江苏淮安周恩来纪念馆

4.3.3 立面的线条处理

垂直线具有挺拔、高耸、向上的气氛；水平线使人感到舒展与连续、宁静与亲切；斜线具有动态的感觉；网格线有丰富的图案效果，给人以生动、活泼而有秩序的印象。从粗细、曲折变化来看，粗线条表现厚重、有力；细线条具有精致、柔和的效果；直线表现刚强、坚定；曲线则显得优雅、轻盈，如图 4.34 所示。

4.3.4 立面的色彩与质感

立面材料质感与色彩搭配包括两层含义：一是恰当运用与环境协调的材料和色彩，体现建筑的内在性格；二是运用不同材料及色彩的对比、变化，增加建筑形象的表现力。粗糙的混凝土或砖石表面显得较为厚重，平整而光滑的面砖、金属、玻璃表面显得较为轻巧；以浅色为主的立面色调显得明快、清新，以深色为主的立面显得端庄、稳重；暖色趋于热烈，冷色趋于宁静等。在立面设计中，通过合理选择材料质感和色彩，可以使建筑形象符合其内在性格，与环境协调一致，同时体现地域特征和民俗习惯，如图 4.35 所示。

图 4.34 安徽合肥滨湖国际会展中心　　图 4.35 徽派建筑

4.3.5 立面的重点与细部处理

建筑立面设计要避免单调刻板，注意构图的主从关系，突出重点。如建筑物的主入口、楼梯间、檐口及形体构图中心都是需要注意的地方，因此应该重点处理。建筑立面的细部处理不应作为孤立的装饰看待，而应有利于表现建筑的特征，有利于深化建筑的造型，并结合构造节点的设计使建筑立面的表现手法达到形式和内容的和谐统一。

在设计时应针对建筑物的主要出入口及楼梯间等构图特殊部位进行重点处理，应根据建筑造型上的特点，着重刻画表现有建筑特征的部分，如体量中的转折、转角、立面突出及上部结束部分，常见的有车站钟楼、商店橱窗、房屋檐口等。此外，像住宅阳台、凹廊、公共建筑中的柱头、檐口这些体现建筑特色的地方，都应该给予足够的关注。

> 拓展阅读

合肥大学图书馆

合肥大学图书馆建筑体型及立面设计如图 4.36 所示。

此建筑是钢筋混凝土结构复杂体型的实例。通过细致的设计，使建筑的体型和立面与环境彼此协调，形成统一的整体。其空间组织借鉴了传统书院的特点。书院是安徽十分著名的建筑文化遗产，而围院则是书院的典型空间。该图书馆的设计以立体层层叠加的"进"序列方式重现了这种传统空间形式。图书馆的 2～5 层均以围绕一个 $60m \times 30m$ 的庭院的方式来组织，庭院的空间有别于一般的中庭，庭院的界面自下而上层层退台，平台上栽种的绿化形成一个立体空中花园，每一层均有室外的活动平

资源 4.4 思政范例

图 4.36 徽派建筑——合肥大学图书馆

台，就如同古代读书人在书院的庭院里读书一样，各层的读者都可以体验到在室外树荫下阅读的惬意。

建筑立面设计为避免单调、刻板，运用大台阶和柱廊突出建筑物的主入口。抽象了的传统书院建筑的木窗格符号，并配合韵律手法强烈地暗示了建筑的地域背景。超大尺度的窗格、细腻的钢结构与遮阳百叶，正是运用了虚实对比的手法，很好地体现了现代的建筑形象。这种传统与现代的对比结合，表达了图书馆文化交融的时代特点，也给人以深刻的印象。同时，立面的设计强调了模块化，通过一定单元、百叶、窗格的组合，以十分简单且理性的方式，组合出变化丰富的立面；运用不同材料及色彩的对比变化，增加了校园建筑立面材料质感的表现力。

塔里木大学图信楼

塔里木大学新校区图信楼（图 4.37）由中国建筑设计研究院有限公司设计，是该校新校区（东扩区）的重要建筑。设计秉承主动式建筑"普适、朴实、普世"的理念，在设计过程中应对本项目"文脉""气候""造价"三大主要基础设计条件，通过学习当地传统民居语言色彩、质朴方正简洁实用的建筑布局、被动式遮阳采光通风与多样化主动调节相结合的设计方法、尊重当地习惯工法及用材等设计策略的应用，坚持"适应南疆气候特征和当地建设水平，满足低建设造价与低成本运营、平衡舒适能源与环境"的设计理念，着重应用当地民居中应对强日光、强风沙、夏热冬冷的传统智慧，并将传统元素进行了现代转译，在设计中从"遮阳"、"通风"、"有遮蔽的露台"、地下半地下空间等方面，将传统建筑智慧融于建筑之中，主体结构功能为电子图书馆、共享办公、工科基础公共教室及实验室。采用方正规整的建筑布局形式，简洁实用，以"质朴"为建筑整体风格的底色，结合适应当地气候特征的结构遮阳构件的设置，整体建筑与南疆这种地域辽阔、大山大川大漠的水平延展气度相互呼应，相互融合，体现了塔里木大学"沙漠学府"及"胡杨精神"的朴素与坚韧。

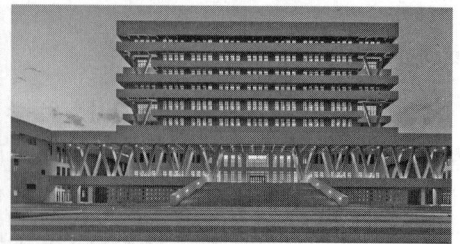

图 4.37 塔里木大学图信楼建筑体型及立面设计

注：在 2022 年第三届 Active House Award 中国区竞赛中，塔里木大学新校区图信楼从全国 320 份参赛作品中脱颖而出，获职业设计组一等奖。

本 章 小 结

本章主要讲述建筑体型和立面设计的概念和设计要求，阐述了建筑体型设计和建筑立面设计的方法。本章重点为建筑立面设计的方法；难点为建筑体型及立面设计的综合运用。总体而言，建筑体型和立面设计是建筑设计中的重要组成部分，它们共同决定了建筑物的外观形象、空间感和功能性。通过合理的体型和立面设计，可以创造出与环境和功能相适应的建筑形象，并提供良好的建筑体验和使用价值。通过对本章的学习，读者应了解立面设计的因素，灵活运用建筑构图的基本法则进行建筑立面设计，提高建筑美学素养。

思 考 题

1. 建筑体型和立面设计的要求是什么？
2. 怎样进行建筑立面设计？

第 5 章 民用建筑构造概述

资源 5.1 民用建筑构造概述

本章导读

民用建筑是供人们居住和进行公共活动的建筑的总称，按其使用功能可分为居住建筑和公共建筑两大类。供人们居住使用的建筑称为居住建筑，居住建筑可分为住宅建筑和宿舍建筑。供人们进行各种公共活动的建筑称为公共建筑，如办公建筑、教学建筑等。

建筑构造是对建筑工程实践活动和经验的高度总结和概括，具有实践性强和综合性强的特点，其内容综合多方面的技术知识，包括建筑材料、建筑物理、建筑力学、建筑结构、建筑施工以及建筑经济等。建筑构造的合理性，取决于是否抵抗自然侵袭，是否满足各种不同使用要求，是否符合力学原理，选用材料、构件是否合理，施工上是否方便，对建筑艺术上是否有提高。

学习目标

◎知识目标
1. 了解建筑物的构造组成与作用。
2. 了解并熟悉影响建筑构造的因素。
3. 掌握建筑构造的设计原则。
4. 掌握建筑构造详图的表达方式。

◎能力目标
1. 能够应用建筑构造设计原则，来制定合理的构造方案并确保其安全和可行性。
2. 能够理解和运用建筑构造详图的表达方式，以传达正确的构造信息和指导施工。

◎素质目标
1. 建立对建筑构造的综合认识，追求优雅、实用和安全的设计。
2. 培养对细节的关注和追求完美的精神，能够细致入微地表达建筑构造设计。

思维导图

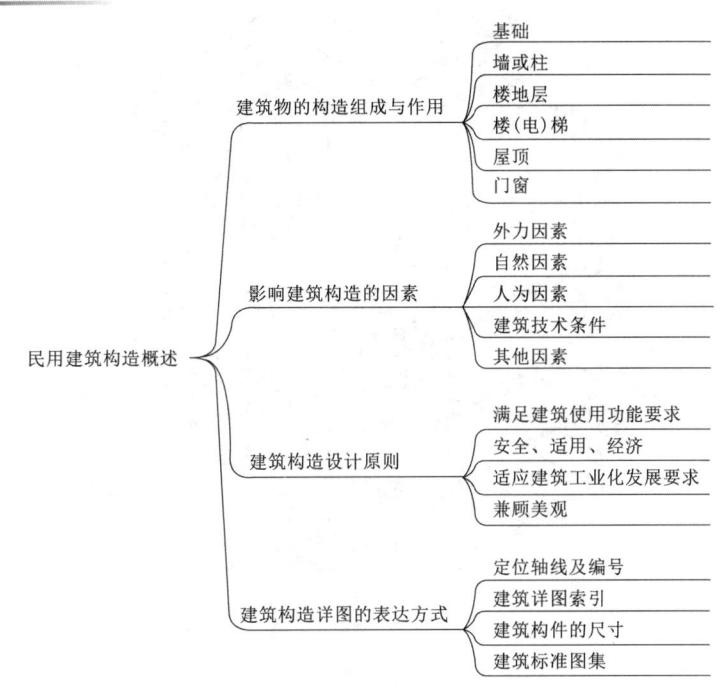

民用建筑构造概述
- 建筑物的构造组成与作用
  - 基础
  - 墙或柱
  - 楼地层
  - 楼(电)梯
  - 屋顶
  - 门窗
- 影响建筑构造的因素
  - 外力因素
  - 自然因素
  - 人为因素
  - 建筑技术条件
  - 其他因素
- 建筑构造设计原则
  - 满足建筑使用功能要求
  - 安全、适用、经济
  - 适应建筑工业化发展要求
  - 兼顾美观
- 建筑构造详图的表达方式
  - 定位轴线及编号
  - 建筑详图索引
  - 建筑构件的尺寸
  - 建筑标准图集

5.1 建筑物的构造组成与作用

尽管不同类型建筑物在使用功能上各有差异，但承载功能和围护功能是所有建筑物都应具备的基本功能。建筑物要承受作用在其上的各种荷载，包括建筑物的全部自重、人和家具设备等使用荷载、雪荷载、风荷载、地震作用等，这是建筑物的承载功能；为了提供一个舒适、方便、安全的空间环境，避免或减少各种自然气候条件和各种人为因素的不利影响，建筑物还应具有良好的保温、隔热、防水、防潮、隔声、防火等功能，这些是建筑物的围护功能。

根据建筑物的基本功能，建筑物通常由建筑结构系统、建筑围护分隔系统、相关设备系统组成。建筑结构系统是由基础、结构墙体、柱、楼板结构层、屋顶结构层、楼梯结构构件等组成的一个空间整体结构，用以承受作用在建筑物上的全部荷载，满足承载功能；建筑围护分隔系统主要由外围护墙、内分隔墙、门窗等组成，通过各种非结构的构造做法、建筑物的内外装修以及门窗的设置等形成一个有机的整体，用以承受各种自然气候条件和各种人为因素的作用，满足围护功能；相关设备系统包括强弱电、给水排水、暖通空调等。

如图5.1所示，房屋由基础、墙或柱、楼地层、楼(电)梯、屋顶和门窗等部分组成，这些构件处在建筑物的不同部位，具有各自的功能及作用。

5.1.1 基础

基础属于建筑物的地下结构部分，其部分或全部位于地表以下，作用是承受建筑物上部结构传下来的荷载，并把它们连同自重一起传给地基，地基是承受由基础传下

77

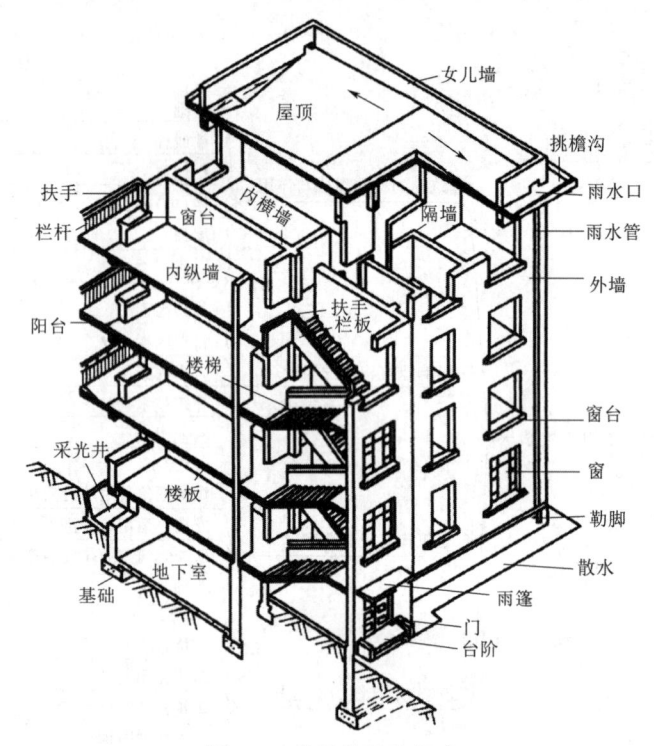

图 5.1 房屋的构造组成

来的荷载的土层。另外，基础还必须固定上部结构，使其能够抵抗风力作用引起的滑移、倾覆和上浮，能够承受地震作用引起的地面突然运动，以及能够抵抗周围土体和地下水施加在基础上的压力，如图 5.2（a）所示。基础必须坚固稳定，安全可靠。

（a）基础受力示意图　　（b）墙体的功能要求

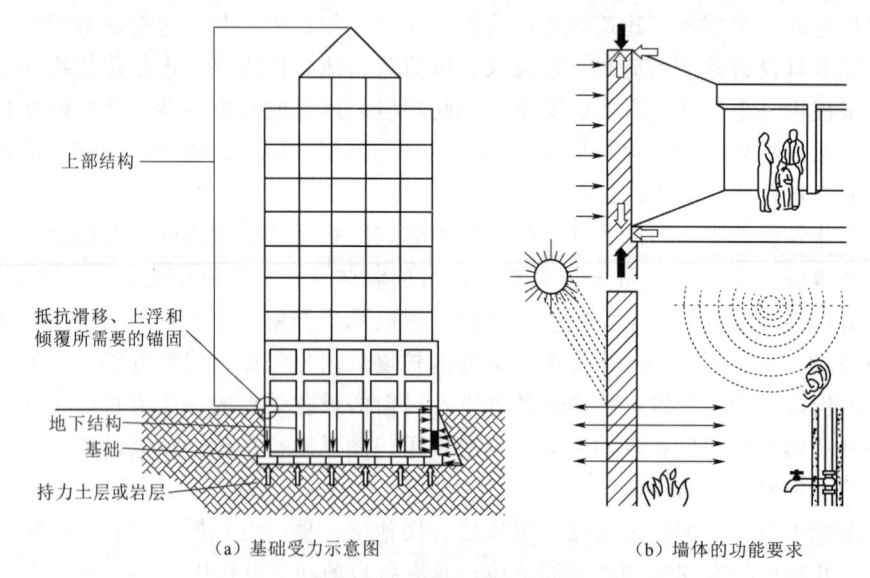

图 5.2　基础的受力和墙体的功能要求

5.1.2　墙或柱

墙包括承重墙与非承重墙。作为承重构件，它承受着建筑物由屋顶、楼板层等传

5.1 建筑物的构造组成与作用

来的荷载,并将这些荷载再传给基础;作为围护构件,主要起围护、分隔空间的作用。外墙起着抵御自然界各种有害因素对室内侵袭的作用;内墙起着分隔空间、组成房间、隔声及保证室内环境舒适的作用。因此墙体要有足够的强度和稳定性,具有保温、隔热、隔声、防火、防水的能力[图5.2(b)],并符合经济性和耐久性的要求。综合考虑围护、承重、节能、美观等因素,设计合理的墙体方案,是建筑构造的重要任务。柱是框架或排架结构的主要承重构件,和承重墙一样,承受着由屋顶、楼板层等传来的荷载。柱必须具有足够的强度和刚度。

5.1.3 楼地层

楼地层包括楼板层和地坪。楼板层是水平方向的承重构件,其承受着家具、设备和人体荷载及本身自重,并将这些荷载传给墙或柱。因此,作为楼板层,要求其具有足够的强度、刚度和隔声能力;对有水侵蚀的房间,则要求楼板层具有防潮、防水的能力。

地坪是底层房间与土层相接触的构件,承受底层房间的荷载,要求具有耐磨、抗压、防潮、防水和保温的能力。地坪和建筑物室外场地有密切的关系,要处理好地坪与平台、台阶及建筑物沿边场地的关系。楼地层的构造组成如图5.3所示。

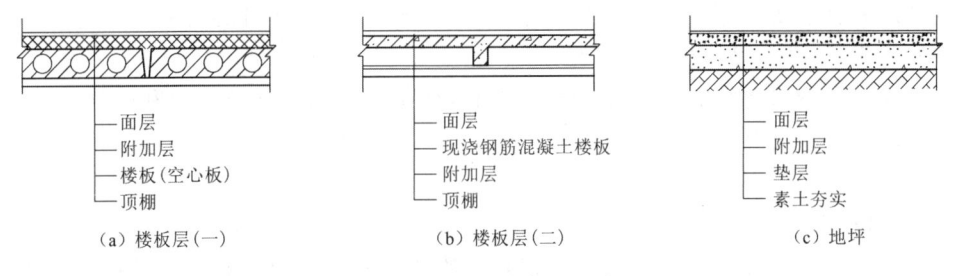

图5.3 楼地层的构造组成

5.1.4 楼(电)梯

在建筑物中,为了解决垂直方向的交通问题,一般使用的设施有楼梯、电梯、自动扶梯、爬梯以及坡道等。楼梯作为建筑空间竖向联系的主要部件,除了起到提示、引导人流的作用,还应充分考虑其造型美观,上下通行方便,结构坚固,防火安全的作用,同时还应满足施工和经济条件的要求。电梯多用于层数较多或有特殊需要的建筑物中,而且即使设有电梯或自动扶梯的建筑物,也必须同时设有楼梯,用作交通和防火疏散通道。楼梯和电梯的设置都需满足抗震和防火的安全要求。

5.1.5 屋顶

屋顶具有承重和围护的双重功能,包括平屋顶、坡屋顶和其他形式。屋顶分为上人屋顶和不上人屋顶,有些屋顶还有绿化的要求。屋顶由屋面层和结构层组成。屋面层抵御自然界风、雨、雪及太阳热辐射与寒冷对顶层房间的侵袭,结构层承受房间顶部风、雪和施工期间施加的各种荷载。屋顶必须满足强度、刚度及防水、保温、隔热、耐久等要求。

5.1.6 门窗

门窗都是非承重构件。门主要供内外交通和分隔房间之用;窗户则主要起采光、通风及分隔、围护的作用。外墙上的门窗是围护结构的一部分,因此要满足隔热、保温和防水的性能；内墙上的门窗要具有隔声、防火的能力，还要兼顾美观。对某些有特殊要求的房间，则要求门窗不仅具有保温、隔热、隔声，还可以起到防射线等作用。

建筑构件除了以上六大部分外，还有其他附属部分，如阳台、雨篷、挑檐、台阶、坡道、散水、明沟、勒脚、女儿墙、采光井等。在露空部分如阳台、回廊、楼梯段临空处、上人屋顶周围等处应视具体情况对栏杆设计、扶手高度提出具体的要求。

5.2 影响建筑构造的因素

一幢建筑物在投入使用后会受到各种因素的影响，这些因素都会在不同程度上对建筑物产生一些消极后果。因此，在进行建筑构造设计时，需充分考虑这些影响因素，确保能够选择合理的建筑构造方案，以便使建筑物能更好地发挥作用。总结起来，可以把其影响因素归纳为以下几个方面。

5.2.1 外力因素

外力又称为荷载。根据作用在建筑物上荷载的特点、方向又可以分为静荷载（如自重等）和活荷载（如活动人群等）、垂直荷载（如自重引起的荷载）和水平荷载（如风荷载、地震荷载等）。

荷载的大小和类型是建筑结构设计的重要依据。它对结构的选材和构件形式有重要影响，而这些又会对构造方法产生影响。因此，在构造设计时必须考虑外力因素的影响。

5.2.2 自然因素

自然因素对建筑物的影响主要表现在风吹、日晒、雨淋、积雪、冰冻、地下水、地震等。为了减小自然因素对建筑物的破坏，同时保证建筑物的正常使用，在进行建筑设计时，必须采取相应措施，如进行保温、隔热、防潮、防水、隔汽、防震等构造方式。

5.2.3 人为因素

当人们从事生产、生活活动时往往会对建筑产生一些影响，如机械作业时产生的振动、噪声、火花、化学腐蚀等都属于人为因素。因此，在进行构造设计时，必须采取相应的防护措施来应对这些人为因素对建筑物的影响和破坏。

5.2.4 建筑技术条件

建筑技术条件包括建筑材料技术、建筑结构技术、建筑施工方法等，这些建筑技术条件会影响建筑物的设计与建造。随着建筑技术的不断发展和改进，相应建筑构造的做法也会发生变化，二者是相互依存的。人们对建筑构造的需求会不断地刺激新技术的研发，而新技术的研发又给建筑构造的发展提供技术支撑。

5.2.5 其他因素

此外，建筑构造还受到一些其他因素的影响，比如各地相关建筑标准、审美取向、文化习俗、习惯做法等，而这些因素也正是促进和展现建筑多样化以及建筑地域性的重要力量之一。

5.3 建筑构造设计原则

由于影响建筑构造的因素复杂多变,在进行建筑构造选择时要分清主次和轻重,故在建筑构造设计过程中应遵循以下几项原则。

5.3.1 满足建筑使用功能要求

建筑物根据所处的地理位置及周边环境不同,对建筑构造的功能要求侧重点也不尽相同。需要合理选择构造方案。如对于我国南北方地区在选择建筑构造方案时考虑的侧重点就不一样,南方地区由于气候比较炎热,所以在设计过程中更注重遮阳、通风等功能,而北方地区由于冬季气候比较寒冷,因此,在设计过程中更注重保温、密闭性等功能。

5.3.2 安全、适用、经济

在选择建筑构造方案时,首先要满足安全要求,为使用者提供一个安全的使用环境。在满足安全的前提下,根据建筑物的功能特点、结构要求、荷载大小等选择合理、适用的建筑构造方案。此外,在满足安全、适用条件的同时,还要考虑其经济效益,尽可能地选择综合效益最大的建筑构造方案。

5.3.3 适应建筑工业化发展要求

近年来,随着社会经济高速发展,建筑工业化发展势头迅猛。建筑工业化的一个显著特点便是建筑构配件生产的批量化,而批量化的前提是标准化。因此,在进行建筑构造设计时需采用标准化设计与定型构件,为构配件的生产工业化、施工机械化提供实现基础,同时合理解决标准化生产与个性化需求之间的矛盾,满足社会多样性发展的需要。

5.3.4 兼顾美观

建筑是技术与艺术的综合体。建筑在满足使用要求的同时,还需要满足人们对建筑的精神追求。建筑构造作为建筑的重要组成部分,应与建筑整体统一考虑。在选择建筑构造方案时应结合地域文化、习俗与使用习惯等因素,从造型、色彩、尺度以及比例等多方面来考虑,使得建筑在整体形象上形成统一。

> **拓展阅读**

新苏州火车站构造设计

新苏州火车站是由中铁第四勘察设计院与中国建筑设计研究院联合设计的,是一座集铁路、城市轨道、城市道路交通换乘功能于一体的现代化大型交通枢纽。在设计过程中,设计师一直秉持"以人为本,以流为主"的理念,在其构造方案设计上同样也有所体现。

新苏州火车站采用了折板屋顶系统,这种方式为太阳能的有效利用提供了良好的平台,体现了可持续发展的理念。此外,整体连续的屋顶与结构相结合,并与现代化交通空间完美地融为一体,为旅客遮风挡雨,如图5.4所示。火车站内站台上部雨篷采用通透式的构造设计,一方面为太阳能利用提供基础,另一方面使旅客能与自然亲密接触。在新火车站南广场上,大跨度的顶棚由两组大尺度的圆柱支撑,非常引人注目，圆柱上部采用了栗色的结构杆件与粉墙黛瓦相呼应，如图 5.5 所示。

图 5.4　折板屋顶

图 5.5　站台雨篷

5.4　建筑构造详图的表达方式

建筑构造设计用建筑构造详图表达，构造详图通常是在建筑的平面图、立面图、剖面图基础上，将局部构造用较大的比例详细画出，以满足施工需要，又称施工详图或节点大样图，根据具体情况可选用 1∶20、1∶10、1∶5，甚至 1∶1 的比例。需要画出详图的一般有外墙身、楼梯、厨房、厕所、阳台、门窗等。详图有明确的索引方法，用以表明建筑材料、作用、厚度、做法等。建筑构造详图的表达包括定位轴线及编号、建筑详图索引、建筑构造尺寸。构造详图中构造层次与标注文字的对应关系如图 5.6 所示，详图索引符号的含义及对应的标注方法如图 5.7 所示。

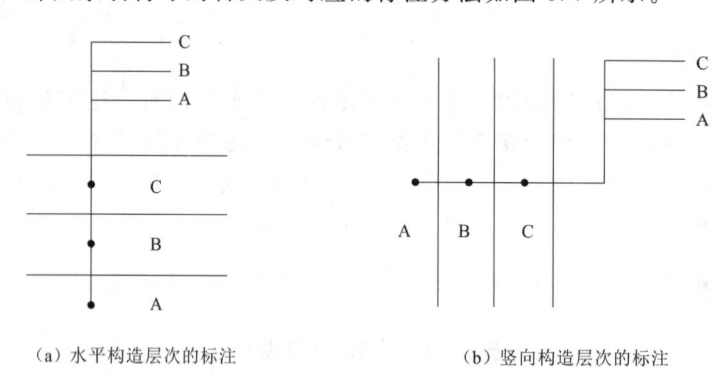

（a）水平构造层次的标注　　　　　　（b）竖向构造层次的标注

图 5.6　构造详图中构造层次与标注文字的对应关系

5.4.1　定位轴线及编号

定位轴线是房屋建筑设计和施工中定位、放线的重要依据。凡承重的墙、柱、梁、屋架等构件，都要绘出定位轴线并对轴线进行编号，以确定其位置。对于非承重的隔墙、次要构件等，可用附加轴线（分轴线）表示其位置，也可注明它们与附近轴线的相关尺寸以确定其位置。

定位轴线用细单点长画线绘制；轴线末端画细实线圆圈，直径为 8～10mm。定位轴线圆的圆心应在定位轴线的延长线或延长线的折线上，且圆内应注写轴线编号。

5.4 建筑构造详图的表达方式

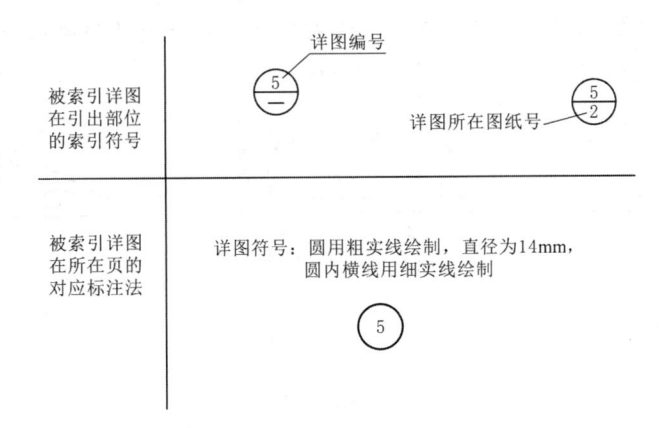

图 5.7 详图索引符号的含义及对应的标注方法

除较复杂需采用分区编号或圆形、折线形外，平面图上定位轴线的编号，宜标注在图样的下方及左侧，或在图样的四面标注。横向编号应采用阿拉伯数字，按照从左至右的顺序编写；竖向编号应用大写英文字母，按照从下至上的顺序编写。

英文字母作为轴线编号时，应全部采用大写字母，不能用同一个字母的大小写来区分轴线编号。英文字母 I、O、Z 不得用作轴线编号。当字母数量不够使用时，可增用双字母或单字母加数字注脚。

5.4.2 建筑详图索引

为了便于查阅详图，在平面图、立面图、剖面图中某些需要绘制详图的位置应注明详图的编号和详图所在图纸的编号，这种符号称为索引符号。

索引符号的引出线以细实线绘制，宜采用水平方向线或与水平方向呈 30°、45°、60°、90°角的直线，再转成水平方向的直线，文字说明应在水平线的上方或端部，引出线应对准索引符号的圆心，如图 5.8 所示。

图 5.8 详图引出部位的索引符号

在详图中应注明详图的编号和被索引的详图所在图纸的编号，称为详图符号。将索引符号和详图符号联系起来，就可以顺利地查找详图，以便施工。

5.4.3 建筑构件的尺寸

在建筑模数的协调中把尺寸分为标志尺寸、构造尺寸和实际尺寸三种。

标志尺寸符合模数数列规定，用以标注建筑物定位线（轴线）之间的垂直距离，如开间、柱距、进深、跨度、层高等，以及建筑构配件、建筑制品及有关设备位置界线之间的尺寸，是应用最广泛的房屋构造的定位尺寸。

构造尺寸是建筑制品、建筑构配件、建筑组合件的设计尺寸。构造尺寸小于或大于标志尺寸。一般情况下，构造尺寸加上预留的缝隙尺寸或减去必要的支承尺寸等于标志尺寸。缝隙尺寸的大小应符合模数数列的规定。标志尺寸与构造尺寸之间的关系如图 5.9 所示。

实际尺寸是建筑制品、建筑构配件的实有尺寸。实际尺寸与构造尺寸的差值数为允许的建筑公差数值（公差是允许误差的变化范围）。

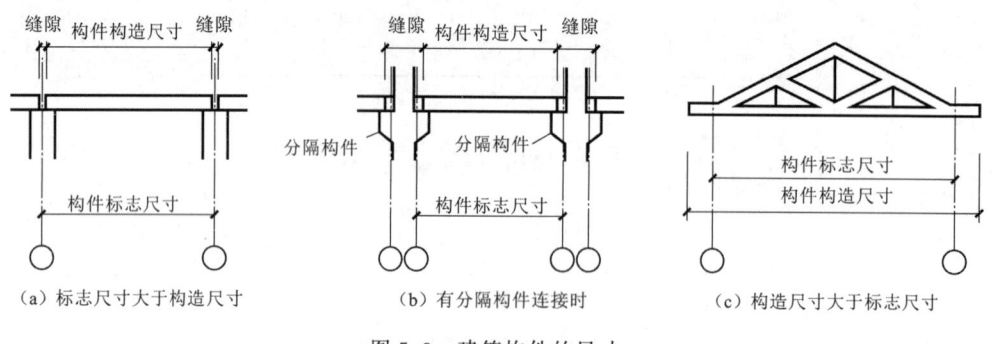

图 5.9 建筑构件的尺寸

5.4.4 建筑标准图集

在工程建设中存在着大量设计、施工文件，当编制了标准设计图集后，设计人员将选择的图集编号和内容名称写在设计文件上，施工单位即可按图施工，从而大大降低了设计人员的重复劳动。标准设计图集是由技术水平较高的单位编制，经有关专家审查，并报政府部门批准实施，因此具有一定的权威性。

国家建筑标准图集的编号由图集发布的年份或版本年份、专业代号、类别号、顺序号、分册号组成。如住宅建筑构造图集主要包含室外工程、地下室防水、砌体墙、墙体保温、轻质内隔墙、外墙面及室外装修配件、楼地面、内墙面及室内装修配件、屋面工程、楼梯栏杆、常用门窗、厨房、卫生间等。

地方标准图集编号为"省份简称＋发行年份＋标准编号＋图序号"或"发行年份＋省份简称的第一个大写拼音字母＋标准编号＋图序号"。例如河南省建筑标准图集表示为"××YJ1"，"××"代表发行年份，"Y"为河南省简称"豫"第一个大写拼音字母，"J"代表建筑专业，"1"为工程用料做法。

本 章 小 结

本章重点对建筑的组成部分及作用、建筑构造的影响因素、建筑构造设计原则和构造详图的表达方式进行了详细阐述，使学生从宏观上理解建筑构造这门学科。民用建筑构造是一个综合性很强的学科，需要掌握多方面的知识和技能。只有掌握了民用建筑构造的知识，才能更好地为人们创造安全、舒适、经济的居住环境。

思 考 题

1. 建筑物的基本组成有哪些？主要作用是什么？
2. 影响建筑构造的主要因素有哪些？
3. 建筑构造设计应遵循哪些原则？

第6章 基础与地下室

本章导读

基础和地下室是建筑物的两个重要部分。基础是建筑物承受和传递荷载的结构构分，通常位于地面以下。它的主要功能是将建筑物的重量传递到地基，并分散到足够大的区域上，以避免地基沉降或结构破坏。地下室是位于地面以下的房间或空间。它通常作为建筑物的延伸，提供额外的生活空间或用于存储、设备安置等的空间。在建造地下室时，需要考虑合适的防水措施，以防止地下水渗漏和潮湿问题。

基础和地下室在建筑物的设计和建造过程中密切相关，它们为建筑物提供了稳定的支持和额外的功能空间。

学习目标

◎知识目标

1. 了解基础与地基的概念。
2. 熟悉基础的类型与构造。
3. 熟悉地下室防潮防水的构造。

◎能力目标

1. 能够根据具体工程条件，合理地选用基础的构造形式。
2. 能够根据具体工程条件，合理设计地下室的防潮防水构造。

◎素质目标

1. 具有追求精益求精的工匠精神。
2. 严谨的工作学习态度和良好的职业素养。

思维导图

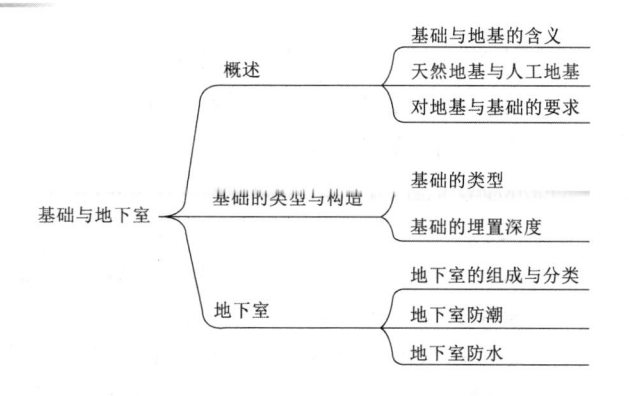

基础与地下室
- 概述
  - 基础与地基的含义
  - 天然地基与人工地基
  - 对地基与基础的要求
- 基础的类型与构造
  - 基础的类型
  - 基础的埋置深度
- 地下室
  - 地下室的组成与分类
  - 地下室防潮
  - 地下室防水

6.1 概述

6.1.1 基础与地基的含义

在建筑工程中，建筑物与土层直接接触的部分称为基础。基础底面以下，受到荷载作用影响范围内的岩、土体称为地基。基础是建筑物构造的组成部分，建筑物的总荷载（包括建筑物自重和外加的活荷载）通过基础传给地基。而地基不是建筑物的组成部分，只是承受基础传来荷载的土层。其中，具有一定的地耐力，直接支承基础，持有一定承载能力的土层称为持力层；持力层以下的土基层称为下卧层，如图 6.1 所示。地基土层在荷载作用下产生的变形，随着土层深度的增加而减少，到了一定深度则可忽略不计。地基和基础共同作用，保证建筑物稳定、安全、坚固耐久。

地基每平方米所能承受的最大压力称为地基承载力。为了保证建筑物的稳定和安全，必须控制建筑物基础底面的平均压力不超过地基承载力。地基上所承受的全部荷载是通过基础传递的，因此当荷载一定时，可通过加大基础底面积来减少单位面积上地基所受到的压力。基础底面积与荷载和地基承载力的关系如下：

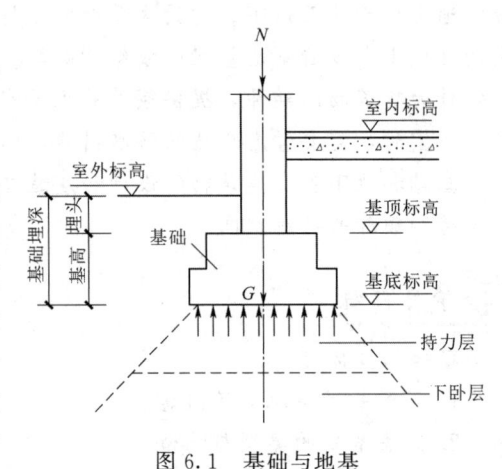

图 6.1 基础与地基

$$A \geqslant \frac{F}{f} \tag{6.1}$$

式中：A 为基础底面积，m^2；F 为建筑物总荷载，kN；f 为地基承载力，kPa。

从式（6.1）可以看出：当地基承载力 f 不变时，建筑物总荷载 F 越大，基础底面积 A 要求越大；或者说，当建筑物总荷载 F 不变时，地基承载力 f 越小，则基础底面积 A 要求越大。

6.1.2 天然地基与人工地基

1. 天然地基

天然土层具有足够的承载力，不需要经过人工加固，可直接在其上建造房屋的土层，称为天然地基。可作为天然地基的土体包括岩石、碎石、砂性土、黏性土等。天然地基的土层分布及承载力大小由勘察部门实测提供。

2. 人工地基

当土层的承载力较差或虽然土层较好，但上部荷载较大时，为使地基具有足够的承载能力，应对土体进行人工加固，这种经人工处理的土层称为人工地基。

人工地基的处理方法有压实法、换土法和打桩法三大类。

（1）压实法。压实法是指用重锤或压路机将较软弱的土层夯实或压实，挤出土层颗粒间的空气、提高土的密实度以增加土层的承载力。该做法不用材料，比较经济，

6.1 概述

适用于土层承载力与设计要求相差不大的情况。

(2) 换土法。换土法是指当地基土的局部或全部为软弱土，不宜用压实法加固时（如淤泥、沼泽、杂填土、孔洞等），可将局部或全部软弱土清除，换成好土，如粗砂、中砂、砂石料、灰土等。更换的好土应尽量就地取材，局部换土的选土应与周围土质接近，防止换土部位过硬或过软造成沉降不均。换土回填时应采用机械逐层压实。该处理方法的造价比压实法高。

(3) 打桩法。当建筑物荷载很大、地基土层很弱、地基容许承载力不能满足要求时，可采用桩基。桩基常称为桩基础，是地基加固的一种方式，也是人工地基，该处理方法造价较高。

1) 桩基的组成。柱下桩基一般由设置于土中的桩柱和承接上部结构的承台组成，如图 6.2 所示。墙下桩基是按设计的点位将桩身置于土中，桩的上端灌注钢筋混凝土承台梁，承台梁上接柱或墙体，以便使建筑荷载均匀地传递给桩基。在寒冷地区，承台梁下一般铺设 100～200mm 厚的粗砂或焦渣，以防土壤冻胀引起承台梁的反拱破坏。

2) 桩基受力情况。桩基按受力可分为端承桩和摩擦桩两类，如图 6.3 所示。端承桩是将桩尖直接支承在岩石或硬土层上，用桩身支承建筑的总荷载，也称为柱桩，这种桩适用于坚硬土层较浅、荷载较大的工程。摩擦桩是用桩挤实软弱土层，靠桩壁与土壤的摩擦力承担总荷载，这种桩适合坚硬土层较深、总荷载较小的工程。

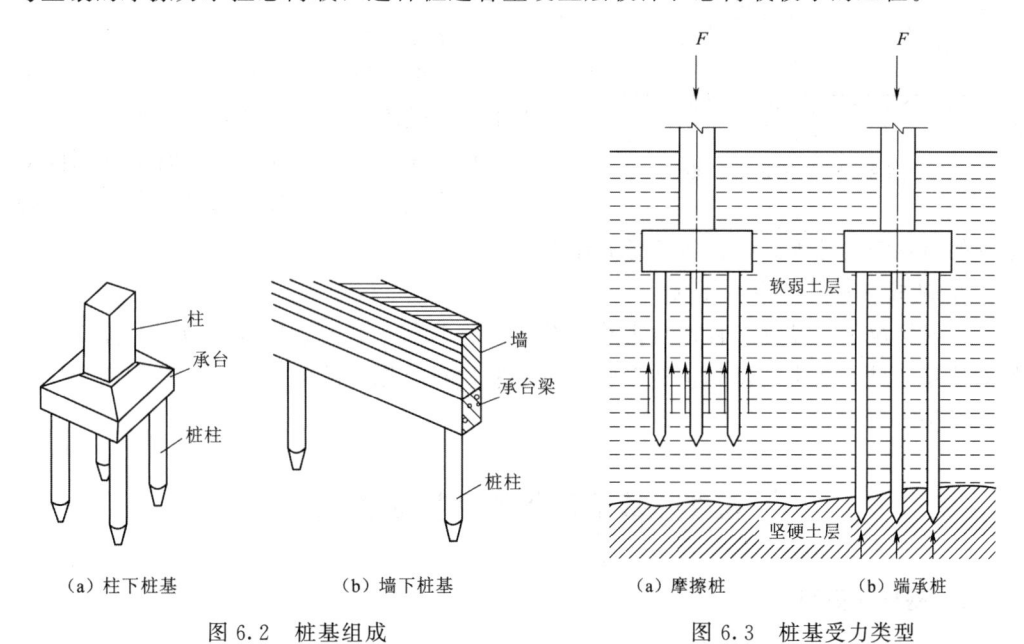

图 6.2 桩基组成
(a) 柱下桩基　(b) 墙下桩基

图 6.3 桩基受力类型
(a) 摩擦桩　(b) 端承桩

3) 桩基所采用的材料和施工方法。桩基按采用的材料和施工方法可分为钢筋混凝土预制桩、灌注桩和其他桩三类。

钢筋混凝土预制桩指桩在构件厂或现场预制，借助打桩机将其打入土中。这种桩的优点是：长度和截面可在一定范围内根据需要而选择，制作质量好，承载力强，耐久性好。但在工厂预制的桩因受运输条件的限制，其桩长每节不超过 12m，现场预制的桩长度一般为20～30m。

灌注桩是直接在所设计的桩位上开孔，其截面为圆形，然后在孔内加放钢筋骨架，灌注混凝土而成。与钢筋混凝土预制桩比较，灌注桩具有施工快、施工占地面积小、造价低等优点，所以近年来发展很快。灌注桩的类型有打入式灌注桩、钻孔式灌注桩和爆扩灌注桩等。

在木材富产地区可利用原木加固地基，原木的特点是质量轻、有一定的弹性和韧性。在地基加固深度较小，如2～8m时，可利用粗砂、中砂或砂混合料灌入事先用带活瓣桩靴或带实心桩靴打入土层的钢管内，然后分层灌入砂。也可利用土、灰土和砖打入土中形成桩来加固地基。

6.1.3 对地基与基础的要求

1. 地基应具有足够的承载力和均匀沉降

建筑物应尽量选择地基承载力较高而且均匀的地段。地基的承载力要力求均匀，以保证建筑物的基础在荷载作用下能够沉降均匀、不致失稳，否则极易引起墙身开裂、倾斜，甚至坍塌。

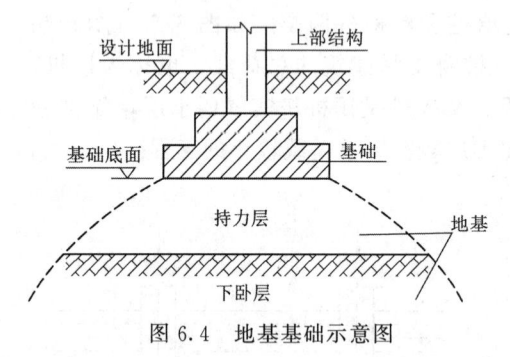

图6.4 地基基础示意图

2. 基础应具有足够的强度和耐久性

基础（图6.4）是承受建筑物全部荷载的受力构件，应具有足够的强度，在建筑物荷载的作用下不会被破坏，才能将建筑物的荷载可靠地传给地基。

基础埋在地下，会受潮、浸水，有些地下水含酸碱离子，对基础有腐蚀作用，北方地区易受冻融循环的破坏。同时基础属隐蔽工程，建成后检查和维修困难，所以在选择基础的材料与构造形式时，应考虑其耐久性。

3. 基础应满足经济性要求

一般情况下，基础工程造价占建筑总造价的10%～40%。因此，应尽可能选择良好的地基条件、适当的基础构造形式及适宜的材料与先进的施工技术，满足安全、合理、经济等要求。

资源6.1 基础的构造

6.2 基础的类型与构造

6.2.1 基础的类型

1. 按材料及受力特点分类

（1）刚性基础。由刚性材料制作的基础称为刚性基础，如图6.5所示，一般抗压强度高，而抗拉、抗剪强度较低的材料就称为刚性材料。刚性材料常用的有砖、灰土、混凝土、三合土、毛石等。

（2）非刚性基础。在混凝土基础的底部配以钢筋，利用钢筋来承受拉应力，使基础底部能够承受较大的弯矩，这时，基础宽度不受刚性角的限制，故称钢筋混凝土基础为非刚性基础或柔性基础，如图6.6所示。

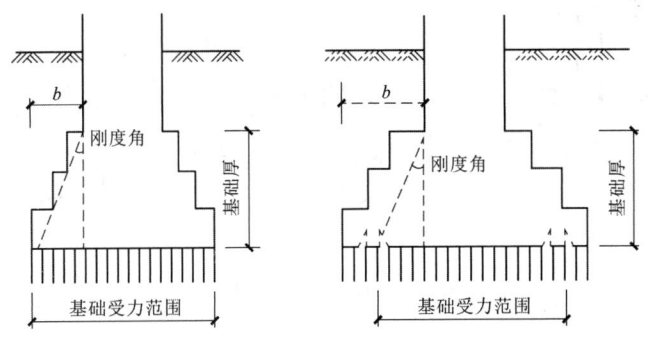

图6.5 刚性基础示意图

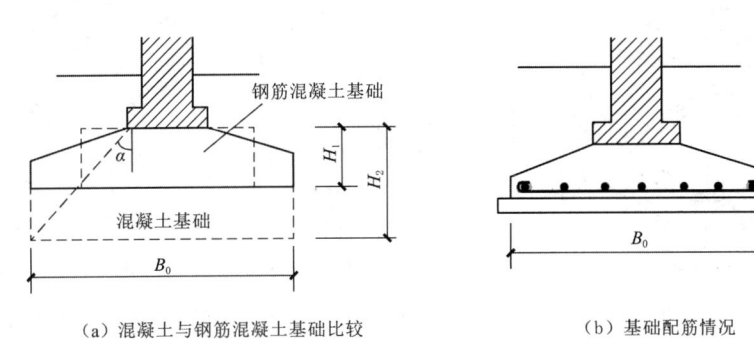

(a) 混凝土与钢筋混凝土基础比较　　(b) 基础配筋情况

图6.6 非刚性基础示意图

2. 按构造型式分类

（1）条形基础。当建筑物上部结构采用墙承重时，基础沿墙身设置，多做成长条形，这类基础称为条形基础或带形基础，是墙承式建筑基础的基本形式，如图6.7所示。

（2）独立式基础。当建筑物上部结构采用框架结构或单层排架结构承重时，基础常采用方形或矩形的独立式基础，这类基础称为独立式基础或柱式基础，独立式基础是柱下基础的基本形式。

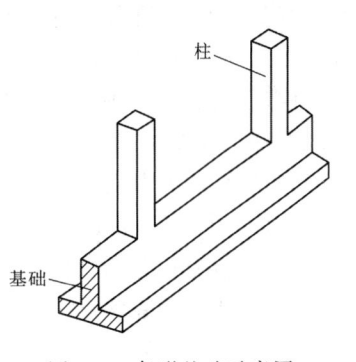

图6.7 条形基础示意图

当柱采用预制构件时，则基础做成杯口形，然后将柱子插入并嵌固在杯口内，故称杯形基础，如图6.8所示。

（3）井格式基础。当地基条件较差，为了提高建筑物的整体性，防止柱子之间产生不均匀沉降，常将柱下基础沿纵横两个方向扩展连接起来，做成十字交叉的井格基础，如图6.9所示。

（4）筏板基础。当建筑物上部荷载大，而地基又较弱，这时采用简单的条形基础或井格基础已不能适应地基变形的需要，通常将墙或柱下基础连成一片，使建筑物的荷载承受在一块整板上成为筏板基础。筏板基础有平板式和梁板式两种，如图6.10所示。

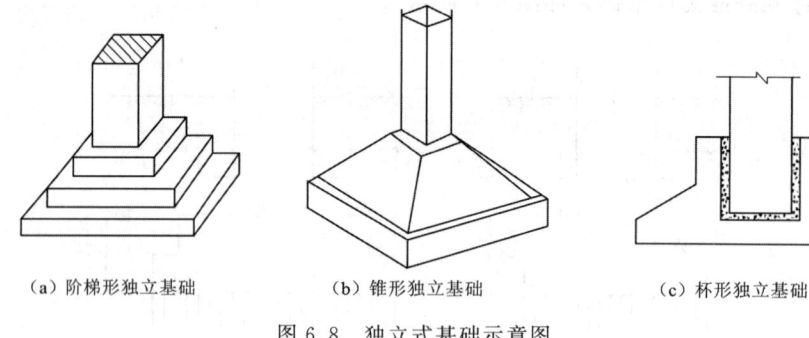

(a) 阶梯形独立基础　　(b) 锥形独立基础　　(c) 杯形独立基础

图 6.8　独立式基础示意图

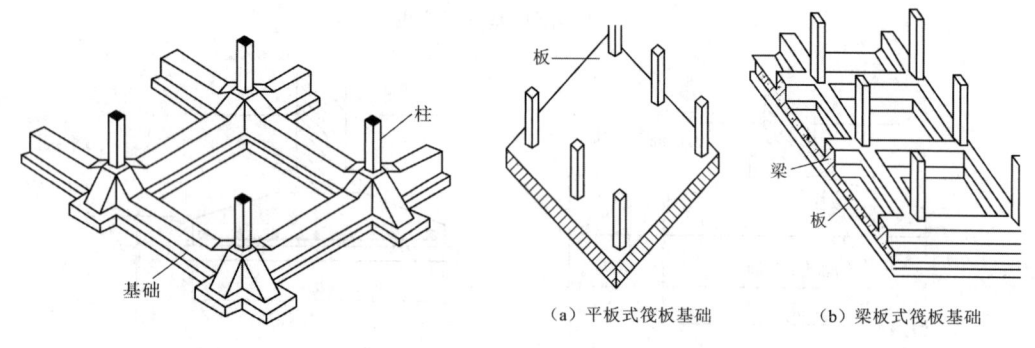

图 6.9　井格式基础示意图

(a) 平板式筏板基础　　(b) 梁板式筏板基础

图 6.10　平板式和梁板式筏板基础示意图

(5) 箱形基础。当板式基础做得很深时，常将基础改做成箱形基础。箱形基础是由钢筋混凝土底板、顶板和若干纵、横隔墙组成的整体结构，如图 6.11 所示，基础的中空部分可用作地下室（单层或多层的）或地下停车库。箱形基础整体空间刚度大，整体性强，能抵抗地基的不均匀沉降，较适用于高层建筑或在软弱地基上建造的重型建筑物。

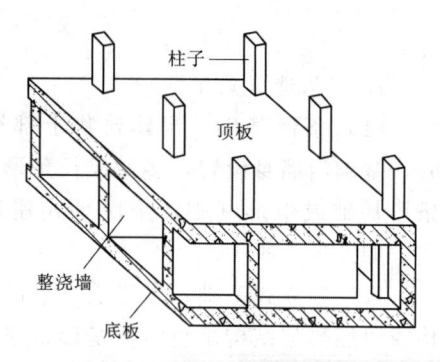

图 6.11　箱形基础示意图

6.2.2　基础的埋置深度

1. 基础埋置深度概念

室外设计地面到基础底面的距离称为基础的埋置深度，如图 6.12 所示。基础的埋深大于 5m 时，称为深基础；基础的埋深不超过 5m 时，称为浅基础。

2. 影响基础埋深的主要因素

(1) 工程地质条件。当地基由均匀的、压缩性较小的良好土层构成，承载力能满足建筑物的总荷载时，基础按最小埋深设计，如图 6.13 (a) 所示。当地基由两层土构成，上面软弱土层的厚度在 2m 以内，而下层为压缩性较小的好土时，一般应将建筑物基础埋置到下面的良好土层上，如图 6.13 (b) 所示。当地基由两层土构成，上面软弱土层的厚度为 2~5m 时，低层和轻型建筑物的基础尽量埋在表层的软弱土层内 [图 6.13 (c)]，可采取加宽基础的方法，也可用换土法、压实法处理地基；而高大的建筑物则应将基础埋到下面的好土层上。当地基上面软弱土层大于5m时，低层或轻型建筑应尽可能将基础埋在表层的软弱土层中，增大基础宽度，必要时对基础进行加固，如图6.13（d）所示；高大建筑物应将基础埋到下面的好土层上，基础埋深还应根据具体情况进行经济技术比较确定。当地基上层是好土、下面是软土时，尽可能将基础埋在好土内，如图6.13（e）所示，同时应验算下卧层软土的压缩对建筑的影响。当地基由好土和软土交替构成时，低层或轻型建筑尽可能将基础埋在好土内；高大的建筑物应深埋，可采用打桩法，将桩尖落在下面的好土上，如图6.13（f）所示。

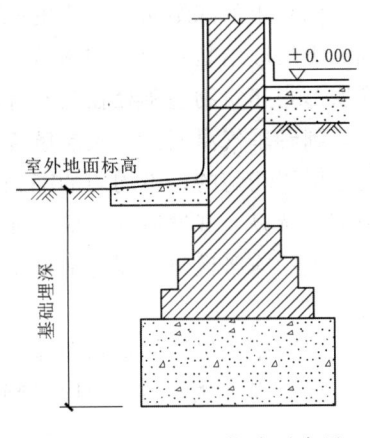

图6.12 基础埋置深度示意图

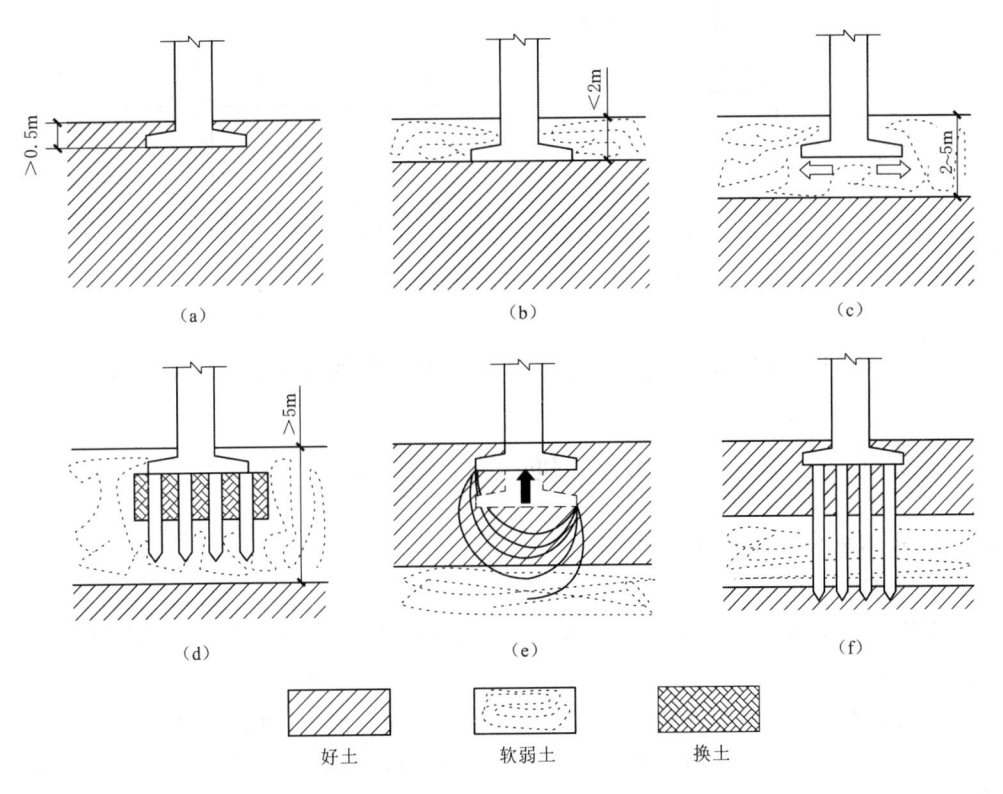

图6.13 工程地质条件对基础埋深的影响

（2）地下水位。地基土含水量的大小对承载力影响很大，且含有侵蚀性物质的地下水对基础还将产生腐蚀。所以，基础应争取埋置在地下水位以上。当地下水位较高，基础不得不埋置在地下水内时，应注意基础底面应置于最低地下水位之下，以使基础底面常年置于地下水中，同时避免其置于地下水位升降幅度之内，以减少和避免地下水的浮力对建筑物的影响。另外，基础若处在干湿交替的环境下，则抗腐蚀的能力更差。

(3) 土的冻结深度。土的冻结深度即冰冻线。各地区的气温不同，冻结深度也不同。土的冻结是由于土中水分受冷冻结而成，水冻结成冰，体积膨胀，因而导致冻土膨胀。当建筑物基础处在具有冻胀现象的土层范围内，冬季土的冻胀会把房屋向上拱起，到春季气温回升，土层解冻，基础又下沉。冻结、融化的程度在整幢建筑范围内是不可能均匀的，不均匀的冻融引起不均匀的胀缩，因而导致建筑出现裂缝、倾斜等破坏。所以，基础原则上应埋在冰冻线以下200mm处，如图6.14所示。

土的冻胀现象主要与地基土颗粒的粗细程度、土冻结前的含水量、地下水位高低等有关。

(4) 相邻建筑的基础埋深。基础埋深最好小于原有建筑的基础埋深。当基础深于原有建筑基础时，则新旧基础间的净距一般为相邻基础底面高差的1～2倍，如图6.15所示。

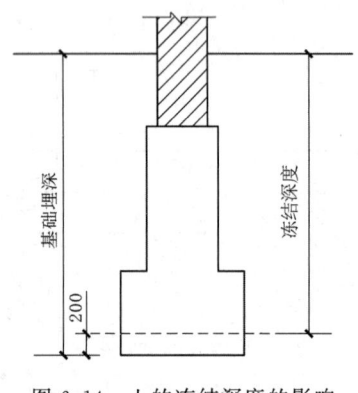

图6.14 土的冻结深度的影响 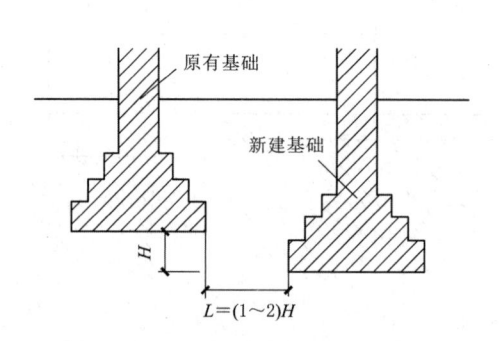　　图6.15 相邻建筑的基础埋深示意图

6.3 地　下　室

6.3.1 地下室的组成与分类

1. 地下室的组成

建筑物下部的地下使用空间称为地下室。地下室一般由墙体、顶板、底板、门窗、楼梯五大部分组成。

(1) 墙体。地下室的外墙不仅承受垂直荷载，还承受土、地下水和土壤冻胀的侧压力。因此，地下室的外墙应按挡土墙设计，若用砖砌墙，最小厚度不小于490mm；若用混凝土或钢筋混凝土墙，则应计算求得，其最小厚度不低于300mm。外墙还应作防潮或防水处理。

(2) 顶板。顶板可用预制板、现浇板，或者预制板上做现浇层；若为人防地下室，则必须采用现浇板并按有关规范决定板的厚度和混凝土强度等级。在无采暖的地下室顶板上，即地面首层地板处，应设置保温层，以利于首层房间的使用舒适。

(3) 底板。底板处于最高地下水位之上时，可按一般地面工程做法，即垫层上现浇混凝土60～80mm厚，再做面层；如底板处于地下水之中时，底板不仅承受地面垂直荷载，还要承受地下水的浮力荷载，因此应采用钢筋混凝土底板，并双层配筋。底板下垫层上还应设置防水层,以防渗漏。

(4) 门窗。普通地下室的门窗与地上房间门窗相同,地下室外窗如在室外地坪以下,应设置采光井(图6.16)和防护箅,以利室内采光通风和室外行走安全。人防地下室一般不允许设窗,如需开窗,应设置战时堵严措施。人防地下室的外门应按防空等级要求设置相应防护构造。

(5) 楼梯。楼梯可与地面上房间结合设置,层高小或用作辅助房间的地下室,可设置单跑楼梯。用作防空设施的地下室,每幢至少要设置两部楼梯通向地面的安全出口,并且必须有一个是独立的安全出口。这个安全出口周围不得有较高的建筑物,以防建筑物因空袭倒塌堵塞出口影响疏散。

2. 地下室的分类

(1) 按使用功能分类。普通地下室:普通的地下空间一般按地下楼层进行设计。人防地下室:有人民防空要求的地下空间,应妥善解决紧急状态下的人员隐蔽与疏散,应有保证人身安全的技术措施。

(2) 按顶板标高分类。半地下室:房间地面低于室外设计地面的平均高度大于该房间平均净高1/3,且不大于1/2的地下室,如图6.17所示。全地下室:房间地面低于室外设计地面的平均高度大于该房间平均净高1/2的地下室。

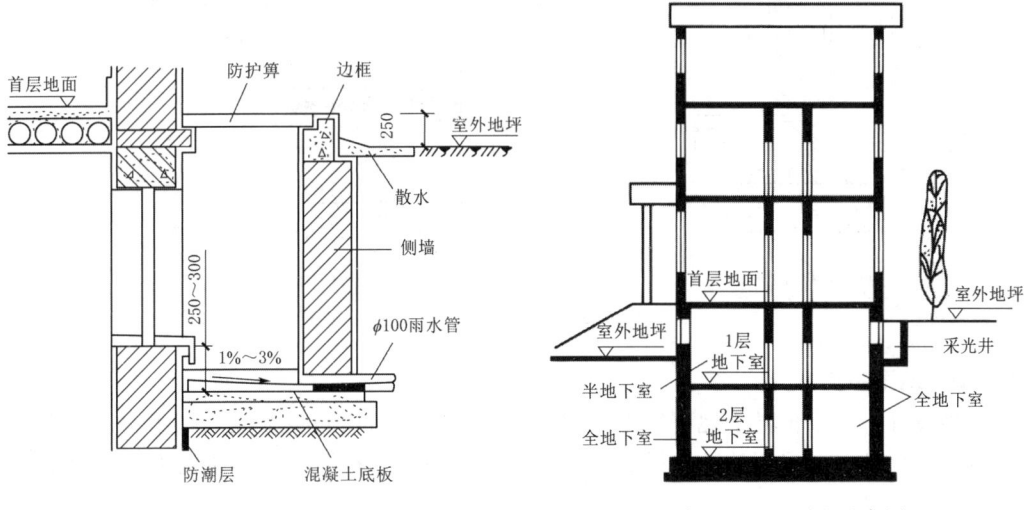

图6.16 地下室采光井构造

图6.17 地下室示意图

(3) 按墙体结构材料分类。砖墙地下室是指地下室墙体主要由砖砌筑的地下室;混凝土墙地下室是指地下室墙体由混凝土浇筑而成的地下室。

6.3.2 地下室防潮

当地下水的设计最高水位低于地下室底板0.3~0.5m,且地基及回填土范围内无形成滞水可能时,地下水不能直接侵入地下室,墙和地坪仅受到土层中地潮(所谓地潮是指土层中的毛细管水和地面雨水下渗而造成的无压水,见图6.18)的影响,这时地下室只需做防潮处理。

当地下水的常年水位和最高水位均在地下室地坪标高以下时,须在地下室外墙外面设垂直防潮层。其做法是在墙体外表面先抹一层20mm厚的1:2.5水泥砂浆找平,再涂一道冷底子油和两道热沥青；然后在外侧回填低渗透性土壤，如黏土、灰土等，并逐层夯实，土层宽度为500mm左右，以防地面雨水或其他地表水的影响。另外，地下室的所有墙体都应设两道水平防潮层，一道设在地下室地坪附近，另一道设在室外地坪以上150～200mm处，如图6.19（a）所示，使整个地下室防潮层连成整体，以防地潮沿地下墙身或勒脚处入室。

地下室地坪下面做水平防潮层。防潮层一般设在垫层与地层面层之间，并且与墙身水平防潮层在同一水平面上相连，如图6.19（b）所示。

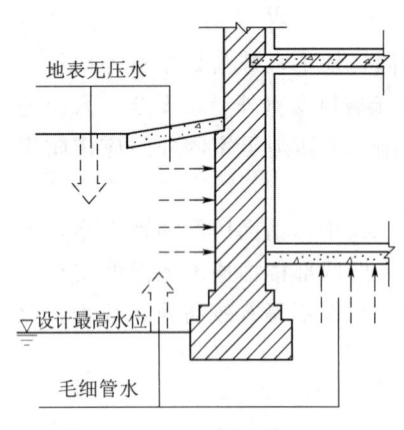

图6.18 地潮影响示意图

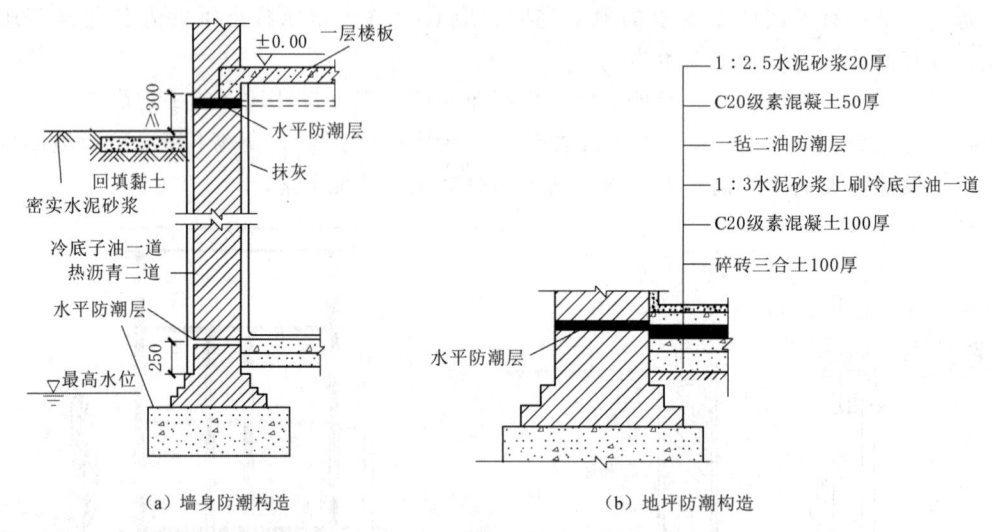

图6.19 防潮层构造示意图
（a）墙身防潮构造　（b）地坪防潮构造

6.3.3 地下室防水

当设计最高水位高于地下室地坪时，地下室的外墙和底板都浸泡在水中，应考虑进行防水处理。常采用的防水措施有三种，分为沥青卷材防水、防水混凝土防水和弹性材料防水。

1. 沥青卷材防水

卷材防水能适应结构的微量变形和抵抗地下水的一般化学侵蚀，属于柔性防水，传统的防水卷材为石油沥青油毡卷材，有一定的拉伸强度和伸长率，价格低廉，但属于热作业类型，操作不太方便，而且容易老化和污染环境。卷材防水分为外防水和内防水两种。

（1）外防水。外防水是将防水层贴在地下室外墙的外表面，其构造要点为：先在墙外侧抹20mm厚的1∶3水泥砂浆找平层，并刷冷底子油一道，然后选定油毡层数，分层粘贴防水卷材，防水层须高出最高地下水位500～1000mm。油毡防水层以上的地下室侧墙应抹水泥砂浆，涂两道热沥青，直至室外散水处。垂直防水层外侧砌半砖厚的保护墙一道，如图6.20所示。

（2）内防水。内防水是将防水层贴在地下室外墙的内表面，如图6.21所示，其构造要点为：先浇混凝土垫层，厚约100mm；再以选定的油毡层数在地坪垫层上做防水层，并在防水层上抹20～30mm厚的水泥砂浆保护层，以便于上面浇筑钢筋混凝土。为了保证水平防水层包向垂直墙面，地坪防水层必须留出足够的长度以便与垂直防水层搭接，同时要做好转折处油毡的保护工作，以免因转折交接处的油毡断裂而影响地下室的防水。

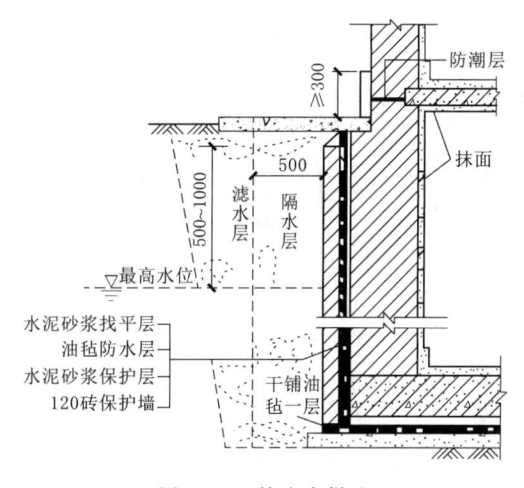

图6.20 外防水做法

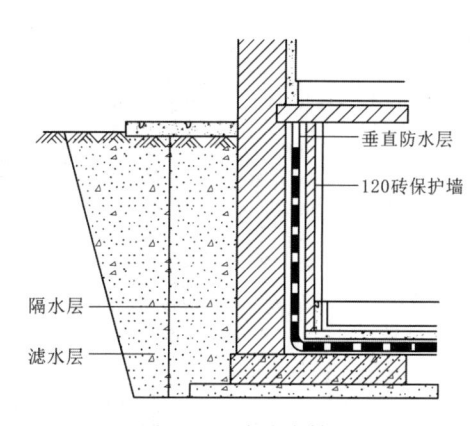

图6.21 内防水做法

2. 防水混凝土防水

当地下室地坪和墙体均为钢筋混凝土结构时，应采用抗渗性能好的防水混凝土材料（图6.22），常采用的防水混凝土有普通混凝土和外加剂混凝土。普通混凝土主要是采用不同粒径的骨料进行级配，并提高混凝土中水泥砂浆的含量，使砂浆充满于骨料之间，从而堵塞因骨料间不密实而出现的渗水通路，以达到防水的目的。外加剂混凝土是在混凝土中掺入加气剂或密实剂，以提高混凝土的抗渗性能。

3. 弹性材料防水

随着新型高分子合成防水材料的不断涌现，地下室的防水构造也在更新，如我国目

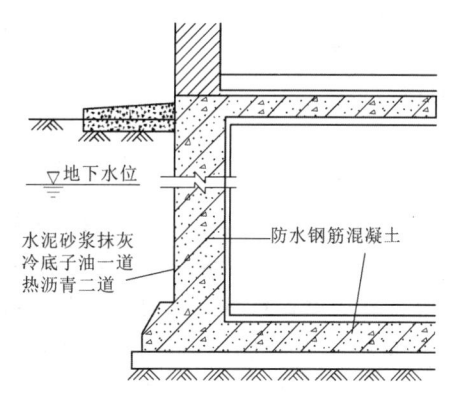

图6.22 防水混凝土做法

前使用的三元乙丙橡胶卷材，能充分适应防水基层的伸缩及开裂变形，拉伸强度高，拉断延伸率大，能承受一定的冲击荷载，是耐久性极好的弹性卷材，又如聚氨酯涂膜防水材料，有利于形成完整的防水涂层，对在建筑内有管道、转折和高差等特殊部位的防水处理极为有利。

涂料防水是指在施工现场以刷涂、刮涂、滚涂等方法将无定型液态冷涂料在常温下涂敷于地下室结构表面的一种防水做法，如图6.23所示。涂料种类有水乳型（普通乳化沥青、水性石棉厚质沥青、阴离子合成胶乳化沥青、阳离子氯丁胶乳化沥青）、

溶剂型（再生胶沥青）和反应型（聚氨酯涂膜）等几种，能防止地下无压水和水头不大于1.5m的静压水的侵入。涂料适用于新建砌体或钢筋混凝土结构迎水面的专用防水层或新建防水混凝土结构迎水面的附加防水层，还可敷设在已建建筑物结构内侧作为防潮、防水的补漏措施；但不适用或慎用于含有油脂、汽油或其他能溶解涂料的地下环境。涂料层外侧应做砂浆或砖墙的保护层。

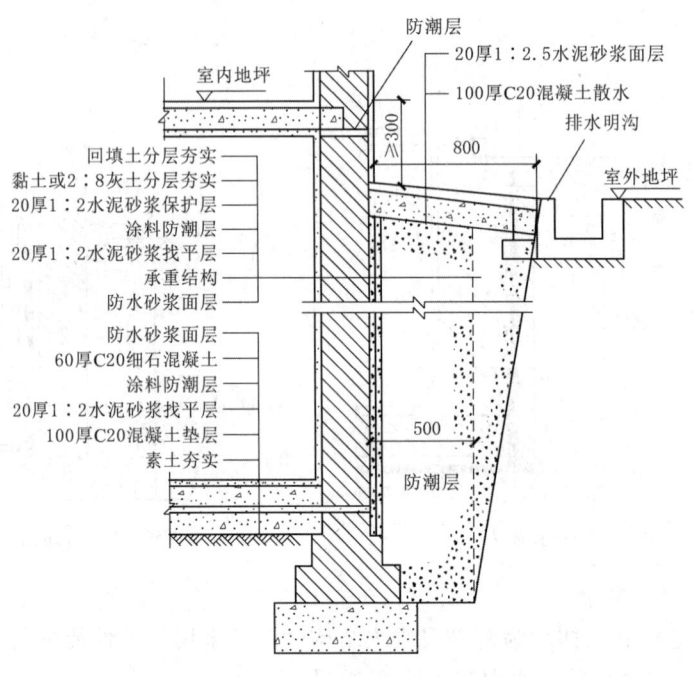

图 6.23　涂料防水做法

拓展阅读

地下室防潮防水设计原则

　　地下室的围护结构常年受到潮气及水的侵蚀，实际工程因地下室墙体处理不当而出现渗漏的情况很多，防潮、防水是地下室构造处理的主要问题。地下室属于隐蔽工程，如果在使用过程中出现漏水现象，后果将不堪设想。2021年7月，河南省遭遇大范围极端强降雨天气，导致地下水位不断上升，很多地下车库和地下室出现漏水和雨水倒灌情况，造成较大损失，因而地下室的防水工程就显得尤为重要和突出。地下室的防水设计，应全面考虑各种自然因素及使用要求，定级准确、方案可靠、选材适当、施工简便、经济合理。

　　（1）合理确定防水等级。地下室因使用功能不同，重要性不同，其对防水的要求也不一样。地下工程的防水等级，应根据工程的重要性和防水要求确定。

　　（2）合理确定防潮、防水设计方案。地下室浸水的主要来源是地表滞水和地下水。地表滞水主要是降雨（雪）、生活用水和生产废水的滞留。它与土的性质有关，如砂类土的透水性好，不易滞水；黏性土的透水性差，有滞水的可能。地下水位以下土中的地下水具有一定压力，离地面越深，其静水压力也越大。地下水通过建筑围护结构渗入室内，不仅影响地下室的使用，且当地下水含有酸、碱等化学成分时，还会使结构遭到破坏。因此，地下室应采取有效的防潮、防水措施，以保证其正常使用。

（3）合理确定设防高度。地下室宜根据城市总体规划及排水体系进行合理布局，并确定工程标高。设计时应考虑各种类型水作用下最不利的情况，使地下室防水措施能够有足够的保证。除考虑潜水（在地面下第一个有自由表面的地下水）及承压水等作用外，尚应考虑地表水、上层滞水和由于地下水而产生的毛细水的影响。

本章小结

本章主要介绍了基础和地下室两大部分内容，讲解了基础与地基的基本概念及设计要求，还包含了地下室的构造类型以及地下室的防潮和防水的构造做法。通过对本章的学习，读者能够掌握基础与地下室的基本构造，以及局部的具体设计和做法，更好地适应以后的学习和工作。

思 考 题

1. 简述基础与地基的含义。
2. 基础的类型有哪些？
3. 简述地下室由哪些部分组成。

第7章 墙　　体

本章导读

墙体是房屋重要的承重结构，同时也是建筑物主要的围护结构，占建筑物总重量的 30%～45%，其耗材、造价、自重和施工周期在建筑的各个组成构件中都占据着重要的位置。根据墙体在建筑物中所处的位置、功能与作用不同，对墙体有着不同的设计要求。因而在工程设计中合理地选择墙体材料、结构方案及构造做法十分重要。

墙体根据所处的位置不同，其作用也不尽相同，如外墙是建筑物的竖向围护构件，具有抵御自然界风、雨、雪的袭击，防止太阳辐射、噪声干扰及外界温度变化等的作用，也就是保温隔热和隔声等的作用；内墙起着分隔建筑内部空间，以满足各种不同的使用功能的作用；另外对于砌体结构建筑，部分墙体还起着竖向承重的重要作用，承担着自身重力荷载、楼板传来的荷载、风荷载等的作用。

学习目标

◎知识目标

1. 了解墙体的类型及设计要求。
2. 熟悉砖墙的材料及细部构造。
3. 熟悉砌块墙的类型与构造。
4. 了解隔墙的形式及特点。
5. 掌握墙面装修的种类与作用。
6. 了解幕墙的种类及构造。

◎能力目标

1. 能够根据具体工程条件，设计墙体的层次构造及细部构造。
2. 能够根据具体工程条件，设计墙体的保温和饰面构造。

◎素质目标

1. 增强坚韧不拔的坚强意志。
2. 弘扬精益求精的工匠精神。
3. 坚持生态环保的绿色理念。

> 思维导图

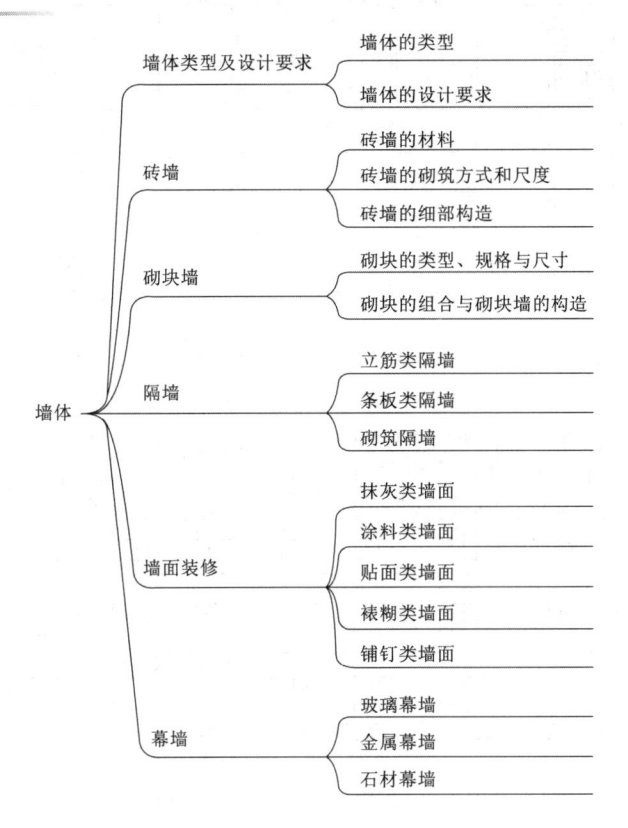

```
                  ┌─ 墙体类型及设计要求 ─┬─ 墙体的类型
                  │                    └─ 墙体的设计要求
                  │
                  ├─ 砖墙 ─┬─ 砖墙的材料
                  │       ├─ 砖墙的砌筑方式和尺度
                  │       └─ 砖墙的细部构造
                  │
                  ├─ 砌块墙 ─┬─ 砌块的类型、规格与尺寸
                  │         └─ 砌块的组合与砌块墙的构造
    墙体 ─────────┤
                  ├─ 隔墙 ─┬─ 立筋类隔墙
                  │       ├─ 条板类隔墙
                  │       └─ 砌筑隔墙
                  │
                  ├─ 墙面装修 ─┬─ 抹灰类墙面
                  │           ├─ 涂料类墙面
                  │           ├─ 贴面类墙面
                  │           ├─ 裱糊类墙面
                  │           └─ 铺钉类墙面
                  │
                  └─ 幕墙 ─┬─ 玻璃幕墙
                          ├─ 金属幕墙
                          └─ 石材幕墙
```

7.1 墙体类型及设计要求

7.1.1 墙体的类型

按不同的分类方式，墙体的类型和名称不同。

1. 按墙体位置分类

墙体根据在建筑物中的位置不同可分为外墙和内墙。外墙是指建筑外围的墙体，其作用是遮挡风雨、阻隔外界气温及噪声等对室内的影响。内墙位于建筑物内部，其作用是分隔内部空间，同时具有隔声、防火的作用。

2. 按墙体布置方向分类

墙体按布置方向可分为纵墙和横墙。沿建筑物长轴方向布置的墙称为纵墙，沿建筑物短轴方向布置的墙称为横墙，外横墙俗称山墙，如图 7.1 所示。另外，根据外墙与门窗的位置关系，水平方向上窗洞口之间的墙称为窗间墙，垂直方向上下窗洞口之间的墙称为窗下墙，如图 7.2 所示。

3. 按受力状态分类

墙体按受力状态可分为承重墙和非承重墙。承重墙是承受楼面及屋面等上部结构传来的荷载或承受风力、地震力等水平荷载的墙体。非承重墙又分为自承重墙和非自承重墙。自承重墙只承受墙体自重而不承受楼板或屋顶等其他构件传来的荷载，并将

资源 7.1 墙体的类型及设计要求

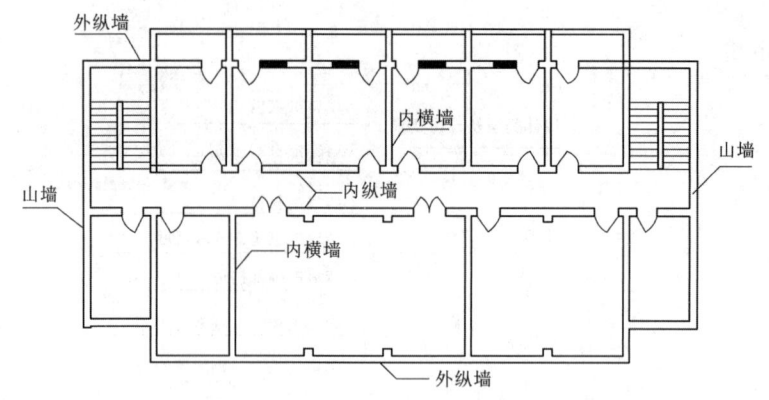

图 7.1 按墙体所处位置和方位分类

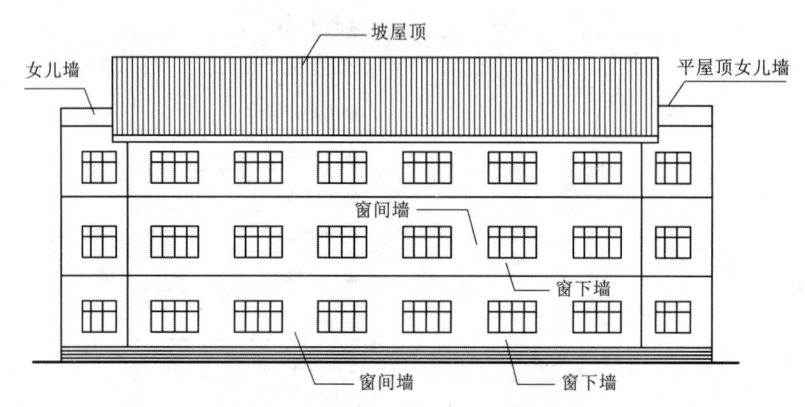

图 7.2 按墙体与门窗的相对位置

自重传给基础。隔墙是指建筑物内部只起到分隔作用的墙体，其自重由楼板和梁来承担；填充墙是置于框架内部的墙体；幕墙是外挂于框架梁柱外的墙体，其自重由框架承担。隔墙、填充墙和幕墙可以归为非自承重墙，既不承重，同时将自身荷载传给其他构件。

4. 按构造方式分类

按照构造方式，墙体可以分为实体墙、空体墙和组合墙三种，如图7.3所示。实体墙由单一材料（如黏土砖、石块、陶粒混凝土空心砖等）和复合材料（钢筋混凝土和加气混凝土分层复合、黏土多孔砖与焦渣砖分层复合等）组成，墙体中间不留空隙。空体墙也是由单一材料组成，可由单一材料砌成内部空腔，也可用具有孔洞的材料建造墙，如空斗砖墙、空心砌块墙等。组合墙由两种及以上材料组合而成，例如混凝土和加气混凝土复合板材墙。其中混凝土起承重作用，加气混凝土起保温隔热作用。

5. 按施工方法分类

墙体按施工方法的不同，有叠砌式墙、板筑墙和装配式墙三种。砖墙、砌块墙等采用叠砌式。板筑墙是指施工时直接在墙体部位竖立模板，然后在模板内夯筑或浇筑材料而形成的墙体，如夯土墙、灰砂土筑墙以及滑模、大模板施工的混凝土墙体等。装配式墙是采用预制墙体构件，在现场用机械安装的墙体，包括板材墙、多种组合墙、幕墙等。

7.1 墙体类型及设计要求

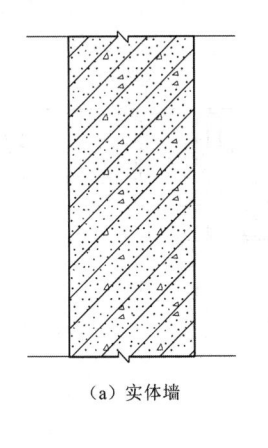

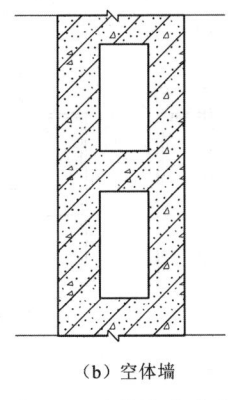

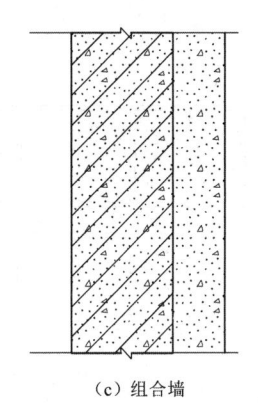

(a) 实体墙　　　　　　(b) 空体墙　　　　　　(c) 组合墙

图7.3　墙体构造形式

6. 按墙体的承重方式分类

墙体承重方式是由墙体承受屋顶和楼板的荷载，并连同自重一起将垂直荷载传至基础和地基。在地震区墙体还可能受到水平地震作用的影响。不同的承重方式在抵抗水平地震作用方面有不同的要求。其中，墙体承重方式中墙体的承重方案不同，结构的抗震效率有较大的差异。

墙体承重方案主要有：横墙承重体系、纵墙承重体系、双向承重体系。

(1) 横墙承重体系，承重墙体主要由垂直于建筑物长度方向的横墙组成，如图7.4 (a) 所示。楼面荷载依次通过楼板、横墙、基础传递给地基。由于横墙起主要承重作用且间距较密，建筑物的横向刚度较强，整体性好，对抗风力、地震力和调整地基不均匀沉降有利，但是建筑空间组合不够灵活。纵墙只承担自身的重量，主要起围护、隔断和联系的作用，因此对纵墙上开门、窗限制较少。这一布置方式适用于房间的使用面积不大，墙体位置比较固定的建筑，如住宅、宿舍、旅馆等。

(2) 纵墙承重体系，承重墙体主要由平行于建筑物长度方向的纵墙承受楼板或屋面板荷载，如图7.4 (b) 所示。楼面荷载依次通过楼板、梁、纵墙、基础传递给地基。其特点是内外纵墙起主要承重作用，室内横墙的间距可以增大，建筑物的纵向刚度强而横向刚度弱。为了抵抗横向水平力，应适当设置承重横墙，与楼板一起形成纵墙的侧向支撑，以保证房屋空间刚度及整体性的要求。此方案空间划分较灵活，适用于空间的使用上要求有较大空间、墙位置在同层或上下层之间可能有变化的建筑，如教学楼中的教室、阅览室、实验室等，但对在纵墙上开门窗的限制较大。相对横墙承重体系来说，纵墙承重体系楼刚度较差，板材料用量较多。

(3) 双向承重体系，即纵横墙承重体系，承重墙体由纵横两个方向的墙体混合组成，如图7.4 (c) 所示。双向承重体系在两个方向抗侧力的能力都较好。国内几次大地震后的震害调查表明，在砖混结构多层建筑物中，双向承重体系的抗地震能力比横墙承重体系、纵墙承重体系都好。此方案建筑组合灵活，空间刚度较好，适用于开间、进深变化较多的建筑，如医院、实验楼等。

7.1.2 墙体的设计要求

1. 具有足够的强度和稳定性

墙体的强度是指承受荷载的能力，承重的墙体必须有足够的强度来满足结构的安

第7章 墙 体

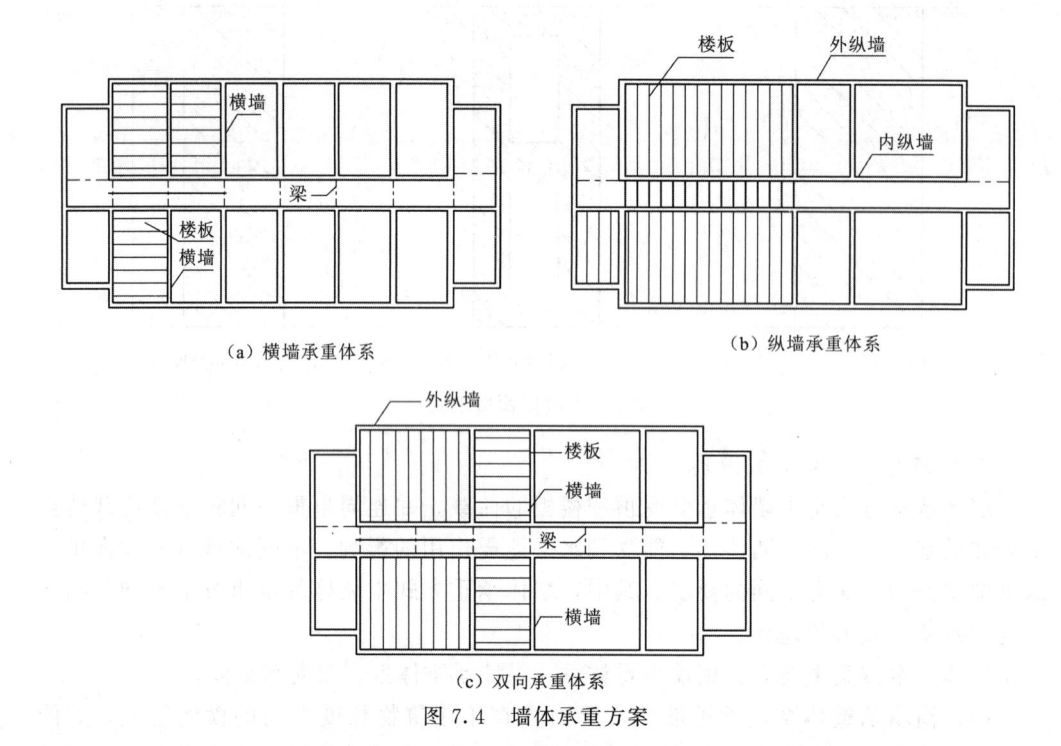

(a) 横墙承重体系
(b) 纵墙承重体系
(c) 双向承重体系

图 7.4 墙体承重方案

全要求，墙体的强度与砌墙所用的材料种类、材料的强度等级、墙体的截面尺寸、构造方式及施工方式等有关。如砖墙的强度取决于砖和砌筑砂浆的强度等级，混凝土墙的强度取决于混凝土的强度等级等。墙体的强度要求应通过结构计算来确定。

墙体的稳定性是指墙体能够承受上方荷载的作用，保持垂直方向的稳定。墙的稳定性与墙的长度、高度和厚度有关。当墙的长度和高度确定以后，可通过增加墙的厚度或增设墙垛、壁柱、构造柱及圈梁等措施来满足稳定性要求。

2. 满足保温隔热等热工方面的要求

墙体作为围护结构，满足热工要求是十分重要的。墙体的热工要求应与所在地区的气候条件相适应。严寒地区应充分满足冬季保温要求，以减少室内热量损失，同时还应保证其内表面不产生冷凝水。夏热冬冷地区应以满足夏季防热为主，适当兼顾冬季保温。作为围护结构的外墙应具有一定的隔热能力。

3. 满足隔声要求

为了保证室内有良好的声学环境，保证人们的生活、工作不受噪声干扰，要求墙体必须具有一定的隔声能力。人们在设计中可通过加强墙体的密封处理，增加墙体的密实性及厚度，采用有空气间隔层或多孔性材料的夹层墙等措施来提高墙体的隔声能力。

4. 满足防火要求

墙体材料及墙的厚度应符合防火规范规定的燃烧性能和耐火极限的要求。当建筑物的占地面积或长度较大时，还要按规范划分防火区域、设置防火墙等，以防止火灾蔓延。

5. 满足建筑工业化要求

在大量的民用型建筑中，墙体工程量占有相当大的比重，不仅消耗大量的劳动

7.1 墙体类型及设计要求

力,而且施工工期长。建筑工业化的关键就是墙体改革,提高机械化施工程度,提高工效,降低劳动强度,并采用轻质高强的墙体材料,以减轻自重、降低成本。

另外,根据墙体所处位置不同,还要满足其他特殊要求,如卫生间的墙体要考虑防潮防水;有音响布置要求的空间,墙面还要考虑吸音等。

拓展阅读

冬季保温设计要求

建筑保温是指为减少冬季通过房屋围护结构向外散失热量,并保证围护结构薄弱部位内表面温度不致过低而采取的建筑构造措施。

(1) 建筑物宜设在避风和向阳的地段。

(2) 建筑物的体形设计宜减少外表面积,其平、立面的凹凸面不宜过多。

(3) 居住建筑,在严寒地区不应设开敞式楼梯间和开敞式外廊;在寒冷地区不宜设开敞式楼梯间和开敞式外廊。公共建筑,在严寒地区出入口处应设门斗或热风幕等避风设施;在寒冷地区出入口处宜设门斗或热风幕等避风设施。

(4) 建筑物外部窗户面积不宜过大,应减少窗户缝隙长度,并采取密闭措施。

(5) 外墙、屋顶、直接接触室外空气的楼板和不采暖楼梯间的隔墙等围护结构,应进行保温验算,其传热阻应大于或等于建筑物所在地区要求的最小传热阻。

(6) 当有散热器、管道、壁龛等嵌入外墙时,该处外墙的传热阻应大于或等于建筑物所在地区要求的最小传热阻。

(7) 围护结构中的热桥部位应进行保温验算,并采取保温措施。

(8) 严寒地区居住建筑的底层地面,在其周边一定范围内应采取保温措施。

数字化墙体建造

3D打印墙体是一种基于数字化模型驱动的增材建造技术,通过逐层堆叠混凝土等材料直接成型墙体结构,如图7.5所示。其核心原理是将三维模型切片为二维横截面,由打印喷头按预设路径挤出材料,形成中空螺旋或Z形结构,兼具轻量化与高强度(抗压强度可达70MPa)。该技术突破传统施工限制,可集成承重、保温与装饰功能,支持曲面、镂空等复杂造型,适用于定制化建筑。施工效率较传统方法提升3倍,人工成本降低70%,碳排放减少20%～30%。材料方面,除普通混凝土外,高强度轻质纤维混凝土(密度≤1500kg/m³)和地质聚合物等环保材料进一步推动可持续发展。经济性显著,例如10m×2.4m墙体成本比传统砌筑节省59%,规模化应用后设备成本可摊薄。未来将结合AI优化打印路径,并开发自修复混凝土等智能材料,预计2030年全球市场规模达15亿美元,在灾后重建和太空建筑中潜力巨大。3D打印墙体以高效、低耗、高自由度的优势,正重塑建筑行业的技术范式。

图7.5 某建筑3D打印墙体

7.2 砖　　墙

7.2.1 砖墙的材料

砖墙属于砌筑墙体，具有保温、隔热、隔声等许多优点，但也存在着施工速度慢、自重大、劳动强度大等很多不利的因素。砖墙由砖和砂浆两种材料组成，砂浆将砖胶结在一起筑成墙体。

砖的种类很多，从所采用的原材料上看，有黏土砖、灰砂砖、页岩砖、煤矸石砖、水泥砖、矿渣砖等；从形状上看，有实心砖、多孔砖、空心砖等，如图7.6所示。当前砖的规格与尺寸也有多种形式，普通黏土砖是全国统一规格的标准尺寸，即240mm×115mm×53mm，有的空心砖尺寸为190mm×190mm×90mm或240mm×115mm×180mm等。砖的等级强度以抗压强度划分为6级——MU30、MU25、ML20、MU15、MU10、MU7.5，单位为N/mm^2。

(a) 实心黏土砖　　(b) 多孔黏土砖　　(c) 空心砖

图7.6　砖墙的材料

图7.7　砌筑砂浆——混合砂浆

砂浆是砌墙用的黏结材料。常用的砌筑砂浆有水泥砂浆、石灰砂浆和混合砂浆，如图7.7所示。水泥砂浆由水泥、砂加水拌和而成，常用于砌筑潮湿环境下的砌体，如基础墙等。石灰砂浆属气硬性材料，强度不高，多用于砌筑次要的民用建筑中地面以上的墙体。混合砂浆由水泥、石灰膏、砂及水拌和而成，和易性和保水性好，常用于砌筑室内地面以上的砌体。砂浆的等级也是以抗压强度来进行划分的，从高到低依次为M15、M10、M7.5、M5、M2.5、M1、M0.4，单位为N/mm^2。

墙体的整体强度取决于砖和砂浆的强度等级。

7.2.2 砖墙的砌筑方式和尺度

砖墙的砌筑方式是指砖块在墙体中的排列方式。砖块的排列应遵循砂浆饱满、横平竖直、内外搭接、上下错缝的原则。错缝长度不应小于60mm，且应便于砌筑及少砍砖，否则会影响墙的强度和稳定性。在墙的组砌中，砖块的长边平行于墙面的砖称

7.2 砖　　墙

为顺砖，砖块的长边垂直于墙面的砖称为丁砖。上下皮砖之间的水平缝称为横缝，左右两砖之间的垂直缝称为竖缝，如图 7.8 所示，砖砌筑时切忌出现竖直通缝，否则会影响墙的强度和稳定性。

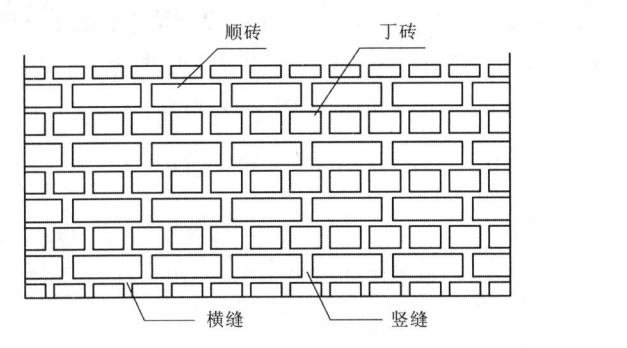

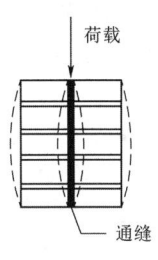

图 7.8　砖的错缝搭接及砖缝名称

砖墙的砌筑方式有全顺式、一顺一丁式、梅花丁式（丁顺夹砌）、两平一侧式等，如图 7.9 所示。

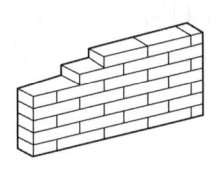

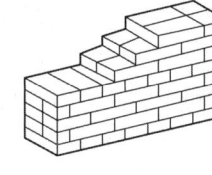

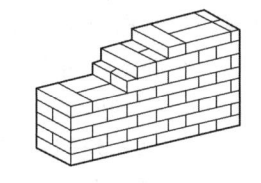

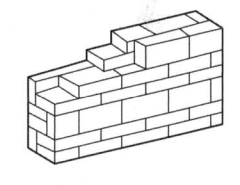

（a）全顺式　　（b）一顺一丁式　　（c）梅花丁式（丁顺夹砌）　　（d）两平一侧式

图 7.9　砖墙的不同砌筑方式

普通黏土砖包括 10mm 厚灰缝，砖的长宽厚之比为 4∶2∶1。1m³ 的砖墙有 512 块普通黏土砖。常见砖墙厚度及其名称见表 7.1。墙段的长度小于 1.5m 时，宜符合砖模数；墙段长度超过 1.5m 时，可不考虑砖模数。

表 7.1　　墙厚名称、习惯称呼和实际墙厚

墙厚名称	习惯称呼	实际墙厚/mm	墙厚名称	习惯称呼	实际墙厚/mm
半砖墙	12 墙	115	一砖半墙	37 墙	365
3/4 砖墙	18 墙	178	两砖墙	49 墙	490
一砖墙	24 墙	240	两砖半墙	62 墙	615

7.2.3　砖墙的细部构造

墙体为建筑物的主要承重或围护构件，其不同部位必须进行不同的处理，才能保证其耐久、适用。砖墙主要的细部构造包括门窗过梁、窗台、勒脚及墙身防潮、散水及明沟、墙身加固等。

资源 7.4　砖墙的细部构造

1. 门窗过梁

门窗过梁是指设在洞口上方的横梁。其作用是支承门窗洞口上部荷载（承重墙上的过梁还要承担上部楼板的荷载），并传给洞口两侧墙体。根据材料和构造方式不同，常用的过梁有钢筋混凝土过梁、钢筋砖过梁、砖拱过梁等形式，后两种过梁多用于块材墙，其

105

中砖拱过梁已经很少使用。但为了造型需求，可以用钢筋混凝土现浇制作成拱形梁。

常用的门窗过梁为钢筋混凝土过梁，钢筋混凝土过梁的断面形状有矩形和L形，如图 7.10 所示。矩形断面的过梁较常用，L形断面多用于带窗套的窗、带窗楣的窗。出挑部分的尺寸一般厚度为 60mm、长度为 300～500mm，也可按设计给定。由于钢筋混凝土的导热性多大于其他砌块，寒冷地区为了避免过梁内产生凝结水，也多采用L形过梁，让外露部分的面积减少，或全部把过梁包起来，如图 7.10（d）所示。

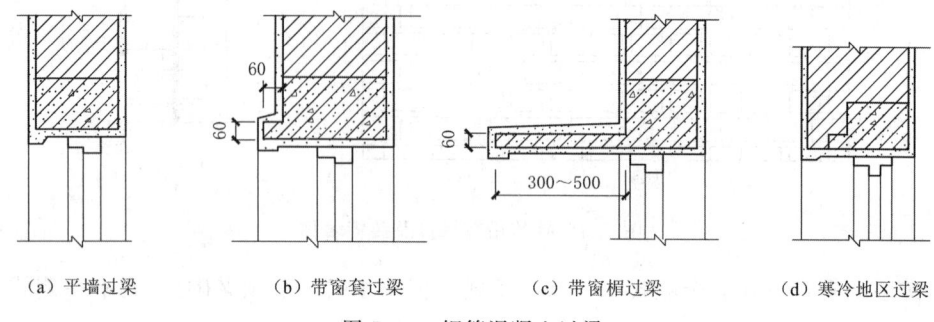

(a) 平墙过梁　　(b) 带窗套过梁　　(c) 带窗楣过梁　　(d) 寒冷地区过梁

图 7.10　钢筋混凝土过梁

钢筋混凝土过梁分现场浇筑和预制装配式两种。梁宽一般与墙厚相同，梁高及配筋一般根据荷载、跨度的大小确定。为了方便施工，梁高应与砖的皮数相适应，梁高常用 60mm、120mm、180mm、240mm。过梁两端伸入墙内不应小于 240mm，如图 7.11 所示。一般来说，由于墙体砌块间相互错峰咬接，过梁部位以上的墙体在砌筑砂浆硬结以后具有拱的作用，上部墙体所传递的部分荷载可以直接传给洞口两侧的墙体，不由过梁承受，如图 7.12 所示。

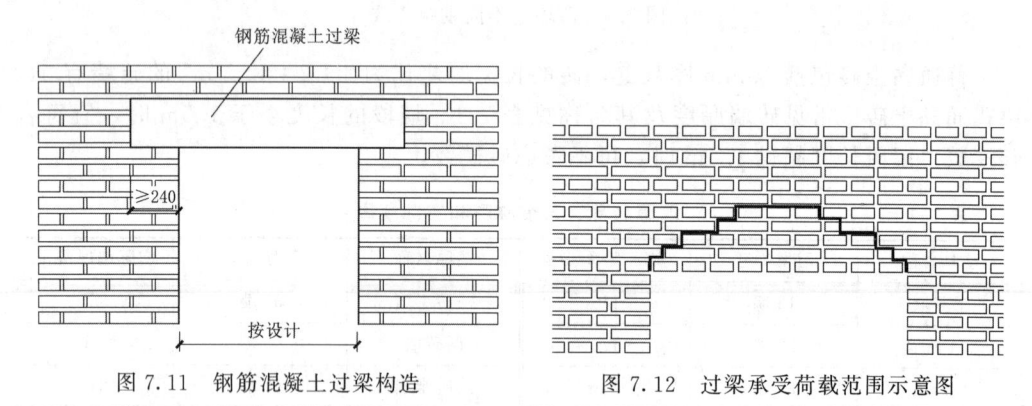

图 7.11　钢筋混凝土过梁构造　　图 7.12　过梁承受荷载范围示意图

砖拱过梁有平拱、弧拱和半圆拱三种，如图 7.13 所示。平拱过梁的高度不应小于 240mm，灰缝呈上宽下窄，宽缝不大于 20mm，窄缝不小于 5mm。砖的强度等级不应低于 MU10，砌筑砂浆等级不宜低于 M5。砖拱过梁跨度最大可达 1.2m，并且不宜用于地震地区、有震动荷载或集中荷载以及地基不均匀沉降的建筑。

钢筋砖过梁是在砖缝中加入适当的钢筋，适用于 2m 宽以内的洞口。钢筋砖过梁一般在第一皮砖下的砂浆层内放置钢筋。钢筋伸入支座的长度不小于 240mm，并应在端部向上弯起。为保护钢筋，底面砂浆层的厚度不小于 30mm。如图 7.14 所示为钢筋砖过梁。

7.2 砖 墙

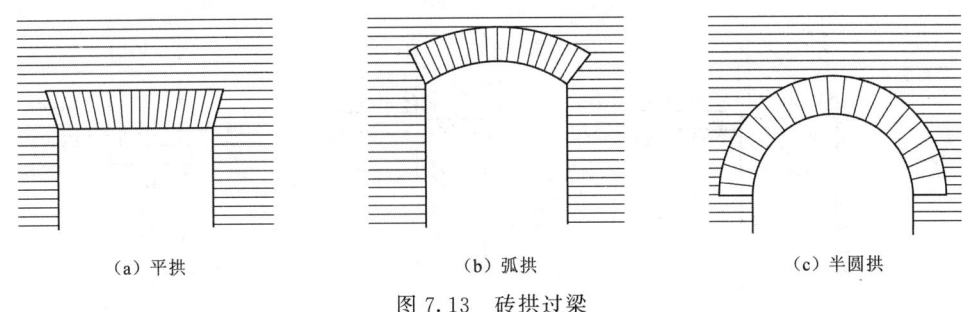

(a) 平拱　　　　　　(b) 弧拱　　　　　　(c) 半圆拱

图 7.13　砖拱过梁

2. 窗台

外窗的窗洞下部设窗台，目的是排除窗面流下的雨水，防止其渗入墙身或沿窗缝渗入室内。外墙面材料为面砖时，可不必设窗台。窗台可用砖砌挑出，也可采用钢筋混凝土窗台的形式。砖砌窗台的做法是将砖侧立斜砌或平砌，并挑出外墙面60mm，然后表面抹水泥砂浆或做贴面处理，也可做成水泥砂浆勾缝的清水窗台，稍有坡度。注意抹灰与窗槛下的交接处理必须密实，防止雨水渗入室内。窗台下做滴水槽或斜抹水泥砂浆，避免雨水污染墙面。预制钢筋混凝土窗台构造特点与砖砌窗台相同，如图 7.15 所示。

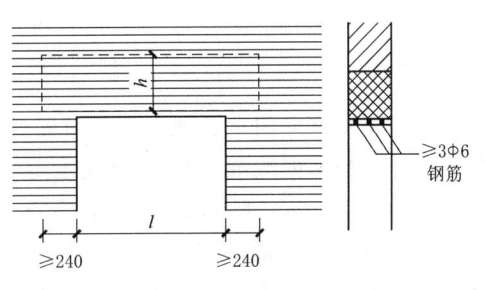

图 7.14　钢筋砖过梁

注：h 高度范围内用 M5 砂浆砌筑，h 不小于 $l/4$，即不小于 5 皮砖。

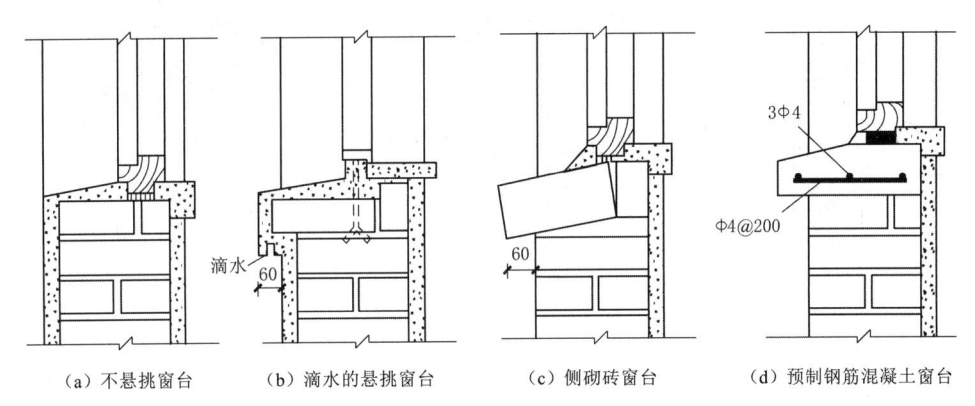

(a) 不悬挑窗台　　(b) 滴水的悬挑窗台　　(c) 侧砌砖窗台　　(d) 预制钢筋混凝土窗台

图 7.15　窗台构造

3. 勒脚及墙身防潮

勒脚是外墙接近室外地面的部位。由于它常易遭到雨水的浸溅及受到土壤中水分的侵蚀，从而影响房屋的坚固、耐久、美观和使用，因此在此部位要采取一定的防潮、防水措施，如图 7.16 所示。

勒脚的做法要根据外墙的装饰而定。一般可在勒脚部位抹 20~30mm 厚掺入防水剂的 1:2 水泥砂浆，或镶贴如天然石料等防水和耐久性能好的材料。勒脚的高度应考虑防水、机械碰撞以及立面美观的要求。现在大多数做法是将勒脚提高到底层窗台的位置。

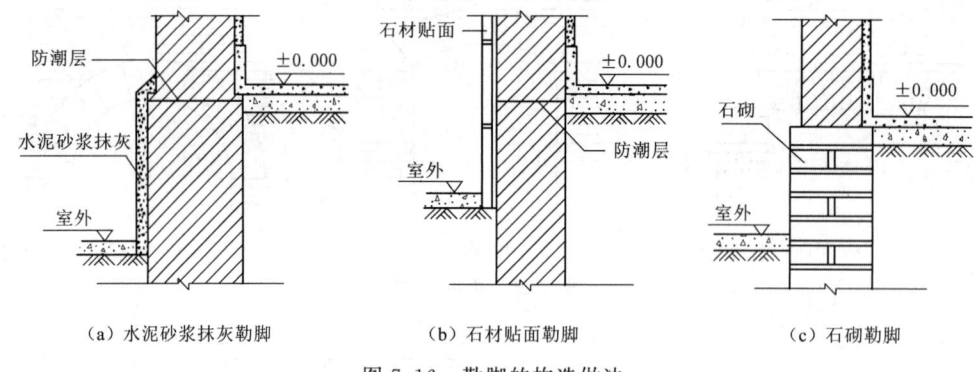

(a) 水泥砂浆抹灰勒脚　　(b) 石材贴面勒脚　　(c) 石砌勒脚

图 7.16　勒脚的构造做法

为了阻止室外雨水及地下潮气对墙身的侵蚀，要设墙身防潮层。防潮层分水平和垂直两种。当室内地面垫层为混凝土等密实材料时，防潮层的位置应设在垫层范围内，如图 7.17（a）所示，低于室内地坪 60mm 处，同时还至少应高于室外地面 150mm，防止雨水溅湿墙面。当室内地面垫层为透水材料（如炉渣、碎石等）时，水平防潮层的位置应平齐或高于室内地面 60mm 处，如图 7.17（b）所示。当室内地坪有高差或者室内地坪低于室外地面时，不仅要按地坪高差的不同，在墙身设置两道水平防潮层，还应在土壤一侧设垂直防潮层，如图 7.17（c）所示。垂直防潮层的材料和做法通常是在回填土前（填土一侧），用防水砂浆做防潮处理或者水泥砂浆粉平后再涂上防水涂层。

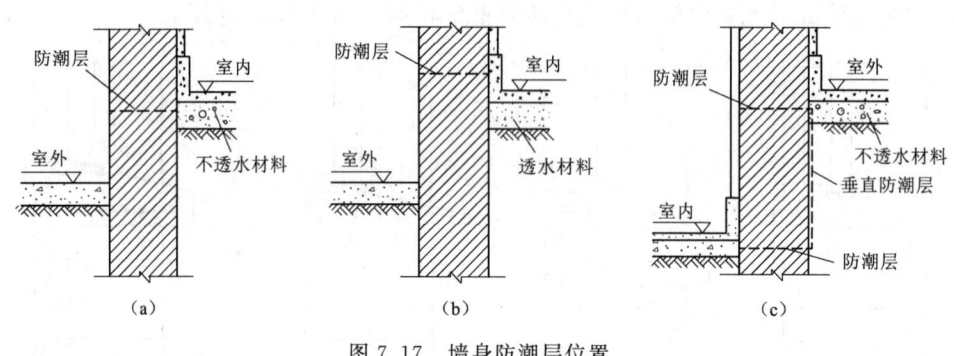

图 7.17　墙身防潮层位置

水平防潮层可以分为以下三种：

（1）油毡防潮层，在防潮层部位先抹 20mm 厚砂浆找平，然后用热沥青贴一毡二油，油毡的搭接长度应大于或等于 100mm，油毡的宽度比找平层每侧宽 10mm，如图 7.18（a）所示。

（2）防水砂浆防潮层，1∶2 水泥砂浆加 3‰～5‰ 的防水剂，厚度为 20～25mm，或用防水砂浆砌 3 皮砖做防潮层，如图 7.18（b）所示。

（3）细石混凝土防潮层，60mm 厚细石混凝土带，内配 3 根 Φ6 或 Φ8 钢筋做防潮层，如图 7.18（c）所示。

另外，在室内地坪以下的墙身，在防潮层位置如果做了钢筋混凝土圈梁或地梁时，就可以不设水平防潮层。

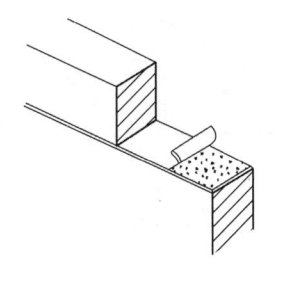

7.2 砖 墙

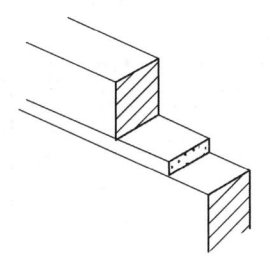

(a) 油毡防潮层　　　(b) 防水砂浆防潮层　　　(c) 细石混凝土防潮层

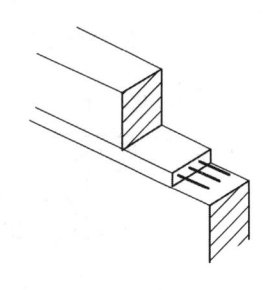

图 7.18　水平防潮层构造

4. 散水及明沟

为了防止雨水及室外地面水浸入墙体和基础，沿建筑物四周勒脚与室外地坪相接处可设散水或排水沟（明沟、暗沟），使其附近的地面水迅速排走。

散水又称为排水坡、护坡，可分为明散水和暗散水。散水可用混凝土、砖、石材等材料。散水的宽度一般为 600~1000mm，当屋面为自由落水时，散水宽度至少应比屋面挑檐宽 200mm。散水的坡度一般为 3%~5%，散水外缘高出室外地坪 30~50mm 较好。散水与外墙交接处应设分隔缝，并以弹性材料嵌缝，以防墙体下沉时散水与墙体裂开，起到防潮、防水的作用。在城市建筑设计中，为了美观也会采用一种暗散水，即不露出地面，而埋在地面以下的散水，散水层上最少有 200mm 厚的种植土，可以做成绿化，散水以上部分墙体使用混凝土。图 7.19 为散水的构造做法。

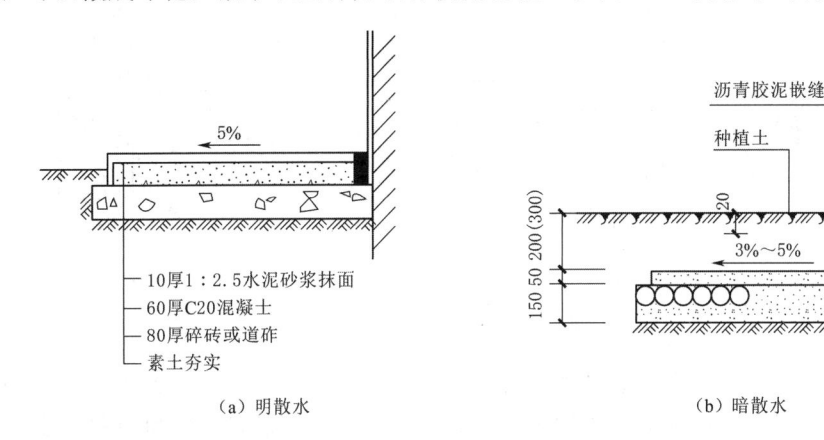

(a) 明散水　　　(b) 暗散水

图 7.19　散水的构造做法

明沟为有组织排水沟，其构造做法如图 7.20 所示，可用砖砌、石砌和混凝土浇筑。沟底应设微坡，坡度为 0.5%~1%，使雨水流向窨井。若用砖砌明沟，应根据砖的尺寸来砌筑，槽内需用水泥砂浆抹面。

5. 墙身加固

砌体墙体为什么要做墙身加固，当砌体墙作为竖向承重构件，而根据本章节的陈述可以得知，砌体墙的砌筑块材应以抗压强度为其基本力学特征，而且砌筑砂浆是砌体墙中的薄弱环节，一旦有地震灾害发生，墙体在地震波引起的水平分力作用下将不得不受剪、受弯，建筑结构将受到极大的威胁，而这正是最容易造成砌体墙开裂甚至

资源 7.5　墙身加固

(a) 石砌明沟　　　　　　　　(b) 混凝土明沟

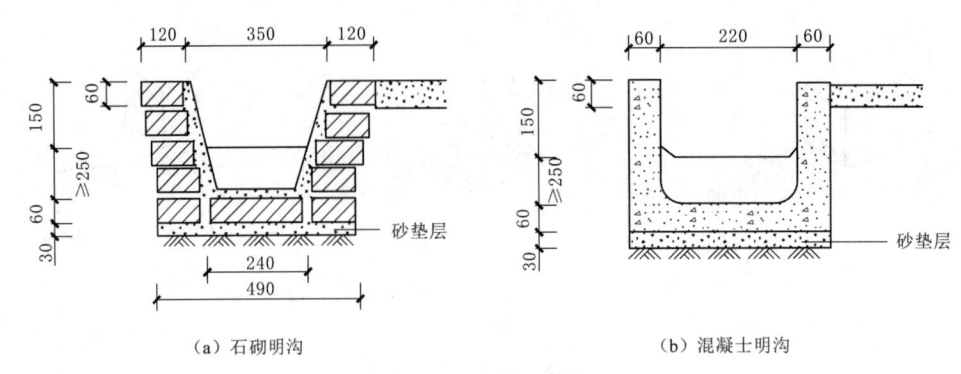

图 7.20　明沟的构造做法

倒塌的原因。如果建筑物的竖向承重分体系因此而遭到破坏，整栋建筑物就将面临彻底毁坏。因此，针对砌体墙的受力特征，以砌体墙为垂直承重构件建筑须考虑对墙体进行加固。

（1）壁柱。当墙体受到集中荷载、稳定性不能满足要求时，应在墙身适当位置增设壁柱。壁柱突出墙面的尺寸应符合砖规格，一般为 120mm × 370mm［图 7.21（a）］、240mm×370mm、240mm×490mm 等。

（2）门垛。墙体上开设门洞一般应设门垛，特别在墙体端部开启与之垂直的门洞时必须设置门垛，以保证墙身的稳定和门框的安装。门垛的长度一般为 120mm 或 240mm，宽度同墙厚，如图 7.21（b）所示。

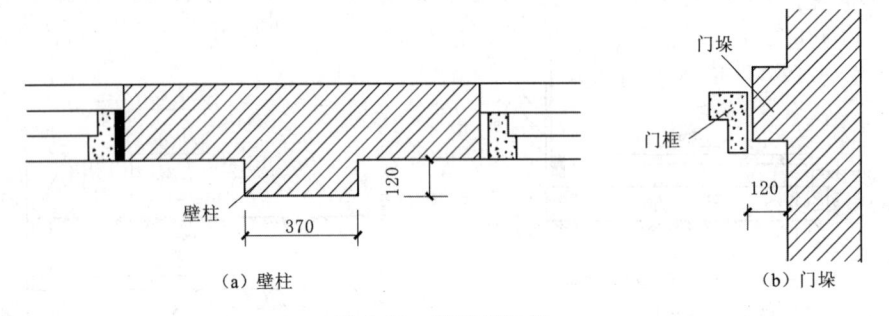

(a) 壁柱　　　　　　　　(b) 门垛

图 7.21　壁柱和门垛

（3）圈梁。圈梁是沿着建筑物的全部外墙和部分内墙设置的连续封闭的梁。设置部位在建筑物的屋盖及楼盖处。不同的抗震设防等级圈梁的设置部位和间距见表 7.2，如在该表所要求的间距内无横墙时，应利用梁或板缝中配筋来替代圈梁。

表 7.2　不同的抗震设防等级圈梁的设置部位和间距

墙类	抗震设防烈度/度		
	6、7	8	9
外墙和内纵墙	屋盖处及每层楼盖处	屋盖处及每层楼盖处	屋盖处及每层楼盖处
横墙	屋盖处及每层楼盖处；屋盖处间距不应大 4.5m；楼盖处间距不应大 7.2m；构造柱对应部位	屋盖处及每层楼盖处；各层所有横墙，且间距不应大于 4.5m；构造柱对应部位	屋盖处及每层楼盖处；各层所有横墙

7.2 砖 墙

圈梁是墙体的一部分,与墙体共同承重。在施工时,混合结构墙体中的圈梁是墙体砌筑到一定的高度连同构造柱一起浇筑,其实质是与墙体同时施工,这个不同于骨架结构体系中先进行框架梁、柱施工再砌筑填充墙体。圈梁只需构造配筋,只有当门窗洞口等上部直接顶足圈梁,或圈梁局部下面有走道等时,才需结构计算和补强。

钢筋混凝土圈梁必须全部现浇而且全部闭合,并最好能够在同一高度闭合。当遇到门、窗洞口致使圈梁不能在同一高度闭合时,应该在洞口上方或下方设置附加圈梁。附加圈梁与圈梁的搭接长度不应小于两者高差的 2 倍,且不小于 1000mm,如图 7.22 所示。

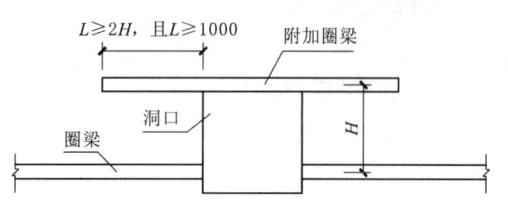

图 7.22 附加圈梁

圈梁的高度一般不小于 120mm,在不利的地基条件下要求增设的基础圈梁高度不小于 180mm。构造配筋在 6、7 度抗震设防时为 4Φ10;8 度设防时为 4Φ12;9 度设防时为 4Φ14。箍筋一般采用 Φ4~Φ6,按 6、7 度,8 度,9 度设防,其间距分别为 250mm、200mm 和 150mm。

(4) 构造柱。为了增强建筑物的整体性和稳定性,多层砖混结构建筑的墙体中应设置钢筋混凝土构造柱,并与各层圈梁相连接。构造柱的设置部位在外墙四角、错层部位横墙与外纵墙交接处、较大洞口两侧、大房间内外墙交接处等。此外,根据房屋的层数不同、地震烈度不同,构造柱的设置要求也不一致。表 7.3 给出了构造柱的设置要求。

表 7.3 多层砖砌体房屋构造柱设置要求

地震烈度				设 置 部 位	
6 度	7 度	8 度	9 度		
房屋层数/层						
4、5	3、4			楼、电梯间四角,楼梯斜梯段上下端对应的墙体处; 外墙四角和对应转角; 错层部位横墙与外纵墙交接处; 大房间内外墙交接处; 较大洞口两侧	隔 12m 或单元横墙与外纵墙交接处; 楼梯间对应的另一侧内横墙与外纵墙交接处
6	5	4	2			隔开间横端(轴线)与外墙交接处; 山墙与内纵墙交接处
7	≥6	≥5	≥3			内端(轴线)与外墙交接处; 内墙的局部较小墙垛处; 内纵墙与横墙(轴线)交接处

注 较大洞口,内墙指不小于 2.1m 的洞口;外墙在内外墙交接处已设置构造柱时应允许适当放宽,但洞侧墙体应加强。

构造柱的最小截面尺寸为 240mm×180mm,主筋多用 4Φ12,箍筋间距不大于 250mm,如图 7.23 所示,且在上下适当加密。构造柱的施工方式是先绑扎钢筋,再砌墙,最后浇混凝土,并沿墙每隔 500mm 设置深入墙体不小于 1m 的 2Φ6 拉结筋,每边伸入墙体内不小于 1000mm。

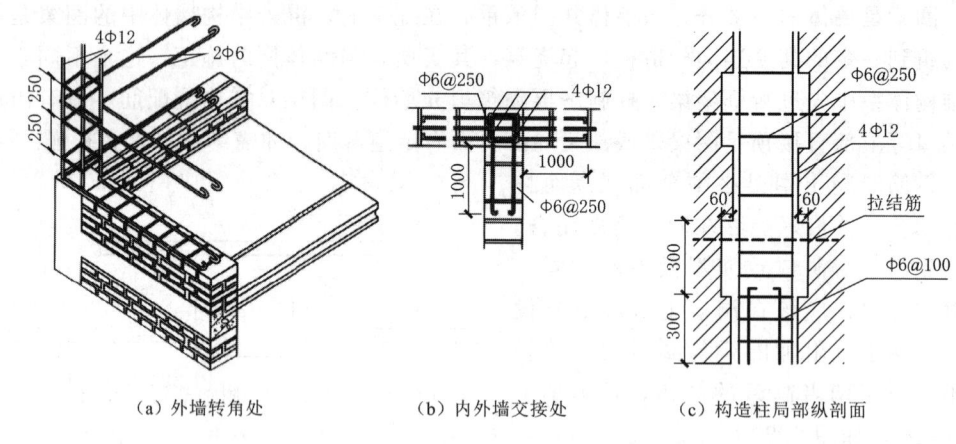

(a) 外墙转角处　　(b) 内外墙交接处　　(c) 构造柱局部纵剖面

图 7.23　构造柱配筋及细部构造

7.3　砌　块　墙

砌块建筑是由预制好的砌块作为墙体主要材料的建筑。砌块墙是以普通混凝土、各种轻骨料混凝土或工业废料（煤渣、矿渣等）或地方材料制作而成的人造块材，用胶结材料砌筑而成的砌体，使用砌块材料能减有效少对耕地的破坏、节约能源，同时适应性强、便于就地取材、造价低廉。因此在民用建筑中，应大力发展砌块砌体。

7.3.1　砌块的类型、规格与尺寸

砌块按其质量和尺寸大小分为大、中、小三种规格。砌块中主规格高度为115～380mm 的称作小型砌块；高度为380～980mm 的称作中型砌块；高度大于980mm 的称作大型砌块。砌块的厚度多为190mm 或200mm。使用中以中小型砌块居多。

砌块按其构造方式可分为实心砌块和空心砌块，空心砌块有单排方孔、单排圆孔和多排扁孔三种形式，如图7.24所示，多排扁孔砌块有利于保温。砌块按在组砌中的位置与作用，可以分为主砌块和辅助砌块两类。

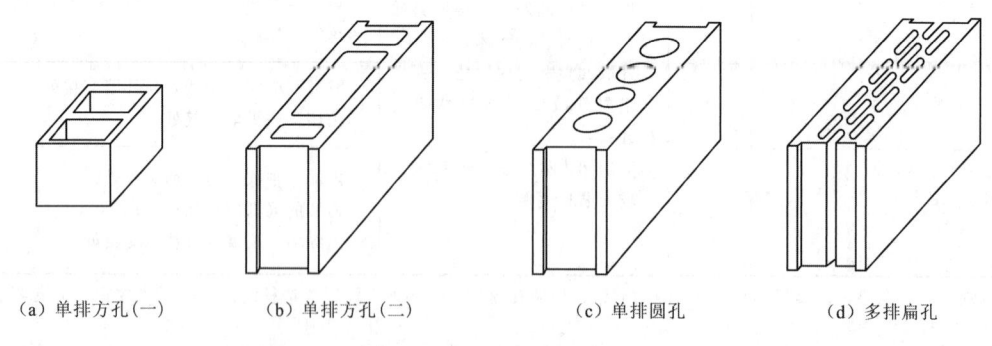

(a) 单排方孔(一)　　(b) 单排方孔(二)　　(c) 单排圆孔　　(d) 多排扁孔

图 7.24　空心砌块的形式

7.3.2　砌块的组合与砌块墙的构造

砌块的组合是根据建筑设计作砌块的初步试排工作，即按建筑物的平面尺寸、层高，对墙体进行合理的分块和搭接，以便正确选定砌块的规格、尺寸。在设计时，不

7.3 砌 块 墙

仅要考虑到大面积墙面的错缝、搭接、避免通缝,而且还要考虑内、外墙的交接、咬砌,使其排列有致。此外,应尽量多使用主要砌块,并使其占砌块总数的70%以上。

1. 砌块墙体的划分与排列原则

砌块墙体进行施工前,必须遵循图7.25所示原则进行反复排列设计。

砌块墙体的划分与排列原则：
- 力求排列整齐、有规律性,以便施工
- 上下皮砌块错缝搭接,避免通缝;纵横墙交接处和转角处的砌块要搭接牢固,以提高墙体的整体性;砌块上下搭接至少盖住下层砌块1/4长度。若为对缝,须另加铁件,以保证墙体的强度和刚度
- 尽可能减少镶砖,必须镶砖时,应分散、对称布置,以保证砌体受力均匀
- 优先采用大规格的砌块,尽量减少砌块规格,充分利用吊装机械设备的能力
- 当采用混凝土空心砌块时,上下皮砌块应孔对孔、肋对肋,使其之间有足够的接触面,扩大受压面积

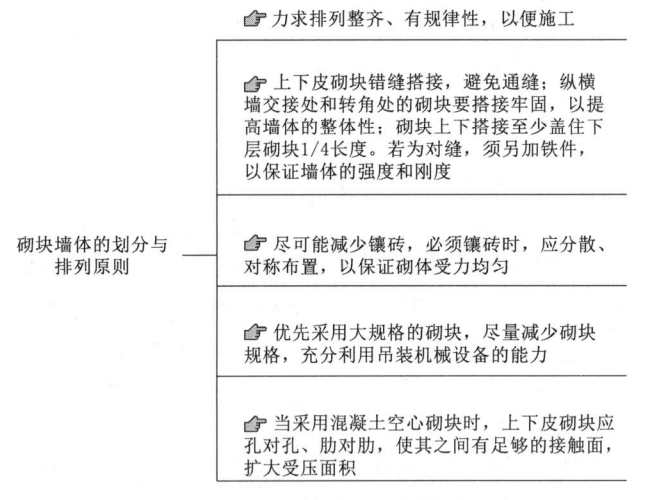

图 7.25 砌块墙体的划分与排列原则

2. 砌块墙的构造

砌块墙和砖墙一样,为增强其墙体的整体性与稳定性,必须从构造上予以加强。

(1) 砌块墙的拼接。砌块在砌筑、安装时,必须使垂直缝填灌密实,水平缝砌筑饱满,使上、下、左、右砌块能更好地连接。砌块灰缝有平接缝、凹槽缝和高低缝,如图7.26所示。平接缝多用于水平缝,凹槽缝多用于垂直缝,缝宽视砌块尺寸而定。一般砌块采用M5砂浆砌筑,小型砌块缝宽10～15mm,中型砌块缝宽15～20mm。当上下皮砌块出现通缝,或错缝距离不足150mm时,应在水平缝通缝处加钢筋网片,使之拉结成整体,如图7.27所示。

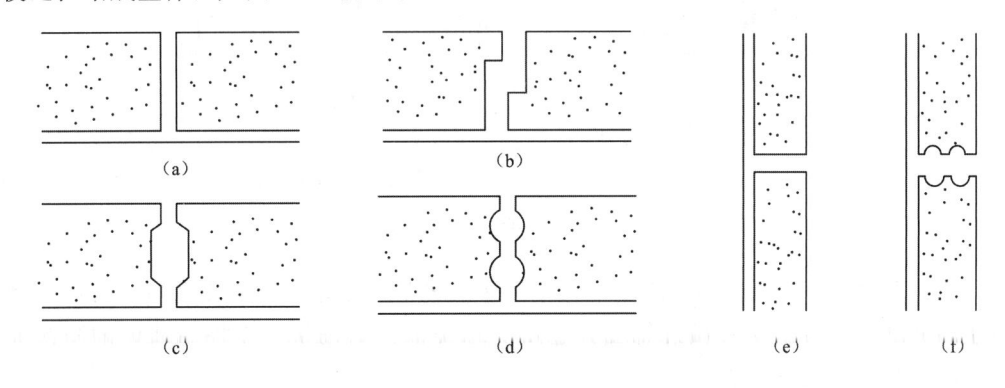

图 7.26 砌块缝型图

注：(a)～(d) 为垂直缝,(e)、(f) 为水平缝；(a)、(e) 为平接缝,(b) 为高低缝,(c) 为单凹槽缝,(d)、(f) 为双凹槽缝。

(2) 圈梁。圈梁的作用是加强砌块墙体的整体性。圈梁通常与窗过梁合并,可现

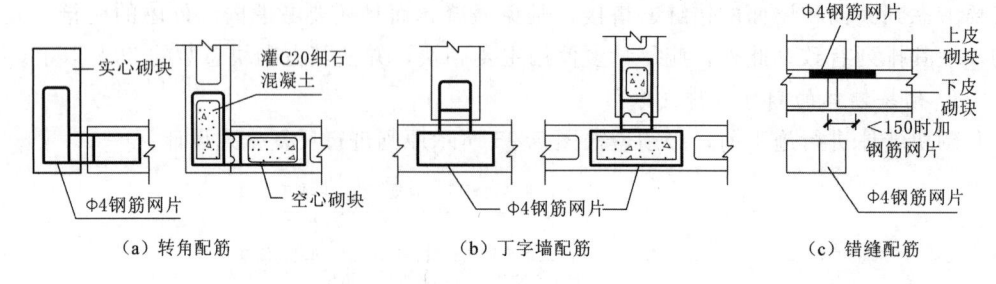

（a）转角配筋　　　　（b）丁字墙配筋　　　　（c）错缝配筋

图 7.27 通缝处理

浇，也可预制成圈梁砌块，如图 7.28 所示。

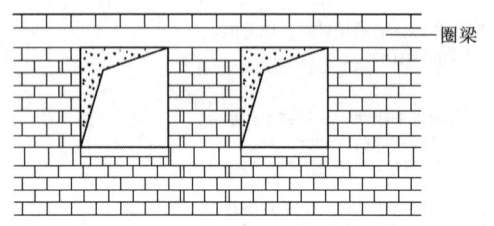

图 7.28 小型砌块排列及圈梁位置示例

（3）砌块墙芯柱构造。当采用混凝土空心砌块时，应在纵横墙交接处、外墙转角处、楼梯间四角设置墙芯柱，墙芯柱用混凝土填入砌块中，并在孔中插入通长筋，如图 7.29 所示。

（4）门窗部位构造。门窗过梁与阳台一般采用预制钢筋混凝土构件，门窗固定可用预埋木块、铁件锚固或膨胀木块、膨胀螺栓固定等。

（5）勒脚。砌块建筑的勒脚根据具体情况确定，硅酸盐、加气混凝土等吸水性较强的砌块不宜做勒脚。

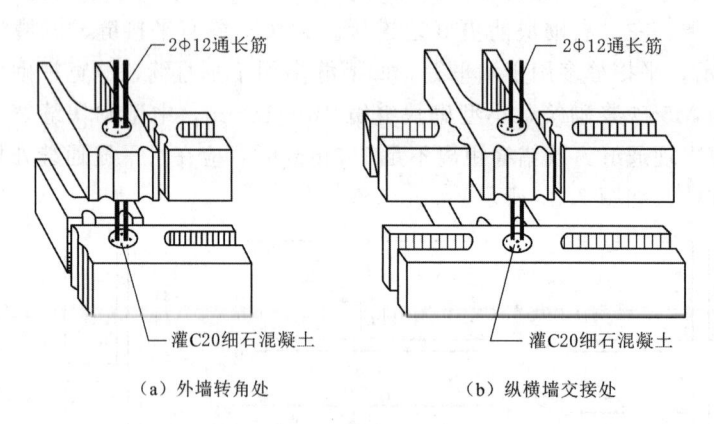

（a）外墙转角处　　　　（b）纵横墙交接处

图 7.29 空心砌块墙芯柱构造

（6）砌块墙外饰面处理。对于能抗水并表面光洁、棱角清楚的砌块口，可以选择清水墙嵌缝。一般砌块宜做外饰面，也可采用带饰面的砌块，以提高墙体的防渗能力，改善墙体的隔热性能。

7.4 隔　　墙

隔墙为非承重的内墙，只起分隔房间或空间的作用。因此隔墙一般应满足轻质、

7.4 隔　墙

隔声、防火以及易于拆卸和安装等要求。隔声轻隔墙构造如图 7.30 所示。对于一些有特殊使用要求的房间，隔墙也应满足某些要求，如防水、防潮等。

常见的隔墙形式有立筋类隔墙、条板类隔墙和砌筑隔墙三种。

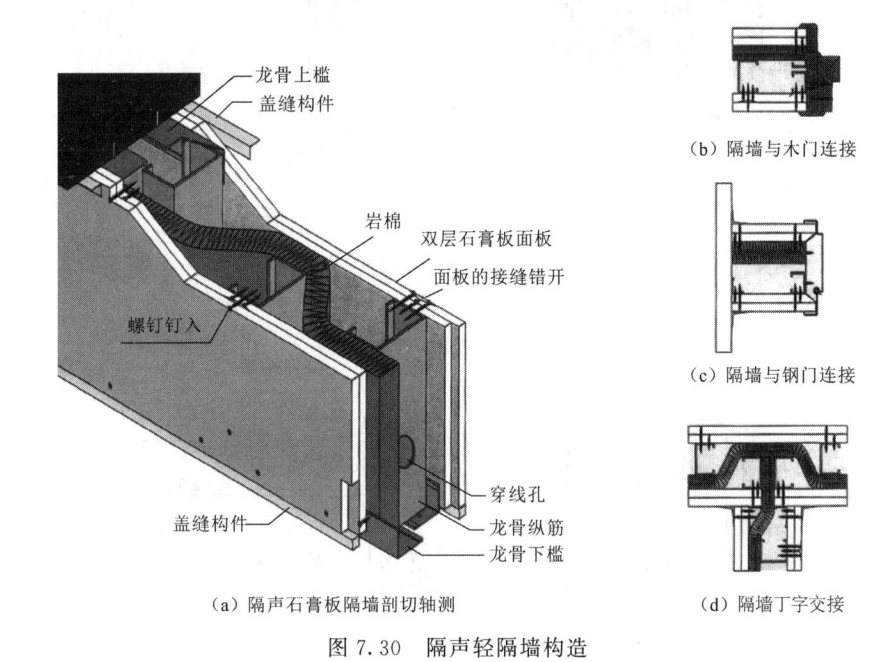

资源 7.6
隔墙

图 7.30　隔声轻隔墙构造

7.4.1　立筋类隔墙

立筋类隔墙由骨架（也称龙骨）和面板组成，施工时应先立墙筋（骨架）再做面层。

骨架分木骨架和金属骨架，木骨架由上槛、下槛、墙筋、斜撑及横撑组成，金属骨架一般采用薄壁型钢加工而成。面板有板条抹灰、钢板网抹灰、纸面石膏板等。

木条板隔墙由上下槛、立筋、斜档组成骨架，将木板条（俗称灰板条）钉在立筋上，板条之间留出 6～10mm 空隙，以便抹灰浆能挤入板条缝的背后以咬住板条，再在板条上抹灰而形成，如图 7.31 所示。立筋的断面尺寸通常为 50mm×70mm 或 50mm×100mm，视墙高不同而异。立筋间距一般为 400～600mm。木条板隔墙具有质量轻、便于安装拆卸等优点，但这种隔墙防火性能差、耗费木材，目前在公共建筑中已很少采用。

轻钢龙骨纸面石膏板隔墙近年来应用广泛，其构造如图 7.32 所示。纸面石膏板的厚度有 12mm 和 9mm，宽度为 900mm 和 1200mm 等，长度一般为 3000mm。纸面石膏板与轻钢龙骨用自攻螺钉固定，板与板之间用胶黏剂黏结，板缝刮腻子后即可在表面装修，如喷涂、贴墙纸等。轻钢龙骨纸面石膏板隔墙的特点是自重轻、防火性能好、表面平整以及易施工。这种隔墙一般耐湿性较差，不宜用于厨房、卫生间等处。

7.4.2　条板类隔墙

条板类隔墙是指由预制轻质的大型板材拼合而成的隔墙。目前常用成品条板有加

115

(a)骨架构成　　　　　　(b)与上下楼面连接

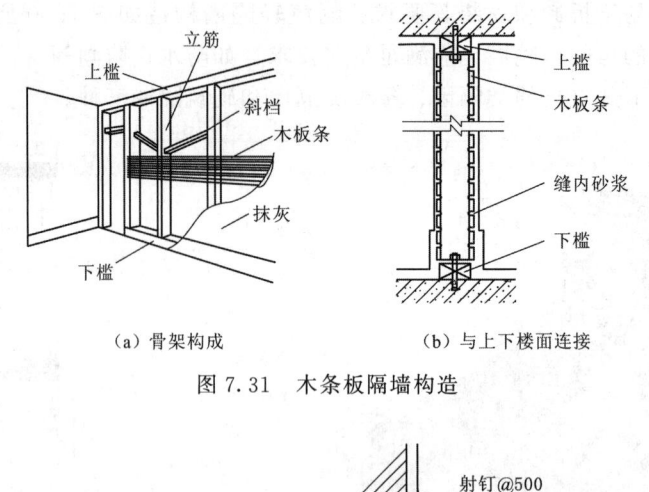

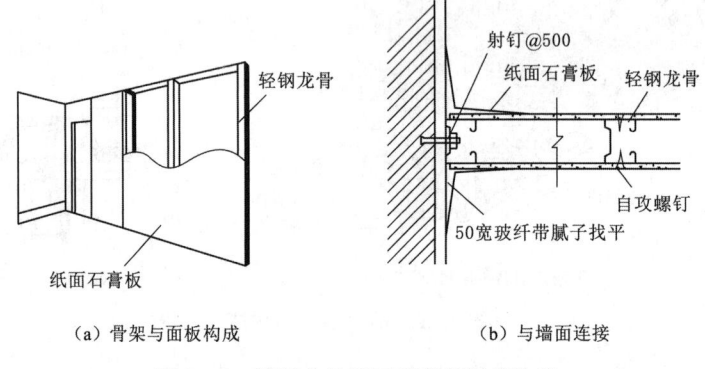

图 7.31　木条板隔墙构造

(a)骨架与面板构成　　　　　　(b)与墙面连接

图 7.32　轻钢龙骨纸面石膏板隔墙构造

气混凝土条板、石膏空心条板、水泥玻璃纤维空心板等。条板厚度多为 60～100mm，宽度为 600～1000mm，高度略小于房间净高。安装时，条板下部先用木楔顶紧，然后用细石混凝土堵严，板缝用黏结砂浆或黏结剂黏结，并用胶泥刮缝，如图 7.33 所示。

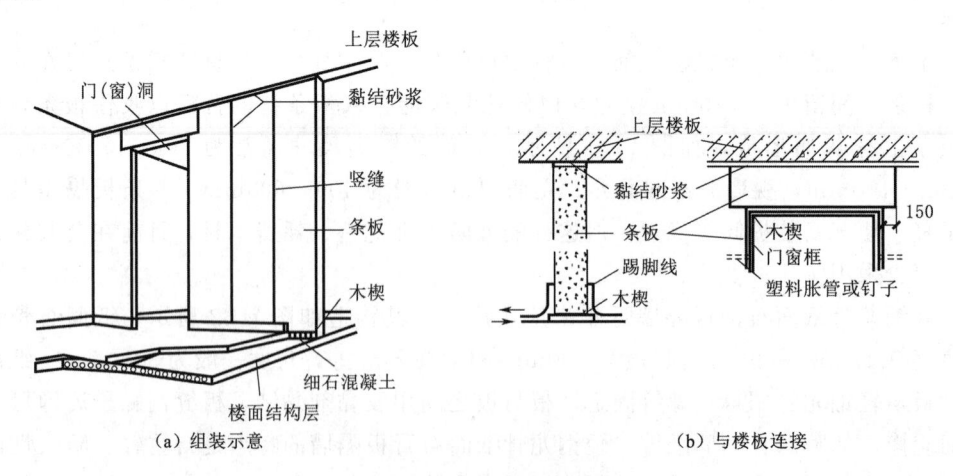

(a)组装示意　　　　　　(b)与楼板连接

图 7.33　条板类隔墙构造

条板类隔墙自重轻（条板可以直接放在楼板上）、安装方便、施工速度快、工业化程度高，适用于各种民用建筑隔墙。

水泥玻纤空心板隔墙（图7.34）应用较广泛，是以低碱水泥净浆或砂浆、玻璃纤维及添加剂组成的水泥复合板材，简称GRC板。其特点是强度高、韧性好、防火性能好、耐潮湿等。水泥玻纤空心板的厚度常用60mm。

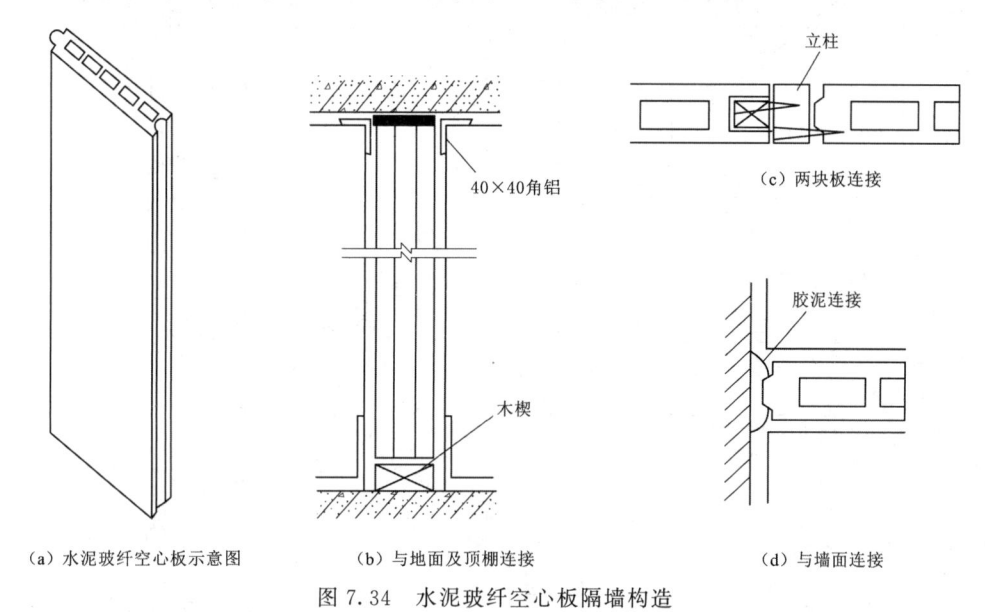

（a）水泥玻纤空心板示意图　（b）与地面及顶棚连接　（c）两块板连接　（d）与墙面连接

图7.34　水泥玻纤空心板隔墙构造

7.4.3 砌筑隔墙

砌筑隔墙是指用多孔砖、空心砌块或者用各种轻质砌块砌筑的隔墙。砌筑隔墙一般自重大，施工需湿作业，但由于取材容易，能满足隔声、防火、防潮等要求，在实际中仍较多采用。

1. 砖隔墙

砖隔墙有半砖隔墙（墙厚为120mm，见图7.35）和1/4砖隔墙（墙厚为60mm）。半砖隔墙采用普通砖顺砌，两端沿墙高每隔500mm砌入2Φ6钢筋与承重墙拉接。砖隔墙的高度与长度限制与砂浆的等级有关，当采用M2.5砂浆砌筑时，其高度不宜超过3600mm，长度不宜超过5000mm；当采用M5砂浆砌筑时，高度不宜超过4000mm，长度不宜超过6000mm；否则，应沿墙高每隔1200mm加2Φ6拉结钢筋进行加固。此外，砖隔墙的上部与板或梁的交接处，不宜过于填实或使砖砌体直接顶住楼板或梁。应采用立砖斜砌或用对口木楔顶紧，以防楼板产生挠曲变形，致使隔墙被压坏。

1/4砖隔墙用普通砖侧砌而成，其高度一般不应超过2800mm，长度不超过3000m，多用于住宅厨房与卫生间之间的小面积隔墙。多孔砖或空心砖隔墙多采用立砌，厚度为90mm，其加固措施可参照砖隔墙进行。

2. 砌块隔墙

砌块隔墙常用粉煤灰硅酸盐、加气混凝土、水泥煤渣等制成的实心或空心砌块砌筑成。墙厚由砌块尺寸确定，一般为90~190mm。由于砌块大多具有质轻、隔声、隔热性能好等优点，但吸水性强，因此，砌筑时应在墙下先砌3~5皮普通黏土砖，如图7.36所示。砌块隔墙的加固措施与普通砖隔墙相似。

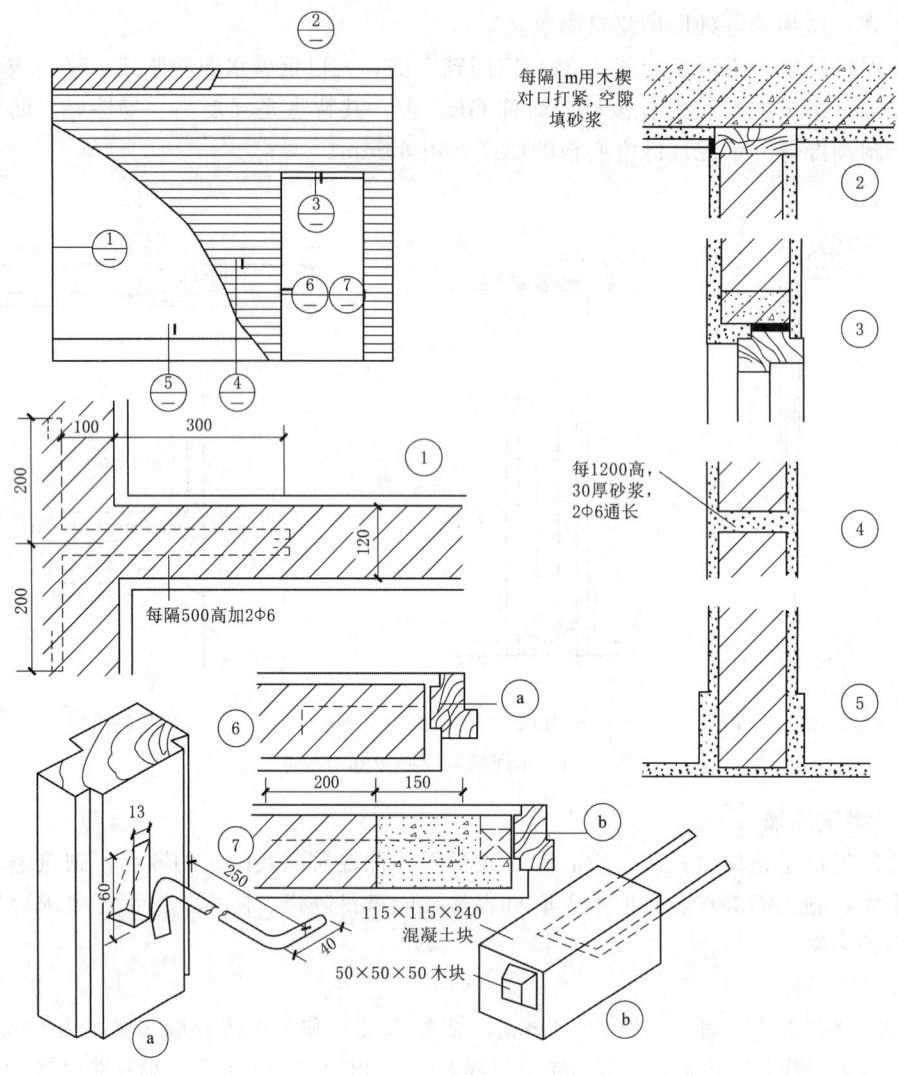

第 7 章 墙 体

图 7.35 半砖隔墙

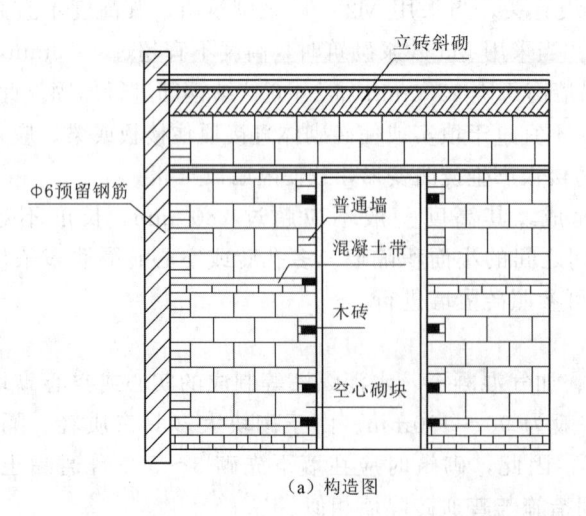

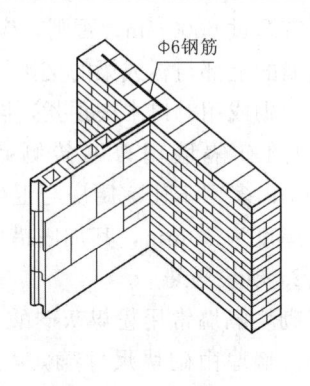

(a) 构造图 (b) 纵横墙拉结筋设置

图 7.36 砌块隔墙

7.5 墙 面 装 修

为了满足建筑物的使用要求，提高建筑的艺术效果，保护墙体免受外界影响，保护结构，改善墙体热工性能，必须对墙面进行装修。墙面装修按其位置不同可分为外墙面和内墙面装修两大类。因材料和施工方法的不同，墙面装修又可分为抹灰类、涂料类、贴面类、裱糊类和铺钉类五大类。

资源7.7 墙面装饰

7.5.1 抹灰类墙面

墙面抹灰的工艺主要分为打底（又称找平、刮糙）、中层（又称罩面）和面层处理三个步骤，如图7.37所示。底层抹灰具有使装修层与基层墙体黏牢和初步找平的作用，故又称找平层。为了与其他层次牢固结合，其表面需用工具搓毛，故在工程中又称之为刮糙。鉴于砂浆在结硬的过程中容易因干缩而导致开裂，因此找平的过程必须分层进行，而且每层的厚度应控制在：水泥砂浆，5~7mm；混合砂浆，7~9mm；麻刀灰，小于3mm；纸筋灰，小于2mm。找平所需要的层数由基底材料性质、基底的平整度及具体工程对面层的要求来决定。行业的习惯是控制抹灰层的总厚度（包括底层）。例如墙面一般抹灰

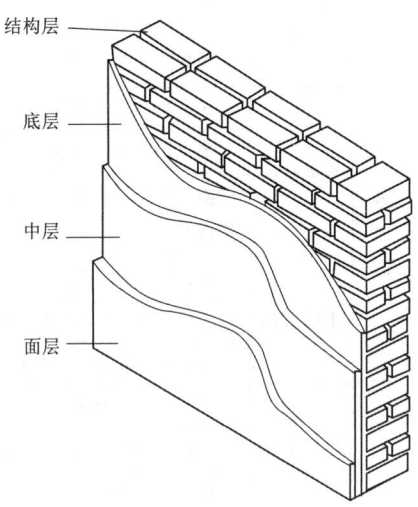

图7.37 墙面抹灰构造

20mm，高级抹灰25mm，室内踢脚处和墙脚勒脚处25mm，板底15mm等。

面层抹灰是对整个面层所做的最后修整，达到表面平整、无裂痕的要求。面层抹灰完成后的外表面大多是用工具压平抹光的，不像找平层那样表面毛糙，但也可以用工具在表面进行拉毛、刻痕等处理，以追求特殊的质感。在工程中一般常用强度较低的砂浆打底，用同类强度较高的砂浆粉面。例如用20厚1:3水泥砂浆打底，1:2水泥砂浆粉面；或用20厚1:1:6混合砂浆打底，1:1:4混合砂浆粉面等，但较硬的面层不宜做在较软的底层上。墙面常用抹灰做法见表7.4。

表7.4 墙面常用抹灰做法及选料表

部位	做法说明		厚度/mm	适用范围	备注
内墙面	纸筋石灰墙面	底：1:2石灰砂浆加麻刀15%	8	用于一般居住及公共建筑的砖、石基层墙面	普通抹灰将底层、中层合并
		中：1:2石灰砂浆加麻刀15%	8		
		面：纸筋浆或石灰浆加纸筋6%喷石灰浆或色浆	2		
	水泥砂浆面	底：1:3水泥砂浆	7	用于极易受碰撞或受潮的地方，如盥洗室、厨厕墙裙、踢脚线等	
		中：1:3水泥砂浆	5		
		面：1:2.5水泥砂浆，喷石灰浆或色浆	3		

续表

部位		做法说明	厚度/mm	适用范围	备注
内墙面	混合砂浆面	底：1∶0.3∶3 水泥石灰砂浆	9	砖石基层墙面	
		中：1∶0.3∶3 水泥石灰砂浆	6		
		面：1∶0.3∶3 水泥石灰砂浆，喷石灰浆或色浆	5		
外墙面	水泥砂浆面	底：1∶0.8∶5 水泥石灰砂浆	10	砖石基层墙面	用中八厘石子；当用小八厘石子时，比例为1∶1.5，厚度为8mm
		面：1∶3 水泥砂浆	5		
	水刷石面	底：1∶3 水泥砂浆	7	砖石基层墙面	石子粒径为3～5mm，做中层时按设计分隔
		中：1∶3 水泥砂浆	5		
		面：1∶2 水泥白石子，用水刷洗	10		
	干黏石面	底：1∶3 水泥砂浆	10	砖石基层墙面	
		中：1∶1∶1.5 水泥石灰砂浆	7		
		面：刮水泥浆，干黏石压平实	1		
	斩假石面	底：1∶3 水泥砂浆	7	主要用于外墙局部、修饰的地方	
		中：1∶3 水泥砂浆	5		
		面：1∶2 水泥白石子，用斧斩	12		

在外墙抹灰过程中饰面会产生裂纹，加上考虑施工的方便性以及立面处理的需要，常对抹灰面层做分格的处理，分格形成的线条称为引条线。引条线有凹线、凸线和嵌线三种形式。引条线一般采用凹线，为防止雨水通过引条线渗入墙内，还应在引条线处做防水处理，如图7.38所示。

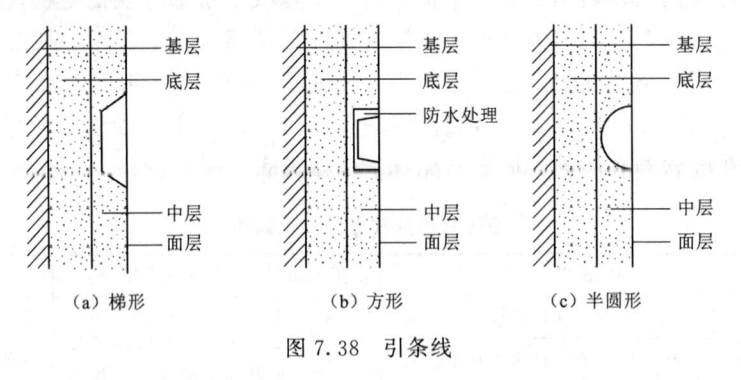

(a) 梯形　　　　(b) 方形　　　　(c) 半圆形

图7.38 引条线

内墙面抹灰由于阳角处易受损，故抹灰前在内墙角处用强度较高的水泥砂浆或预埋角钢等做护角，粉刷后抹平，如图7.39所示。

7.5.2 涂料类墙面

涂料类墙面是在木基层表面或抹灰墙面上喷、刷涂料涂层的饰面装修。涂料饰面主要由涂层起保护和装饰作用。涂料类饰面虽然抗腐蚀能力差，但施工简单、省工省时、维修方便，故应用较为广泛。

7.5 墙面装修

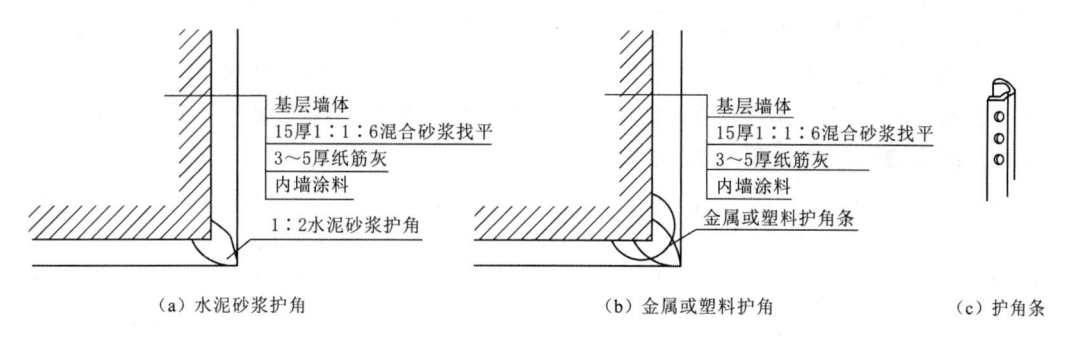

(a) 水泥砂浆护角　　　　　　　(b) 金属或塑料护角　　　　　(c) 护角条

图 7.39　内墙面护角做法

1. 装饰涂料

装饰涂料由成膜物质、颜料、填料以及各种助剂组成。涂料按其组成成分，可分为无机类涂料、有机合成类涂料、有机无机复合型涂料等；按其用途，又可分为外墙涂料和内墙涂料。常用的外墙涂料有溶剂和乳液型，常用的内墙涂料可分为溶剂型、水溶型、乳液型以及多彩涂料等。

2. 乳胶漆

乳胶漆属乳液型涂料，其特点是以水为分散介质，施工方便，漆膜透气性好，无结露、耐水性、耐气候性良好。

涂料类装修对基层表面的平整度和洁净度要求较高。如果基层表面不平整，则应先处理平整，轻微不平可用腻子刮平，较深的洞孔等缺陷应先用聚合物水泥砂浆修补平整。涂层一般要抹三遍。

7.5.3　贴面类墙面

贴面类墙面多用于外墙和潮湿度较大、有特殊要求的内墙。贴面类墙面包括陶瓷贴面类墙面、天然石材墙面、人造石材墙面、装饰水泥墙面等。

1. 陶瓷贴面类墙面

（1）面砖饰面。面砖多由瓷土或陶土焙烧而成，常见的面砖有釉面砖、无釉面砖、仿花岗岩瓷砖、劈离砖等。无釉面砖多用于外墙，其质地坚硬、强度高、吸水率低，是高级建筑外墙装修的常用材料。釉面砖表面光滑、色彩丰富美观、易于清洗、吸水率低，可用于装饰建筑内墙，大多用作厨房、卫生间的墙裙贴面。面砖种类繁多，安装时先将其放入水中浸泡，然后取出沥干水分，再用水泥石灰砂浆或掺有107胶的水泥砂浆满刮于背面，贴于水泥砂浆打底的墙上粘牢。外墙面砖之间常留出一定的缝隙，以便排除湿气；内墙安装要紧密，不留缝隙。

（2）陶瓷（玻璃）锦砖饰面。陶瓷（玻璃）锦砖俗称马赛克（玻璃马赛克），是高温烧制而成的小块型材。为了便于粘贴，首先将其正面粘贴于一定尺寸的牛皮纸上，施工时，纸面向上，待砂浆半凝，将纸洗去，校正缝隙，修正饰面。此类饰面质地坚硬、耐磨、耐酸碱、不易变形，价格便宜，但较易脱落。

2. 石材墙面

常用的石材墙面有花岗岩、大理石板两类。它们具有强度高、不易污染、装修效果好等优点，但由于价格昂贵，多用于高级装修中。

这类石材的平面尺寸一般为 500mm×500mm、600mm×600mm 或 600mm×800mm 等，厚度一般为 20mm。由于板自重较大，安装多采用拴挂法、干挂法和粘贴法。三种方法在安装前必须做好准备工作，如颜色、规格的统一编号，天然石材的安装孔、砂浆槽的打凿，石材接缝处的处理等。

（1）拴挂法。拴挂法的做法是先将基层剁毛、打孔，插入或预埋外露 50mm 以上 ϕ6 铁钩，插入主筋和水平钢筋，并绑扎固定。将背后打好孔的板材用双股铜丝或进行过防锈处理的铁件固定在钢筋网上。在板材和墙柱间灌注水泥砂浆，灌浆高度不宜太高，一般少于此块板高的 1/3。待其凝固后，再灌注上一层，依次灌注下去。灌浆完毕后，将板面渗出物擦拭干净，并以砂浆勾缝，最后清洗表面，如图 7.40 所示。由于采用拴挂法施工的天然石板墙面有基底透色、灌缝砂浆污染等缺点，故在一些装饰要求高的工程中常采用干挂法施工。

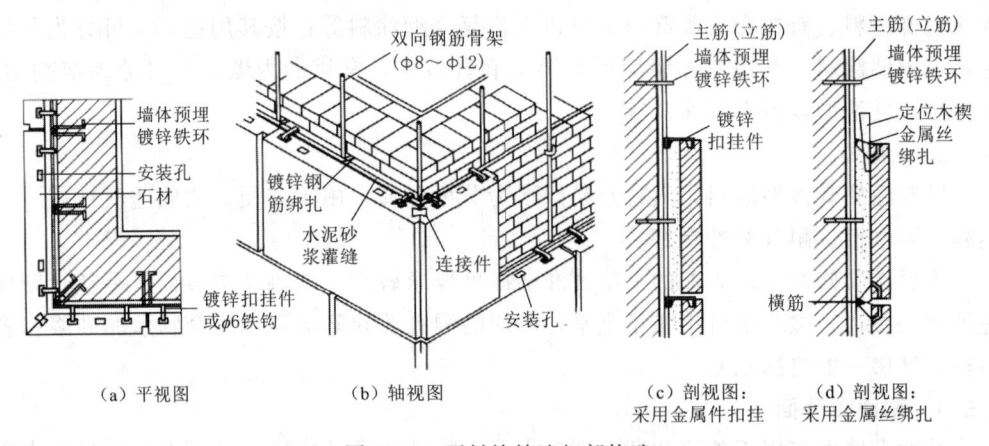

图 7.40 石材拴挂法细部构造

（2）干挂法。干挂法是一种通过金属骨架体系和专用连接件（挂件），将天然石材或人造石材板材悬挂、固定在建筑主体结构（或辅助结构层）外侧，形成建筑外围护或装饰面的施工技术。其特点是："干"作业，石材面板与结构层之间形成空腔，不使用水泥砂浆等湿性黏结材料进行粘贴固定；悬挂受力，石材自重及其承受的风荷载、地震荷载等通过金属挂件传递到金属龙骨框架，最终传递到主体结构；构造分离，石材面板层、保温层（若有）、防水层、结构层相对独立。

干挂法施工中一般采用连接件与主体结构连接，连接件通常由耐腐蚀的不锈钢或铝合金制成。连接方式一般有插销式和锚栓式，如图 7.41 和图 7.42 所示。

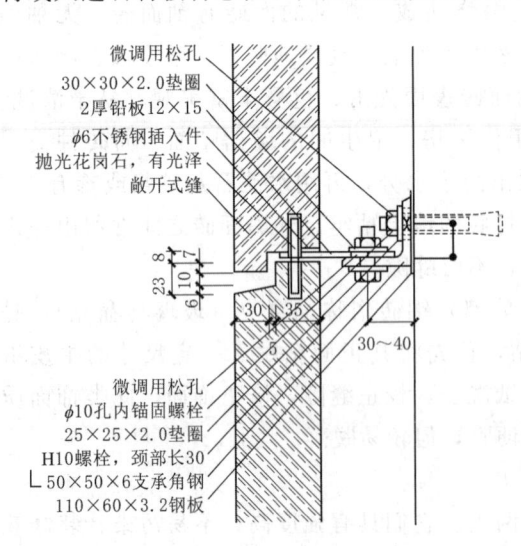

图 7.41 插销式石材干挂法细部构造

7.5 墙面装修

(a) 锚栓式石材干挂法

(b) 预先打入石材的锚栓

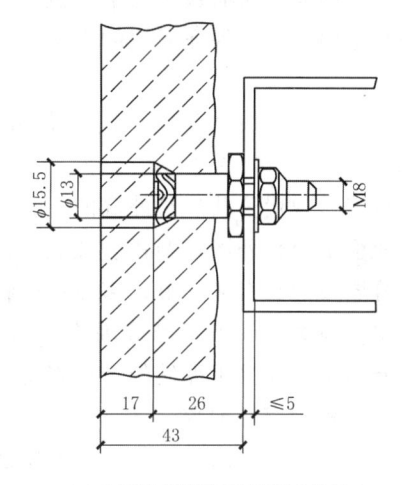

(c) 可用锚栓连接石材面板安装尺寸

图 7.42 锚栓式石材干挂法细部构造

(3) 粘贴法。粘贴法适用于薄型、尺寸不大的板材,首先要处理好基层,如水泥砂浆打底或涂胶等,然后进行涂抹粘贴。施工时应注意板的就位、挤紧、找平、找正、找直以及顶、卡,防止砂浆未达到固化强度时板面移位或脱落伤人。

7.5.4 裱糊类墙面

裱糊类墙面多用于内墙面的装修,饰面材料的种类很多,有墙纸、墙布、锦缎、皮革、薄木等。裱糊类墙面具有装饰性强、施工方法简单、材料更新方便,在曲面和墙面转折处粘贴以顺应基层获得连续的饰面效果等优点。

裱糊墙面的基层要坚实牢固、表面平整光洁、色泽一致。在裱糊前要对基层进行处理,首先要清扫墙面、满刮腻子、用砂纸打磨光滑。在施工前,墙纸和墙布要做浸水或润水处理,使其充分膨胀;为了防止基层吸水过快,要先用稀释的107胶满刷一遍,再涂刷黏结剂,然后按先上后下、先高后低的原则,对准基层的垂直准线,用胶辊或刮板将其赶平压实,排除气泡。当饰面无拼花要求时,将两幅材料重叠20~30mm,用直尺在搭接中部压紧后进行裁切,揭去多余部分,刮平接缝。当有拼花要求时,要使花纹重叠搭接。

7.5.5 铺钉类墙面

铺钉类指利用天然木板或各种人造薄板,借助于钉、胶等固定方式对墙面进行装饰处理。铺钉类墙面装修的构造与骨架隔墙相似，由骨架和面板两部分组成。

骨架分木骨架和金属骨架两种，采用木骨架时要考虑防火安全，应在木骨架表面涂刷防火涂料。骨架间及横梁的距离应根据面板的尺度而定。一般在立筋的先在墙面抹一层10mm厚的混合砂浆，并涂刷热沥青两道，或粘贴油毡一层作为防潮层。

室内墙面装修用面板，一般采用硬木条板、胶合板、纤维板、石膏板及各种吸声板。胶合板、纤维板可用圆钉或木螺丝直接固定在木骨架上，板间留有5~8mm缝隙，也可用木压条或铜、铝等金属压条盖缝。石膏板与金属骨架之间一般用自攻螺丝或电钻钻孔后用镀锌螺丝连接。

室外墙面装修面板多为金属板，骨架多为金属骨架，在骨架和面板之间应有胶合板做基层面板，以保证面层的平整。

7.6 幕　　墙

幕墙是现代公共建筑外墙的一种常见形式。幕墙的特点是装饰效果好、质量轻、安装速度快，是外墙轻型化、装配化比较理想的形式。幕墙一般由专门的幕墙公司设计。幕墙设计具有多环节、多专业的特点。在幕墙的设计中，应考虑幕墙因为结构变形、温度应力、施工不当等因素所造成的破坏，同时还需考虑幕墙工程的防火、防雷、光污染和连接预埋件的结构安全等因素。因此，幕墙的设计者和施工者必须与建筑结构工程师密切配合。

资源7.8 幕墙

幕墙的主要做法是：先将骨架安装在主体结构上，再在骨架上安装面板，最后对板缝进行处理。根据材料不同，幕墙可分为玻璃幕墙、金属幕墙、石材幕墙等。

7.6.1　玻璃幕墙

玻璃幕墙是当代的一种新型墙体，在世界各大洲的主要城市均建有宏伟华丽的玻璃幕墙建筑，如图7.43所示。建筑物从不同角度呈现出不同的色调，给人以动态的美。但是，玻璃幕墙还需要在节约能源、减少光污染、创造舒适环境等方面做出努力。

(a)　(b)

图7.43　玻璃幕墙外观

1. 玻璃幕墙类型

玻璃幕墙根据构造方式不同可分为有框玻璃幕墙和无框玻璃幕墙两类。有框玻璃

7.6 幕 墙

幕墙又有明框式和隐框式两种，如图 7.44 所示。明框式玻璃幕墙的金属框暴露在外，形成可见的金属格结构。隐框式玻璃幕墙是把幕墙的金属骨架全部或部分隐藏于幕墙玻璃的背面，玻璃的安装固定主要依靠硅酮结构胶与背面的幕墙金属骨架直接黏结，使建筑表面全玻或部分看不到金属骨架的幕墙形式。隐框式玻璃幕墙又可以分为全隐框玻璃幕墙和半隐框玻璃幕墙，全隐框玻璃幕墙室外看不见金属框；半隐框玻璃幕墙根据受力和金属框暴露的不同，可分为竖框式和横框式。无框玻璃幕墙则不设边框，以高强黏结胶将玻璃连成整片墙的全玻璃幕墙，或点式安装的点式玻璃幕墙。

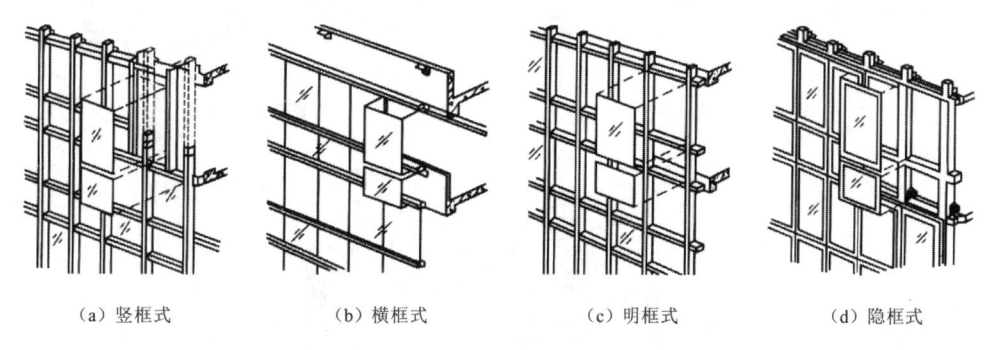

(a) 竖框式　　(b) 横框式　　(c) 明框式　　(d) 隐框式

图 7.44　有框玻璃幕墙分类示意图

玻璃幕墙按施工方法分为现场组装（构件式玻璃幕墙）和预制装配（单元式玻璃幕墙）两种。有框玻璃幕墙可以现场组装，也可以预制装配；无框玻璃幕墙只能现场组装。

(1) 构件式玻璃幕墙。构件式玻璃幕墙是在现场依次安装立筋、横梁和玻璃面板的框支承玻璃幕墙，如图 7.45 所示。

(2) 单元式玻璃幕墙。单元式玻璃幕墙是将玻璃面板和金属框架（立筋、横梁）在工厂组装为幕墙单元，以幕墙单元形式在现场完成安装施工的框支承玻璃幕墙，如图 7.46 所示。

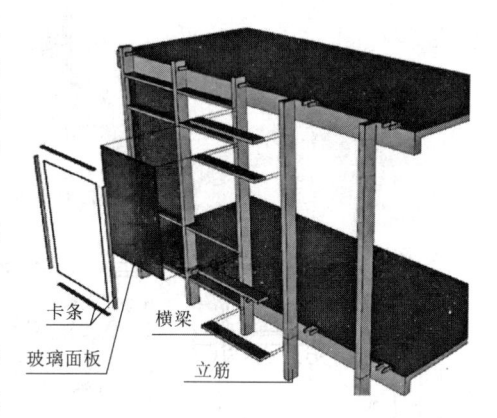

图 7.45　构件式玻璃幕墙示意图

(3) 全玻璃幕墙。全玻璃幕墙是由玻璃板和玻璃肋（或金属肋）制作的玻璃幕墙。全玻璃幕墙的支承系统分为吊挂式、支撑式（坐地式）和混合式三种。如图 7.47 所示为全玻璃幕墙形式。全玻璃幕墙的玻璃厚度在 6mm 以上时，应采用吊挂式系统。

(4) 点式玻璃幕墙。点式玻璃幕墙是用金属骨架或玻璃肋形成支撑受力体系，安装连接板或钢爪，并将四角开圆孔的玻璃用螺栓安装于连接板或钢爪上的幕墙形式，如图 7.48 所示。

2. 有框玻璃幕墙的构造组成

有框玻璃幕墙由玻璃和金属框组成幕墙单元，再借助于螺栓和连接铁件安装到框架上，如图 7.49 所示。

(1) 金属边框。金属边框有竖框、横框之分，起骨架和传递荷载作用，可用铝合

(a）现场组装式幕墙

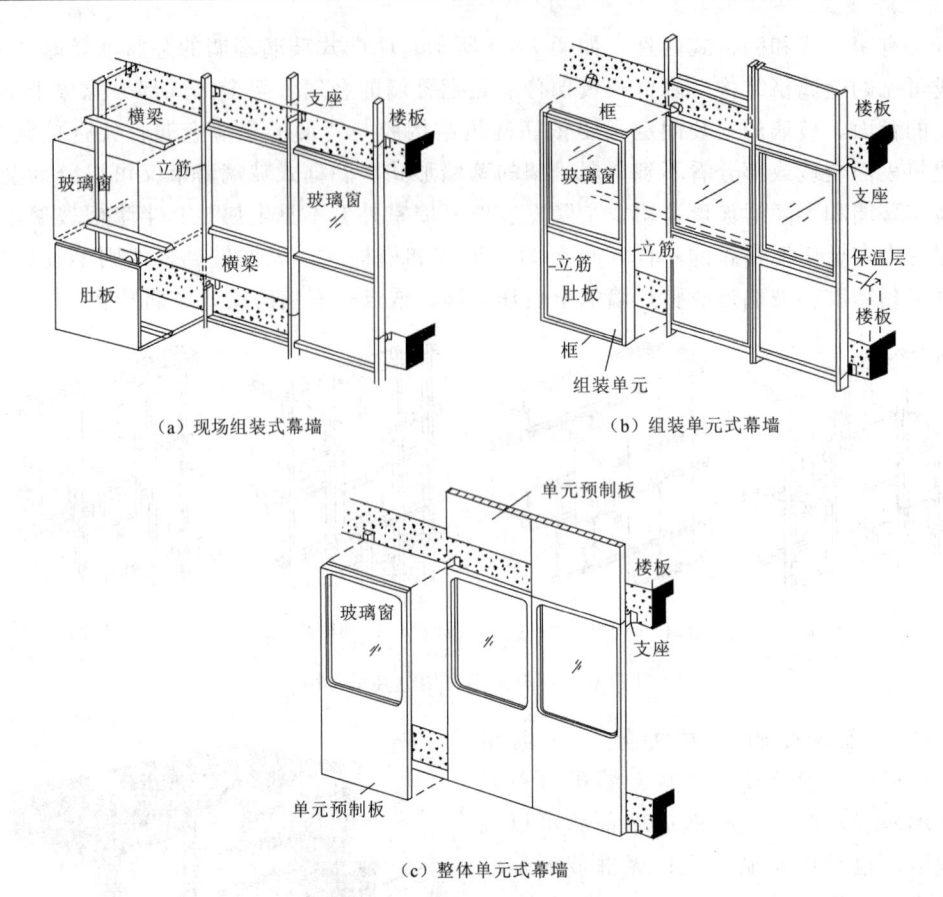

(b）组装单元式幕墙

(c）整体单元式幕墙

图 7.46 单元式玻璃幕墙

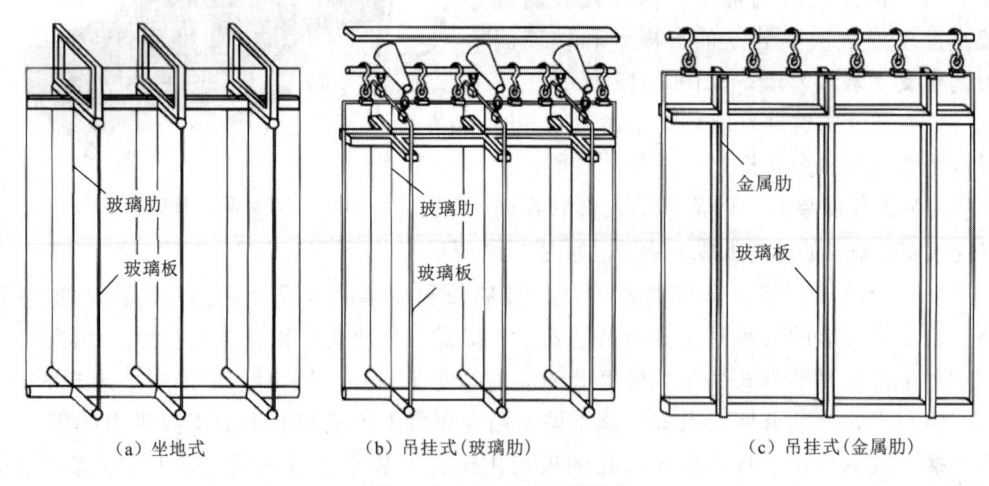

（a）坐地式　　　（b）吊挂式（玻璃肋）　　　（c）吊挂式（金属肋）

图 7.47 全玻璃幕墙形式

金、铜合金、不锈钢等型材做成。

（2）玻璃。玻璃有镀膜玻璃、Low-E 玻璃、热反射玻璃、中空玻璃、镜面玻璃等类型，起采光、通风、隔热、保温等围护作用。

（3）连接固定件。连接固定件有预埋件、转接件、连接件、支承用材等，在幕墙

7.6 幕　墙

及主体结构之间以及幕墙元件与元件之间起连接固定作用。

（4）装修件。装修件包括后衬板（墙）、扣盖件等构件，起装修、防护等作用。

（5）密封材料。密封材料有密封膏、密封带、压缩密封件、防止凝结水和变形缝等专用件，起密闭、防水、保温、绝热等作用。

此外，其还要满足幕墙的防火设计要求。窗槛墙、窗间墙的填充材料应采用不燃材料；无窗间墙和窗槛墙的幕墙，应在每层楼板外沿

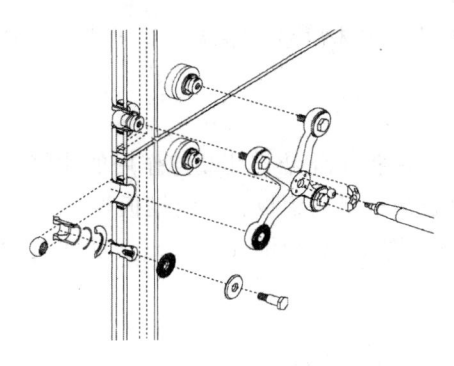

图 7.48　点式玻璃幕墙构造图

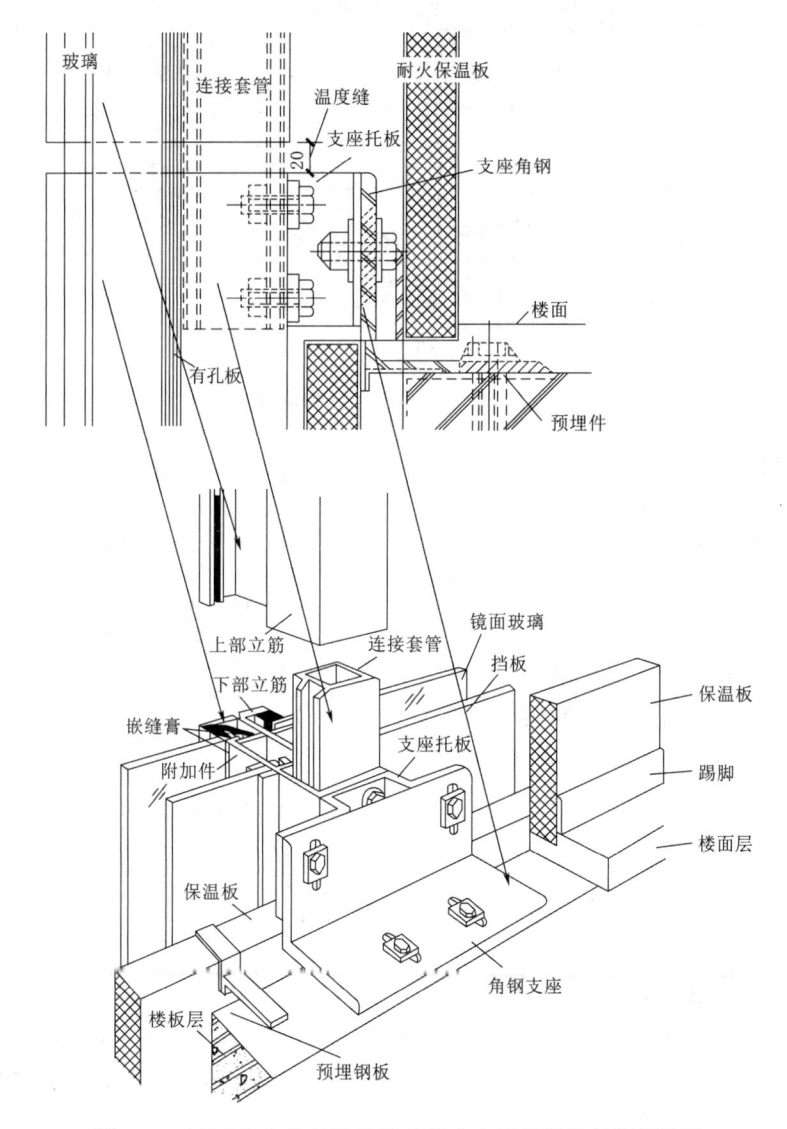

图 7.49　幕墙与主体结构的连接件在上下连接处的细部构造

设置耐火极限不低于1h、高度不低于0.8m的不燃烧实体裙墙；幕墙与每层楼板、隔墙处的缝隙应采用防火封堵材料封堵。

7.6.2 金属幕墙

金属幕墙是由金属构架与金属板材组成的，不承担主体结构荷载与作用的建筑外围护结构。金属板材一般包括单层铝板、铝塑复合板、蜂窝铝板、不锈钢板等。

金属幕墙构造与隐框玻璃幕墙构造基本一致。图7.50为饰面铝板与立筋和横梁连接。

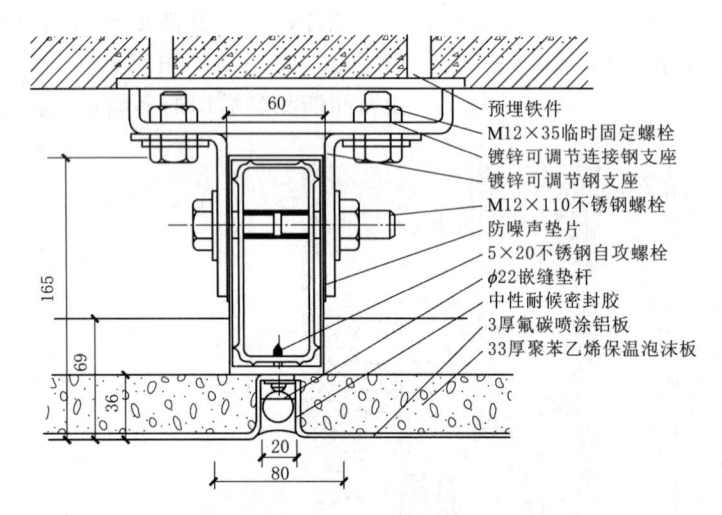

图7.50 饰面铝板与立筋和横梁连接

7.6.3 石材幕墙

石材幕墙是由金属构架与建筑石板组成的，不承担主体结构荷载与作用的建筑外围护结构。石材幕墙由于石板（多为花岗石）较重，金属构架的立筋常用镀锌方钢、槽钢或角钢，横梁常采用角钢。立筋和横梁与主体的连接固定与玻璃幕墙的连接方法基本一致。图7.51为用钢销与横梁连接构造的石材。

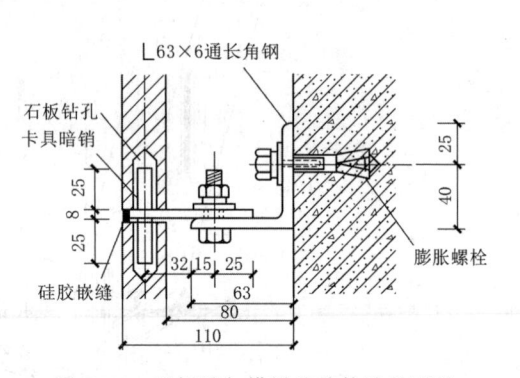

图7.51 用钢销与横梁连接构造的石材

本 章 小 结

本章主要介绍了墙体的类型和设计要求、砖墙、砌块墙、隔墙、墙面装修、幕墙等知识。通过对本章的学习，读者能够掌握墙体的设计要求和基本构造，以及细部构造的具体设计和做法，为进一步学习建筑设计、室内设计等专业课程奠定坚实的基础。

思 考 题

1. 墙体的设计要求有哪些？
2. 砖墙的细部构造有哪些？
3. 试述墙面装修的作用和基本类型。
4. 墙面抹灰为什么要分层操作？各层的作用是什么？

第 8 章 楼 梯

本章导读

楼梯作为建筑物内部垂直交通的重要组成部分，不仅仅承担着人员和货物流动的功能，还在整个建筑结构中扮演着至关重要的角色。它们不仅是连接不同楼层的通道，确保人们能够方便、安全地上下楼，而且还承担着重要的结构支撑作用。楼梯的设计和布局直接影响到建筑物的整体美观和使用效率。合理的楼梯设计可以提升建筑的使用价值，增强空间的流动感和视觉效果。此外，楼梯在紧急情况下还具有重要的安全功能，能够在火灾、地震等紧急情况下提供疏散通道，保障人们的生命安全。因此，楼梯的设计和施工必须严格遵循相关规范和标准，确保其功能性和安全性。

学习目标

◎知识目标

1. 掌握楼梯的基本概念。
2. 掌握楼梯设计的基本原则。
3. 掌握钢筋混凝土楼梯的构造。
4. 掌握台阶与坡道的形式与构造。
5. 了解电梯与自动扶梯的构造及设计要求。
6. 掌握无障碍设计的构造及设计要点。

◎能力目标

1. 能够根据工程条件，选择合理的楼梯构造方案。
2. 能够根据工程条件，正确地设计楼梯、台阶和坡道，绘制相应的建筑施工图。

◎素质目标

1. 培养学生空间思维能力和设计创新能力。
2. 增强学生工程实践能力和问题解决能力。

思维导图

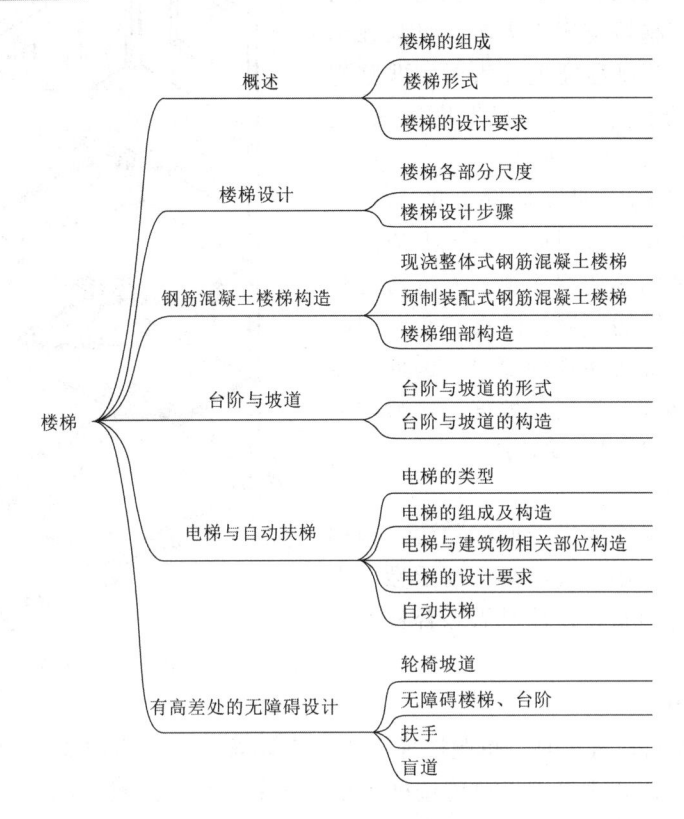

```
楼梯 ─┬─ 概述 ─┬─ 楼梯的组成
     │       ├─ 楼梯形式
     │       └─ 楼梯的设计要求
     │
     ├─ 楼梯设计 ─┬─ 楼梯各部分尺度
     │          └─ 楼梯设计步骤
     │
     ├─ 钢筋混凝土楼梯构造 ─┬─ 现浇整体式钢筋混凝土楼梯
     │                   ├─ 预制装配式钢筋混凝土楼梯
     │                   └─ 楼梯细部构造
     │
     ├─ 台阶与坡道 ─┬─ 台阶与坡道的形式
     │            └─ 台阶与坡道的构造
     │
     ├─ 电梯与自动扶梯 ─┬─ 电梯的类型
     │                ├─ 电梯的组成及构造
     │                ├─ 电梯与建筑物相关部位构造
     │                ├─ 电梯的设计要求
     │                └─ 自动扶梯
     │
     └─ 有高差处的无障碍设计 ─┬─ 轮椅坡道
                           ├─ 无障碍楼梯、台阶
                           ├─ 扶手
                           └─ 盲道
```

8.1 概　　述

楼梯在建筑中不仅起着交通联系作用，而且在紧急情况下还是安全疏散的主要通道。因此，楼梯不仅需满足使用功能要求，而且要确保安全，即其设计必须满足坚固、耐久、安全，有足够的通行宽度和疏散能力，上下通行方便，便于搬运家具物品以及满足美观方面的要求。

8.1.1 楼梯的组成

楼梯由梯段、平台（楼层平台和中间平台）、栏杆（板）和扶手三部分组成（图8.1）。

1. 梯段

梯段又称梯跑，是联系两个不同标高平台的倾斜构件，通常为板式梯段，也可以由踏步板和梯斜梁组成梁板式梯段。为了减轻行走的疲劳，梯段的踏步步数一般不宜超过18级，但也不宜少于3级，因为步数太少不易为人们察觉，容易摔倒。

2. 平台

按平台所处的位置和标高不同，有中间平台和楼层平台之分。两楼层之间的平台称为中间平台，用来供人们行走时调节体力和改变行进方向。而与楼层地面标高齐平的平台称为楼层平台，除起着与中间平台相同的作用外，还用来分配从楼梯到达各楼层的人流。

资源 8.1　楼梯概述

资源 8.2　楼梯的组成与形式

3. 栏杆和扶手

栏杆和扶手是设在梯段及平台边缘的安全保护构件。当梯段宽度不大时，可只在梯段临空面设置。当梯段宽度较大时，非临空面也应加设靠墙扶手。当梯段宽度很大时，则需在梯段中间加设中间扶手。

楼梯作为建筑空间竖向联系的主要部件，其位置应明显，起到提示引导人流的作用，并要充分考虑其造型美观、人流通行顺畅、行走舒适、结构坚固、防火安全，同时还应满足施工和经济条件的要求。因此，需要合理地选择楼梯的形式、坡度、材料构造做法，精心地处理好其细部构造。

8.1.2 楼梯形式

楼梯形式的选择取决于所处位置、楼梯间的平面形状与大小、楼层高低与层数、人流多少与缓急等因素，设计时需综合权衡这些因素。

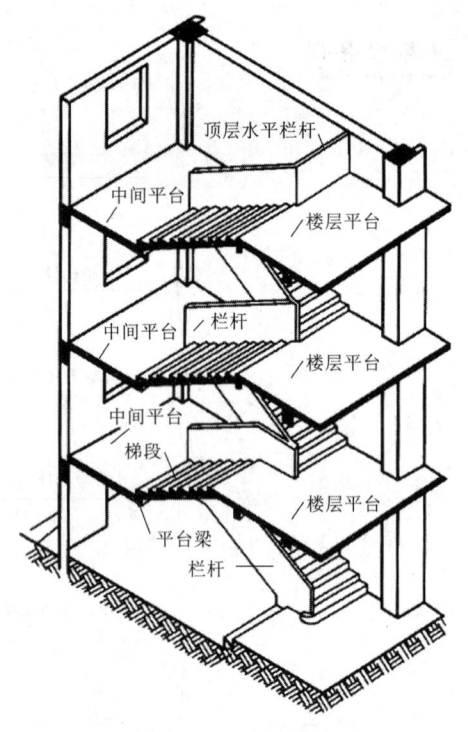

图 8.1 楼梯的组成

1. 直行楼梯

直行楼梯又可以分为直行单跑楼梯和直行多跑楼梯。直行单跑楼梯无中间平台，如图 8.2（a）所示，由于直行单跑楼梯梯段踏步数一般不超过 18 级，故仅用于层高不大的建筑。直行多跑楼梯是直行单跑楼梯的延伸，仅增设了中间平台，将单梯段变为多梯段，一般为双跑［图 8.2（b）］或三跑梯段，此种楼梯适用于层高较大的建筑。直行多跑楼梯给人以直接、顺畅的感觉，导向性强，在公共建筑中常用于人流较多的大厅。但是由于其缺乏方位上回转上升的连续性，当用于需上多层楼面的建筑时，会增加交通面积并加长人流行走距离。

2. 折行多跑楼梯

折行多跑楼梯人流导向较自由，折角可变，可为 90°，也可大于或小于 90°。当折角大于 90°时，其行进方向性类似于直行双跑楼梯，图 8.2（c）为折行双跑楼梯，图 8.2（d）为双分折角楼梯。当折角小于 90°时，其行进方向回转延续性有所改观，形成三角形楼梯间，可用于多层楼的建筑中。折行三跑楼梯［图 8.2（e）］中部会形成较大梯井，在设有电梯的建筑中，可将梯井作为电梯井道位置，但由于电梯井道对楼梯视线有遮挡，现在已很少采用。折行多跑楼梯常用于层高较大的公共建筑，不宜用于供儿童使用的建筑。

3. 平行双跑楼梯

平行双跑楼梯由于上完一层楼刚好回到原起步方位，与楼梯上升的空间回转往复性吻合，如图 8.2（f）所示。平行双跑楼梯比直行楼梯节约面积并缩短人流行走距离，是最常用的楼梯形式之一。

8.1 概 述

(a) 直行单跑楼梯(单跑)　(b) 直行多跑楼梯(双跑)　(c) 折行双跑楼梯

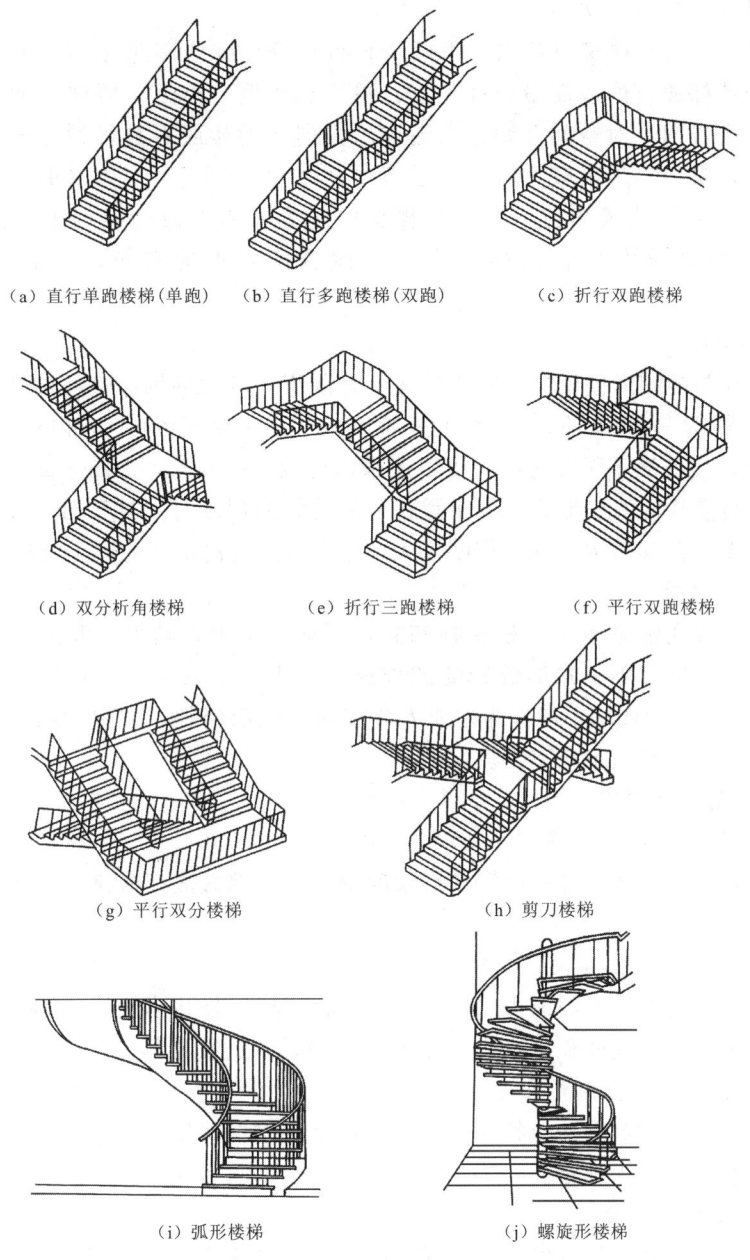

(d) 双分析角楼梯　(e) 折行三跑楼梯　(f) 平行双跑楼梯

(g) 平行双分楼梯　(h) 剪刀楼梯

(i) 弧形楼梯　(j) 螺旋形楼梯

图 8.2　楼梯形式

4. 平行双分双合楼梯

平行双分双合楼梯可分为平行双分楼梯和平行双合楼梯。平行双分楼梯是由两个平行双跑楼梯平行合并而成的，其梯段平行而行走方向相反，在第一跑在中部上行，在中间平台处往两边以第一跑的二分之一梯段宽分两个梯段，如图 8.2（g）所示，通常在人流多、梯段宽度较大时采用。其造型对称严谨，常用作办公类建筑的主要楼梯。平行双合楼梯与平行双分楼梯类似，不同在于第一跑梯段前者在中而后者在两边，这种楼梯适合引导来自不同方向的人流。

5. 交叉跑（剪刀）楼梯

交叉跑（剪刀）楼梯可认为是由两个直行单跑楼梯或多跑楼梯交叉并列布置而成的，这种楼梯通行的人流量较大。直行单跑交叉跑（剪刀）楼梯为上下楼层的人流提供了两个方向，对空间开敞、人流进出方向多的楼层有较好的导向性，但仅适合层高小的建筑。当层高较大时，可设置中间平台，为交叉多跑（剪刀）楼梯，如图8.2（h）所示。交叉多跑（剪刀）楼梯中间平台为人流变换行走方向提供了条件，适用于层高较大且有楼层人流多向性选择要求的建筑，如商场、多层食堂等。

6. 弧形楼梯

弧形楼梯与螺旋形楼梯的不同之处在于它围绕一较大的轴心空间旋转，未构成水平投影圆，仅为一段弧环，并且曲率半径较大。其扇形踏步的内侧宽度也较大（≥220mm），使坡度不至于过陡，可以用来通行较多的人流，如图8.2（i）所示。弧形楼梯是折行楼梯的演变形式，当布置在公共建筑的门厅时，具有明显的导向性和优美轻盈的造型。但其结构和施工难度较大，通常采用现浇钢筋混凝土结构。

7. 螺旋形楼梯

螺旋形楼梯通常是围绕一根单柱布置，平面呈圆形。其平台和踏步均为扇形平面，踏步内侧宽度很小，并形成较陡的坡度，行走时不安全，且构造较复杂，如图8.2（j）所示。这种楼梯不能作为主要人流交通和疏散楼梯，但由于其造型美观，常作为建筑小品布置在庭院或室内。

8.1.3 楼梯的设计要求

1. 功能方面的要求

楼梯的数量、位置、梯段净宽、楼梯间形式和细部做法都应满足使用方便和安全疏散的要求。

2. 结构构造方面的要求

楼梯应具有足够的承载能力（住宅按 $1.5kN/m^2$，公共建筑按 $3.5kN/m^2$ 考虑）、足够的采光能力（采光面积不应小于 1/12）以及较小的变形等。

3. 防火、安全方面的要求

楼梯间距、楼梯数量均应符合有关防火规定。楼梯间形式选择、墙体材料、开窗位置也应符合有关防火规定。

4. 美观、经济要求

楼梯形式、材料及细部做法的选择，既要考虑对建筑空间的装饰，又要考虑是否经济合理，应根据建筑不同的使用要求和装修标准，做出相应的选择。

5. 施工要求

在选择装配式做法时，应使构件重量适当，不宜过大。

8.2 楼梯设计

楼梯设计时，首先应掌握相关规范的一般规定及不同类型建筑物楼梯的特殊规定。在楼梯设计过程中，严格执行相关标准、规范的规定，同时反复推敲，做到精益求精。

8.2.1 楼梯各部分尺度

1. 楼梯的坡度

楼梯的坡度是指梯段的坡度,在实际应用中均由踏步高宽比决定,需根据人流行走舒适、安全和楼梯间的尺寸、面积等因素综合考虑。楼梯的坡度一般在 20°～45°之间。坡度小于 20°时,采用坡道形式;坡度大于 45°时,通常称为爬梯。

公共建筑中的楼梯使用人数较多,坡度应平缓,常用 1∶2 左右;住宅建筑中的楼梯,使用人数较少,坡度可稍陡峭些,常用 1∶1.5 左右。

楼梯坡度适用范围如图 8.3 所示。

2. 踏步尺寸

踏步由水平踏面和垂直踢面组成。踏步尺寸决定了楼梯的坡度。踏步是人们上下楼梯时脚踏的部件,它的尺寸应根据人体的尺度来决定。通常用下列经验公式表示:

$$b+h \approx 450 \text{mm} \tag{8.1}$$
$$b+2h = 600 \sim 620 \text{mm} \tag{8.2}$$

式中:b 为踏步宽度,mm;h 为踏步高度,mm。

式(8.2)中 600～620mm 表示一般人的步距。

踏步的高度,成人以 150mm 左右较适宜,不应高于 175mm。踏步的宽度以 300mm 左右为宜,不应窄于 260mm。为了增加行走的舒适感,可将踏面突出 20～30mm 做成踏口或将踢面做成斜面(图 8.4),使踏步实际宽度大于其水平投影宽度。

常用楼梯踏步尺寸见表 8.1。

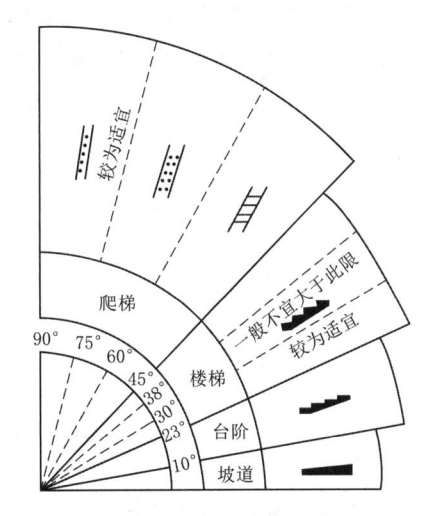

图 8.3 楼梯坡度适用范围

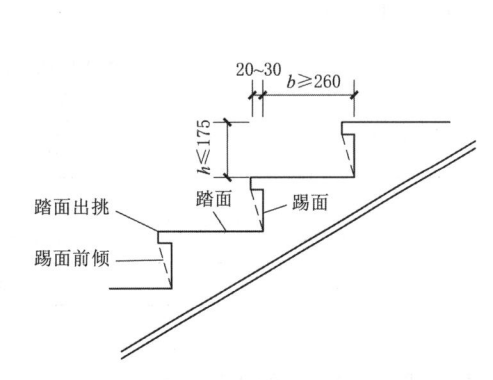

图 8.4 踏步尺寸

表 8.1   常用楼梯踏步的尺寸   单位:mm

名称	住宅	幼儿园	学校、办公楼	医院	剧院、会堂
踏步高度 h	150～175	120～150	140～160	120～150	120～150
踏步宽度 b	250～300	260～280	280～340	300～350	300～350

资源 8.4 楼梯的主要尺度

踏步尺寸还应满足使用要求，不同类型的建筑物，其要求也不相同（表 8.2）。

表 8.2　　　　　　　　　　　踏步最小宽度、最大高度　　　　　　　　　　　单位：mm

楼梯类别		最小宽度	最大高度
住宅楼梯	住宅公共楼梯	260	175
	住宅套内楼梯	220	200
宿舍楼梯	小学宿舍楼梯	260	150
	其他宿舍楼梯	270	165
老年人建筑楼梯	住宅建筑楼梯	300	150
	公共建筑楼梯	320	130
托儿所、幼儿园楼梯		260	130
小学校楼梯		260	150
人员密集且竖向交通繁忙的建筑和大、中学校楼梯		280	165
其他建筑楼梯		260	175
超高层建筑核心筒内楼梯		250	180
检修及内部服务楼梯		220	200

注　无中柱螺旋形楼梯和弧形楼梯离内侧扶手中心 250mm 处的踏步宽度不应小于 220mm。

3. 梯段宽度

梯段的宽度（净宽）指墙面到扶手中心线的水平距离，取决于通行人数、消防要求和使用要求。不同类型的建筑应根据楼梯的使用性质，按每股人流宽 [550＋(0～150)] mm 确定（表 8.3），但都不应少于 2 股人流，公共建筑人流众多的场所应取上限。同时，梯段宽度需要满足建筑设计规范中的规定，如住宅建筑不小于 1100mm，商场不小于 1400mm 等。

表 8.3　　　　　　　　　　　楼 梯 梯 段 宽 度　　　　　　　　　　　单位：mm

计算依据：每股人流宽 550＋(0～150)		
类别	梯段宽度	备注
单人通过	＞900	满足单人携物通过
双人通过	1100～1400	
三人通过	1650～2100	

4. 平台宽度

楼梯平台是楼梯段的连接部分，对于平行和折行多跑楼梯等类型的楼梯，其中间平台的平台深度（净宽）一般应不小于梯段的宽度，以保证通行顺畅，并不得小于 1200mm。在有门开启的出入口处和有结构构件突出的地方，楼梯平台应适当放宽；当需要搬运大型物件时，平台也应适当加宽。为方便扶手转弯，休息平台宽度应取楼梯段宽度再加 1/2 踏步宽。

5. 梯井宽度

梯井是指两个梯段之间的空隙，一般为 60～200mm，公共建筑的梯井宽度不宜

8.2 楼梯设计

小于150mm，以满足消防要求。儿童经常使用的楼梯，当梯井净宽大于200mm时，应采取安全措施。

6. 楼梯的净空高度

楼梯的净空高度包括梯段净高和平台净高。梯段净高是自踏步前缘（包括最低和最高一级踏步前缘300mm范围）至上方结构下缘的垂直距离；平台净高是指平台地面至上方结构下缘的垂直距离。考虑到行走安全和搬运物件，楼梯的净空高度在梯段处应大于等于2.2m，在平台处应大于等于2m，如图8.5所示。

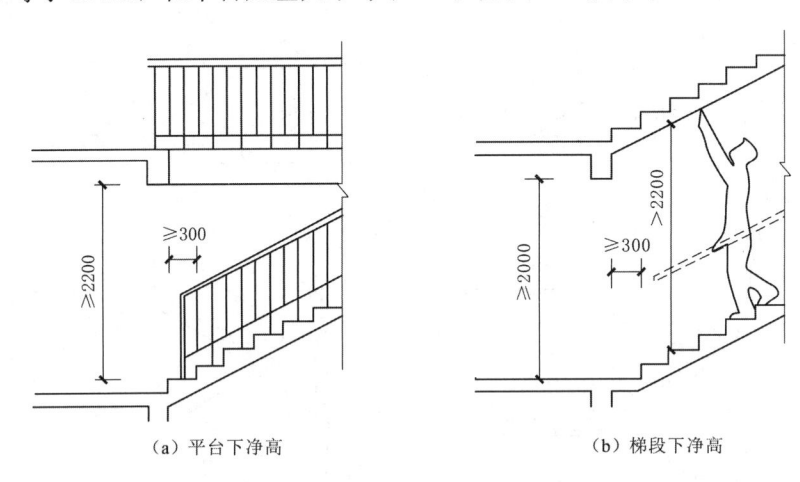

（a）平台下净高　　　　（b）梯段下净高

图8.5　楼梯净空高度

当楼梯底层中间平台下做通道时，为保证净空高度要求，常采用下列处理方式：

（1）将首层第一跑梯段加长，形成级数不同的梯段，提高中间平台高度。这种处理方式必须加大进深，如图8.6（a）所示。

（2）降低底层中间平台下地面标高，将部分室外台阶移至室内，如图8.6（b）所示。

（3）将上述两种方法结合起来，既将首层第一跑梯段加长，又降低底层中间平台下地面标高，如图8.6（c）所示。

（4）底层楼梯采用直跑式，直达二楼，如图8.6（d）所示。这种处理方式，梯段较长，此时应当注意入口处地面标高，以保证净空高度要求。

7. 栏杆扶手高度

栏杆扶手高度是指踏步前缘至扶手顶部的垂直距离，与楼梯坡度、楼梯使用要求有关。坡度越陡，扶手的高度相应降低。30°左右的坡度，扶手高度常采用900mm。儿童使用的楼梯扶手高度常采用600mm，如图8.7所示。当楼梯栏杆水平段长度超过500mm时，扶手高度应不小于1050mm。室外楼梯临空高度小于24m，扶手高度不应小于1050mm；临空高度大于24m，扶手高度不应小于1100mm。

8.2.2　楼梯设计步骤

在楼梯设计中，应根据建筑物的使用性质和建筑等级的不同，确定楼梯的平面形式、坡度、楼梯各部分尺度，从而确定该楼梯间的开间、进深，还要注意区分是封闭式楼梯还是开敞式楼梯。设计步骤如下：

（1）选择踏步高h，踏步宽b，确定楼梯的适宜坡度。

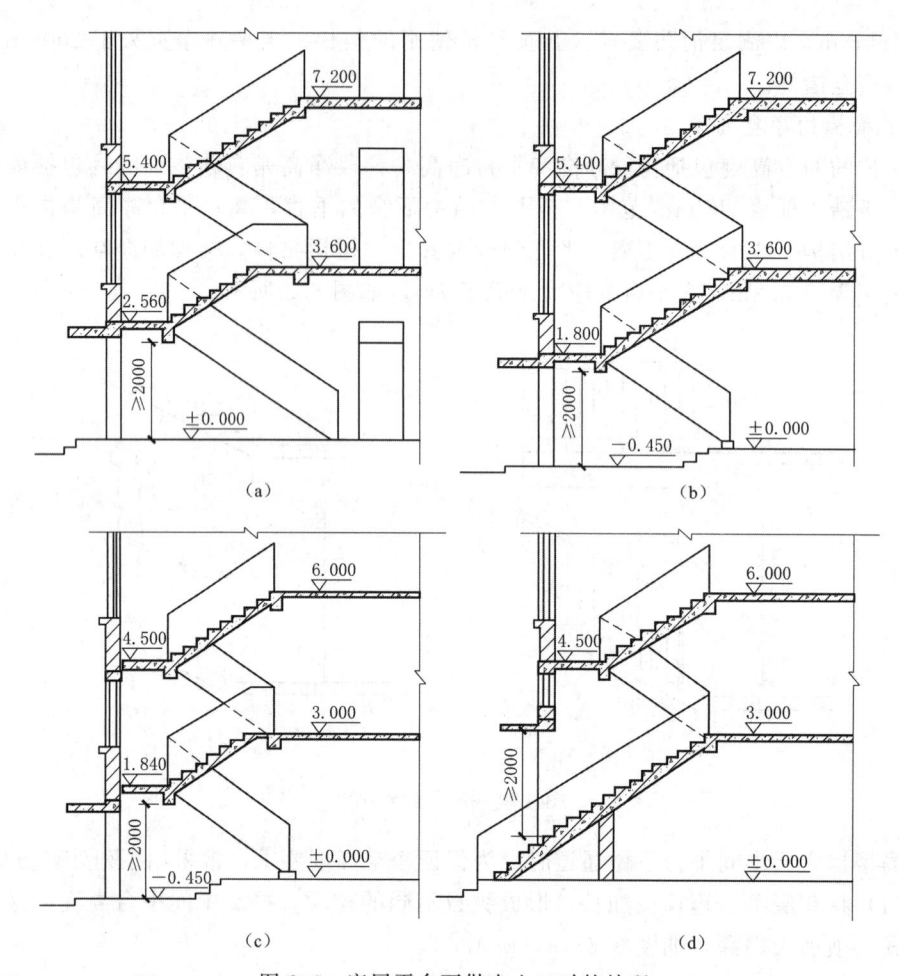

图 8.6 底层平台下做出入口时的处理

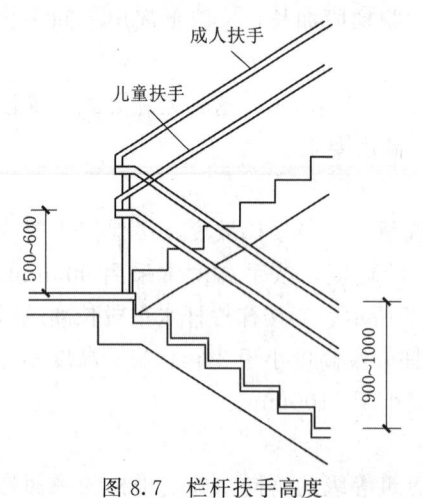

图 8.7 栏杆扶手高度

(2) 确定楼梯的踏步数量 N。根据建筑物层高 H 计算踏步数量 N，踏步数应为整数。

$$N=\frac{H}{h} \tag{8.3}$$

(3) 确定楼梯的平面形式，计算每个楼梯段的踏步数 n。

(4) 确定梯段的水平投影长度 L。

$$L=(n-1)b \tag{8.4}$$

(5) 确定梯井宽度 C。

(6) 根据通过的人数、建筑防火等级，确定楼梯的梯段宽度 a。

(7) 确定平台宽度，中间平台宽度 D_1 和楼层平台宽度 D_2 应不小于梯段宽 a。为方便扶手转弯，休息平台宽度应取楼梯段宽度再加 1/2 踏步宽。

如果采用开敞式楼梯间，楼层平台可借助部分楼层空间，其宽度可适当减小，但不应小于 550mm。

（8）确定楼梯开间方向净尺寸 A。

$$A = 2a + C \tag{8.5}$$

（9）确定楼梯进深方向净尺寸 B。

$$B = D_1 + L + D_2 \tag{8.6}$$

若楼梯的开间、进深已知，可根据开间方向净尺寸确定梯段宽 a，$a=(A-C)/2$，从而可确定平台宽度 D_1、D_2。最后要进行进深方向验算：

$$D_1 + L + D_2 \leqslant B \tag{8.7}$$

（10）验算平台净高和梯段净高。

8.3　钢筋混凝土楼梯构造

楼梯的材料可以是木材、钢筋混凝土、钢材或者多种材料的混合。由于钢筋混凝土楼梯具有坚固耐久、防火性能好、可塑性强等优点，得到广泛的应用。钢筋混凝土楼梯按其施工方式可分为现浇整体式和预制装配式两大类。

8.3.1　现浇整体式钢筋混凝土楼梯

现浇钢筋混凝土楼梯是指楼梯梯段、楼梯平台等在施工现场支模、绑钢筋、整体浇筑混凝土而成的。这种楼梯的可塑性强，整体性强，有利于抗震，但施工工序多，施工速度慢。适用于有抗震要求及楼梯形式较为复杂的建筑。现浇钢筋混凝土楼梯的结构布置形式有板式楼梯和梁式楼梯。

1. 现浇板式楼梯

现浇板式楼梯（图 8.8）是将梯段作为带锯齿的平板，斜搁在平台梁上。板式楼梯结构简单，施工方便，底面平整，自重大，材料用量多；适用于梯段跨度不大于 4m，荷载较小的建筑。为增加楼梯平台下净空高度，也可将梯段板和平台板整浇在一起形成折板，支承在墙或柱上。此外，还可将平行楼梯的上、下梯段与中间平台板整浇在一起形成空间板式结构，与上、下层楼板结构共同受力，形成悬臂板式楼梯。悬臂板式楼梯造型新颖，空间感好，多用于公共建筑和庭院建筑的外部楼梯。板式楼梯的水平投影长度在 3m 以内时比较经济。

2. 现浇梁式楼梯

现浇梁式楼梯是在相邻的平台梁之间先设置斜梁（梯段梁），踏步板支承在斜梁上，踏步板的荷载通过梯段梁传给平台梁。梯段梁可布置在梯段的两侧形成双梁式，双梁式梯段板跨小，结构合理，梯段梁也可布置在梯段的中间或一侧形成单梁式，单梁式梯段外形轻巧，造型美观，且可以释放出某些垂直承重构件所占据的空间，有利于交通的组织，但受力复杂。梁式楼梯适用于梯段跨度大，荷载较大的建筑。根据梯段梁的位置可将其分为明步（正梁式）和暗步（反梁式），明步是指斜梁在梯段的踏步板下面，暗步是指斜梁在梯段的踏步板上面，如图 8.9 所示。采用暗步做法时，梯段底面平整，便于清洁，但斜梁占据梯段的部分宽度。

资源 8.5　钢筋混凝土楼梯

(a) 梯段板、平台梁和平台板整体现浇　　　　　(b) 梯段板和平台板整浇

(c) 悬臂板式楼梯

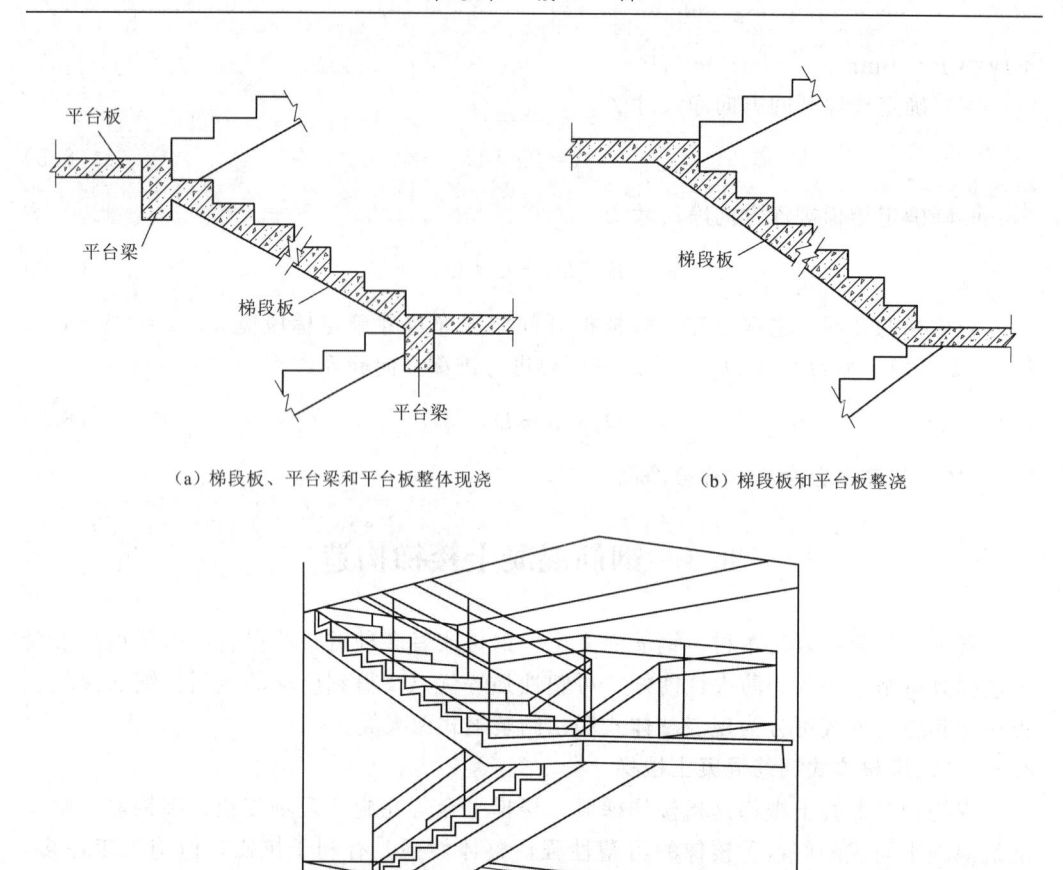

图 8.8　现浇板式楼梯

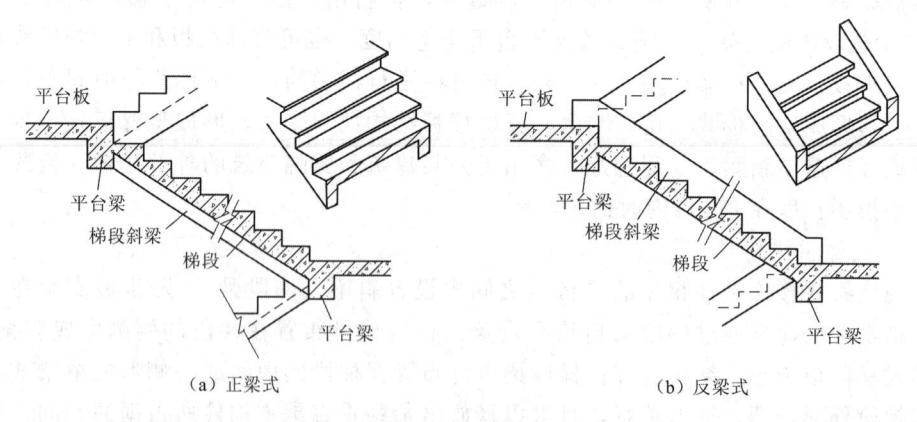

(a) 正梁式　　　　　　　　　　　(b) 反梁式

图 8.9　现浇梁式楼梯

8.3.2　预制装配式钢筋混凝土楼梯

1. 预制装配式钢筋混凝土楼梯的类型

预制装配式钢筋混凝土楼梯将楼梯分成平台板、平台梁、梯段三个组成部分。这

些构件在加工厂或施工现场进行预制,施工时将预制构件进行装配组合在一起。预制装配式楼梯节约模板,提高了施工速度。

预制装配式楼梯根据构件尺度的不同可分为小型构件装配式、中型构件装配式和大型构件装配式。

2. 预制装配式钢筋混凝土楼梯的构造

(1) 小型构件装配式。将梯段分为平台板、平台梁、梯段梁及踏步等构件,分别预制后安装。预制踏步的形式有"一"字形、L形、┐形和三角形,如图 8.10 所示。"一"字形踏步板制作简单,但受力不合理。L形和┐形踏步板为平板带肋形式,受力合理,用料少,但底面呈折线形,不平整。三角形踏步板底面平整,自重大,为减轻自重,常将三角形踏步板抽孔,形成空心构件。梯段梁的形式有锯齿形、L形和矩形。踏步板应与梯段梁相配套,如图 8.11 所示。平台板可采用预制钢筋混凝土空心板、实心板和槽形板。预制踏步板支承方式主要有梁承式、墙承式、墙悬臂式。

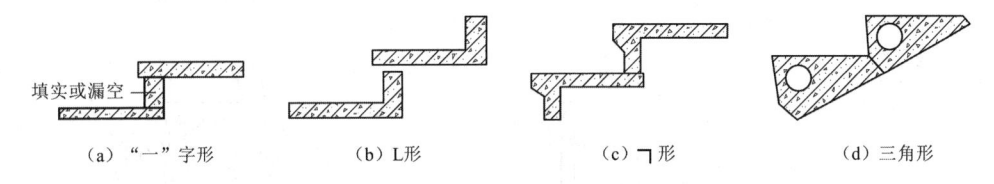

(a) "一"字形　　(b) L形　　(c) ┐形　　(d) 三角形

图 8.10　预制踏步的形式

1) 梁承式。梁承式是将预制踏步搁置在梯段梁上,梯段梁支承在平台梁上,平台梁支承在墙或柱上的一种支承方式。预制踏步与梯段梁可用水泥砂浆连接,也可在踏步上预留孔,套接于梯段梁的插铁上,用砂浆填实。

2) 墙承式。墙承式是将预制踏步的两端支承在墙上的一种支承方式。墙承式楼梯可增加下部空间净高,但施工比较麻烦,楼梯间整体性差,不利于抗震。对于平行双跑楼梯,应在楼梯中部设墙,可在墙上设观察孔,或将中间墙在靠近平台部位局部收进,以利于改善视线和搬运物品,如图 8.12 所示。

3) 墙悬臂式。墙承式楼梯也可将预制踏步的一端固定在墙上,形成墙悬臂式,如图 8.13 所示。预制踏步一般采用 L 形。悬挑长度不宜过大,一般不超过 1.5m。墙悬挑式楼梯结构占空间少,造型轻巧,但楼梯间整体刚度差,不能用于有抗震设防要求的地区。

(2) 大、中型构件装配式。大型构件装配式是将整个梯段和平台板预制成一个构件安装在主体结构上。

中型构件装配式将整个梯段作为一个构件或沿其跨度方向分成若干条,在工厂预制后到现场装配。主要预制构件为梯段、平台板和平台梁,也可将平台板和平台梁组合在一起制成一个构件,形成带梁的平台板。预制梯段有板式和梁式两种类型。

梯段搁置在平台梁上有以下处理方式,如图 8.14 所示。

上下行梯段可设计成齐步梯段和错步梯段。齐步即上下梯段起步和末步对齐,可使平台完整,节省楼梯间进深尺寸,但平台梁高度大。错步即上下梯段起步和末步错开,可使平台梁底标高抬高,增加平台下净空高度,但平台不完整。

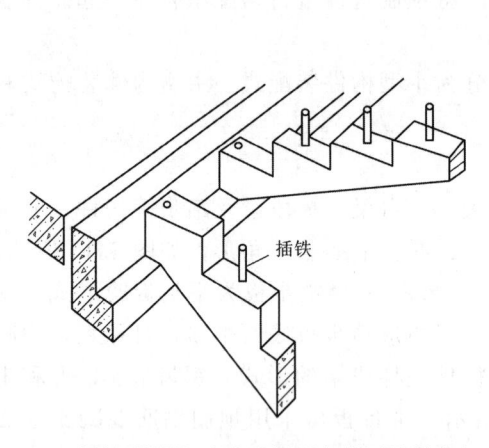

(a) 锯齿形梯段梁，每个踏步打孔与梯段梁插铁窝牢

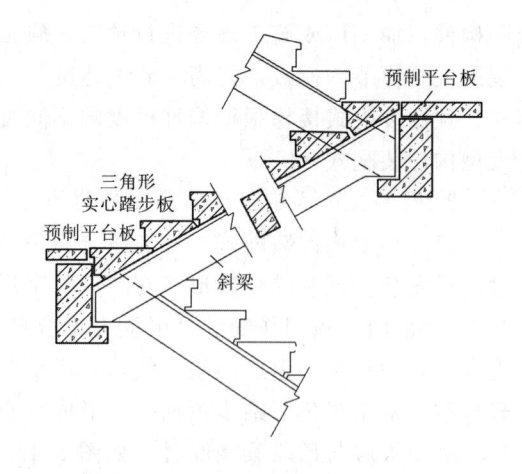

(b) 三角形踏步与矩形梯段梁连接

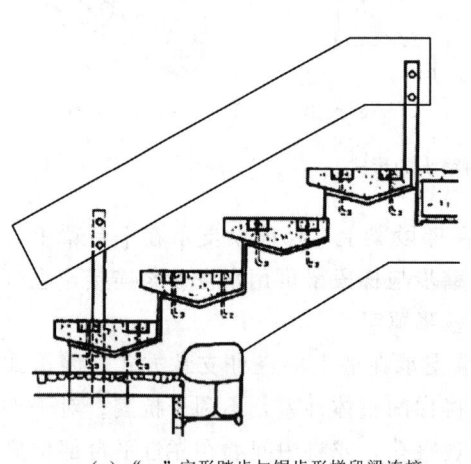

(c)"一"字形踏步与锯齿形梯段梁连接

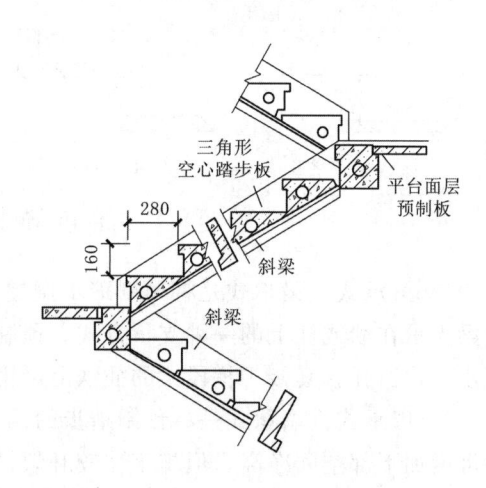

(d) 三角形空心踏步与L形梯段梁连接

图 8.11 踏步板与梯段梁的连接

平台梁与梯段之间可处理成埋步或不埋步。埋步即平台面和上下梯段起步和末步的踏面平齐。埋步处理时，梯段跨度大，但梁截面高度较不埋步小，有利于增加平台下净空高度。不埋步即用平台梁代替一步踏步，采用这种方式可使梯段跨度减小，但平台梁应为变截面梁，梁截面尺寸大。

梯段可采用焊接、套接的方式与平台梁连接，如图 8.15 所示。

8.3.3 楼梯细部构造

1. 踏步面层

踏步面层应平整、耐磨、防滑并便于清扫，依装修等级可采用水泥砂浆面层、水磨石面层、缸砖面层、大理石面层等。为防行人滑倒，同时为保护踏步阳角，宜在踏步前缘设防滑条，其长度一般比梯段宽度小 200～300mm。

2. 栏杆

栏杆是为保护行人上下楼梯的安全围护措施。栏杆形式多样，可设置在踏步和平

8.3 钢筋混凝土楼梯构造

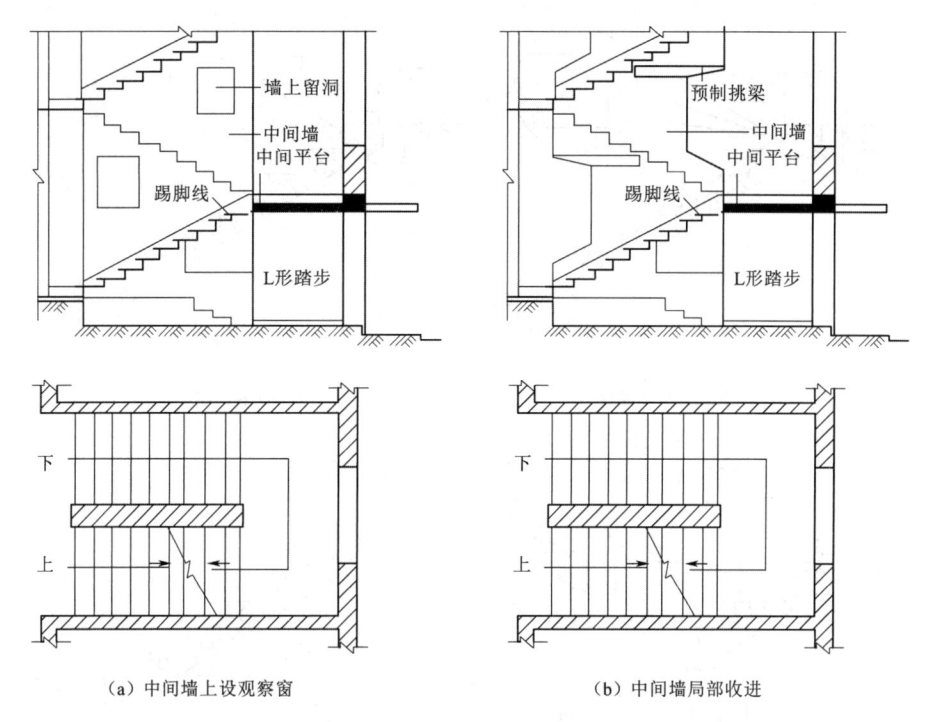

(a) 中间墙上设观察窗

(b) 中间墙局部收进

图 8.12 墙承式楼梯

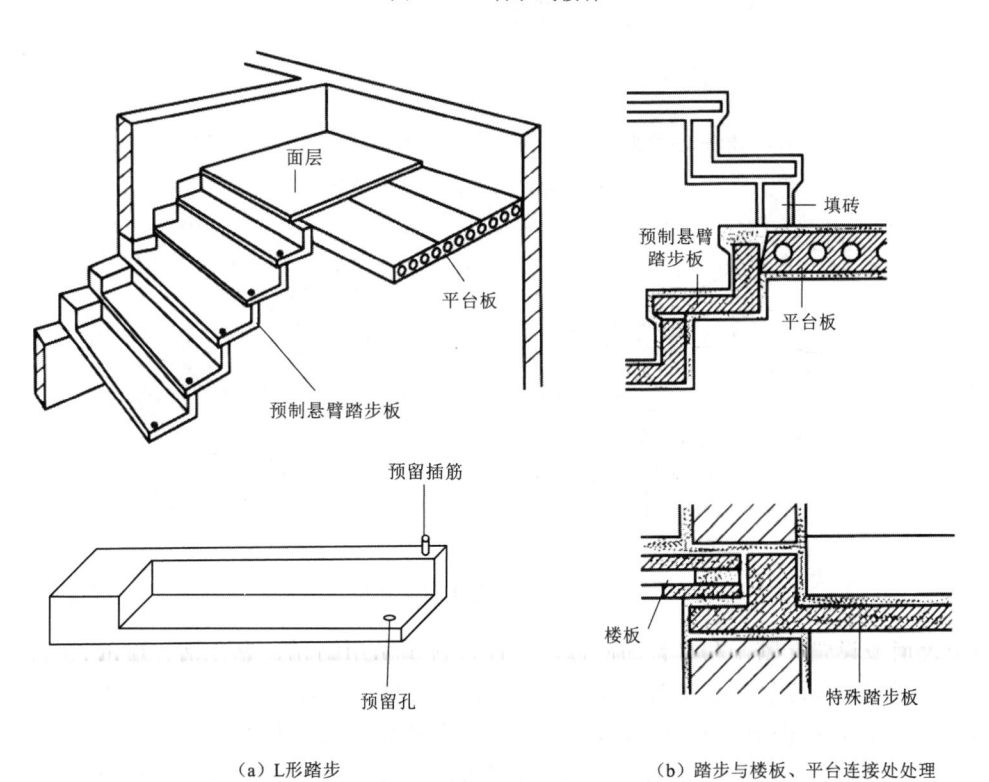

(a) L形踏步

(b) 踏步与楼板、平台连接处处理

图 8.13 墙悬臂式楼梯

(a) 梯段齐步并埋步

(b) 梯段错一步

(c) 梯段齐步不埋步

(d) 梯段错多步

图 8.14　梯段与平台梁节点处理

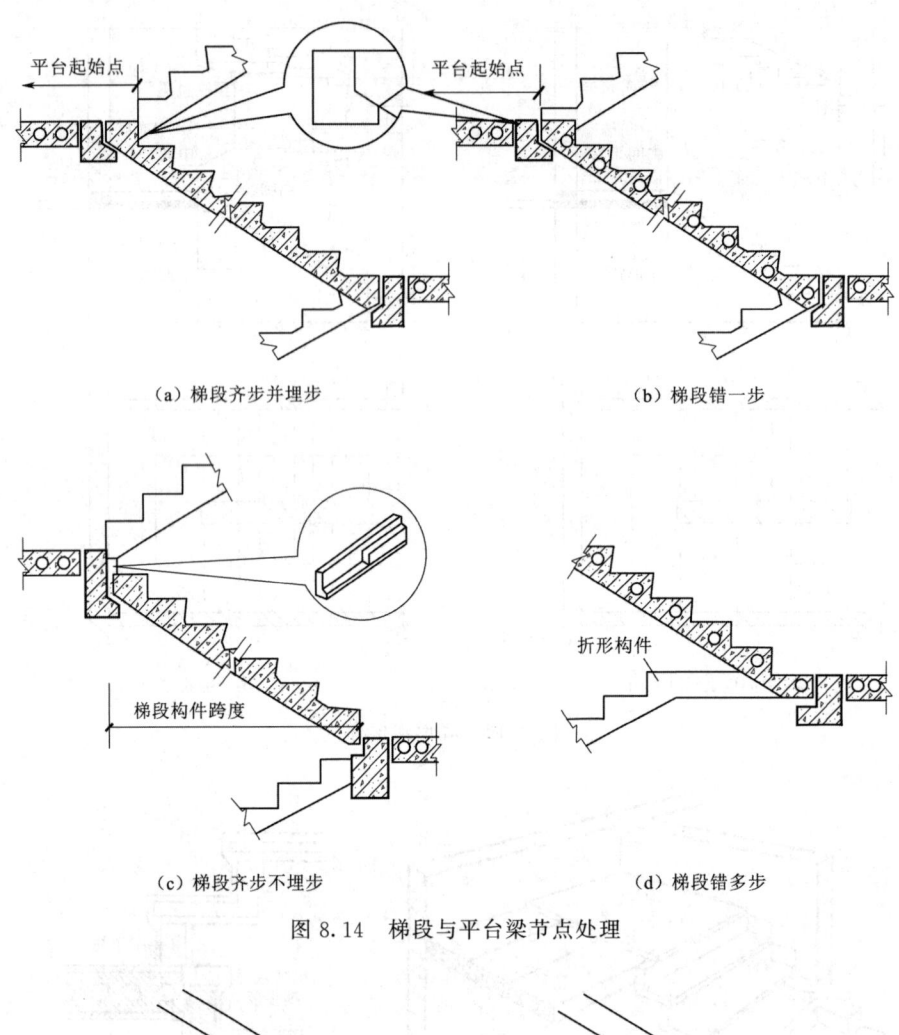

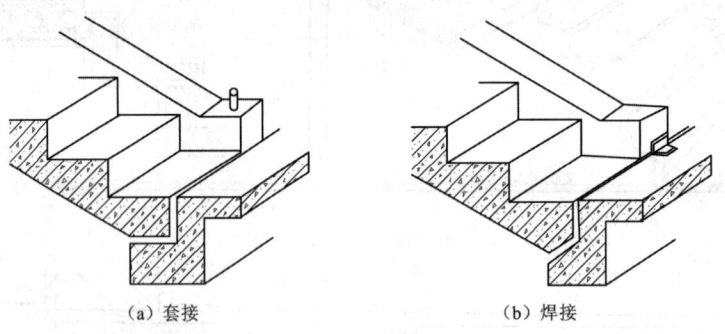

(a) 套接

(b) 焊接

图 8.15　梯段与平台梁连接

台上表面或设置在踏步和平台的侧边。栏杆材料多采用钢材，有方钢、扁钢、圆钢及钢管。栏杆与梯段、平台的连接如图 8.16 所示，可与梯段、平台的预埋件焊接、螺栓连接、用膨胀螺栓固定，或插入踏步、在平台的预留孔中坐浆连接。

为了确保安全，栏杆和梯段必须有可靠的连接，栏杆高度不得小于 0.9m，栏杆垂直杆件的净空隙不应大于 0.11m。

栏杆主要有空花式栏杆、栏板、混合式栏杆三种形式。

8.3 钢筋混凝土楼梯构造

（a）与预埋钢板焊接　（b）预留孔洞插接　（c）膨胀螺栓固定

（d）用螺母固定　（e）栏杆与踏步侧面预留孔洞插接　（f）栏杆与踏步侧面预埋钢板焊接

图 8.16　栏杆与梯段、平台的连接

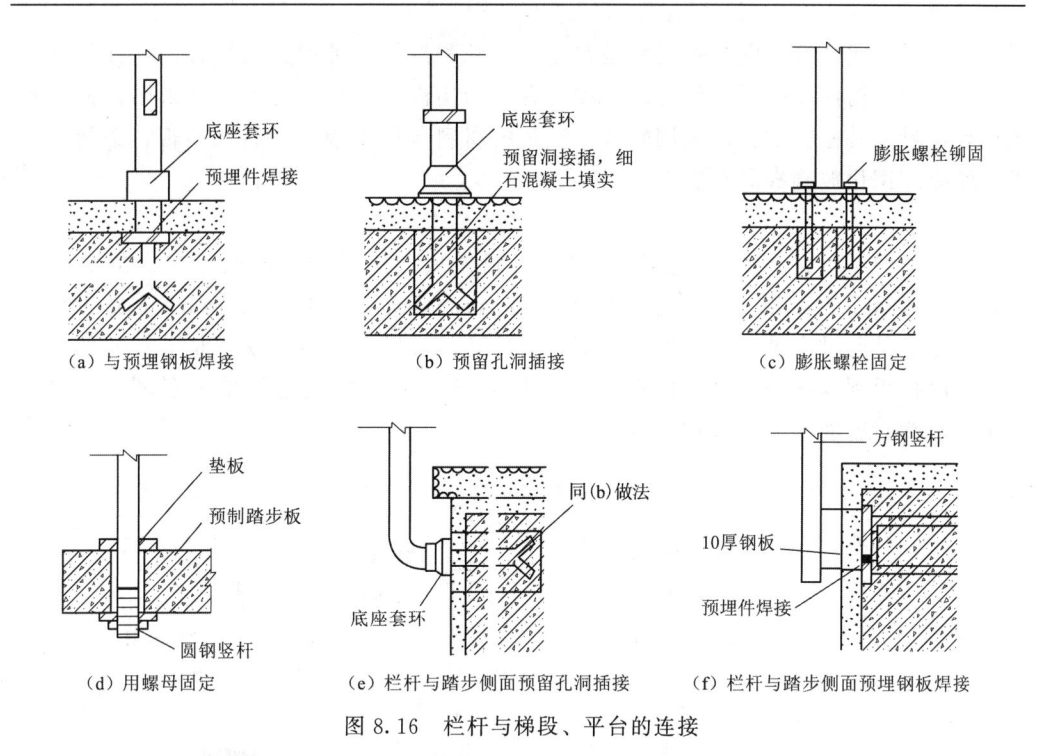

（1）空花式栏杆。这种栏杆多采用方钢、圆钢、钢管或扁钢等材料，并可焊接或铆接成各种图案。栏杆在儿童使用的建筑楼梯中，为防止儿童攀爬，不宜设水平横杆。此外，还有用铝合金、木材制作的栏杆。

（2）栏板。栏板多采用钢筋混凝土、加筋砖砌、钢丝网水泥板制作，也可用透明的钢化玻璃或有机玻璃镶嵌于栏杆立柱之间。

如果在栏杆之间固定安全玻璃、钢丝网、钢板网等就形成了栏板，栏板可用砖砌，也可用钢筋混凝土制作。在现浇钢筋混凝土楼梯中，栏板可以与梯段同时浇筑，厚度一般不小于80mm；或在梯段上预埋插铁等预埋件，以便与栏板连接，如图 8.17 所示。

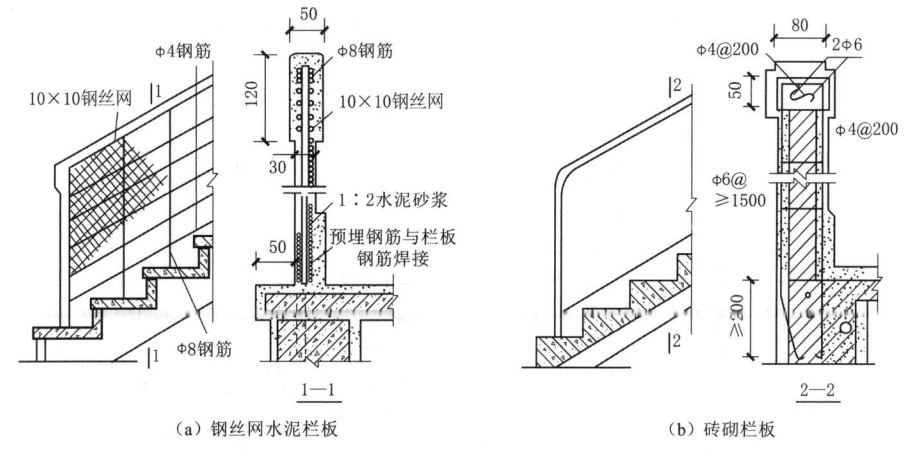

（a）钢丝网水泥栏板　（b）砖砌栏板

图 8.17　栏板

(3) 混合式栏杆。混合式栏杆是空花式栏杆和栏板两种形式的组合，栏杆竖杆作为主要抗侧力构件，栏板则作为防护和美观装饰构件。其栏杆的竖杆常采用钢材或不锈钢等材料，其栏板部分常采用轻质、美观的材料（如木板、塑料贴面板、铝板、有机玻璃板、钢化玻璃板等）制作。

3. 扶手

扶手一般用木材、塑料、金属管材等材料做成。扶手的断面应考虑人的手掌尺寸，并注意断面的美观。其宽度应为60～80mm，高度应为80～120mm。木扶手与栏杆的固定常是通过木螺丝拧在栏杆上部焊接的通长扁铁上；塑料扶手是卡在通长扁铁上；金属扶手则焊接或铆接于栏杆上，如图8.18所示。栏板上的扶手多采用抹水泥砂浆或水磨石粉面的处理方式。

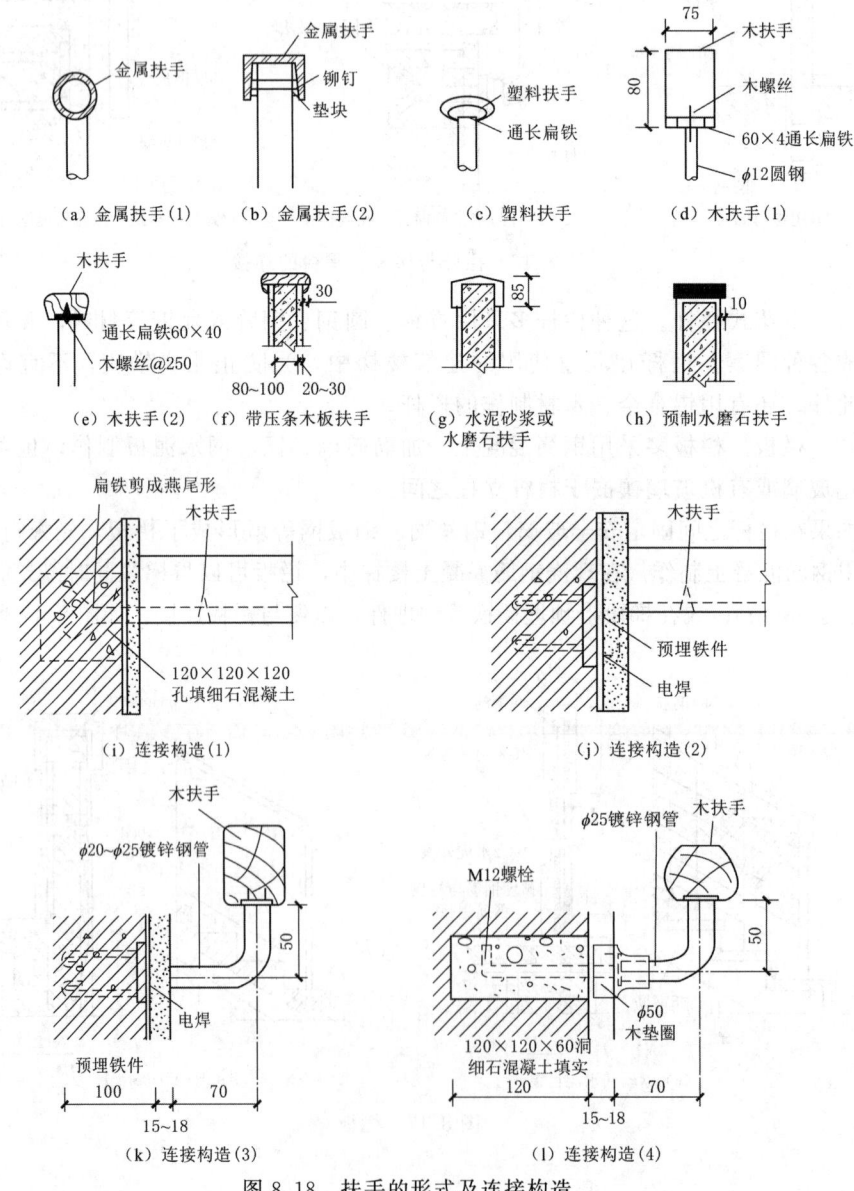

图8.18 扶手的形式及连接构造

如图 8.18 所示，当需在靠墙一侧设置扶手时，其与墙和柱的连接做法通常有两种：一种是在墙上预留孔洞，将固定扶手的铁件插入洞内，再用细石混凝土或水泥砂浆填实；另一种是在钢筋混凝土墙或柱的相应位置上预埋铁件固定扶手的铁件焊接，也可用膨胀螺栓连接。

8.4 台阶与坡道

由于建筑物室外地坪和室内地面间设有高差，在建筑物入口处常设置台阶，而在建筑物内部楼地面有高差时也可用台阶连接。考虑到一些人力车辆或者机动车辆有进出建筑物的需要，同时也为方便下肢残疾或视觉残疾的人及其他行动不方便的人进出建筑物，在设置室外台阶的同时，一般还要设置坡道。

资源 8.6 台阶与坡道

8.4.1 台阶与坡道的形式

台阶是联系室内外空间或同一楼层不同标高处的部件，有室外台阶和室内台阶，室内台阶主要用于室内局部的高差联系，室外台阶主要用于联系室内外地面。为了防潮和防水，一般要求首层室内地面至少要高于室外地坪150mm。

台阶的形式主要有单面踏步式、两面踏步式、三面踏步式、带花池式等。人员密集场所的台阶总高度超过 0.70m 时，应在临空面采取防护设施。

为便于门前车辆通行或者搬运重物，以及便于残疾人通行，通常很多公共建筑物，如商场、医院、宾馆、幼儿园以及办公楼等建筑的门前和工业建筑的车间大门等处要求设置坡道。坡度按用途不同，可分为行车坡道和轮椅坡度两类。

在车辆经常出入或不适宜作台阶的部位，也可采用坡道来进行室内和室外空间的联系。一些大型公共建筑，常采用坡道和台阶相结合的方式。

8.4.2 台阶与坡道的构造

1. 台阶

室内台阶踏步宽度不宜小于300mm，踏步高度不宜大于150mm，踏步数不宜少于2级。如果级数不足2级，应按坡道设置。

室外台阶的踏步高度常取 100～150mm，宽度常取 300～400mm，高宽比不宜大于1∶2.5。台阶与建筑出入口之间应设缓冲平台，其深度一般不应小于1m，并需做3%左右的坡度，如图 8.19 所示。对于人流量大的建筑物的台阶，宜在平台处设刮泥槽。

室外台阶设置要考虑防水、防冻，面层应选择防滑、耐磨、耐久、防冻的材料，如水泥石屑、斩假石、天然石材、防滑地面砖等。若台阶级数过多或地基土质较差，为避免填土过多或产生不均匀沉降，可用钢筋混凝土做成架空台阶。为防止台阶和建筑物之间产生不均匀沉降，应在主体结构施工结束有一定沉降后进行台阶的施工，也可在台阶和主体结构之间设沉降缝，如图 8.20 所示。

常用的台阶构造做法如图 8.21 所示。

2. 坡道

坡道多采用单面坡的形式，也有些公共建筑，常采用台阶与坡道相结合的形式。其细部构造如面层材料、垫层做法、变形处理同台阶做法。为防滑常做成锯齿形或带

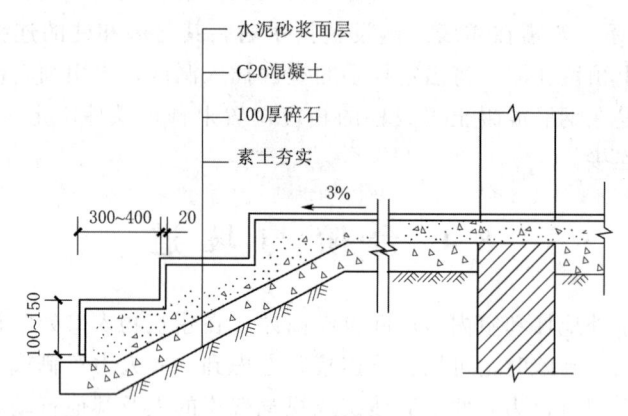

图 8.19 台阶尺寸及构造

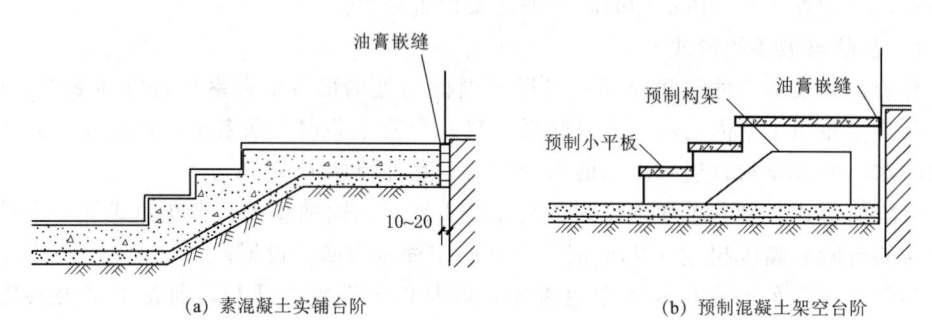

(a) 素混凝土实铺台阶　　(b) 预制混凝土架空台阶

图 8.20 台阶和主体结构之间设沉降缝

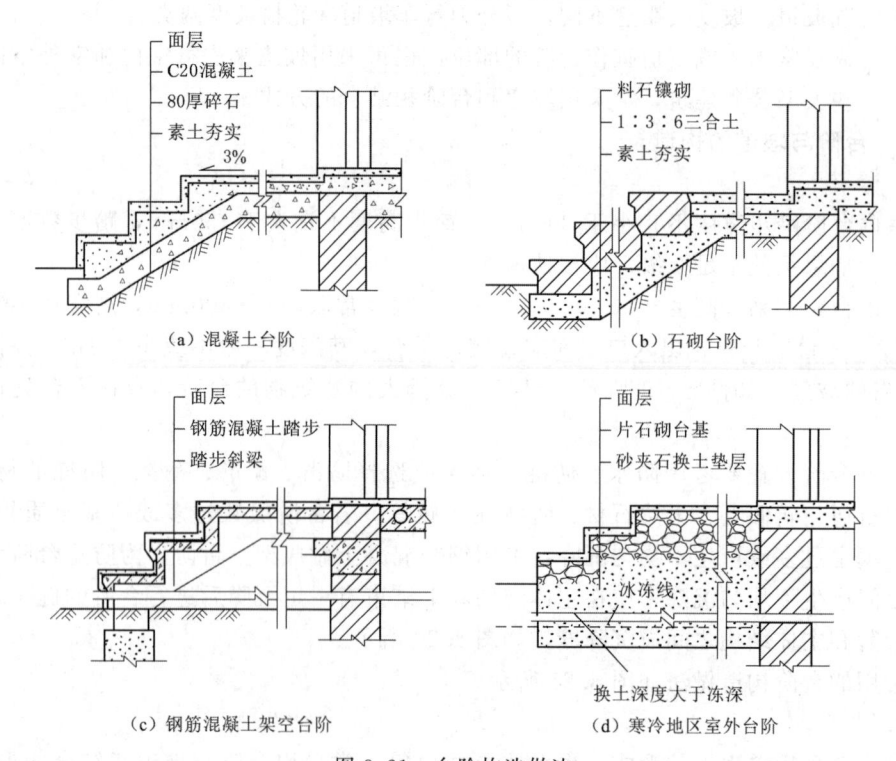

(a) 混凝土台阶　　(b) 石砌台阶

(c) 钢筋混凝土架空台阶　　(d) 寒冷地区室外台阶

图 8.21 台阶构造做法

防滑条的坡道。室内坡道的坡度不宜大于1∶8,室外坡道坡度不宜大于1∶10。不同位置的坡道坡度和宽度应符合表8.4的规定。每段坡道的坡度、坡道的高度和水平投影的最大容许值见表8.5。

表8.4　　　　　　　　　不同位置的坡道坡度和宽度

坡道位置	最大坡度	最小宽度/m
有台阶的建筑入口	1∶12	1.20
只设坡道的建筑入口	1∶20	1.50
室内走道	1∶12	1.00
室外通道	1∶20	1.50
困难地段	1∶10～1∶8	1.20

表8.5　　　　每段坡道的坡度、坡道的高度和水平投影的最大容许值

坡度（长∶高）	1∶8	1∶10	1∶12	1∶16	1∶20
每段坡道允许高度/m	0.35	0.60	0.75	1.00	1.50
每段坡道允许水平长度/m	2.80	6.00	9.00	16.00	30.00

坡道的构造同台阶基本相同,要求材料耐久性、抗冻性好,表面耐磨。坡道坡度大于1∶8时,面层必须做防滑处理,如图8.22所示。

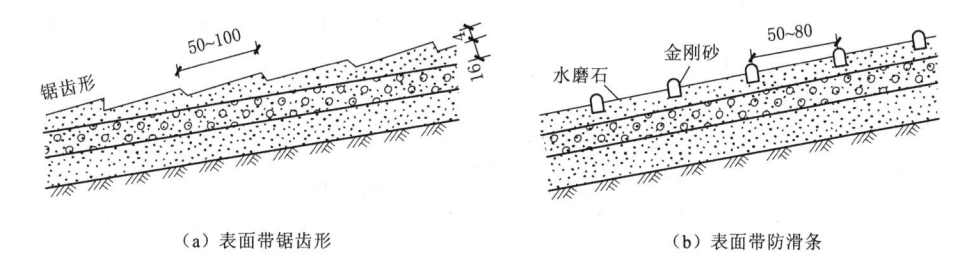

(a) 表面带锯齿形　　　　　　　　(b) 表面带防滑条

图8.22　坡道的防滑处理

8.5　电梯与自动扶梯

8.5.1　电梯的类型

1. 按使用性质分

电梯可分为载人电梯、载物电梯、客货电梯、病床电梯和杂物电梯。

2. 按电梯行驶速度分

(1) 超高速电梯:速度大于6m/s。

(2) 高速电梯:速度在5～6m/s之间。

(3) 中速电梯:速度在2.5～5m/s之间。

(4) 低速电梯:速度小于2.5m/s。

149

3. 消防电梯

消防电梯在发生火灾、爆炸等紧急情况下供消防人员紧急救援使用。消防电梯应设前室，其井道和机房应与相邻电梯隔开，从首层至顶层的运行时间不应超过60s。

8.5.2 电梯的组成及构造

电梯是由机房、井道组成，在电梯井道内有轿厢及通过钢索与轿厢相连的平衡重，如图8.23所示。电梯通过机房内的曳引机和控制屏进行操纵来运送人员和货物。

1. 电梯机房

电梯机房一般设置在井道的顶部，其平面应根据电梯设备尺寸以及维修所需要的空间布置，一般沿井道平面向任意一个或两个相邻方向伸出。

2. 电梯井道

电梯井道是电梯运行的孔道，一般采用钢筋混凝土墙。当建筑物高度小于4.5m时，为使轿厢达到规定高度，井道应高出建筑物。

电梯井道在建筑物底层楼面以下的部分称为井道地坑，为了安装轿厢下降时所需的缓冲器，其高度应大于1.4m。

3. 其他部件

（1）轿厢：它是直接载人、运货的箱体。

（2）井壁导轨和导轨支架：它是支承、导引轿厢上下升降的轨道。

（3）牵引轮及其钢支架、钢丝绳、平衡重、电梯门、检修起重吊钩、有关电器部件等。

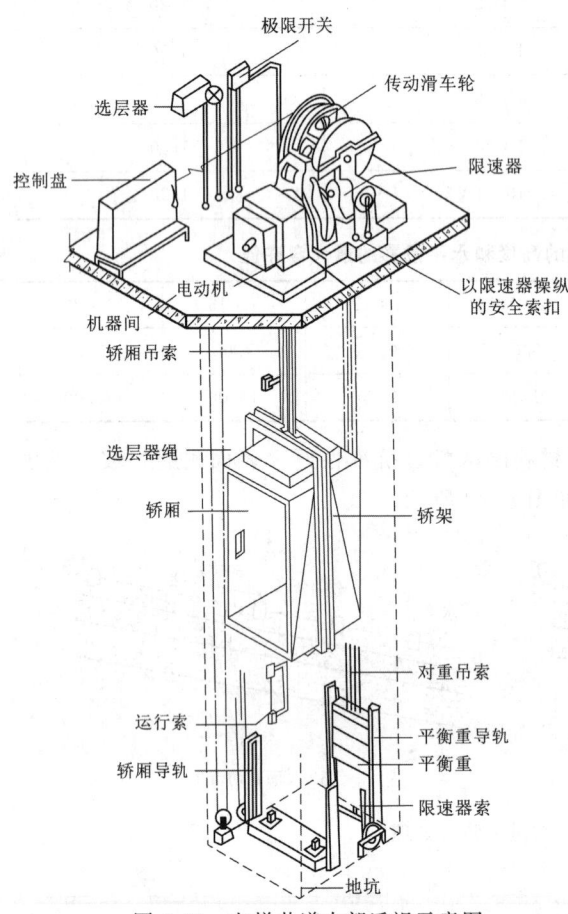

图8.23 电梯井道内部透视示意图

8.5.3 电梯与建筑物相关部位构造

（1）通向电梯机房的楼梯、通道宽度不小于1.2m，楼梯坡度不大于45°。

（2）电梯机房楼板应能承受6kPa的均布荷载，且平坦、整洁。

（3）钢筋混凝土井道壁应预留150mm见方、150mm深的孔洞，垂直中距2m，以便安装支架。

（4）框架（圈梁）上应预埋钢板，钢板应与梁中钢筋焊牢。每个楼层中间加圈梁一道，同时设置预埋钢板。

（5）两台电梯并列时，中间可不用隔墙而按一定距离设钢筋混凝土梁或型钢过梁，以便安装支架。

8.5.4 电梯的设计要求

(1) 电梯不应作为安全出口。电梯台数和规格应经计算后确定并满足建筑的使用特点和要求。高层公共建筑和高层宿舍建筑的电梯台数不宜少于2台；12层及12层以上的住宅建筑的电梯台数不应少于2台，并应符合《住宅设计规范》（GB 50096—2011）的规定。

(2) 电梯的设置，单侧排列时不宜超过4台，双侧排列时不宜超过2排×4台。高层建筑电梯分区服务时，每服务区的电梯单侧排列时不宜超过4台，双侧排列时不宜超过2排×4台。当建筑设有电梯目的地选层控制系统时，电梯单侧排列或双侧排列的数量可超出以上的规定合理设置。

(3) 电梯不应在转角处贴邻布置，且电梯井不宜被楼梯环绕设置。

(4) 电梯井道和机房不宜与有安静要求的用房贴邻布置，否则应采取隔振、隔声措施。

(5) 电梯机房应有隔热、通风、防尘等措施，宜有自然采光，不得将机房顶板作水箱底板及在机房内直接穿越水管或蒸汽管。

(6) 专为老年人及残疾人使用的建筑，其乘客电梯应设置监控系统，梯门宜装可视窗，并应符合《无障碍设计规范》（GB 50763—2012）的有关规定。

8.5.5 自动扶梯

自动扶梯是建筑物层间连续运输效率最高的载客设备，一般可正、逆两个方向运行。它具有结构紧凑、质量轻、耗电省、安装维修方便等特点，多用于持续有大量人流上下，并且使用要求较高的建筑。自动扶梯可单台设置，也可采用一上一下的双台并列布置。

自动扶梯一般运输的垂直高度为3～10m，速度则为0.45～0.75m/s，常用速度为0.5～0.6m/s。自动扶梯的理论载客量为4000～13500人次/h。自动扶梯的常用坡度为27.3°、30°、35°（图8.24），宽度一般有600mm、800mm、1000mm、1200mm等。

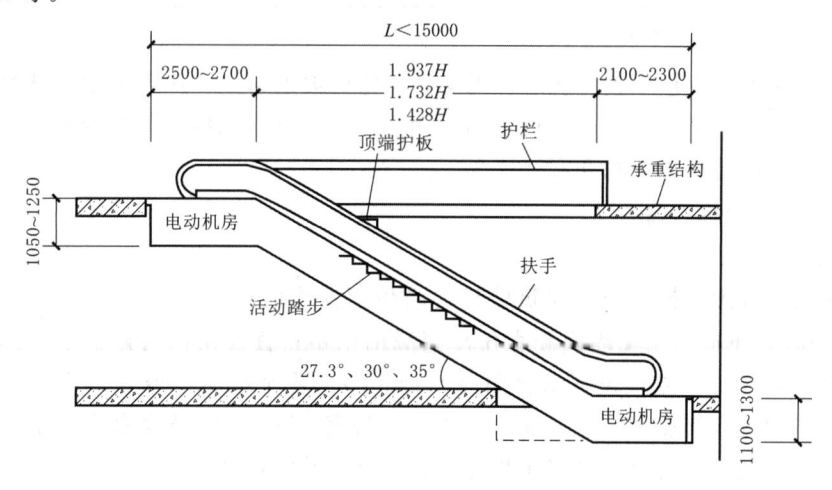

图 8.24 自动扶梯基本尺寸
H—层高

扶手带中心线与平行墙面或楼板开口边缘间的距离、相邻平行交叉设置时两梯（道）之间扶手带中心线的水平距离不宜小于 0.50m，否则应采取措施防止障碍物引起人员伤害。

8.6 有高差处的无障碍设计

无障碍设计概念始见于 1974 年，是联合国提出的设计主张。无障碍设计强调在科学技术高度发展的现代社会，一切有关人类衣食住行的公共空间环境以及各类建筑设施、设备的规划设计，都必须充分考虑具有不同程度生理伤残缺陷者和正常活动能力衰退者的使用需求，配备能够应答、满足这些需求的服务功能与装置，营造一个充满爱与关怀，并能够切实保障人类安全、方便、舒适的现代生活环境。

楼梯、台阶、坡道等设施可以解决不同高差的交通联系，但会给残障人或老年人使用造成不便，特别是乘轮椅者、拄杖者和使用助行器者。无障碍设计指能帮助车辆和上述残疾人群顺利通过高差的设计，解决建筑出入口处的高差，需考虑无障碍设计，在台阶的旁边设置坡道。

8.6.1 轮椅坡道

轮椅坡道宜设计成直线形、直角形或折返形。轮椅坡道的净宽度不应小于 1.00m。无障碍出入口的轮椅坡道净宽度不应小于 1.20m。轮椅坡道的高度超过 300mm 且坡度大于 1∶20 时，应在两侧设置扶手，坡道与休息平台的扶手应保持连贯。

轮椅坡道的最大高度和水平长度应符合表 8.6 的规定。

表 8.6　　　　　　　　轮椅坡道的最大高度和水平长度

坡度	1∶20	1∶16	1∶12	1∶10	1∶8
最大高度/m	1.20	0.90	0.75	0.60	0.30
水平长度/m	24.00	14.40	9.00	6.00	2.40

注　其他坡度可用插入法进行计算。

轮椅坡道的坡面应平整、防滑、无反光。轮椅坡道起点、终点和中间休息平台的水平长度不应小于 1.50m。轮椅坡道临空侧应设置安全阻挡措施。轮椅坡道应设置无障碍标志，无障碍标志应符合有关规定。

8.6.2 无障碍楼梯、台阶

1. 无障碍楼梯

宜采用直线形楼梯；公共建筑楼梯的踏步宽度不应小于 280mm，踏步高度不应大于 160mm；不应采用无踢面和直角形突缘的踏步；宜在两侧均做扶手；如采用栏杆式楼梯，在栏杆下方宜设置安全阻挡措施；踏面应平整防滑或在踏面前缘设防滑条；距踏步起点和终点 250～300mm 宜设提示盲道；踏面和踢面的颜色宜有区分和对比；楼梯上行及下行的第一阶宜在颜色或材质上与平台有明显区别。

2. 无障碍台阶

公共建筑的室内外台阶踏步宽度不宜小于 300mm，踏步高度不宜大于 150mm，并不应小于100mm；踏步应防滑；三级及三级以上的台阶应在两侧设置扶手；台阶上行及下行的第一阶宜在颜色或材质上与其他阶有明显区别。

拓展阅读

无障碍电梯的轿厢设计要求

无障碍电梯的轿厢应符合下列规定：

(1) 轿厢门开启的净宽度不应小于800mm。

(2) 在轿厢的侧壁上应设高900～1100mm并带盲文的选层按钮，盲文宜设置于按钮旁。

(3) 轿厢的三面壁上应设高850～900mm的扶手，扶手应符合相关规定。

(4) 轿厢内应设电梯运行显示装置和报层音响。

(5) 轿厢正面高900mm处至顶部应安装镜子或采用有镜面效果的材料。

(6) 轿厢的规格应根据建筑性质和使用要求的不同而选用。最小规格为深度不应小于1400mm，宽度不应小于1100mm；中型规格为深度不应小于1600mm，宽度不应小于1400mm医疗建筑与老人建筑宜选用病床专用电梯。

(7) 电梯位置应设无障碍标志，无障碍标志应符合相关规定。

8.6.3 扶手

无障碍单层扶手的高度应为850～900mm，无障碍双层扶手的上层扶手高度应为850～900mm，下层扶手高度应为650～700mm；扶手应保持连贯，靠墙面的扶手的起点和终点处应水平延伸不小于300mm的长度。扶手末端应向内拐到墙面或向下延伸不小于100mm，栏杆式扶手应向下成弧形或延伸到地面上固定。扶手内侧与墙面的距离不应小于40mm。扶手应安装坚固，形状易于抓握。圆形扶手的直径应为35～50mm，矩形扶手的截面尺寸应为35～50mm。扶手的材质宜选用防滑、热惰性指标好的材料。无障碍楼梯扶手形式如图8.25所示。

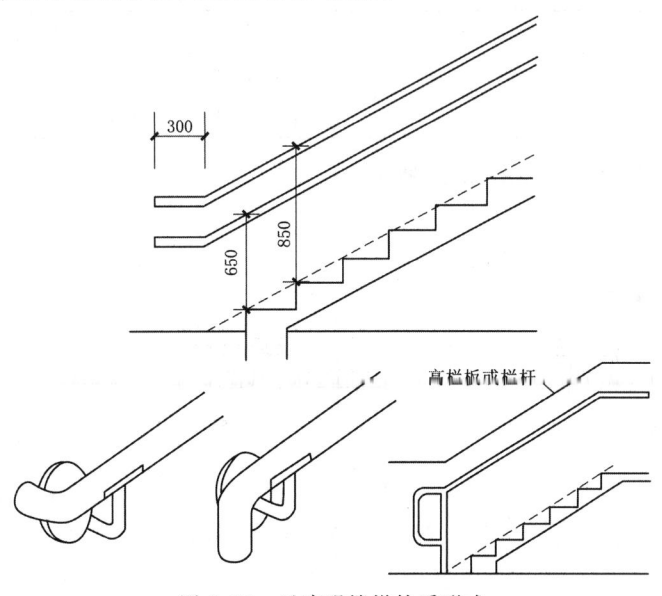

图8.25 无障碍楼梯扶手形式

8.6.4 盲道

1. 盲道的分类和要求

盲道按其使用功能可分为行进盲道和提示盲道。盲道的纹路应凸出路面4mm高；盲道铺设应连续，应避开树木（穴）、电线杆、拉线等障碍物，其他设施不得占用盲道；盲道的颜色宜与相邻的人行道铺面的颜色形成对比，并与周围景观相协调，宜采用中黄色；盲道型材表面应防滑。

2. 行进盲道

（1）行进盲道应与人行道的走向一致。

（2）行进盲道的宽度宜为250～500mm。

（3）行进盲道宜在距围墙、花台、绿化带250～500mm处设置。

（4）行进盲道宜在距树池边缘250～500mm处设置，如无树池，行进盲道与路缘石上沿在同一水平面时，距路缘石不应小于500mm，行进盲道比路缘石上沿低时，距路缘石不应小于250mm；盲道应避开非机动车停放的位置。

（5）行进盲道的触感条规格应符合表8.7的规定。

表8.7　　　　　　　　　行进盲道的触感条规格

部位	尺寸要求/mm	部位	尺寸要求/mm
面宽	25	高度	4
底宽	35	中心距	62～75

3. 提示盲道

（1）行进盲道在起点、终点、转弯处及其他有需要处应设提示盲道，当盲道的宽度不大于300mm时，提示盲道的宽度应大于行进盲道的宽度。

（2）提示盲道的触感圆点规格应符合表8.8的规定。

表8.8　　　　　　　　　提示盲道的触感圆点规格

部位	尺寸要求/mm	部位	尺寸要求/mm
表面直径	25	圆点高度	4
底面直径	35	圆点中心距	50

盲道交叉处提示盲道如图8.26所示。

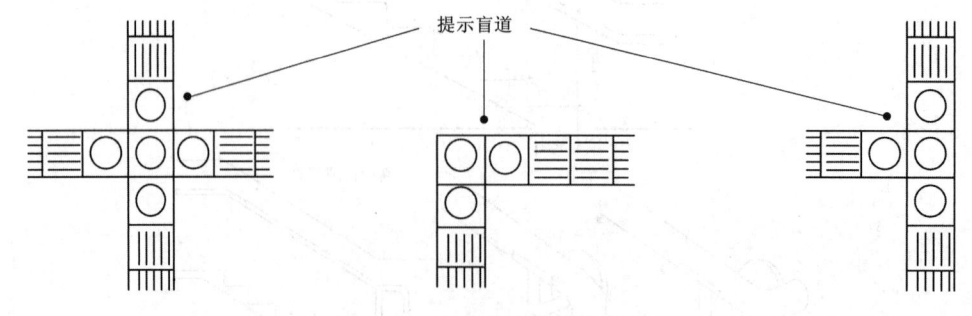

图8.26　盲道交叉处提示盲道

8.6 有高差处的无障碍设计

【例8.1】 某办公建筑开间3.3m,层高3m,进深5.1m,墙厚240mm,请采用开敞式,设计该楼梯。

【解】 (1) 选择踏步尺寸:选择 $b=300$mm,$h=150$mm。

(2) 确定踏步数 N:

$$N=\frac{3000}{150}=20(级)$$

(3) 确定楼梯形式:因为每跑楼梯的踏步数不超过18级。故采用平行双跑楼梯。由于 $20\div2=10$(级),故每跑的踏步数为10级。

(4) 确定楼梯段的水平投影长度 L:

$$L=300\times(10-1)=2700(mm)$$

(5) 确定梯井宽度 C:取梯井宽度 $C=160$mm。

(6) 确定梯段宽度 a:根据开间净尺寸 B 确定。

$$B=3300-2\times120=3060(mm)$$

$$a=\frac{B-C}{2}=\frac{3060-160}{2}=1450(mm)$$

(7) 确定平台宽度:因为采用开敞式楼梯,所以楼层平台宽度 D_2 应不小于550mm,可取550mm。

$$中间平台宽度\ D_1=1450+150=1600(mm)$$

(8) 校核。进深方向净尺寸:$5100-120+120=5100$(mm)。

$$D_1+L+D_2=1600+2700+550=4850(mm)\leqslant 5100mm$$

结论为合格。进深方向多的尺寸可分配给平台。

【例8.2】 某住宅的开间尺寸为2700mm,进深尺寸为5400mm,层高2800mm,封闭式平面,墙厚240mm,室内外高差600mm,楼梯间底部有出入口,请采用平行双跑楼梯,设计该楼梯。

【解】 (1) 选择踏步尺寸:选择 $b=260$mm,$h=165$mm。

(2) 确定踏步数:

$$\frac{2800}{165}=16.97(级)$$

级数应是整数,可取16级,所以踏步高应为 $2800\div16=175$(mm)。

(3) 确定每个楼梯段的踏步数。由于楼梯间底部开门,故取底层楼梯第一跑级数为10级,第二跑取6级。二层以上则各取8级。

(4) 确定梯段的水平投影长度 L,以级数最多的梯段为计算依据。

$$L=260\times(10-1)=2340(mm)$$

(5) 确定梯井宽度 C:取梯井宽度 $C=160$mm。

(6) 确定楼梯段宽度 a:根据开间净尺寸 B 确定。

$$B=2700-2\times120=2460(mm)$$

$$a=\frac{B-C}{2}=\frac{2460-160}{2}=1150(mm)$$

(7) 确定平台宽度，取中间平台宽度 $D_1=1150+130=1280(\text{mm})$。住宅楼层平台考虑门的开启，应适当加宽，取 1300mm。

(8) 校核。

1) 进深方向。

进深方向净尺寸： $5400-2\times120=5160(\text{mm})$
$$1280+2340+1300=4920(\text{mm})\leqslant5160\text{mm}$$

结论为合格。

2) 高度方向。

底层平台高度： $175\times10=1750(\text{mm})$

室内外高差 600mm 中，550mm 用于室内，50mm 用于室外。
$$1750+550=2300(\text{mm})$$

考虑平台梁高 250mm，平台净高 2050mm。大于平台净高不小于 2000mm 的要求，符合要求。

案例分析

普通住宅的楼梯平面如图 8.27（a）所示，建筑层高为 2.8m，墙厚 200mm，室内外高差 600mm。选择踏步尺寸为 175mm×260mm，通过计算可以得出，每层 16 级踏步，选择双跑楼梯，每个梯段 8 级，梯段宽 1150mm，从而得出标准层楼梯间轴线尺寸为 2500mm×4700mm，如图 8.27（b）所示。

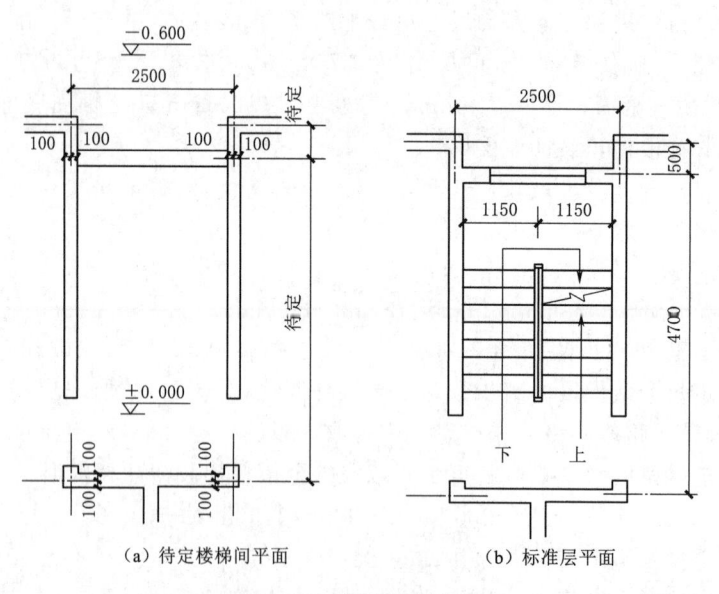

图 8.27 楼梯间平面图

（a）待定楼梯间平面　（b）标准层平面

由于住宅底层居民必须通过楼梯间进入户内，因此有以下两种布置方案（图 8.28～图 8.29）。

第一种方案设计的关键是控制直跑楼梯与一层圈梁底部之间的净高以及直跑楼梯

8.6 有高差处的无障碍设计

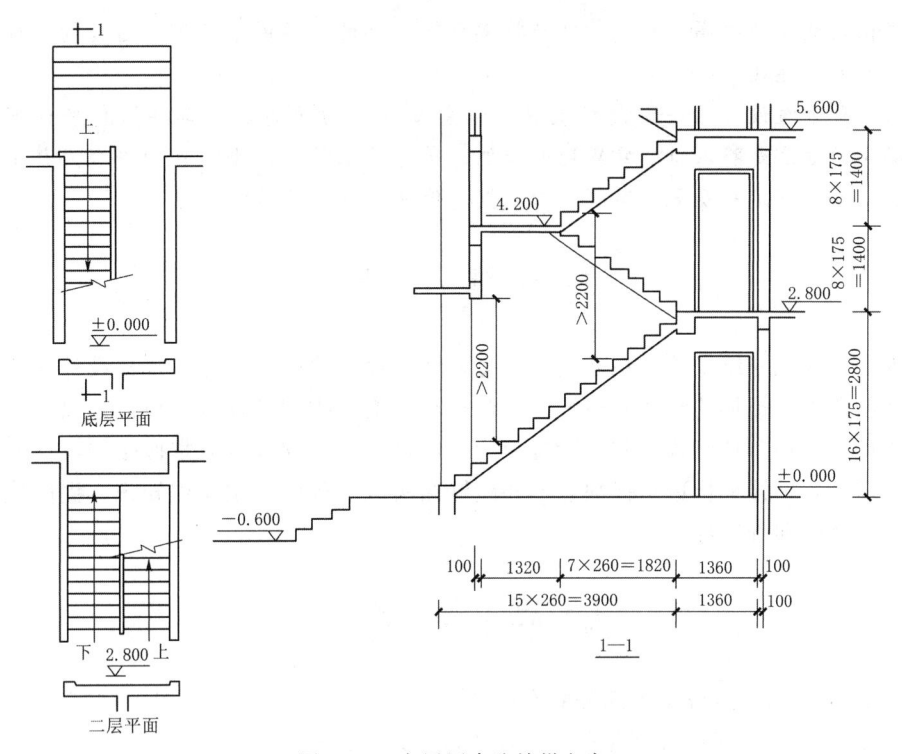

图 8.28 底层用直跑楼梯方案

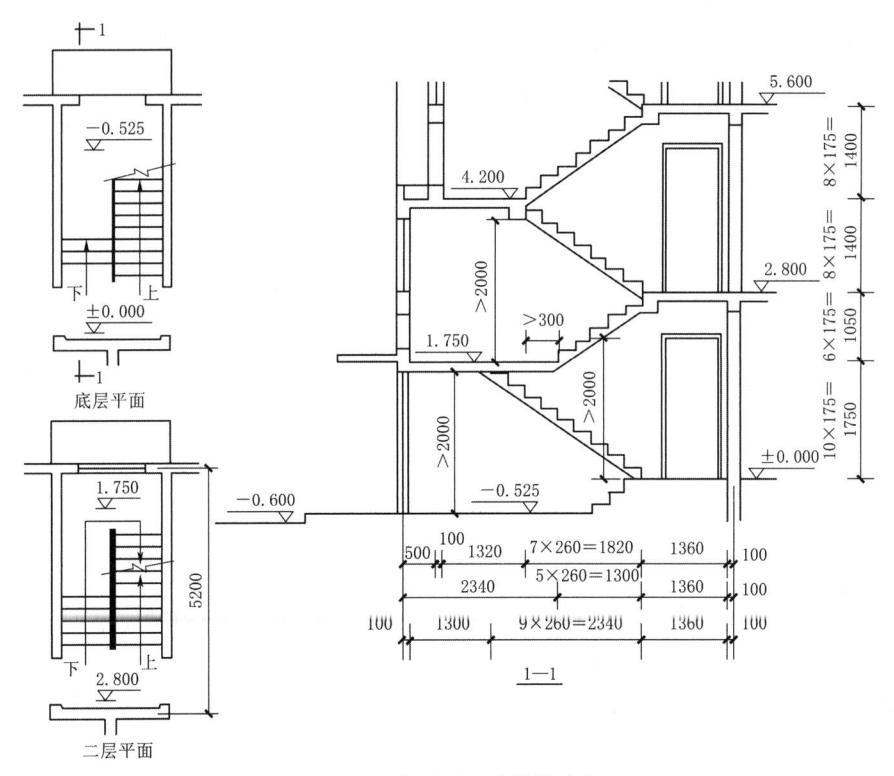

图 8.29 底层用双跑楼梯方案

与二层梯段之间的净高。解决方法是将楼梯间局部的一层圈梁升高，通过构造柱与圈梁的其他部分连接。

第二种方案设计的关键是控制底层休息平台下的净高以及二层休息平台下的净高。解决的方法是将入口处室内地面降低，同时将上面休息平台处的平台梁移至墙内并上翻，最后确定一层第二跑梯段的位置，使其能满足净高要求。

本 章 小 结

本章系统地介绍了楼梯在建筑中的重要性和设计原则，涵盖了楼梯设计的基础理论、钢筋混凝土楼梯的具体构造方法、台阶与坡道的类型及其设计要点，以及现代建筑中常见的电梯、自动扶梯和无障碍设计。通过学习，读者可以掌握楼梯设计的基本技能，理解各种楼梯构造的优缺点，并能够在实际工程中应用这些知识，提高建筑物的使用安全性和舒适性。

思 考 题

1. 简述楼梯的组成及各部分的作用。
2. 钢筋混凝土楼梯有哪几种？各自的特点是什么？
3. 室外台阶的设计要考虑哪些因素？
4. 简述盲道的分类和要求。

第 9 章 楼地层与楼地面

本章导读

楼地层包括楼板层和地坪层，是构成建筑物的重要组成部分。楼板层分隔建筑物垂直方向的室内空间，承受上部各种荷载和自重，并将其传给墙或柱，对墙或柱起着水平支撑的作用，增强建筑物的整体刚度。地坪层是建筑物底层与土层直接接触的结构层，承受上部各种荷载和自重，并将其传给地基。楼地层除了承受并传递荷载外，应具有一定程度的隔声、防火、防水等能力，同时应满足建筑物中各种设备管线的安装要求。楼地面是指楼板层和地坪层的面层，起到装饰和保护楼地层的作用。

学习目标

◎知识目标

1. 了解楼板层和地坪层的基本组成。
2. 了解钢筋混凝土楼板的类型。
3. 熟悉顶棚的类型及做法。
4. 熟悉楼地面的类型及做法。
5. 熟悉楼地面的防水与构造及楼板层的隔声构造。

◎能力目标

1. 能根据房屋平面尺寸和使用要求进行结构布置。
2. 能合理选择楼地面材料进行楼地面构造设计。

◎素质目标

1. 确保楼地层与楼地面的施工和连接方式可靠，确保其稳定性和功能性。
2. 优先选择环保、可再生材料，以减少对自然资源的消耗和环境的污染，实现可持续发展的目标。

第 9 章 楼地层与楼地面

> 思维导图

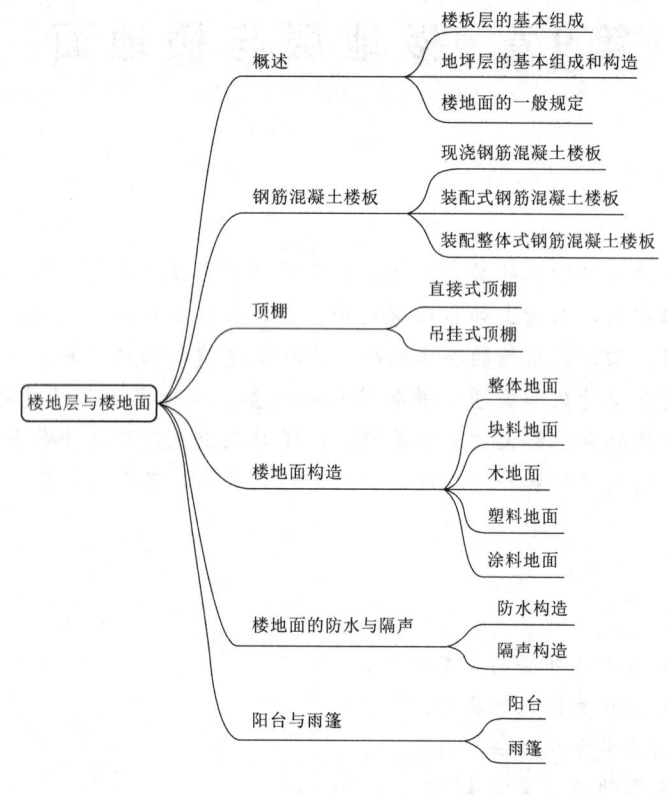

```
                        ┌─ 概述 ──────────────┬─ 楼板层的基本组成
                        │                    ├─ 地坪层的基本组成和构造
                        │                    └─ 楼地面的一般规定
                        │
                        ├─ 钢筋混凝土楼板 ────┬─ 现浇钢筋混凝土楼板
                        │                    ├─ 装配式钢筋混凝土楼板
                        │                    └─ 装配整体式钢筋混凝土楼板
                        │
                        ├─ 顶棚 ──────────────┬─ 直接式顶棚
楼地层与楼地面 ─────────┤                    └─ 吊挂式顶棚
                        │
                        │                    ┌─ 整体地面
                        │                    ├─ 块料地面
                        ├─ 楼地面构造 ───────┼─ 木地面
                        │                    ├─ 塑料地面
                        │                    └─ 涂料地面
                        │
                        ├─ 楼地面的防水与隔声┬─ 防水构造
                        │                    └─ 隔声构造
                        │
                        └─ 阳台与雨篷 ───────┬─ 阳台
                                             └─ 雨篷
```

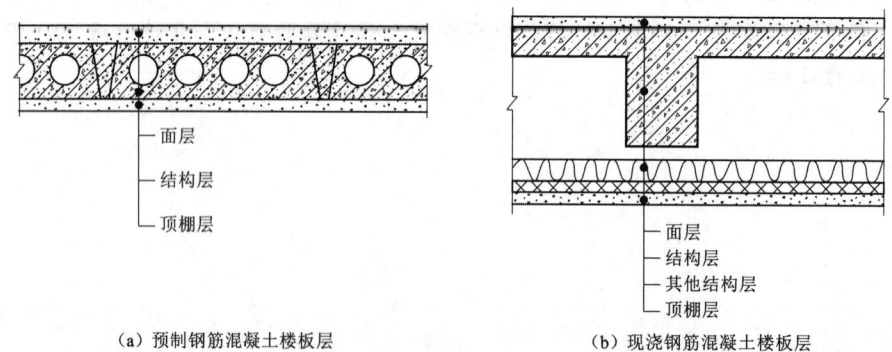

9.1 概　　述

9.1.1 楼板层的基本组成

楼板层的基本组成为顶棚层、结构层（楼板）和面层。当楼面的基本构造不能满足使用或构造要求时，可增设结合层、隔离层、填充层、找平层和保温层等其他构造层，如图 9.1 所示。

(a) 预制钢筋混凝土楼板层　　　(b) 现浇钢筋混凝土楼板层

图 9.1　楼板层的基本组成

资源 9.1　楼地层概述

1. 顶棚层

顶棚层又称天花板，是楼板层最下部的构造层，同时也是室内空间上部的装修层。其作用为保护结构层、美化室内等。

2. 楼板（结构层）

结构层为其主要受力体系，可现浇或预制。根据楼板所用材料不同，楼板分为木楼板、钢筋混凝土楼板和压型钢板组合楼板等形式。木楼板由木梁和楼板组成。这种楼板的构造虽然简单，自重也较轻，但防火性能不好，不耐腐蚀，又由于木材昂贵，故一般工程中应用较少。当前它只应用于装修等级较高的建筑中或仅在木材产地采用。钢筋混凝土楼板具有强度高、刚度大、耐久性和耐火性好、可筑性强，便于工业化生产和机械化施工等特点，是我国工业与民用建筑领域广泛采用的楼板形式。压型钢板组合楼板是用表面凹凸的压型钢板和现浇钢筋混凝土组合形成的组合楼板，压型钢板在下部起到现浇混凝土的模板作用，同时由于在压型钢板上加肋或压出凹槽，能与混凝土共同工作，又起到配筋作用。现已在大空间建筑和高层建筑中使用，可提高施工速度，具有现浇钢筋混凝土楼板刚度大、整体性好的优点，还可利用压型钢板肋间空间敷设电力或通信管线。

楼板的作用如下：

（1）楼板主要承受水平方向的竖直荷载。

（2）楼板能在高度方向将建筑物分隔为若干层。

（3）楼板是墙、柱水平方向的支承及联系杆件，保持墙、柱的稳定性，并能承受水平方向传来的荷载（如风荷载、地震荷载等），并把这些荷载传给墙、柱，再由墙、柱传给基础。

（4）楼板有时还起到保温、隔热作用，即围护功能。

（5）楼板能起到隔声作用，以保持上、下层互不干扰。

（6）楼板可以起到防火、防水、防潮等作用。

需要注意的是，当楼板承受集中荷载时，在设计与使用阶段应避免荷载集中作用于局部点位，从而有效防止因应力集中导致的楼板开裂或结构破坏。

3. 面层

面层又称楼面或地面，对结构层起保护作用，同时有装饰室内空间的作用。常见做法有木地面、竹地面、瓷砖地面及大理石地面等。

4. 其他构造层

对于一些有特殊要求的房间，常在结构层上下设置其他构造层，如填充层、隔离层、找平层和结合层等。

9.1.2 地坪层的基本组成和构造

地坪层是建筑物地层与土壤层直接接触的结构构件，它承受着地坪上的全部荷载，并均匀传给地基。

1. 地坪层的组成

地坪层的基本组成为地基、垫层和面层。当其基本组成不能满足使用或构造要求时，可增设结合层、隔离层、填充层、找平层和保温层等其他构造层，如图 9.2 所示。

（1）地基。地基是直接支承垫层的土壤层，当土质条件较好或地坪层上荷载不太大时可采用原土夯实或填土分层夯实。反之，可采用 150mm 厚或 300mm 厚三七灰土

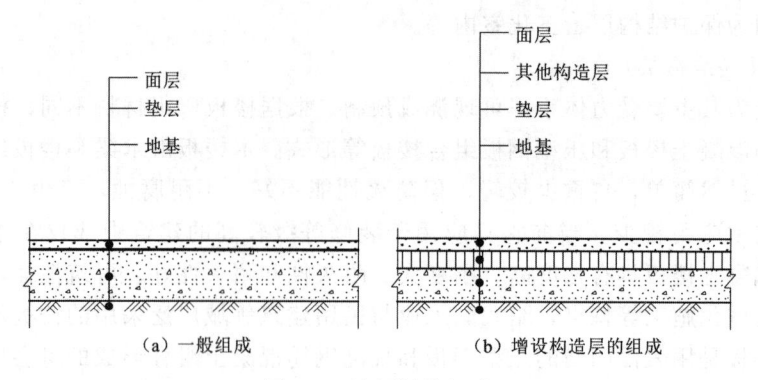

(a) 一般组成　　　　　(b) 增设构造层的组成

图 9.2　地坪层的组成

或二八灰土等，以提高地基土的承载力。

(2) 垫层。垫层位于面层之下，用于承受并传递地面荷载。底层地面垫层材料的厚度和要求，应根据地基土质特性、地下水特征、使用要求、面层类型、施工条件以及技术经济等综合因素确定。

底层地面的混凝土垫层应设置纵向缩缝和横向缩缝。纵向缩缝应采用平头缝或企口缝如图 9.3（a）、(b) 所示，其间距宜为 3~6m；横向缩缝宜采用假缝，如图 9.3（c）所示，其间距宜为 6~12m，高温季节施工的地面假缝间距宜为 6m。缝宽为 5~12mm，高度宜为垫层厚度的 1/3，缝内应填水泥砂浆或膨胀型砂浆。在不同混凝土垫层厚度的交界处，当相邻垫层的厚度比大于 1，且小于或等于 1.4 时，可采用连续式变截面做法，如图 9.3（d）所示；当厚度比大于 1.4 时，可设置间断式变截面，如图 9.3（e）所示。

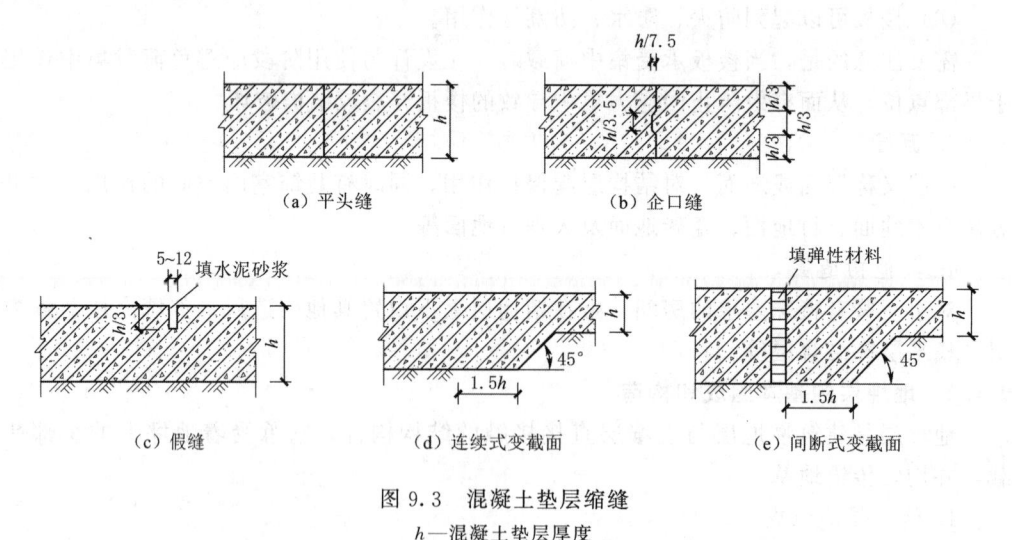

(a) 平头缝　　　　　(b) 企口缝

(c) 假缝　　　　　(d) 连续式变截面　　　　　(e) 间断式变截面

图 9.3　混凝土垫层缩缝
h—混凝土垫层厚度

(3) 面层。面层是人们日常生活直接接触的表面，在构造和要求上同楼面一致。建筑面层类型的选择应根据建筑功能、工程特征和技术经济条件，经综合技术经济指标比较确定。建筑面层采用的大理石、花岗石等应符合现行相关国家标准规定。建筑物的底层地面面层标高，宜高出室外地面 150mm。当有生产、使用的特殊要求或建

9.1 概　述

筑物预期有较大沉降量等其他情况时，应增大室内外高差。

（4）其他构造层。其他构造层是指为满足房间特殊需要而设置的构造层次，如填充层（建筑地面中设置起隔声、保温、找坡或暗敷管线等作用的构造层）、结合层（面层与下面构造层之间的连接层）、隔离层（防止建筑地面上各种液体或水、潮气透过地面的构造层）和找平层（在垫层、楼板或填充层上起找平作用的构造层）等。

2. 地坪层的构造

地坪层构造分为实铺地面和架空地面两种。

实铺地面是指将开挖基础时挖去的土回填到指定标高，并分层夯实后，在上面铺灰土、碎石或三合土，然后满铺素混凝土结构层和面层，如图 9.4 所示。室内地面一般不用配筋，有重型设备或有机动车通行时除外。

架空地面是指用预制板或现浇板将一层室内地面架空，使地坪层以下的回填土同地坪层结构之间保留一定的距离，相互不接触；同时利用建筑的室内外高差，在高出室外地面的墙上留设通风设施，使得土中潮气通过通风孔洞排出，如图 9.5 所示。建筑物底层下部有管道通过的区域，不得做架空板，而必须做实铺地面。

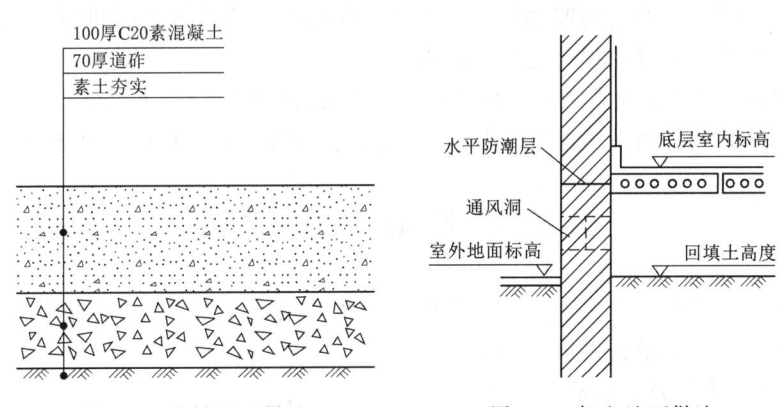

图 9.4　实铺地面做法　　　图 9.5　架空地面做法

9.1.3　楼地面的一般规定

根据《民用建筑设计统一标准》（GB 50352—2019）和《建筑地面设计规范》（GB 50037—2013），楼地面应符合下列规定：

（1）除有特殊使用要求外，楼地面应满足平整、耐磨、不起尘、环保、防污染、隔声、易清洁等要求，且应具有防滑性能。

（2）厕所、浴室、盥洗室等受水或非侵蚀性液体经常浸湿的楼地面应采取防水、防滑的构造措施，并设排水坡，坡向地漏，如图 9.6 所示。有防水要求的楼地面应低于相邻楼地面 15mm。经常有水流淌的楼地面应设置防水层，宜设门槛等挡水设施，如图 9.7 所示，且应有排水措施，其楼地面应采用不吸水、易冲洗、防滑的面层材料，并应设置防水隔离层。

（3）建筑地面应根据需要采取防潮、防基土冻胀或膨胀、防不均匀沉降等措施。

（4）存放食品、食料、种子或药物等的房间，其楼地面应采取符合国家现行相关卫生环保标准的面层材料。

（5）受较大荷载或有冲击力作用的楼地面，应根据使用性质及场所选用由板、块材料、混凝土等组成的易于修复的刚性构造，或由粒料、灰土等组成的柔性构造。

（6）木板楼地面应根据使用要求及材质特性，采取防火、防腐、防潮、防蛀、通风等相应措施。

图 9.6　防水楼地面平面施工图　　图 9.7　防水楼地面剖面图

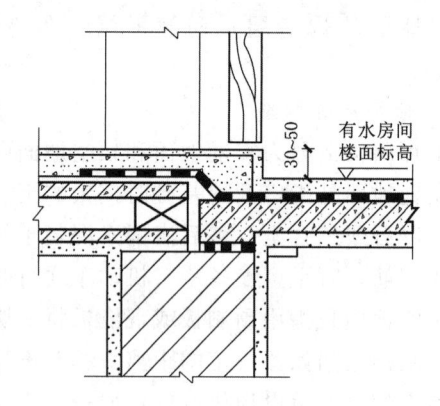

（7）有采暖要求的房间的地面，可选用低温热水作为热源进行供暖，面层宜采用地砖、水泥砂浆、木板、强化复合木地板等。

（8）建筑物四周应设置散水或排水明沟。散水的设置应符合下列要求：散水的宽度宜为 600～1000mm；当采用无组织排水时，散水的宽度可按檐口线放出 200～300mm。

9.2　钢筋混凝土楼板

钢筋混凝土楼板按施工方式可分为现浇钢筋混凝土楼板、装配式钢筋混凝土楼板及装配整体式钢筋混凝土楼板三种类型。

9.2.1　现浇钢筋混凝土楼板

现浇钢筋混凝土楼板是指在施工现场经支模板、绑扎钢筋、浇筑混凝土、养护、拆模等施工工序而形成的楼板。由于现浇钢筋混凝土楼板整体浇筑施工，故结构整体性好、刚度大、抗震性能好、防水性能好、布置灵活、预留洞口方便，适合各种不规则形状的房间，但湿作业多、工序多、工期较长且易受天气影响。

现浇钢筋混凝土楼板按受力和传力路径不同，分为板式楼板、梁板式楼板、无梁楼板和压型钢板组合楼板。

资源 9.2　钢筋混凝土楼板

1. 板式楼板

板式楼板是将楼板支撑在四周的墙上，荷载由楼板直接传递给墙体。板式楼板底面平整，施工方便，适用于平面尺寸较小的房间、走廊等。

根据受力特点和支撑情况，楼板分为单向板、双向板和悬臂板。单向板是指只有两端支撑的楼板，或者楼板不止两端支撑时，当板的长边与短边之比大于 2 时，板受力以后，荷载主要沿短边传递，受力钢筋沿板的短向布置，因此称为单向板。当板的长边与短边之比不大于 2 时，作用在板上的力沿板的双向传递，所以称为双向板，如图 9.8 所示。悬臂板只有一端支承，受力钢筋应摆在板的上部，主要用于雨篷、阳台

9.2 钢筋混凝土楼板

等部位。为了满足结构刚度和经济要求，结构板的厚度有如下规定。

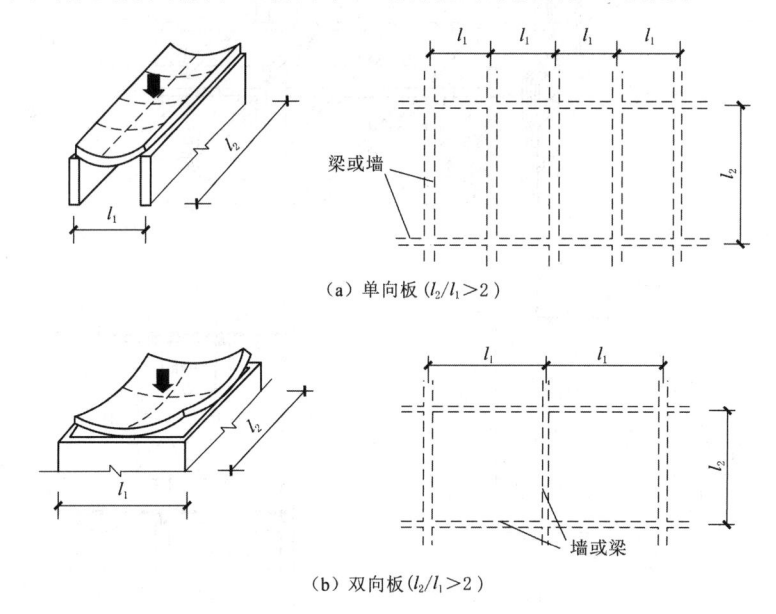

(a) 单向板 ($l_2/l_1 > 2$)

(b) 双向板 ($l_2/l_1 > 2$)

图 9.8 楼板的受力和传递方式

单向板：屋面板板厚 60～80mm；民用建筑楼板厚度 70～100mm；工业建筑楼板厚 80～180mm。双向板：板厚 80～160mm。悬臂板：固定支座处的板厚一般取其跨度的 1/12～1/10，且不小于 70mm。为减轻结构自重，悬臂板可做成变截面，但最薄处不应小于 60mm。

2. 梁板式楼板

当房间尺寸较大时，通过在板下设梁的方式减小板的跨度，楼面荷载由板传给梁，再由梁传给墙或柱，使楼板的结构较为合理。梁板式结构中，梁可单向布置，也可双向布置。梁板式楼板的结构布置应遵循以下原则：

(1) 承重构件有规律布置，上下对齐。

(2) 板上不宜有较大的集中荷载，梁应避免支承在洞口上方。

(3) 梁板布置应满足经济要求。

梁板式结构中，梁单向布置时，经济跨度为 4～6m，梁高可取其跨度的 1/2～1/10（板厚包括在梁高之内），梁宽可取梁高的 1/3～1/2。

梁板式结构中，梁双向布置时，可按主梁、次梁布置，如图 9.9 所示。也可布置成双向等高的井字梁，如图 9.10 所示。梁按主梁、次梁布置时，主梁通常沿房屋的短方向布置，搁置在墙或柱上，次梁搁置在主梁上，板搁置在次梁上。主梁的经济跨度为 5～8m，主梁高为跨度的 1/14～1/18，主梁宽为梁高的 1/3～1/2；次梁的经济跨度为 4～6m，次梁高为跨度的 1/18～1/12，次梁宽为梁高的 1/3～1/2。

单向板跨度尺寸为 1.7～2.7m，不宜大于 3m。双向板短边的跨度宜小于 4m。方形双向板宜小于 5m×5m。

当房间空间较大，其平面形状为方形或接近方形（板的长短边之比不大于 1.5）时，常沿两个方向等间距布置梁，两个方向的梁不分主次，截面尺寸相同，即为井字

(a) 平面图

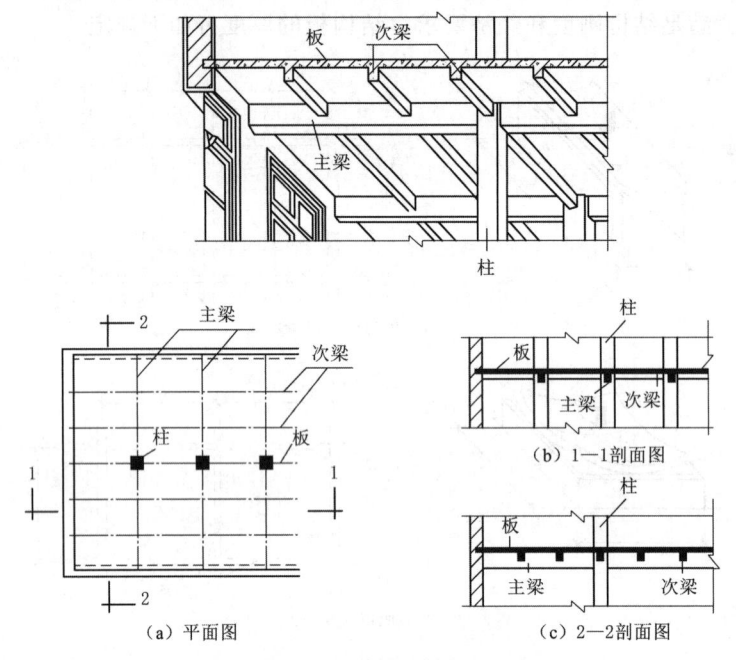

(b) 1—1剖面图

(c) 2—2剖面图

图 9.9 梁板式楼板

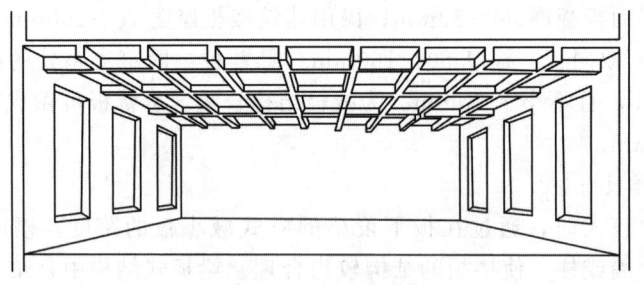

图 9.10 井式楼板

梁，形成井式楼板。梁与楼板边线可正交也可斜交，形成的图案装饰效果好，因此井式楼板多用于建筑物的门厅、大厅、会议室、餐厅及礼堂等。井式楼板中，梁跨度一般大于 10m，有的可达 30~40m。梁截面高度不小于梁跨的 1/15，宽度为梁高的 1/4~1/2，且不小于 120mm。板的跨度为 3.5~6m。

3．无梁楼板

无梁楼板是将板直接支撑在柱上。柱网一般布置成方形，柱网尺寸为 6m 左右，板的最小厚度不小于 150mm，且不小于板跨的 1/35~1/32。为了减小板跨、改善板的受力，一般在柱顶加柱帽，如图 9.11 所示。无梁楼板四周应设圈梁，梁高不小于 2.5 倍的板厚和 1/15 的板跨。

无梁楼板的底部平整，净空高度大，采光通风较好，适用于商场、书库、仓库等荷载较大的建筑。

4．压型钢板组合楼板

压型钢板组合楼板是利用截面为凹凸相间的压型钢板做衬板，与现浇混凝土面层浇筑在一起形成的整体式楼板，支撑在钢梁上，如图 9.12 所示。钢衬板既承受下部

9.2 钢筋混凝土楼板

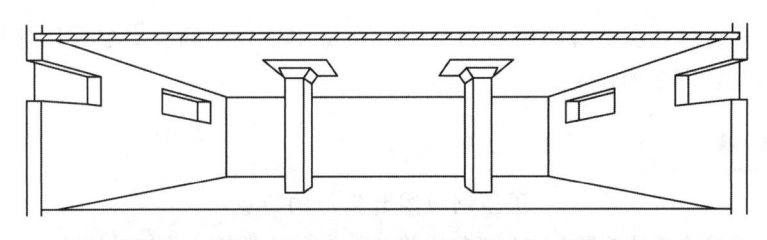

图 9.11 无梁楼板

拉、弯应力,又起模板的作用,混凝土承受剪力和压应力。钢衬板与钢梁采用焊接、自攻螺栓连接、膨胀铆钉连接和压边咬接等方式,如图 9.13 所示。

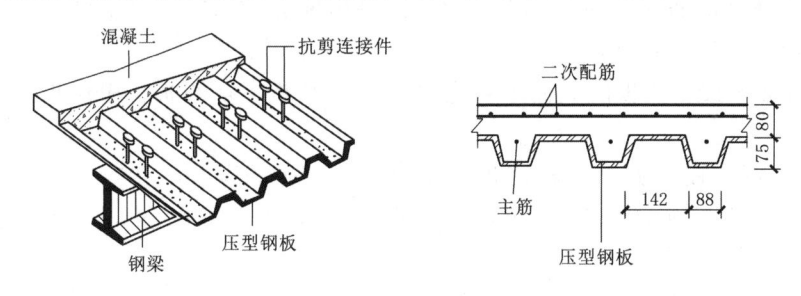

图 9.12 压型钢板组合楼板

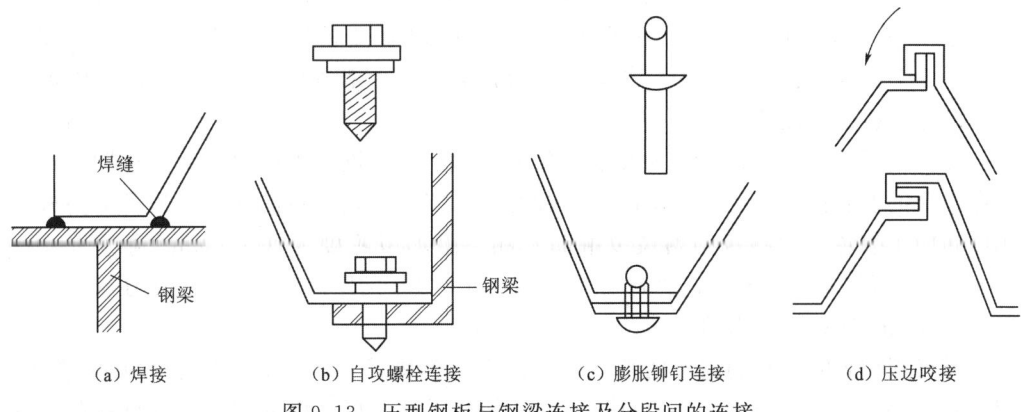

(a) 焊接　　(b) 自攻螺栓连接　　(c) 膨胀铆钉连接　　(d) 压边咬接

图 9.13 压型钢板与钢梁连接及分段间的连接

压型钢板组合楼板的经济跨度为 2~3m，适用于大空间、高层民用建筑、大跨度工业厂房以及轻钢结构住宅。

> **拓展阅读**
>
> **压型钢板组合楼板的特点**
>
> （1）压型钢板以衬板形式作为混凝土楼板的永久性模板，施工时又是施工的台板，省去了现浇混凝土所需的模板、脚手架及支撑系统，简化了施工程序，加快了施工速度。
>
> （2）经过构造处理，可使混凝土、钢衬板与钢梁组合共同受力，混凝土作为板的上部受压部分，承受剪力与压应力；钢梁和衬板主要承受下部的拉弯应力。这样，压型钢板可起到受拉钢筋与模板的双重作用，板内仅仅放置部分构造钢筋即可。
>
> （3）可利用压型钢衬板的肋间空隙敷设室内电力管线，亦可在钢衬板底部焊接架设悬吊管道和吊顶棚的支托，从而可充分利用楼板结构中的空间。

9.2.2 装配式钢筋混凝土楼板

装配式钢筋混凝土楼板是指将钢筋混凝土构件在预制加工厂或施工现场预先制作，经拼合安装而成的楼板。这种楼板能提高现场机械化水平，缩短工期，但整体性能较差，不宜在抗震设防要求高的地区使用。

1. 预制楼板的类型

预制钢筋混凝土楼板可分为普通钢筋混凝土楼板和预应力钢筋混凝土楼板两大类。预应力钢筋混凝土是指在预制生产中，使构件下部的混凝土预先受压，混凝土的预压应力是通过钢筋张拉的办法来实现的。采用预应力钢筋混凝土可以提高构件强度，节约材料，降低造价。

预制钢筋混凝土楼板的截面形状主要有实心平板、空心板、槽形板三种，如图9.14所示。

（1）实心平板。实心平板跨度小于 2.4m，板厚为 50~80mm，板宽 600~900mm。实心平板板面平整、隔声差，常用于过道，小开间的房间、阳台、雨篷、管道盖板或搁板等。

（2）空心板。空心板也是一种梁板结合预制构件，受力合理。根据板内抽孔形状不同，空心板可分为方孔板、椭圆孔板和圆孔板。预应力空心板的跨度可达 7.2m，板的厚度与楼板的长度有关，一般为 120~240mm，楼板宽度有 500mm、600mm、900mm、1200mm 等多种规格。预制空心板板面平整，节省材料，隔声、隔热性能较好，缺点是板面不能任意打洞。

（3）槽形板。槽形板是一种梁板结合预制构件，通过在板的两侧设置边肋，使作用在板上的荷载传递给边肋，从而减少板的计算跨度，减薄板的厚度。为了提高板的刚度和便于搁置，常将板的两端以端肋封闭。槽形板跨度为 3~7.2m，板宽 500~1200mm，板厚 25~30mm，肋高 120~300mm。当板的跨度达 6m 时，应在板中每隔500~700mm 增设一道横肋。

槽形板搁置时，有肋向下的正置和肋向上的倒置两种。板正置时受力较为合理，但板底不平整；倒置时需在板上进行处理，使其平整，可在槽内填充轻质材料起到保温、隔热作用。

9.2 钢筋混凝土楼板

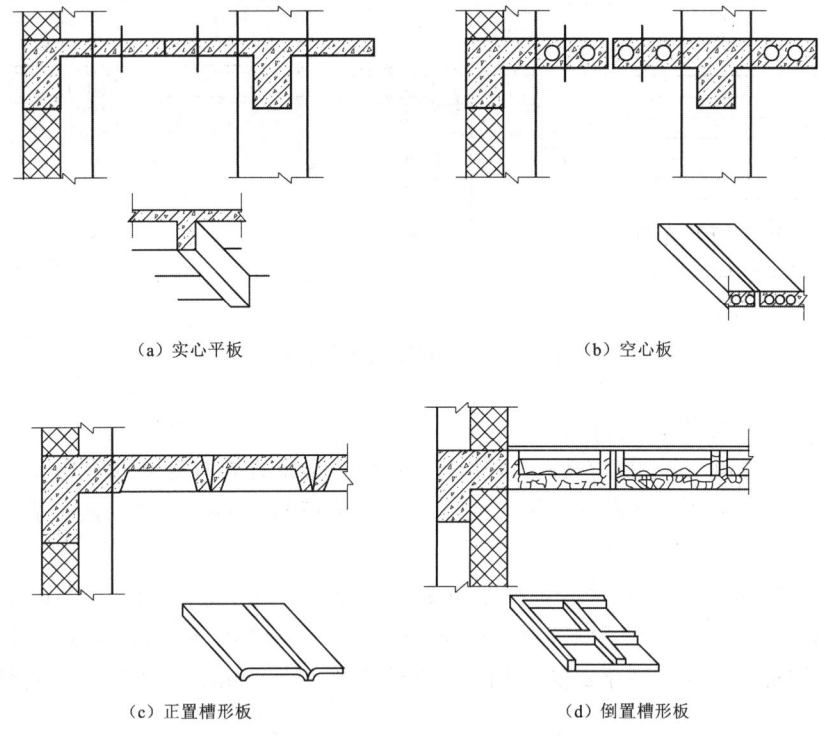

(a) 实心平板 (b) 空心板

(c) 正置槽形板 (d) 倒置槽形板

图 9.14 预制楼板的类型

槽形板承载能力好，自重轻、省材料，便于在板上开洞，但隔声较差。

2. 预制楼板的结构布置

预制楼板的结构布置根据房间的平面尺寸及使用要求，可布置为板式或梁板式。

当预制板直接搁置在墙上时称为板式布置，多用于横墙较密的住宅、宿舍等建筑中，如图 9.15 所示；当预制板搁置在梁上时称为梁板式布置，多用于开间、进深较大的教室、实验室等，如图 9.16 所示。预制楼板结构布置时要求板的规格、类型越少越好，并优先选用宽板，简化施工。

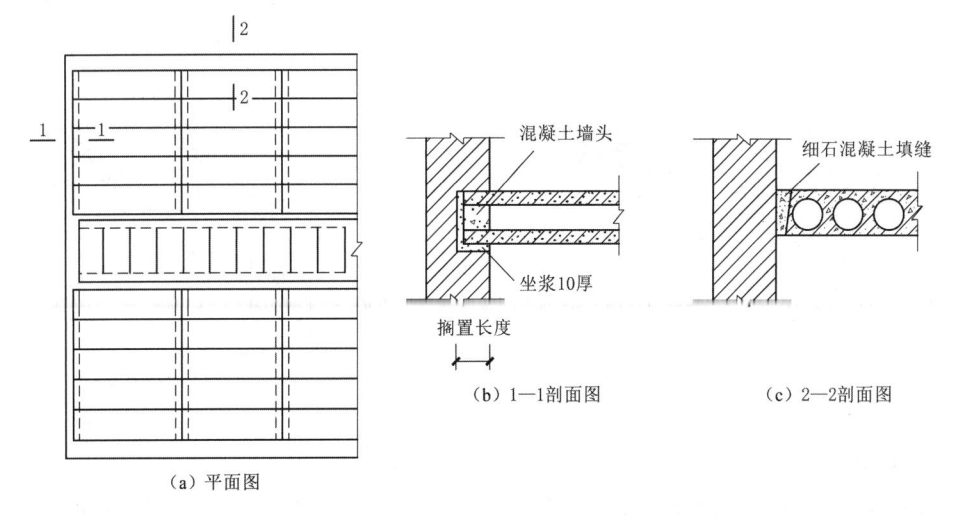

(a) 平面图 (b) 1—1剖面图 (c) 2—2剖面图

图 9.15 预制板搁置在墙上

(a) 平面图　　　(b) 搁置在矩形梁上　　　(c) 搁置在花篮梁上

图 9.16　预制板搁置在梁上

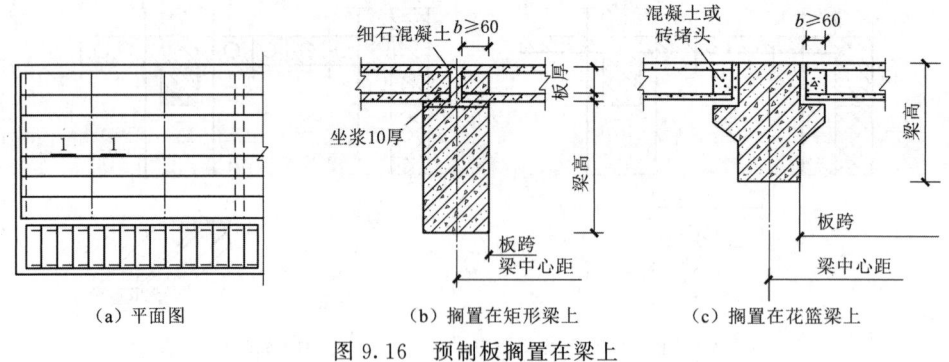

注：(b)、(c) 为 1—1 剖面的两种形式。

3. 预制楼板的搁置

预制板的长边不得搁置在墙上或梁上，避免三边支撑，以免板出现裂缝。空心板在安装前，孔的两端应填塞混凝土块或砖块，以防板的端部被压坏，避免灌缝材料流入孔内。

板搁置在墙上或梁上时，应有足够的搁置长度。板在梁上的搁置长度不小于 80mm；支承在内墙时搁置长度不小于 100mm，支承在外墙时搁置长度不小于 120mm。铺板前，先在墙上或梁上用 M5 砂浆坐浆 10～20mm，使板与墙或梁有较好的连接，同时使墙受力均匀。

为增加房屋的整体刚度，在楼板与墙体之间、楼板与楼板之间应用钢筋予以锚固，如图 9.17 所示。

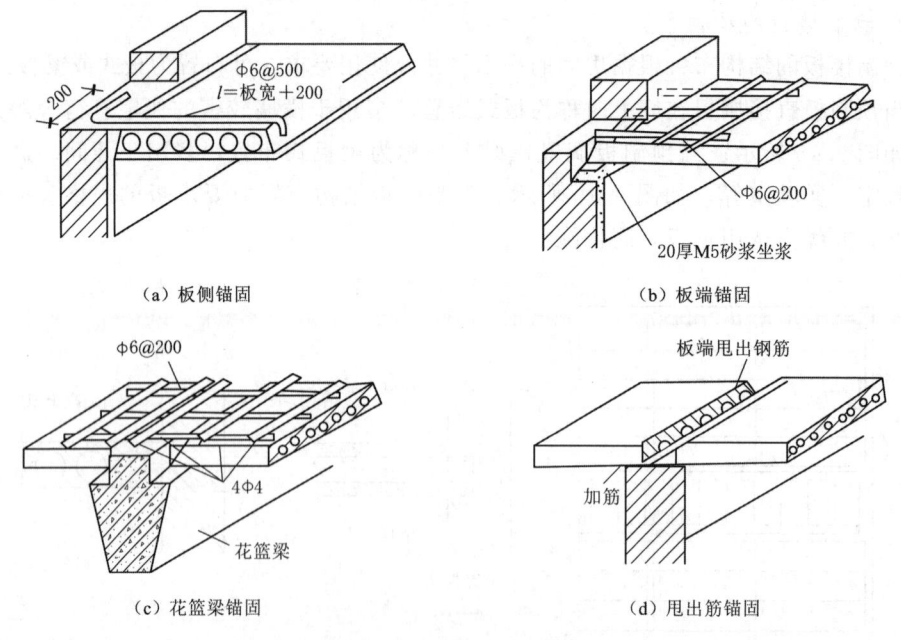

(a) 板侧锚固　　　(b) 板端锚固

(c) 花篮梁锚固　　　(d) 甩出筋锚固

图 9.17　预制板的锚固

4. 板缝处理

板缝起着连接相邻两块板协同工作的作用。板缝有侧缝和端缝两种。板的端缝处理一般只需将板缝内灌砂浆或细石混凝土使之相互连接,为增强板的整体性和抗震能力,可将板端外露的钢筋交错搭接在一起,如图9.18所示,或加钢筋网片,然后在板缝内灌细石混凝土。

板的侧缝有V形缝、U形缝、凹槽缝三种形式,如图9.19所示。在排板布置时,当出现不足以排一块板的缝隙时,常采用图9.20所示做法,缝隙小于50mm时,调整板缝;缝隙为50~120mm时,板缝内放2Φ6通长钢筋;缝隙为120~200mm时,局部设钢筋混凝土现浇板带,沿墙边或有管道穿过部位设置;缝隙大于200mm时,重新选择板的规格。

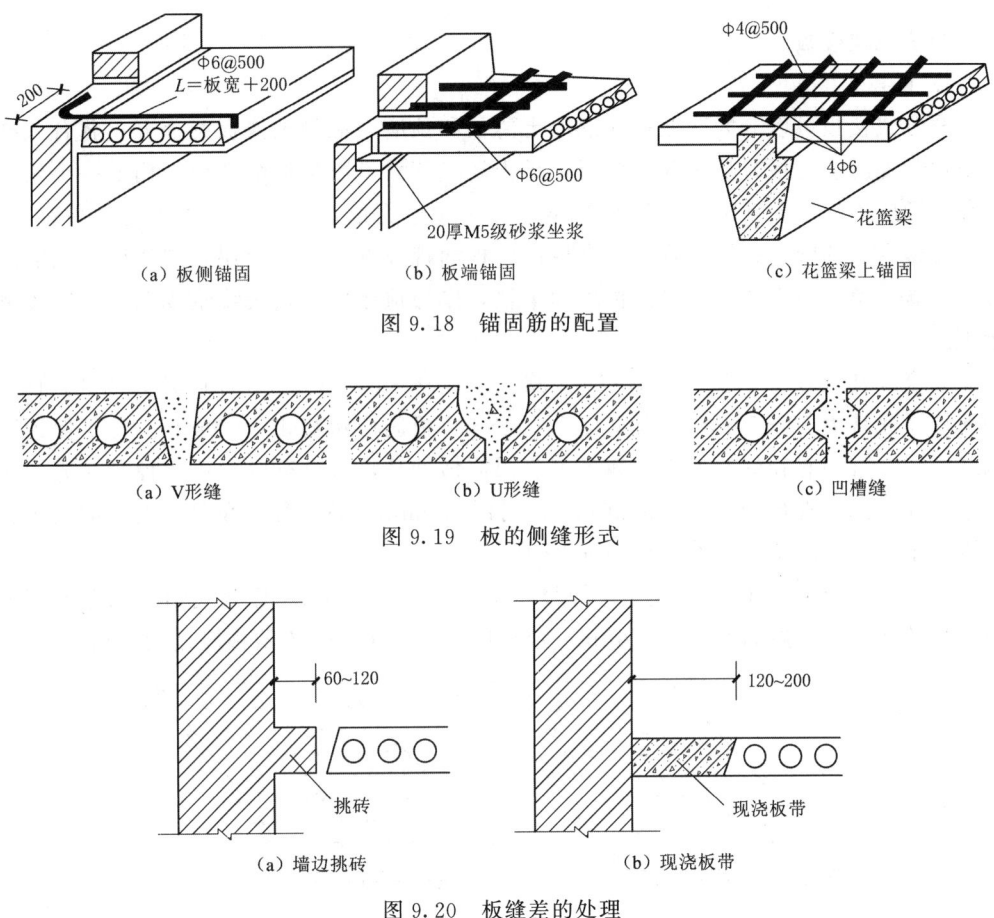

图9.18 锚固筋的配置

图9.19 板的侧缝形式

图9.20 板缝差的处理

5. 隔墙与楼板的关系

采用轻质隔墙时,可直接设置在楼板上;当采用自重较大的隔墙时,则应将隔墙设置在两块楼板板缝处,板缝内配筋,支承在梁上或支承在槽形板的纵肋上,如图9.21所示。

9.2.3 装配整体式钢筋混凝土楼板

装配整体式钢筋混凝土楼板是先预制部分构件,然后在现场安装,再以整体浇筑方法连成一体的楼板。这类楼板整合了现浇式楼板整体性好和装配式楼板施工简单、工期短的优点。装配整体式钢筋混凝土楼板按其结构及构造方式可以分为叠合式楼板

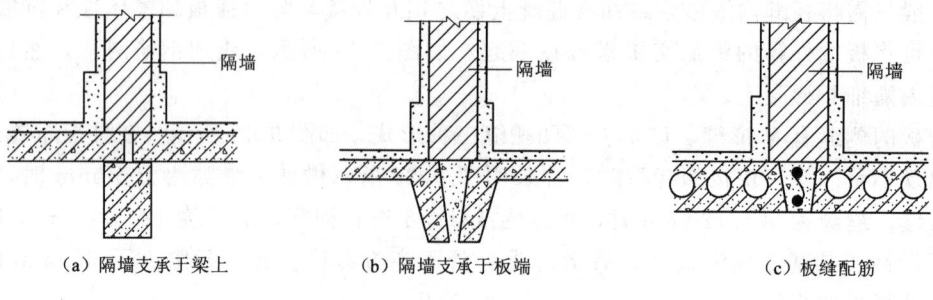

(a) 隔墙支承于梁上　　　（b) 隔墙支承于板端　　　（c) 板缝配筋

图 9.21　隔墙与楼板的关系

和密肋填充块楼板。

1. 叠合式楼板

叠合式楼板可以分为普通钢筋混凝土薄板和预应力混凝土薄板两部分。叠合式楼板中预制混凝土薄板既是永久性模板，承担施工荷载，也是整个楼板结构的一个组成部分。预应力混凝土薄板内配以高强钢丝作为预应力筋，同时也是楼板的受力钢筋。所有楼板层中的管线事先埋置在叠合层内，板面现浇混凝土叠合层。现浇层内只需配置少量支座负弯矩钢筋。预制薄板底面平整，作为顶棚可以直接喷浆或粘贴装饰顶棚壁纸。

叠合式楼板跨度一般为 3.5～6m，最大可以达 9m，以 5.5m 以内较为经济。预应力薄板厚通常为 50～70mm，板宽 1.1～1.8m，板间应留缝 10～20mm。为了保证预制薄板与叠合层有较好的连接，薄板上表面需做处理，常见有两种：一种是在表面做刻槽处理，刻槽直径 50mm，深 20mm，间距 150mm；另一种是在薄板上表面露出较规则的半圆形状的结合钢筋，如图 9.22 所示。

现浇叠合层采用 C20 混凝土，厚度一般为 70～120mm。叠合式楼板的总厚度取决于板的跨度，一般为 100～250mm。楼板厚度以大于且等于薄板厚度的 2 倍为宜。

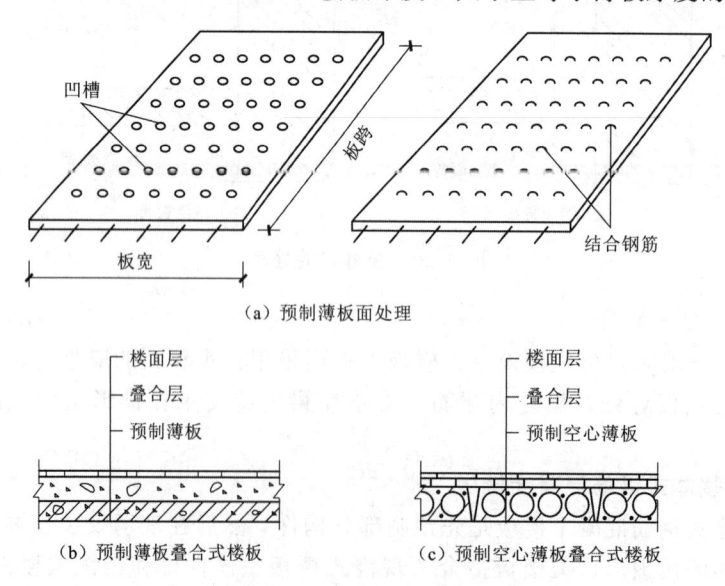

(a) 预制薄板面处理

(b) 预制薄板叠合式楼板　　　(c) 预制空心薄板叠合式楼板

图 9.22　叠合式楼板示意图

2. 密肋填充块楼板

密肋填充块楼板是指在填充块之间现浇钢筋混凝土密肋小梁和面层而形成的楼板层，也有采用在预制倒T形小梁上现浇钢筋混凝土楼板的做法，填充块有空心砖、轻质混凝土块等。这种楼板能够充分利用不同材料的性能，能适应不同跨度，并有利于节约模板，其缺点是结构厚度偏大。密肋填充块楼板有现浇密肋楼板、预制小梁填充块楼板、带骨架芯板填充块楼板等，如图9.23所示。

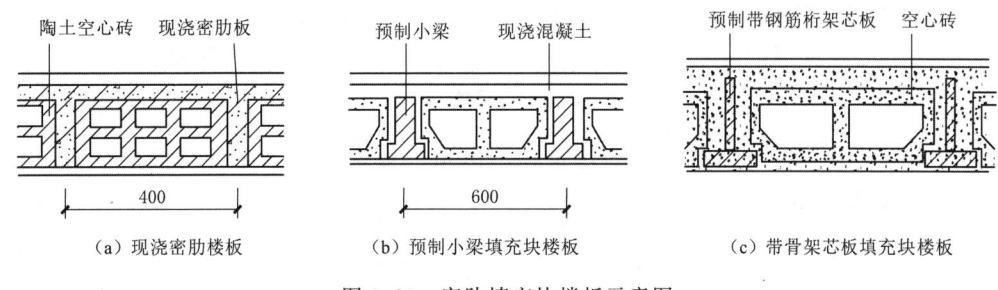

图9.23 密肋填充块楼板示意图

密肋板由布置得较为密的肋（梁）与板构成。肋的间距及高应与填充物尺寸配合，通常肋的间距小于700mm，肋宽60~120mm，肋高200~300mm，肋的跨度3~5m，不宜超过6m，板的厚度为50mm左右。现浇密肋填充块楼板通常用陶土空心砖、矿渣混凝土实心块等填充在肋间，并现浇密肋和面板而成。预制小梁填充块楼板是在预制小梁之间填充陶土空心砖、煤渣空心块，然后现浇面层而成。密肋填充块楼板板底平整，有较好的隔声、保温、隔热效果，在施工中空心砖还可以起到模板作用，也利于管道的敷设。

9.3 顶　　棚

顶棚是建筑物主要装修部位之一，要求其表面光洁、美观，其作用是改善室内照度，提高室内装饰效果。对于有特殊要求的房间，还要求满足声学、照明、保温、隔热、管道敷设等方面要求。

9.3.1 直接式顶棚

直接式顶棚是在楼板或屋面板底部抹灰、喷刷或粘贴装饰材料而形成的顶棚。直接式顶棚有直接喷刷涂料、直接抹灰及直接贴面三种做法。①直接喷刷涂料顶棚：当要求不高或楼板底面平整时，可在板底嵌缝后喷刷石灰浆、大白浆或106涂料。②直接抹灰顶棚［图9.24（a）］：对于板底不够平整或要求稍高的房间，可在板底抹灰后喷刷涂料。常用的有：纸筋石灰浆顶棚、混合砂浆顶棚、水泥砂浆顶棚、麻刀石灰浆顶棚、石膏灰浆顶棚。③直接贴面顶棚［图9.24（b）］：对于某些装修标准较高或有保温、吸声要求的房间，可在板底抹平后直接粘贴装饰材料，如墙纸、吸声板、泡沫塑料板、铝塑板等，这些材料借助于胶黏剂粘贴。

9.3.2 吊挂式顶棚

吊顶是指悬挂在楼板、屋面板下的顶棚。吊顶类型较多，构造复杂，装饰效果

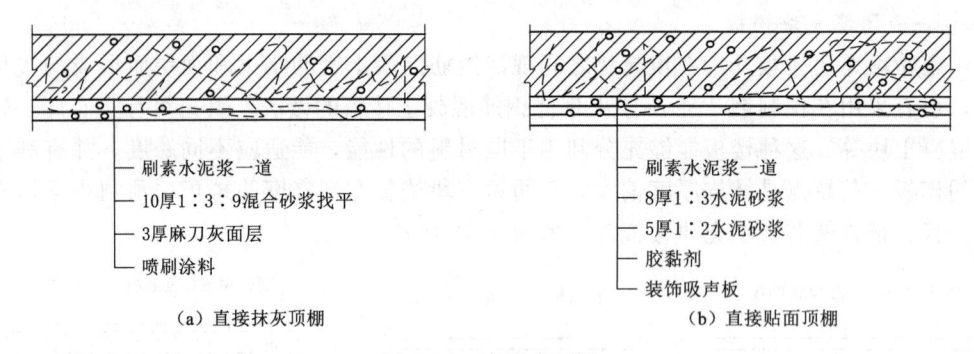

(a) 直接抹灰顶棚
- 刷素水泥浆一道
- 10厚1:3:9混合砂浆找平
- 3厚麻刀灰面层
- 喷刷涂料

(b) 直接贴面顶棚
- 刷素水泥浆一道
- 8厚1:3水泥砂浆
- 5厚1:2水泥砂浆
- 胶黏剂
- 装饰吸声板

图9.24 直接式顶棚

好，主要用于中、高档装饰标准的建筑物。吊顶一般由吊筋、龙骨与面层三部分组成，如图9.25所示。

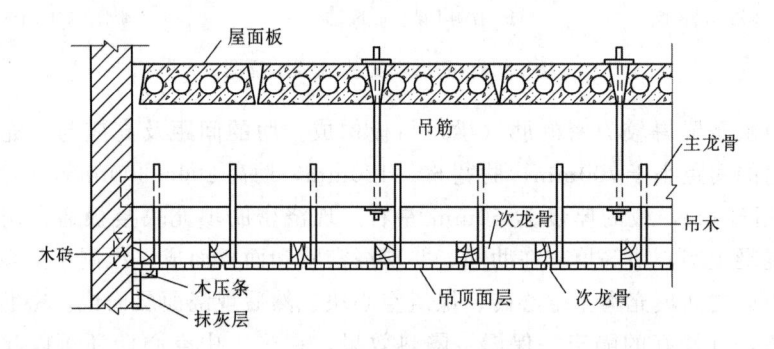

图9.25 吊顶的组成

1. 吊筋

吊筋是连接龙骨与结构层的构件，常用$\phi 6 \sim \phi 8$钢筋、12号钢丝或方木等。固定方法有膨胀螺栓锚固、预埋件锚固和射钉锚固等，图9.26所示。

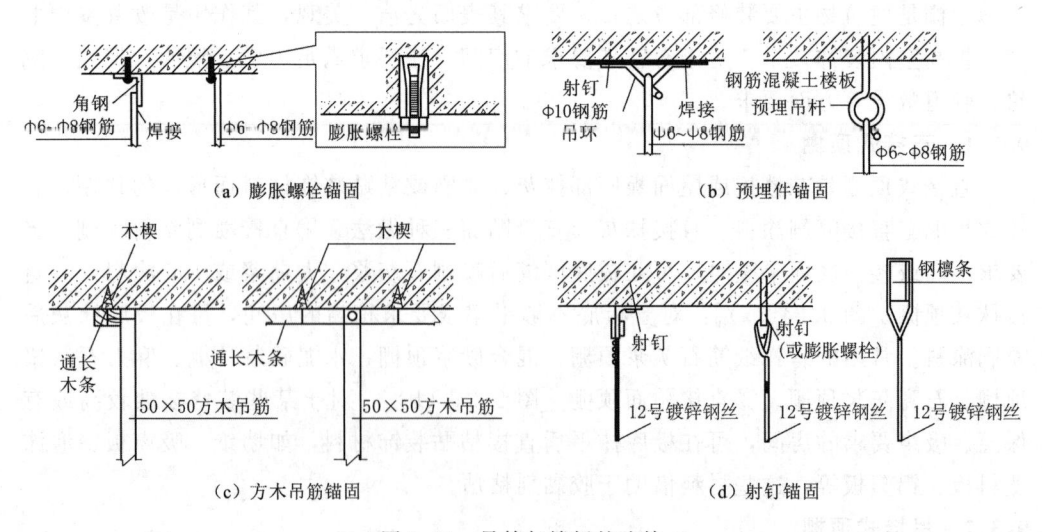

(a) 膨胀螺栓锚固
(b) 预埋件锚固
(c) 方木吊筋锚固
(d) 射钉锚固

图9.26 吊筋与楼板的连接

9.3 顶　　棚

2. 龙骨

吊顶龙骨分为主龙骨与次龙骨，主龙骨为吊顶的承重结构，通过连接件与吊筋连接，次龙骨与主龙骨连接。龙骨材料可采用木材、轻钢、型钢、铝合金等材料。主龙骨间距一般为1m左右，次龙骨间距视面层材料而定，一般为300～500mm，刚度大的面层不易翘曲变形，间距可扩大为600mm，如图9.27～图9.28所示。

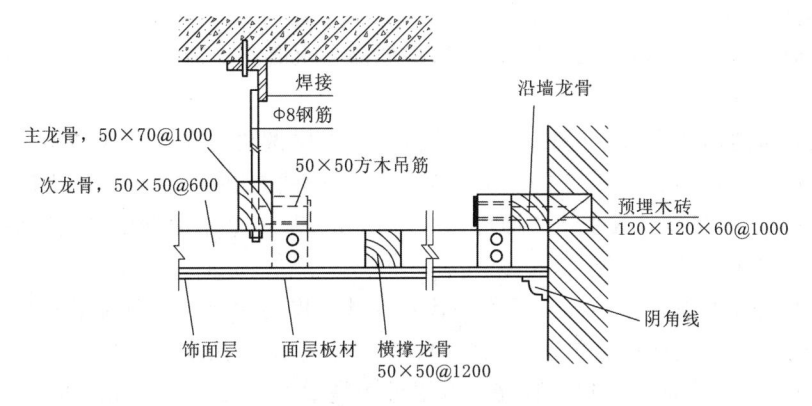

图9.27　木龙骨板材吊顶

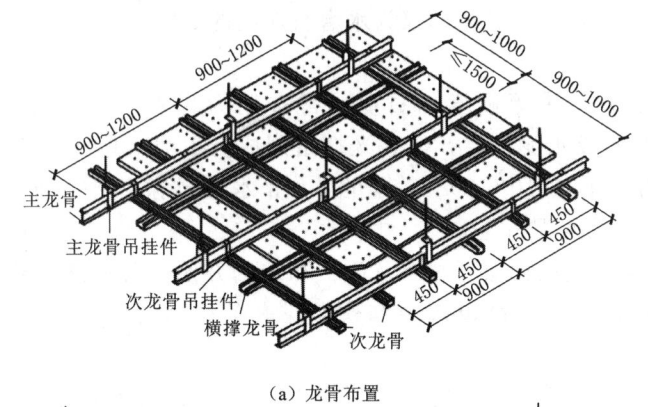

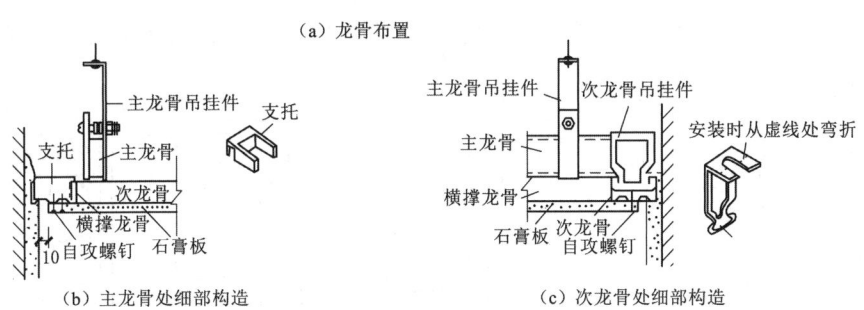

图9.28　轻钢龙骨石膏板吊顶

3. 面层

吊顶面层分为抹灰面层和板材面层两类。抹灰面层为湿作业，费工费时。板材面层施工速度快，易保证施工质量。板材面层分为植物型板材（纤维板、胶合板、木工板等）、矿物型板材（石膏板、矿棉板等）、金属板材（铝合金板、金属微孔吸声板等）等类型。

9.4 楼地面构造

楼地面是指楼板层和地坪层的面层。楼地面根据材料和施工不同分为整体地面、块料地面、木地面、塑料地面、涂料地面等类型。

9.4.1 整体地面

整体地面包括水泥砂浆地面、水泥石屑地面、水磨石地面等。

1. 水泥砂浆地面

水泥砂浆地面通常有单层和双层两种做法。单层做法为在垫层或结构层上抹一层20～25mm厚1:2或1:2.5的水泥砂浆；双层做法是在垫层或结构层上先抹10～20mm厚1:3水泥砂浆找平，表面再抹5～10mm厚1:2水泥砂浆抹光压平。

2. 水泥石屑地面

水泥石屑地面是以3～6mm石屑替代水泥砂浆里的中粗砂，也称豆石地面或瓜米石地面。水泥石屑地面也有单层和双层两种做法。单层做法是在垫层或结构层上直接做25mm厚1:2水泥石屑提浆抹光；双层做法是增加一层15～20mm厚1:3水泥砂浆找平层，面层铺15mm厚1:2水泥石屑，提浆抹光即成。这种地面性能近似水磨石，表面光洁，不起尘，易清洁，造价却仅为水磨石地面的50%。

3. 水磨石地面

水磨石地面是用水泥与中等硬度的石屑（常选用大理石、白云石），按1:(1.5～2.5)的比例配合而成水泥石屑，经磨光打蜡制成。水磨石地面一般分两层施工。在刚性垫层或结构层上用10～20mm厚的1:3水泥砂浆找平，面层铺10～15mm厚1:(1.5～2.5)的水泥石渣。

为适应地面变形可能引起的面层开裂以及施工和维修方便，做好找平层后，用嵌条把地面分成若干小块，嵌条也可以起装饰作用。嵌条用料常为玻璃、塑料或金属（铜条、铝条），如图9.29所示。

水磨石地面具有良好的耐磨性、耐蚀性、防水性，并具有质地美观、表面光洁、不起尘、易清洁等优点。

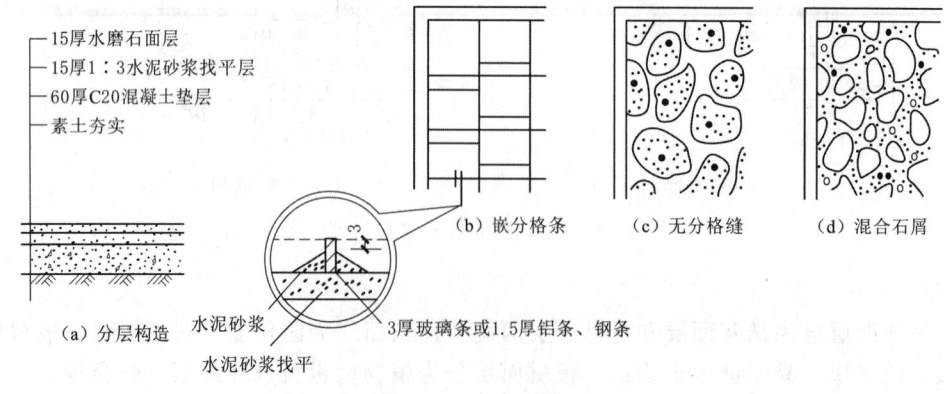

图9.29 水磨石地面

9.4.2 块料地面

块料地面是利用各种人造或天然的预制块材、板材,借助胶结材料粘贴或铺砌在结构层上,也有先做找平层再做胶结层的。常用胶结材料有水泥砂浆、沥青油脂等,也有用细砂和细炉渣做结合层的。

块料地面种类很多,常用的有黏土砖、水泥砖、大理石、缸砖、陶瓷地砖、陶瓷锦砖等。

1. 铺砖地面

铺砖地面有黏土砖地面、水泥砖地面、预制混凝土块地面等。铺设方法有干铺和湿铺两种,如图9.30所示。干铺是在基层上铺20～40mm厚的砂子,将块材直接铺设在砂上,块材间用砂或砂浆填缝,这种做法施工简单、造价低,但牢固性差,不易平整。湿铺是在基层上铺10～20mm厚1∶3水泥砂浆作胶结材料,上铺块材,用1∶1水泥砂浆嵌缝。

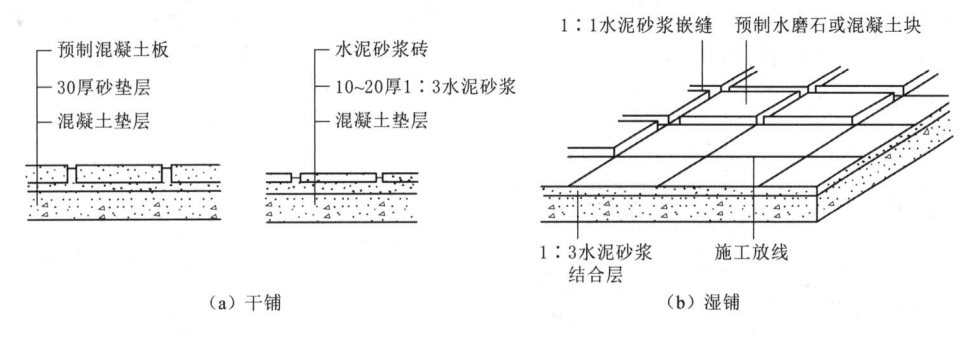

图 9.30 铺砖地面

2. 缸砖、陶瓷地砖及陶瓷锦砖地面

(1) 缸砖。缸砖是用陶土加上矿物颜料焙烧而成的一种无釉砖块,颜色以红棕色和深米黄色居多。缸砖具有质地坚硬、强度高、耐磨、耐水、耐酸碱、易清洁等特点。

(2) 陶瓷地砖。陶瓷地砖又称墙地砖,其类型有釉面地砖、无光釉面地砖和无釉防滑地砖及抛光同质地砖。陶瓷地砖具有色彩丰富、砖面平整、色调均匀、抗腐耐磨、施工方便,且块大缝少、装饰效果好等特点,特别是防滑地砖和抛光地砖又能防滑,因此越来越多地用于办公、商店、旅馆和住宅中。

缸砖、陶瓷地砖构造做法:在垫层或结构层上先做20mm厚1∶3水泥砂浆找平,再用3～4mm厚水泥胶(水泥∶107胶∶水=1∶0.1∶0.2)粘贴缸砖、陶瓷地砖,最后用白水泥浆擦缝。

(3) 陶瓷锦砖。陶瓷锦砖又称马赛克,是以优质瓷土烧制而成的小尺寸瓷砖。陶瓷锦砖有不同大小、形状和颜色,并由此可以组合成各种图案,使饰面能达到一定艺术效果。陶瓷锦砖具有质地坚硬、经久耐用、抗腐耐磨、吸水率小、易清洁、块小缝多等特点,主要用于防滑卫生要求较高的卫生间、浴室等房间的地面,也可用于外墙面。

陶瓷锦砖同玻璃锦砖一样,出厂前已按各种图案反贴在牛皮纸上,以便于施工。陶瓷锦砖做法是用20mm厚1∶3水泥砂浆找平,3～4mm厚水泥胶粘贴陶瓷锦砖(纸胎),滚筒压平,使水泥胶挤入缝隙,用水洗去牛皮纸,白水泥浆擦缝。

3. 天然石板地面

常用大理石板和花岗岩板，具有质地坚硬、色泽丰富艳丽等特点，属高档装饰材料。一般多用于高级宾馆、公共建筑的大厅、门厅等。其做法是结构层上刷素水泥浆一道，30mm厚1∶3干硬水泥浆找平，面上撒1~2mm厚素水泥（洒适量清水），粘贴石板，素水泥浆擦缝。

9.4.3 木地面

木地面有较好的弹性、蓄热性和接触感，常用在住宅、宾馆、体育馆、舞台等建筑中。

木地面的构造做法常采用空铺、粘铺两种做法。

1. 空铺木地面

空铺木地面有单层空铺和双层空铺两种做法。单层空铺是在找平层上固定木搁栅，然后在搁栅上钉长条木地板。双层空铺是在搁栅上先铺毛板再铺木地板，面板与毛板铺设方向应相互错开45°或90°安装，两层之间可衬一层塑料薄膜，作为缓冲层。空铺木地面应在地板背面做防潮处理，同时也应组织好地板架空层的通风处理，如图9.31所示。

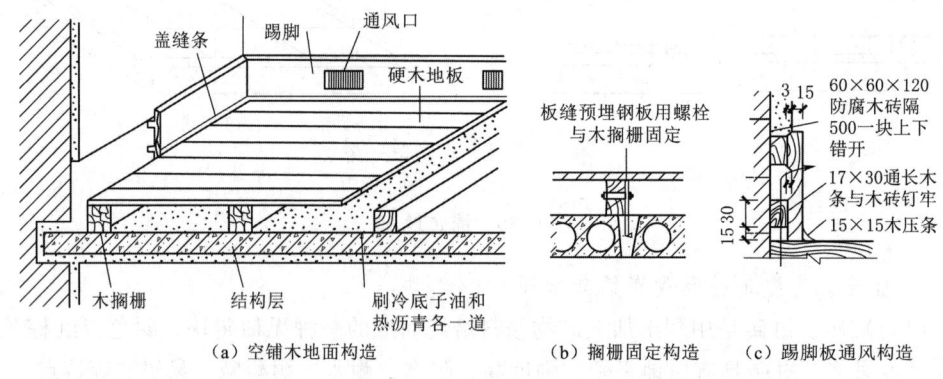

图9.31 空铺木地面

2. 粘铺木地面

粘铺木地面先在钢筋混凝土基层上用20mm厚沥青砂浆找平，刷冷底子油1~2道，然后用沥青胶或环氧树脂、乳胶等粘贴细纹拼花木板，如图9.32所示。

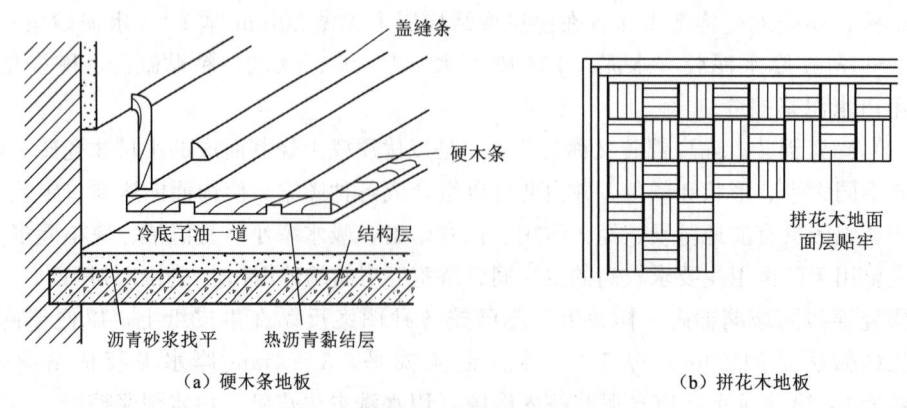

图9.32 粘铺木地面

9.4.4 塑料地面

塑料地面是指由有机物质为主所制成的地面覆盖材料，如有一定厚度的块状或卷材形式的油地毡、橡胶地毯和涂布无缝地面等。塑料地面可直接干铺在地面上，也可用聚氨酯等黏合剂粘贴。

这类地面装饰效果好、色彩鲜艳、施工简单、有一定的弹性、保温好、脚感舒适、隔声好，但易老化、强度低、不耐磨、不耐高温。

9.4.5 涂料地面

地面涂料有地板漆、过氯乙烯地面涂料、苯乙烯地面涂料等。这些涂料施工方便、造价较低、易清洁、不起灰，可以提高地面耐磨性、韧性以及不透水性。适用于民用建筑中的住宅、医院等。

9.5 楼地面的防水与隔声

9.5.1 防水构造

用水较多的厕所、盥洗室、浴室、实验室等房间，地面容易积水、渗漏，应满足防水要求。

1. 排水构造

楼地面的结构层及面层材料一般应选用密实不透水的材料。地面要有一定坡度，一般为1‰～1.5‰，并设置地漏。楼地面标高低于相邻房间20～50mm（或做门槛）。

2. 防水构造

对防水要求较高的房间，可增设防水附加层。为防止四周与墙相交处渗漏，防水层应向上延伸至少150mm。当遇到开门时，防水层应向外延伸250mm以上，如图9.33所示。

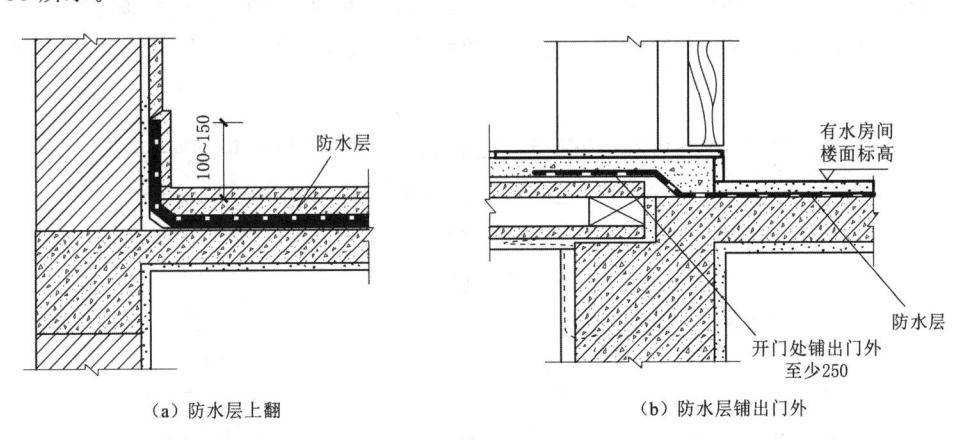

(a) 防水层上翻　　(b) 防水层铺出门外

图9.33 地面防水构造

为防止竖向管道穿过楼板产生的渗漏，也应采取相应措施。对于冷水管道，在管道穿越部位四周用C20干硬性细石混凝土填实，再以卷材或涂料做密封处理，如图9.34（a）所示。对于热水管道，为防止温度变化引起的热胀冷缩现象，常在管道穿越部位预埋比竖管管径稍大的套管，高出楼地面30mm左右，并在缝内填塞弹性防水材料，如图9.34（b）所示。

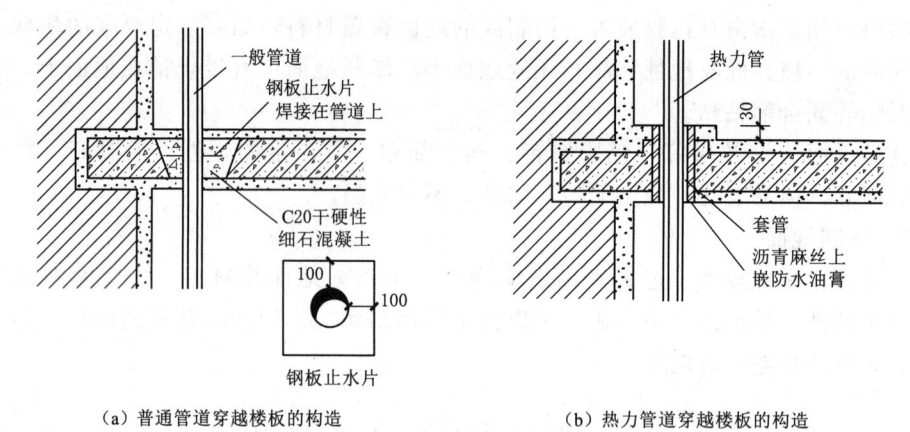

(a) 普通管道穿越楼板的构造　　　　(b) 热力管道穿越楼板的构造

图9.34　竖向管道穿越楼板处构造

9.5.2　隔声构造

楼地面的一个主要作用是隔撞击声，即减弱或限制固体传声，方法有以下三种。

1. 减弱撞击楼板的力

削弱楼板因撞击而产生的声能，可在楼板面上铺设弹性面层，如地毯、橡胶、塑料毡等，如图9.35（a）所示。

2. 利用弹性垫层进行处理

在楼板面层和结构层之间设置有弹性的材料作垫层，来降低撞击声的传递。构造做法是使楼面与楼板全脱开，形成浮筑楼板，如图9.35（b）所示。

3. 做楼板吊顶处理

利用吊顶棚内空间使撞击产生的声能不直接进入室内，同时受到吊顶棚面的阻隔而减弱。对于隔声要求高的空间，还可在顶棚上铺设吸声材料，效果会更佳，如图9.35（c）所示。

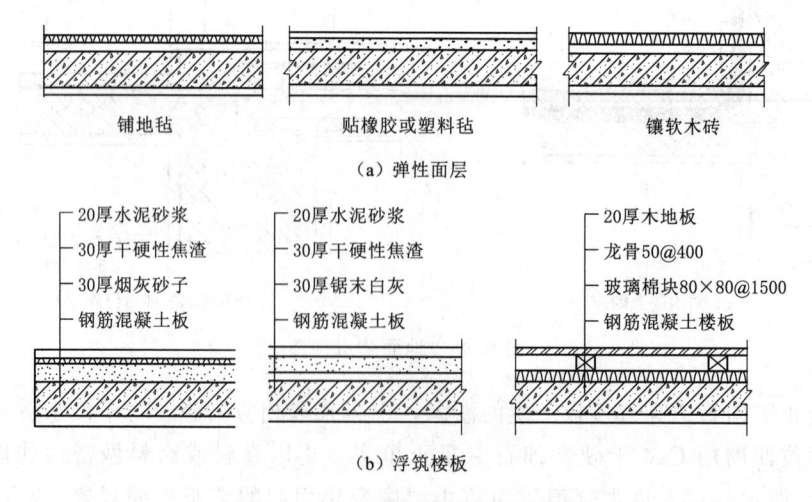

(a) 弹性面层

(b) 浮筑楼板

图9.35（一）　楼板隔固体声构造

(c) 吊顶棚

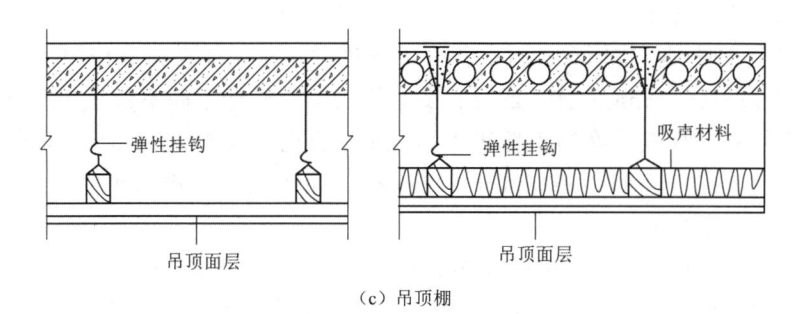

图 9.35（二） 楼板隔固体声构造

9.6 阳台与雨篷

9.6.1 阳台

阳台是多层、高层居住建筑中不可缺少的室内外过渡空间。它空气流通，视野开阔。人们可以在阳台上眺望、休息、晾晒衣物和从事家务活动。

1. 阳台的类型

根据阳台与建筑物外墙的相对位置不同，阳台可分为凸阳台（又称挑阳台）、凹阳台、半挑半凹阳台，如图 9.36 所示；按使用性质，可分为生活阳台和服务阳台；按使用条件，可分为开敞式阳台和封闭式阳台。

(a) 凸阳台　　　　(b) 凹阳台　　　　(c) 半挑半凹阳台

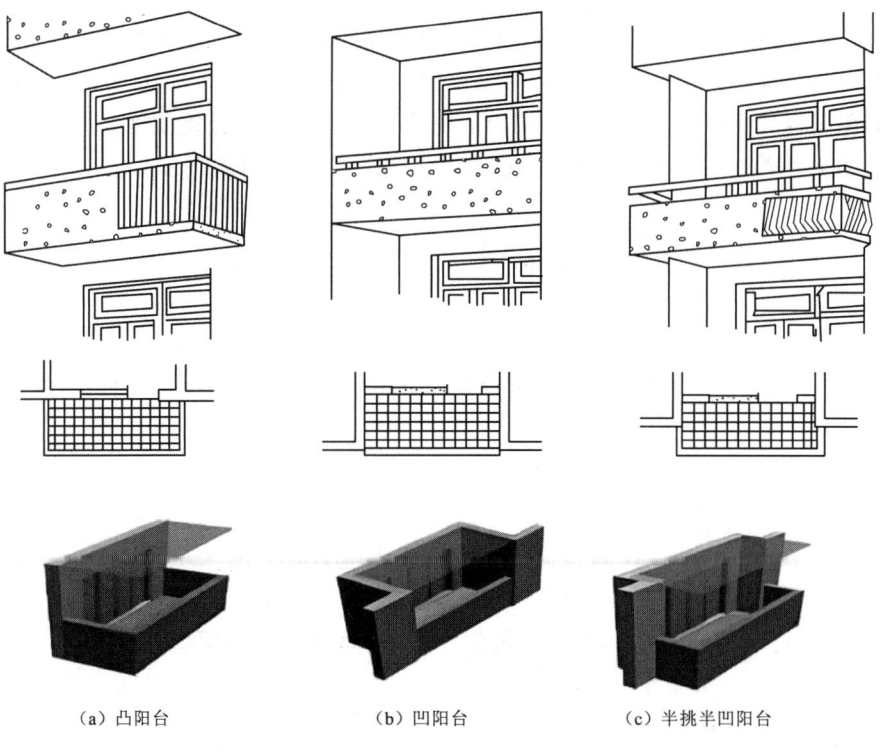

图 9.36 阳台的类型

2. 阳台的设计要求

（1）安全、坚固。挑阳台的挑出长度不宜过大，应保证在荷载作用下不发生倾覆现象，以1200～1800mm为宜。低层、多层住宅阳台栏杆净高不低于1050mm，中高层住宅阳台栏杆（栏板）净高不低于1100mm，但也不大于1200mm。阳台栏杆形式应防坠落（垂直栏杆净间距不应大于110mm）、防攀爬（不设水平栏杆），且放置花盆处应采取防坠落措施。

（2）适用、美观。阳台所用材料应经久耐用，金属构件应做防锈处理，表面装修应注意色彩的耐久性和防污染性。阳台栏杆（栏板）应结合地区气候特点和风俗习惯，满足使用及立面造型的要求。南方地区宜采用有助于空气流通的空透式栏杆，而北方寒冷地区和中高层住宅应采用实体栏杆，并满足立面美观的要求，为建筑物的形象增添风采。

3. 阳台的结构布置方式

阳台的结构布置方式主要有搁板式、挑板式、压梁式和挑梁式。

（1）搁板式。搁板式阳台是将现浇或预制的阳台板直接简支在阳台两侧凸出的墙上，阳台的板型、尺寸与楼板一致，如图9.37（a）所示。其施工简便，多用于凹阳台。

（2）挑板式。挑板式阳台是利用楼板挑出墙面形成悬挑阳台，阳台板的一部分作为楼板压在墙内，保证阳台板的稳定，如图9.37（b）所示。这种形式的阳台板底面平整、造型简洁。

（3）压梁式。压梁式阳台为梁板合一构件整浇在一起，梁压在墙内板挑出，如图9.37（c）所示。阳台梁可兼做洞口过梁，为防止压重不足可将阳台梁与圈梁或楼板整浇在一起。

（4）挑梁式。挑梁式阳台由阳台两端的横墙（或纵墙）向外挑梁，在挑梁上搁板，板型与楼板一致，挑梁可与板一起现浇，也可单独预制，如图9.37（d）所示。为了避免阳台发生倾覆，挑梁压入墙内的长度一般不应小于悬挑长度的1.5倍。为避免挑梁端头外露影响立面，可在挑梁端部设边梁，多用于封闭式阳台。

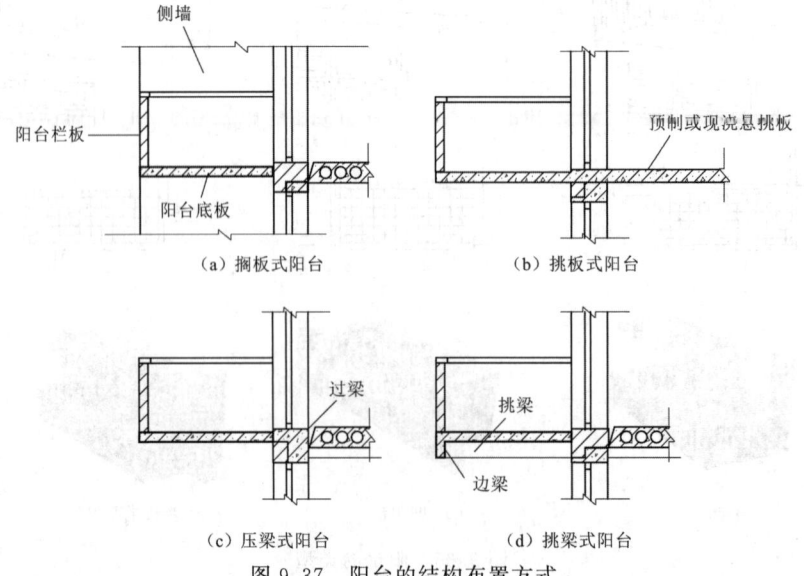

图9.37 阳台的结构布置方式

9.6 阳台与雨篷

4. 阳台的构造

（1）栏杆与扶手。阳台栏杆的形式有空花栏杆、实心栏板及组合式栏杆；按材料不同，有金属栏杆、钢筋混凝土栏杆或栏板、砖砌栏板、钢筋网水泥栏板等。

阳台扶手有 $\phi50$ 钢管扶手和混凝土扶手两种，混凝土扶手顶面宽度一般不小于 120mm，若考虑上面放置花盆时，其宽度至少 250mm，且外侧应设挡板，以防花盆坠落。

（2）栏杆扶手的连接构造。金属栏杆扶手多采用预埋铁件焊接，或预留孔洞用水泥砂浆锚固。钢筋混凝土栏板扶手可与阳台板一起整浇而成，也可用预制栏杆（栏板）借预埋铁件焊接。砖砌栏板的厚度一般为 60mm，为加强砌体的整体性，在砌体中配置通长钢筋或钢筋网，并采用现浇混凝土扶手。

扶手与墙体的连接，多采用墙内预留孔，将扶手或扶手中的铁件伸入孔内，填混凝土锚固，或在墙上预埋铁件焊接。

5. 阳台的排水

开敞式阳台地面应进行防水和有组织排水，阳台地面低于室内地面 30～60mm，以免雨水流入室内，排水口处设置 $\phi40$ 或 $\phi50$ 的镀锌管或塑料管水舌，水舌向外挑出至少 80mm，以防积水污染下层阳台，高层建筑阳台宜用水落管排水。

9.6.2 雨篷

雨篷是建筑物入口上部用以遮挡雨水、保护外门免受雨水侵蚀的水平构件。雨篷对建筑立面造型影响较大，是建筑立面重点处理的部位。

雨篷按其结构形式不同，可分为板式雨篷和梁板式雨篷（图 9.38）。由于承受的荷载不大，一般雨篷板的厚度较薄，而且可做成变截面形式。

对于板式雨篷，板顶应做好防水和排水。对于梁板式雨篷，考虑美观及防止周边滴水，常将周边梁向上翻起成反梁式。

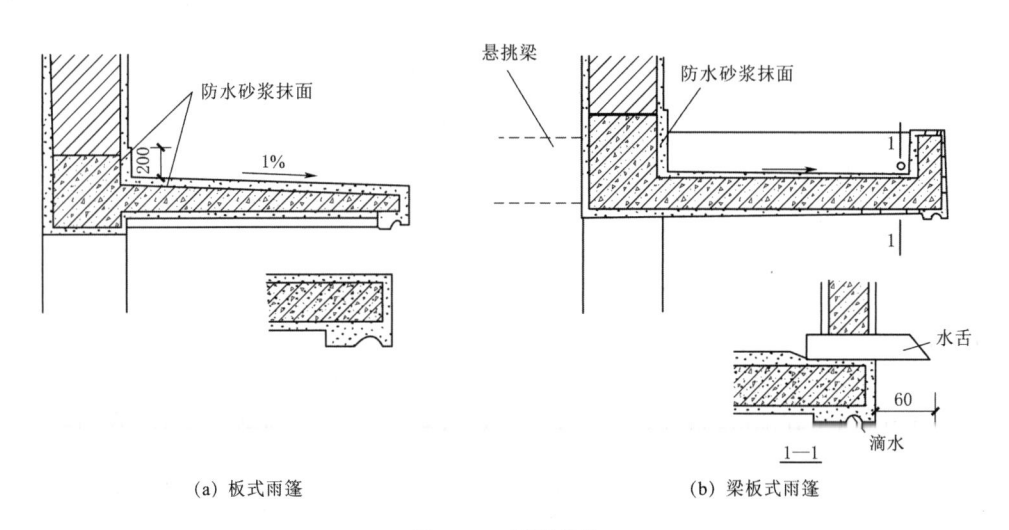

(a) 板式雨篷　　　　　(b) 梁板式雨篷

图 9.38 雨篷构造

本 章 小 结

本章主要介绍了楼板层与地坪层的概念、钢筋混凝土楼板的类型及做法、顶棚的类型及做法、楼地面的类型及做法、楼地面的防腐水与隔声、阳台和雨篷等知识。通过对本章的学习，读者能够掌握楼地面的基本构造做法，更好适应以后的学习和工作。

思 考 题

1. 楼板层的基本组成有哪些？
2. 楼板有哪些作用？
3. 钢筋混凝土楼板有哪些类型？
4. 直接式顶棚有哪些做法？
5. 楼板层隔声构造的方法有哪些？

第 10 章 屋 顶

本章导读

在现代建筑中，屋顶不仅仅是一个简单的遮盖物，它还承载着美化城市天际线、提升建筑美感的重任。设计师们通过运用各种材料和技术，创造出形态各异、功能多样的屋顶结构。屋顶作为建筑物的重要组成部分，其设计和构造的复杂性和多样性不仅体现了现代建筑技术的进步，还展示了人类对建筑美学和功能性的不断追求。随着科技的不断发展，未来的屋顶设计将会更加多样化和智能化，为人们提供更加舒适和可持续的居住环境。

学习目标

◎知识目标

1. 了解屋顶的作用、类型和设计要求。
2. 掌握平屋顶的构造知识。
3. 掌握坡屋顶的构造知识。
4. 熟悉屋面的防水、保温与隔热做法。

◎能力目标

1. 能够根据工程条件，合理地选择屋顶的形式以及排水方式，设计并绘制屋顶排水平面施工图。
2. 能够根据实际工程条件，合理地选择屋顶构造层的材料，设计屋顶的构造层次做法及屋顶细部构造，并绘制屋顶构造详图。

◎素质目标

1. 培养学生对我国建筑的文化自信，增强民族自豪感。
2. 培养学生追求精益求精的工匠精神，建造优质建筑工程。

第10章 屋　顶

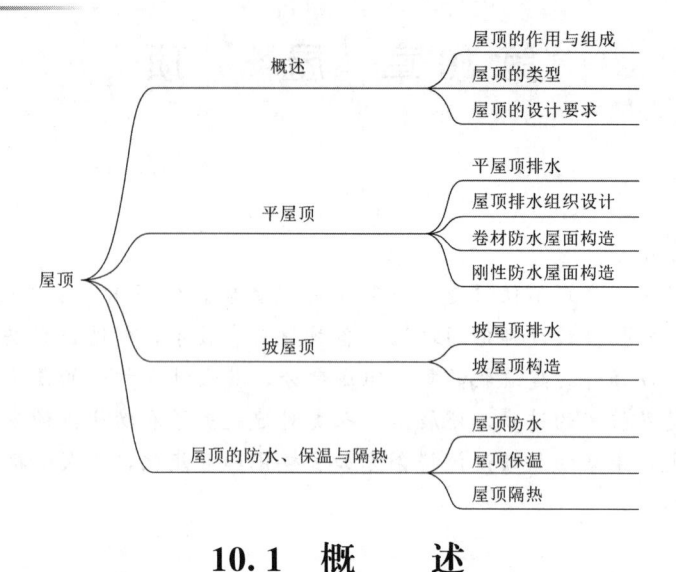

> 思维导图

```
           ┌─ 概述 ──────┬─ 屋顶的作用与组成
           │            ├─ 屋顶的类型
           │            └─ 屋顶的设计要求
           │
           │            ┌─ 平屋顶排水
           ├─ 平屋顶 ────┼─ 屋顶排水组织设计
  屋顶 ────┤            ├─ 卷材防水屋面构造
           │            └─ 刚性防水屋面构造
           │
           ├─ 坡屋顶 ────┬─ 坡屋顶排水
           │            └─ 坡屋顶构造
           │
           │                        ┌─ 屋顶防水
           └─ 屋顶的防水、保温与隔热 ┼─ 屋顶保温
                                    └─ 屋顶隔热
```

10.1　概　　述

10.1.1　屋顶的作用与组成

1. 屋顶的作用

屋顶是建筑物最上部覆盖的外围护构件，其主要功能是抵御自然界的风、霜、雨、雪、太阳辐射、气温变化和其他外界的不利因素，使建筑有一个良好的使用空间。屋顶既是维护构件，又起承重作用，故屋顶应能承受自重和作用在其上的风、霜、雨、雪及各种施工荷载。因此，要求屋顶在构造设计时必须解决防水、保温、隔热以及隔声、防火等问题。此外，屋顶的形式对建筑物的造型有很大影响，在设计时应注意屋顶的美观。

2. 屋顶的组成

屋顶由屋面、承重结构、保温层或隔热层和顶棚组成，如图10.1所示。

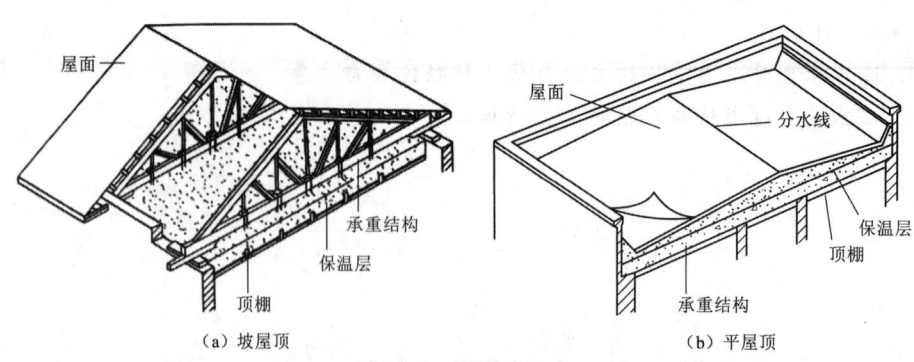

图10.1　屋顶的组成

（1）屋面。屋面是屋顶的面层，它直接承受自然界各类环境作用，因此屋面材料应具有良好的防水、保温等性能，还应考虑屋面能迅速排除雨水而设置一定坡度。坡度的大小与材料有关，常用材料屋面的坡度设置如图10.2所示。

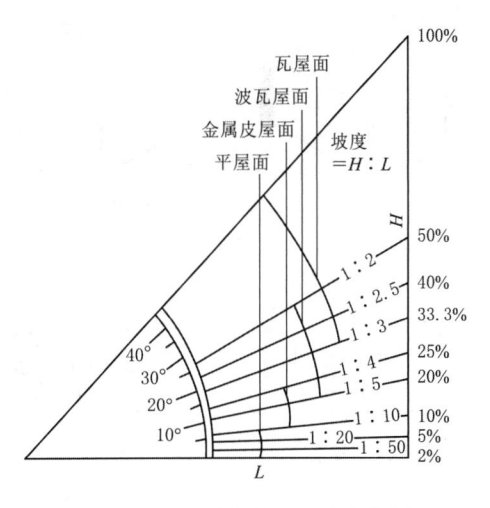

(2) 承重结构。承重结构可按材料分为木结构、钢筋混凝土结构、钢结构等。承重结构应满足强度、刚度和整体稳定性要求，并将作用在屋面上的各类荷载有效传递于下部结构。

(3) 保温层、隔热层。屋顶的屋面材料和承重结构材料一般不具备保温和隔热性能，因此寒冷地区屋顶设计应设置保温层，炎热地区应设置隔热层。保温层或隔热层多采用轻质多孔、传热系数小的材料，通常设置在屋顶的承重结构层与面层之间，常用的材料有膨胀珍珠岩、膨胀蛭石、沥青珍珠岩、沥青蛭石、加气混凝土块、珍珠岩块体、蛭石块体等。

图 10.2 不同材料屋面坡度范围

(4) 顶棚。顶棚是屋顶的底面。当屋顶结构的底面不符合使用要求时，就需要另做顶棚。顶棚结构一般吊挂在屋顶承重结构上，称为吊顶。顶棚结构也可独立设置建筑的墙、柱构件上。坡屋顶顶棚上的空间称闷顶，当利用这个空间作为使用房间时，称作阁楼。在南方可利用阁楼通风降温。

10.1.2 屋顶的类型

屋顶的类型很多，大体可以分为平屋顶、坡屋顶和其他形式的屋顶。各种形式的屋顶，其主要区别在于屋顶坡度的大小。而屋顶坡度又与屋面材料、屋顶形式、地理气候条件、结构选型、构造方法、经济条件等多种因素有关。

1. 平屋顶

坡度小于 10% 的屋顶称为平屋顶，如图 10.3 所示。

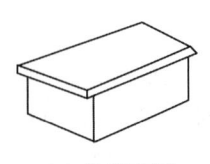

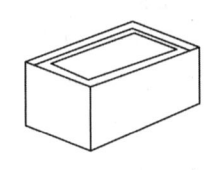

（a）挑檐平屋顶　（b）女儿墙平屋顶　（c）挑檐女儿墙平屋顶　（d）盝顶

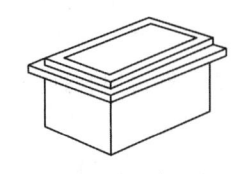

图 10.3 平屋顶的形式

2. 坡屋顶

坡度在 10%～100% 的屋顶称为坡屋顶，如图 10.4 所示。

3. 其他形式的屋顶

这部分屋顶坡度变化大、类型多，大多应用于特殊的建筑中。常见的有网架、悬索、壳体、折板等类型，如图 10.5 所示。

10.1.3 屋顶的设计要求

1. 功能要求

屋顶为建筑物最上部外围护结构，主要抵御自然界风、霜、雨、雪、太阳辐射、

(a) 单坡顶　　(b) 硬山两坡顶　　(c) 悬山两坡顶　　(d) 四坡顶

(e) 卷棚顶　　(f) 庑殿顶　　(g) 歇山顶　　(h) 圆攒尖顶

图 10.4　坡屋顶的形式

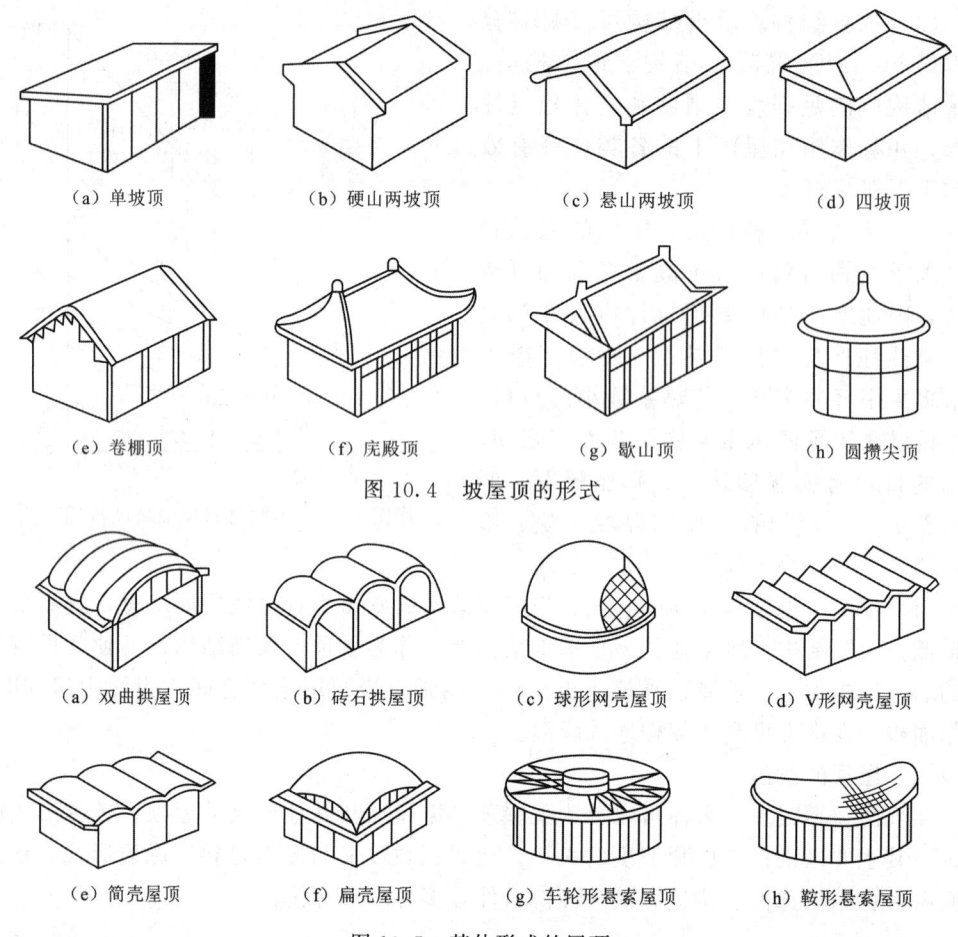

(a) 双曲拱屋顶　　(b) 砖石拱屋顶　　(c) 球形网壳屋顶　　(d) V形网壳屋顶

(e) 筒壳屋顶　　(f) 扁壳屋顶　　(g) 车轮形悬索屋顶　　(h) 鞍形悬索屋顶

图 10.5　其他形式的屋顶

气温变化的影响和预防火灾，形成良好的建筑空间和使用环境。因此，要解决好防水、保温、隔热等基本问题，其中防止雨水渗漏是设计的关键。

屋面防水功能主要是依靠选用合理的屋面防水材料和与之相适应的排水坡度，经过构造设计和精心施工而达到的。屋面的防水盖料和排水坡度的处理方法，可以从"导"和"堵"两个方面来概括。它们之间是既相互依赖又相互补充的辩证关系。

(1)"导"。按照屋面防水材料的不同要求，设置合理的排水坡度，使屋面雨水因势利导地排离屋面，达到防水的目的。

(2)"堵"。利用屋面防水材料在上下左右的相互搭接，形成一个封闭的防水覆盖层，以达到防水的目的。

2. 结构要求

屋顶是建筑物上层的承重结构，既要承受自重等竖向荷载，又要承受风荷载等水平荷载，应有足够的强度、刚度和整体空间的稳定性，以保证其结构安全并防止结构变形造成防水层破裂、渗漏。

3. 建筑艺术要求

屋顶是建筑形体的重要组成部分，其形式直接影响到建筑造型和形体的完整、均衡。如我国传统建筑的重要特征之一，就是屋顶外形的变化多样及其精美细致的装修，对建筑整体造型极具影响力。在现代建筑中同样应注意其形式的变化和细部设计，充分表达人们对建筑工艺、审美等方面的需求。

10.2 平 屋 顶

10.2.1 平屋顶排水

平屋顶是一种坡度很小的坡屋顶，一般坡度在10%以内。排水方式可分为有组织排水和无组织排水两类。无组织排水是将屋顶做成挑檐，伸出檐墙，使屋面雨水经挑檐自由下落，排出屋面；有组织排水是利用屋面排水坡度，将雨水排到檐沟，汇入雨水口，再经雨水管排到地面。

1. 屋顶坡度的形成

平屋顶的常用坡度为1%～3%，坡度的形成一般有材料找坡和结构找坡两种方式。

（1）材料找坡。材料找坡也称为垫置坡度或填坡，如图10.6所示。此时屋顶结构层为水平搁置的楼板，坡度是利用轻质找坡材料在水平结构层上的厚度差异形成的。常用的找坡材料有炉渣、蛭石、膨胀珍珠岩等轻质材料，或在这些轻质材料中加适量水泥形成的轻质混凝土。在需设保温层的地区，可利用保温材料的铺放形成坡度。材料找坡形成的坡度不宜过大，否则会增大找坡层的平均厚度，导致屋顶自重加大。

（2）结构找坡。结构找坡也称为搁置坡度或撑坡，如图10.7所示。它是将屋面板搁置在有一定倾斜度的墙或梁上，直接形成屋面坡度。结构找坡不需要另做找坡材料层，屋面板以上各层构造层厚度不变，形成倾斜的顶棚。结构找坡省工省料、没有附加荷载、施工方便，适用于有吊顶的公共建筑和对室内空间要求不高的生产性建筑。

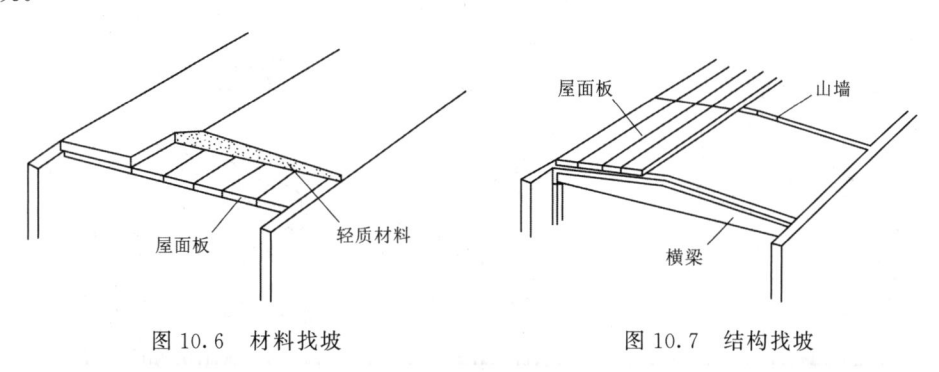

资源10.2 屋顶防水与排水

图10.6 材料找坡　　　　图10.7 结构找坡

2. 排水方式

屋面的排水方式可分为无组织排水和有组织排水两大类。

（1）无组织排水。无组织排水又称自由落水，其屋面的雨水由檐口自由滴落到室外地面，如图10.8所示。无组织排水不必设置天沟、雨水管导流，构造简单、造价较低，但要求屋檐必须挑出外墙面，防止屋面雨水顺外墙面漫流影响墙体。无组织排水方式主要适用于雨量不大或一般非临街的低层建筑。

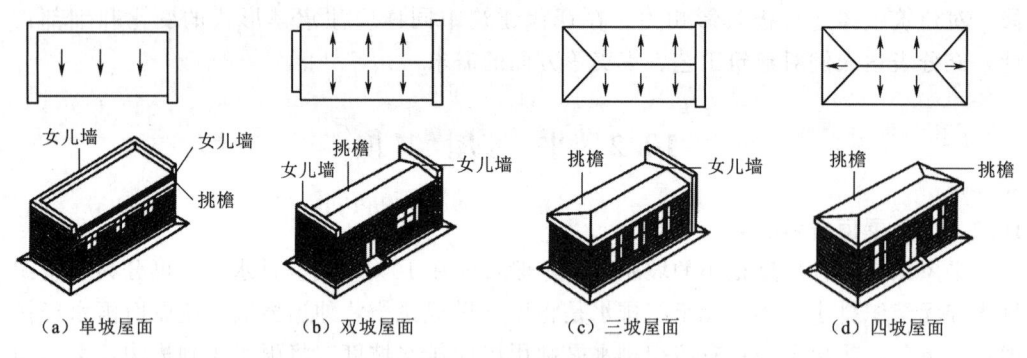

(a) 单坡屋面　　(b) 双坡屋面　　(c) 三坡屋面　　(d) 四坡屋面

图 10.8　无组织排水

（2）有组织排水。有组织排水是指屋面的雨水通过排水系统的檐沟、雨水口、雨水管等，有组织地将雨水排至室外地面或室内地下排水管网的一种排水方式。这种排水方式构造复杂，造价相对较高；优点是减少了雨水对建筑物的不利影响。有组织排水应用较为广泛，可分为有组织外排水和有组织内排水两种方式，以下主要介绍有组织外排水。

1）有组织外排水。

a. 外檐沟排水。屋面可以做成单坡、双坡或四坡排水，同时相应地在单面、双面或四面设置排水檐沟，雨水从屋面排至檐沟，再由雨水管排下，如图 10.9（a）所示。

b. 女儿墙外排水。设有女儿墙的平屋顶，可在女儿墙里面设内檐沟或近外檐处垫坡将雨水排走，雨水口可穿过女儿墙，在外墙外面设雨水管，如图 10.9（b）所示。

c. 女儿墙挑檐沟外排水。屋顶檐口处既有女儿墙又有挑檐沟，雨水先通过女儿墙进入挑檐沟，后经挑檐沟的雨水口排至雨水管，常用于蓄水屋顶或种植屋顶，如图 10.9（c）所示。

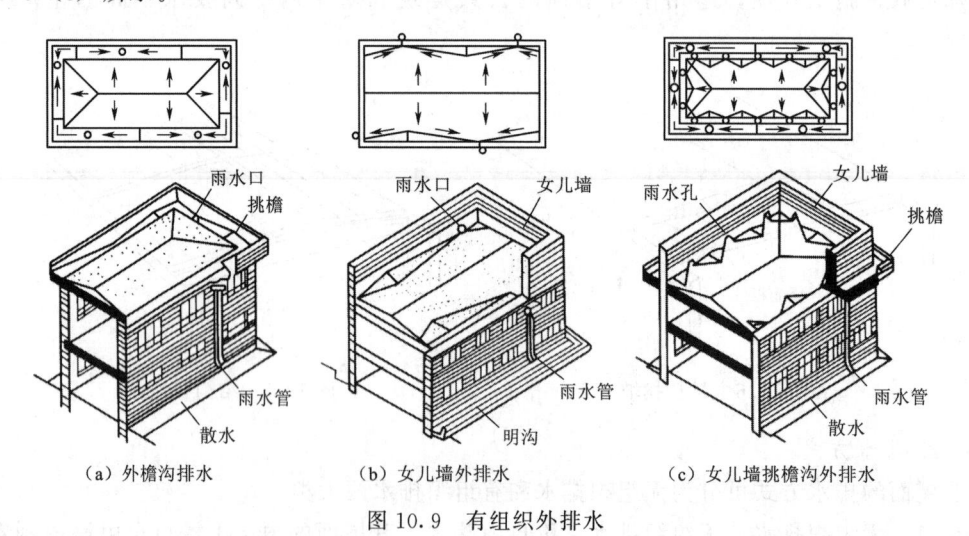

(a) 外檐沟排水　　(b) 女儿墙外排水　　(c) 女儿墙挑檐沟外排水

图 10.9　有组织外排水

d. 暗管外排水。明装雨水管对建筑立面的美观有所影响，故在一些重要的公共建筑中，常采用暗装雨水管的方式，将雨水管隐藏在装饰柱或空心墙中，装饰柱可成为

10.2 平 屋 顶

建筑立面构图中的竖向线条。

2) 有组织内排水。在有些情况下采用外排水就不一定恰当,如高层建筑不宜采用外排水,因为维修室外雨水管既不方便也不安全。又如严寒地区的建筑不宜采用外排水,因为低温会使室外雨水管中的雨水冻结。再如某些屋顶宽度较大的建筑,无法完全依靠外排水排除屋顶雨水,自然要采用内排水方案。如图 10.10 所示为有组织内排水。大面积、多跨、高层以及特种要求的平屋顶常做成内排水方式,雨水经雨水口流入室内雨水管,再由地下管道把雨水排到室外排水系统。

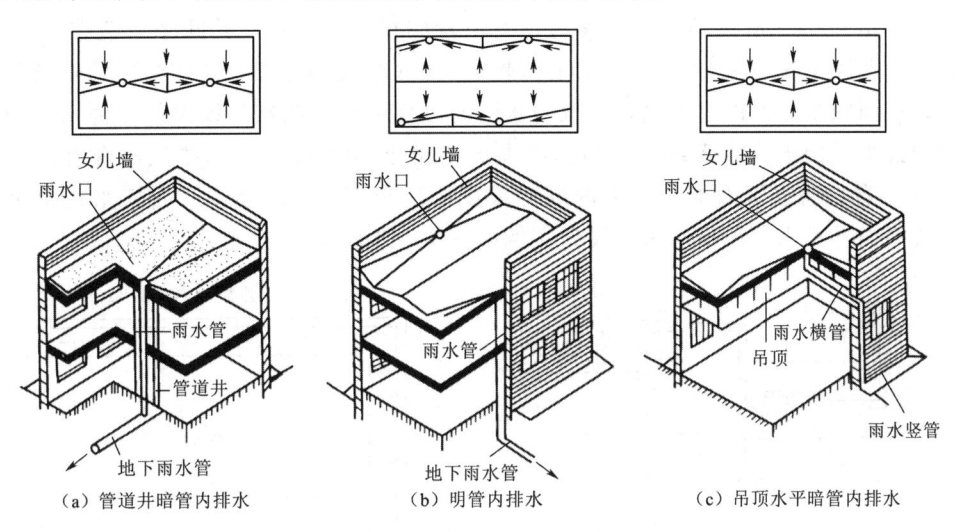

(a) 管道井暗管内排水　　(b) 明管内排水　　(c) 吊顶水平暗管内排水

图 10.10　有组织内排水

10.2.2　屋顶排水组织设计

屋顶排水组织设计的主要任务是将屋面划分成若干排水区,分别将雨水引向雨水管,做到排水线路简捷、雨水口负荷均匀、排水顺畅、避免屋顶积水而引起渗漏。

1. 确定排水坡面的数目

为避免水流路线过长,因雨水的冲刷而使防水层损坏,应合理地确定屋面排水坡面的数目。一般情况下,平屋顶屋面宽度小于 12m 时,可采用单坡排水方式;当宽度大于 12m 时,宜采用双坡排水方式,但临街建筑的临街面不宜设落水管时也可采用单坡排水方式。坡屋顶应结合建筑造型要求选择单坡、双坡或四坡排水。

2. 划分排水区

划分排水区的目的在于合理地布置落水管。排水区的面积是指屋面水平投影的面积,每一根落水管的屋面最大汇水面积不宜大于 200m。

3. 确定天沟所用材料和断面形式及尺寸

天沟即屋面上的排水沟,位于檐口部位时又称檐沟。设置天沟的目的是汇集屋面雨水,并将屋面雨水有组织地迅速排除。天沟根据屋顶类型的不同有多种做法,如坡屋顶中可用钢筋混凝土、镀锌铁皮、石棉水泥等材料做成槽形或三角形天沟。平屋顶的天沟一般用钢筋混凝土制作,当采用女儿墙外排水方案时,可利用倾斜的屋面与垂直的墙面构成三角形天沟。当采用檐沟外排水方案时,一般用钢筋混凝土现浇或预制而成,其断面尺寸应根据地区降雨量和汇水面积的大小确定,天沟的净宽应不小于

200mm，沟底沿长度方向设置纵坡，坡向雨水口，天沟、檐沟纵向坡度不应小于1‰，沟底水落差不得超过200mm，天沟上口与分水线的距离应不小于120mm。天沟、檐沟排水不得流经变形缝和防火墙。

4. 确定水落管所用材料、大小及间距

落水管按材料的不同有铸铁、镀锌铁皮、塑料、石棉水泥和陶土等，目前多采用铸铁和塑料落水管。其直径有50mm、75mm、100mm、125mm、150mm和200mm几种规格，一般民用建筑最常用的落水管直径为100mm。面积较小的露台或阳台可采用50mm或75mm的落水管。落水管的位置应在实墙面处，其间距一般在18m以内，最大间距不宜超过24m，因为间距越大，沟底纵坡面越长，会使沟内的垫坡材料增厚，从而减少天沟的容水量，造成雨水溢向屋面引起渗漏或从檐沟外侧涌出。当屋面采用虹吸式雨水排水系统时，檐沟净宽度不小于300mm，分水线最小深度不小于100mm。卷材防水屋面檐沟、天沟纵向坡度不应小于1‰，金属屋面集水沟可无坡度。挑檐沟外排水屋顶排水组织设计实例如图10.11所示。

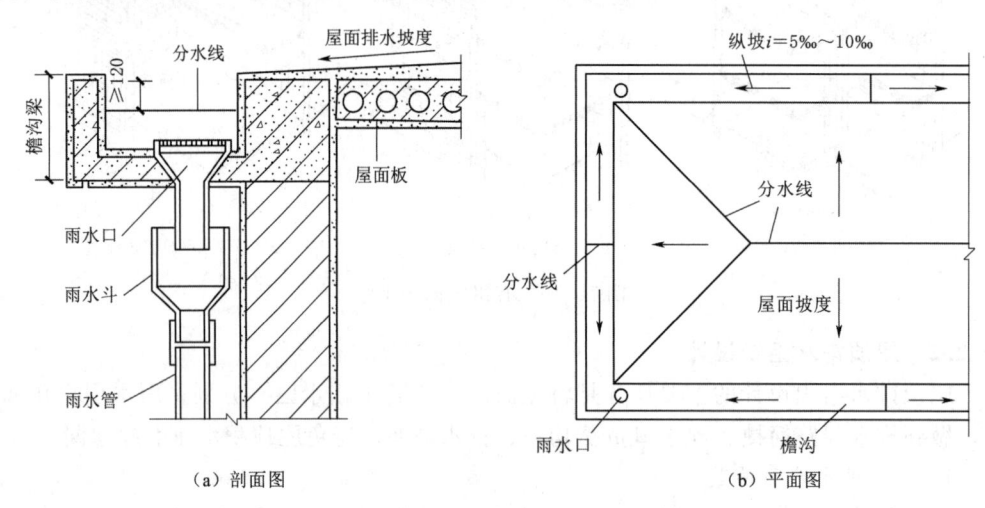

图10.11 挑檐沟外排水屋顶排水组织设计

10.2.3 卷材防水屋面构造

1. 防水卷材的类型

（1）高聚物改性沥青类防水卷材。高聚物改性沥青类防水卷材是以合成高分子聚合物改性沥青为涂盖层，纤维织物或纤维毡为胎体的卷材。这种卷材克服了沥青类卷材温度敏感性大、延伸率小的缺点，具有高温不流淌、低温不脆裂、抗拉强度高的优点，能够较好地适应基层开裂及伸缩变形的要求。目前国内使用较广泛的品种有SBS、APP、PVC改性沥青卷材和再生胶改性沥青卷材。

（2）合成高分子类防水卷材。合成高分子类防水卷材是指以合成橡胶、合成树脂或两者的混合体为基料加入适量化学助剂和填充料而制成的卷材。该类卷材具有拉伸强度高，断裂伸长率大，抗撕裂强度高（抗拉强度达到2~18.2MPa），耐热性能好，低温柔性大（适用温度在−20~80℃），耐老化及可以冷施工等优点，目前属于高档防水卷材。我国使用的品种有三元乙丙橡胶、聚氯乙烯、氯化聚乙烯等防水卷材。

2. 卷材防水屋面构造层

按各自作用的不同，卷材防水屋面构造层又可细分为找平层、结合层、防水层、保护层和辅助构造层，如图10.12所示。

(1) 找平层。为防止防水卷材铺设时凹陷、断裂，故首先应在屋面板结构层上或松软的保温层上设置一坚固平整的基层，称其为找平层。找平层一般常采用1：3水泥砂浆，也可用1：8沥青砂浆，厚度视表面平整度而定，常用值为15～30mm。因卷材平整密实铺设在找平层上，为防止找平层由于干缩、温度、受力等原因，产生变形开裂而波及卷材防水层，找平层应设分格缝。缝距不大于6m，缝宽为20mm。当屋面板采用预制装配式时，分格缝应设置在板端缝处，并在缝上增设一层宽约30mm卷材，单边粘贴，使分格缝处的卷材有一定的伸缩余地，以避免开裂，如图10.13所示。

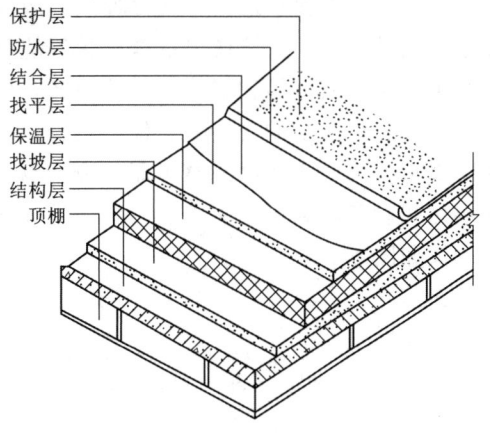

图10.12 卷材防水屋面构造组成

(2) 结合层。结合层是为使卷材与基层牢固胶结而涂刷的基层处理剂。高聚物改性沥青卷材常用改性沥青黏结剂；高分子卷材常用配套处理剂，有时也可采用冷底子油或乳化沥青做结合层。

(3) 防水层。由于沥青类卷材防水层构造较为典型，本节主要以其为例介绍防水层做法。首先待找平层干燥后，上刷冷底子油一道，将熬制好的沥青胶均匀地刮涂在找平层上，厚度约1mm，边刮涂边铺设油毡，然后再刮涂沥青胶再铺油毡，交替进行，直到设计层数为止，最后再刮涂一层沥青胶。一般民用建筑防水层应铺设三层沥青油毡、四遍沥青胶，称为三毡四油，如图10.14所示。

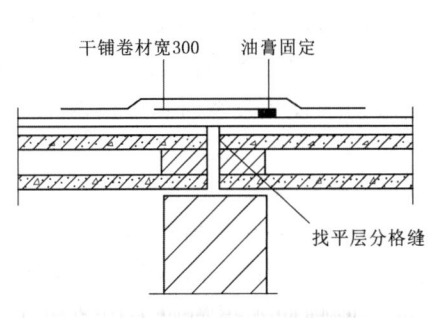

图10.13 卷材防水分隔缝的设置

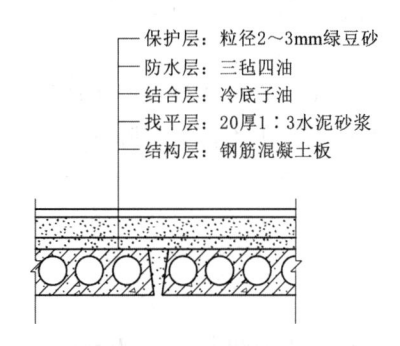

图10.14 油毡防水层

(4) 保护层。设置保护层的目的是保护防水层，使卷材不致因光照和气候等的作用迅速老化，卷材的沥青因过热而流淌或受到暴雨的冲刷。保护层的构造做法视屋面的利用情况而定。对于不上人屋面，沥青油毡防水屋面一般在防水层上撒粒径3～5mm的小石子作为保护层，称为绿豆砂保护层；高分子卷材防水屋面通常是在卷材面上涂刷水溶型或溶剂型的浅色保护着色剂，如氯丁银粉胶等，如图 10.15 所示。

上人屋面的保护层又是楼面面层，故要求保护层必须平整耐磨。做法通常是用水泥砂浆铺贴缸砖、大阶砖、混凝土板等块材，或在防水层上现浇 30～40mm 厚的细石混凝土。块材或整体护层均应设分格缝，位置在屋顶坡面的转折处，屋面与突出屋面的女儿墙、烟囱等的交接处。保护层分格缝应尽量与找平层分格缝错开，缝内用防水油膏嵌封。为防止块材或整体屋面由于温度变形将油毡防水层拉裂，宜在保护层与防水层之间设置隔离层。隔离层可采用低强度砂浆或干铺一层油毡。上人的卷材防水屋面做法如图 10.16 所示。

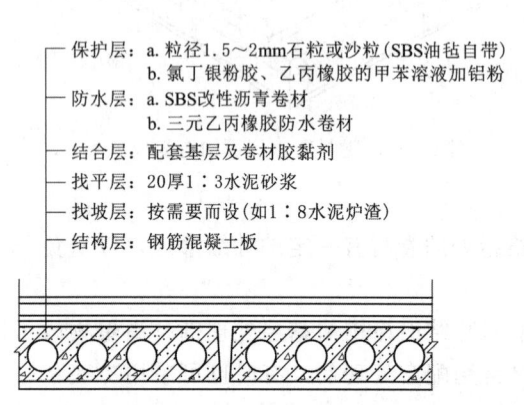

图 10.15 不上人的卷材防水屋面做法

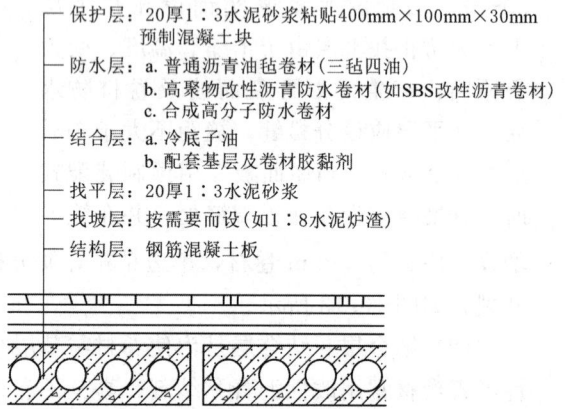

图 10.16 上人的卷材防水屋面做法

（5）辅助构造层。辅助构造层是为了满足房屋使用功能而设置的构造层，如保温层、隔热层、隔声层、隔汽层、找坡层等。

10.2.4 刚性防水屋面构造

刚性防水屋面是以细石混凝土做防水层的屋面。刚性防水屋面主要适用于防水等级为Ⅱ级的屋面防水，也可用作Ⅰ、Ⅱ级屋面多道防水设防中的一道防水层。刚性防水屋面要求基层变形小，一般只适用于无保温层的屋面，因为保温层多采用轻质多孔材料，其上不宜进行浇筑混凝土的湿作业。此外，刚性防水屋面也不宜用于高温、有振动和基础有较大不均匀沉降的建筑。选择刚性防水设计方案时，应根据屋面防水设防要求、地区条件和建筑结构特点等因素，经技术、经济比较确定。

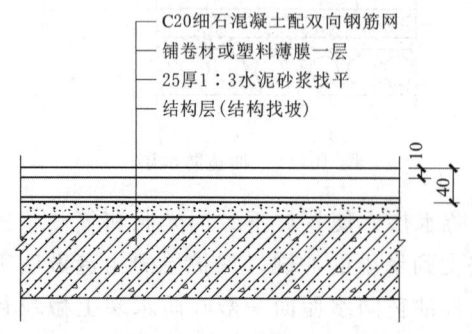

图 10.17 刚性防水屋面构造做法

1. 刚性防水屋面构造层次

刚性防水屋面的构造一般有结构层、找平层、隔离层、防水层等，如图 10.17 所示。刚性防水屋面应采用结构找坡，坡度宜为 2%～3%。

（1）结构层。结构层一般采用预制或现浇的钢筋混凝土屋面板。

（2）找平层。当结构层为预制钢筋混凝土屋面板时，其上应用 1∶3 水泥砂浆做

10.2 平 屋 顶

找平层,厚度为20mm。若屋面板为整体现浇混凝土结构时,则可不设找平层。

(3) 隔离层。细石混凝土防水层与基层间宜设置隔离层,使其上下分离以适应各自的变形,减少结构变形对防水层的不利影响。隔离层可采用干铺塑料膜、土工布或卷材,也可采用铺抹低强度等级的砂浆。

(4) 防水层。防水层采用不低于C20的细石混凝土整体现浇而成,其厚度不应小于40mm。为防止混凝土开裂,可在防水层中配直径4~6mm、间距100~200mm的双向钢筋网片,钢筋网片在分格缝处应断开,钢筋的保护层厚度不应小于10mm。防水层的细石混凝土宜掺入外加剂(如膨胀剂、减水剂、防水剂)、掺合料及钢纤维等材料,并采用机械搅拌与振捣。

2. 分格缝

分格缝是防止屋面不规则裂缝以适应屋面变形而设置的人工缝。分格缝应设置在屋面年温差变形的许可范围内和结构变形敏感的部位。分格缝服务的面积宜控制在15~25m²,间距控制在3~6m,分格缝纵横边长比不宜超过1:1.5。在预制屋面板为基层的防水层,分格缝应设在屋面板的支承端、屋面转折处、防水层与突出屋面结构的交接处,并应与板缝对齐。对于长条形房屋,进深在10m以下者,可在屋脊设纵向缝;进深大于10m者,最好在坡中某一板缝上再设一道纵向分格缝。

普通细石混凝土和补偿收缩混凝土防水层,分格缝的宽度宜为5~30mm,分格缝内应嵌填密封材料,上部应设置保护层,为了有利于伸缩,缝内一般用油膏嵌缝,厚度为20~30mm。为不使油膏下落,缝内用弹性材料如泡沫塑料或沥青麻丝填底,如图10.18所示。

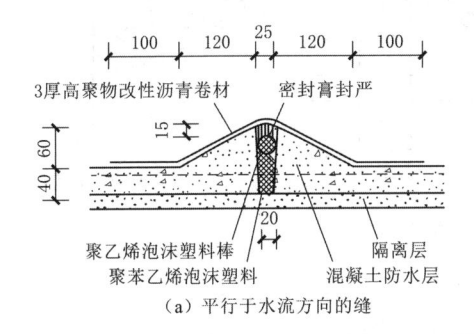

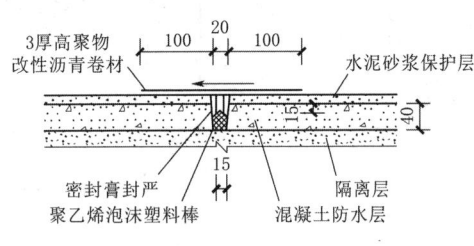

(a) 平行于水流方向的缝　　(b) 垂直于水流方向的缝

图10.18 屋顶分隔缝的做法

3. 女儿墙压顶及泛水

刚性防水层与屋面突出物(女儿墙、烟囱等)间须留分格缝,另铺贴附加卷材盖缝形成泛水,如图10.19所示。刚性防水层与山墙、女儿墙交接处,应留宽度为30mm的缝隙,并应用密封材料嵌填;泛水处应铺设卷材或涂膜附加层。卷材或涂膜的收头处理,应符合相应规定。

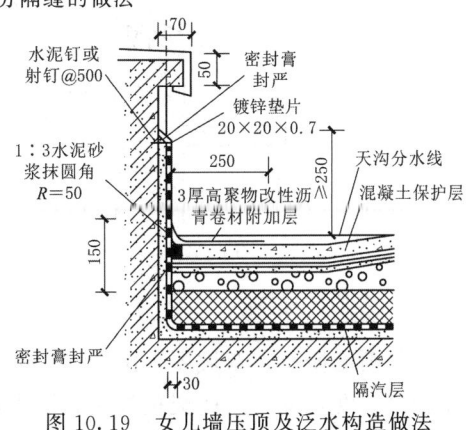

图10.19 女儿墙压顶及泛水构造做法

195

10.3 坡 屋 顶

10.3.1 坡屋顶排水

坡屋顶排水的设计和施工是确保建筑物长期安全和干燥的关键。首先，屋顶的坡度必须足够，以保证雨水能够迅速排走，避免积水。其次，排水系统应包括适当的排水沟和落水管，这些排水设施需要定期检查和维护，以防止堵塞。此外，屋顶材料的选择也至关重要，应选用耐候性强、防水性能好的材料，以减少因天气变化导致的损害。在设计时，还应考虑到屋顶的形状和尺寸，确保排水系统与之相匹配，从而达到最佳的排水效果。

1. 平瓦屋面的排水方式和构造

（1）纵墙檐口。纵墙檐口可以分为无组织排水檐口和有组织排水檐口。①无组织排水檐口：当坡屋顶采用无组织排水时，将屋面伸出纵墙形成挑檐，挑檐的构造做法有砖挑檐、椽条挑檐、挑檐木挑檐和钢筋混凝土挑板挑檐等，如图10.20所示。②有组织排水檐口：当坡屋顶采用有组织排水时，多采用外排水，需在檐口处设置檐沟，檐沟的构造形式一般有钢筋混凝土挑檐沟和女儿墙内檐沟两种，如图10.21所示。

（a）砖挑檐　（b）椽条挑檐　（c）挑檐木挑檐　（d）钢筋混凝土挑板挑檐

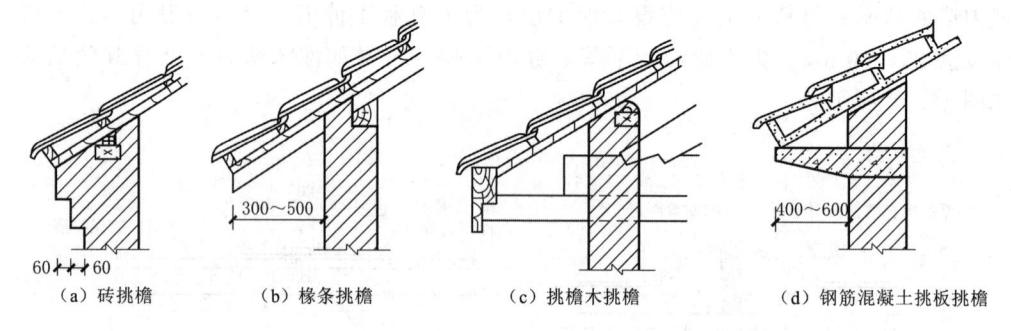

图 10.20　无组织排水檐口

（a）钢筋混凝土挑檐沟　（b）女儿墙内檐沟

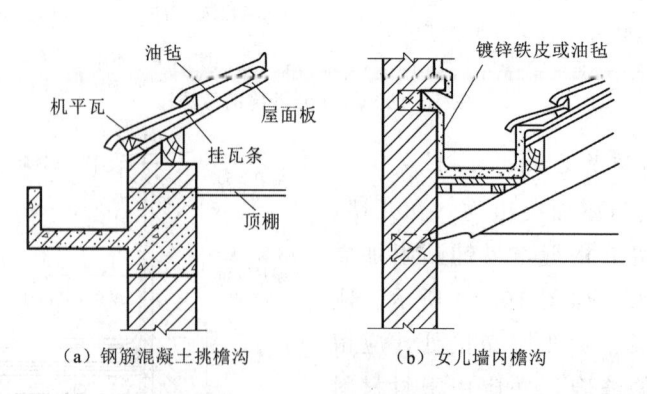

图 10.21　有组织排水檐口

（2）山墙檐口。双坡屋顶山墙檐口的构造有硬山和悬山两种。硬山是将山墙升起包住檐口，女儿墙与屋面交接处应做泛水，一般用砂浆黏结小青瓦或抹水泥石灰麻刀

10.3 坡 屋 顶

砂浆泛水,如图10.22所示。悬山是将檩条伸出山墙挑出,上部的瓦片用水泥石灰麻刀砂浆抹出披水线,进行封固,如图10.23所示。

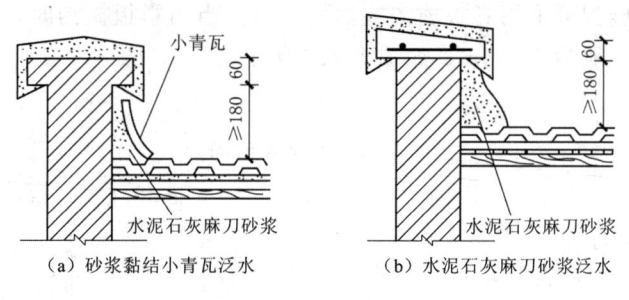

图10.22 硬山示意图

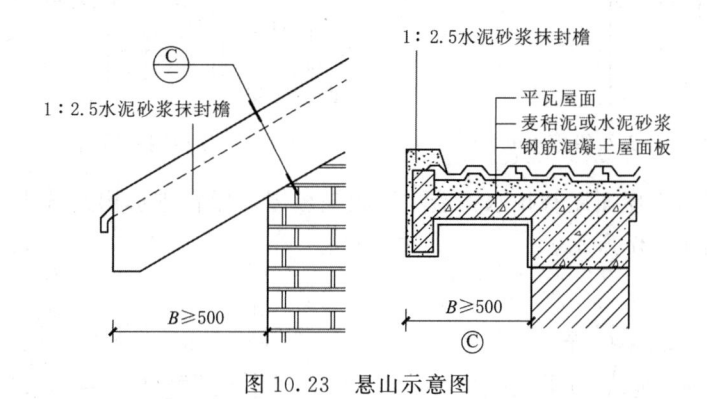

图10.23 悬山示意图

(3) 屋脊、天沟和斜沟排水构造。互为相反的坡面在高处相交形成屋脊,屋脊处应用V形脊瓦盖缝,如图10.24(a)所示。在等高跨和高低跨屋面相交处会形成天沟,两个互相垂直的屋面相交处会形成斜沟。天沟和斜沟应保证有一定的断面尺寸,上口宽度应为300~500mm,沟底一般用镀锌铁皮铺于木基层上,镀锌铁皮两边向上压入瓦片下至少150mm,如图10.24(b)所示。

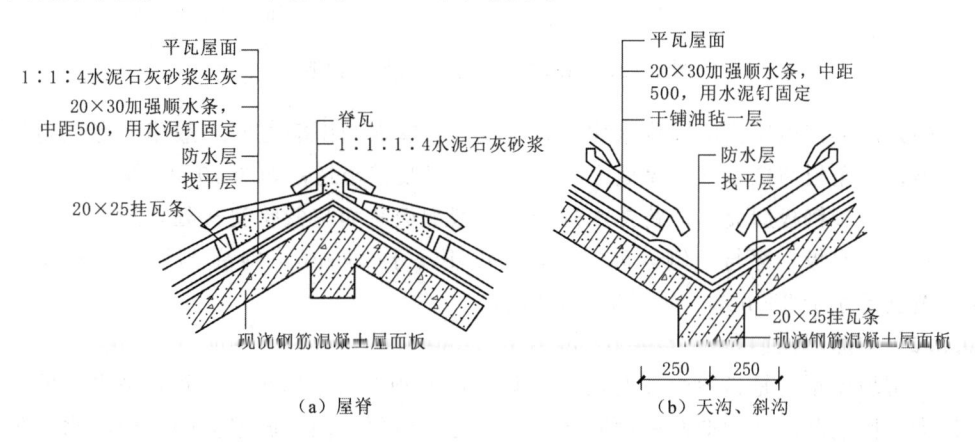

图10.24 屋脊、天沟、斜沟排水示意图

2. 压型钢板屋面的排水方式和构造

(1) 压型钢板屋面无组织排水檐口。当压型钢板屋面采用无组织排水时,挑檐板

与墙板之间应用封檐板密封,以提高屋面的围护效果,如图10.25所示。

(2) 压型钢板屋面有组织排水檐口。当压型钢板屋面采用有组织排水时,应在檐口处设置檐沟。檐沟可采用彩板檐沟或钢板檐沟。当用彩板檐沟时,压型钢板应伸入檐沟内,其长度一般为150mm,如图10.26所示。

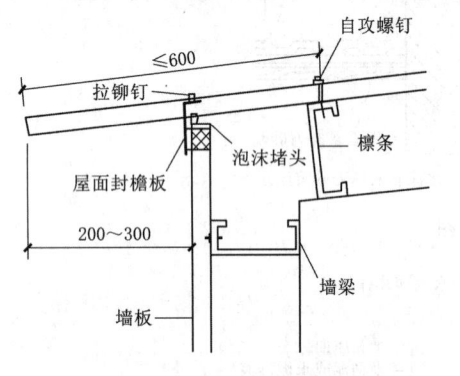

图10.25 压型钢板屋面无组织排水檐口

图10.26 压型钢板屋面有组织排水檐口

(3) 压型钢板屋面屋脊排水构造。压型钢板屋面屋脊排水构造分为双坡屋脊和单坡屋脊,如图10.27所示。

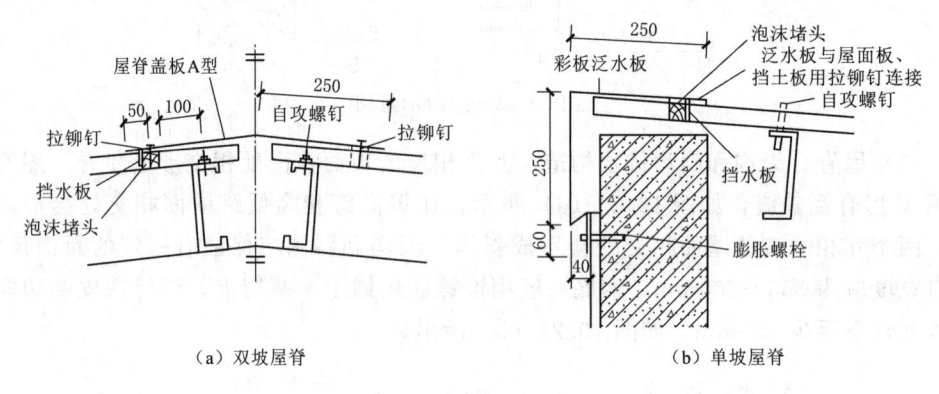

（a）双坡屋脊　　　　（b）单坡屋脊

图10.27 压型钢板屋面屋脊排水构造图

(4) 压型钢板屋面山墙排水构造。压型钢板屋面与山墙之间一般用山墙包角板整体包裹,包角板与压型钢板屋面之间用通长密封胶带密封,如图10.28所示。

(5) 压型钢板屋面高低跨排水构造。压型钢板屋面高低跨交接处,加铺泛水板进行处理,泛水板上部与高侧外墙连接,高度不小于250mm,下部与压型钢板屋面连接,宽度不小于200mm,如图10.29所示。

10.3.2 坡屋顶构造

所谓坡屋顶,是指屋面坡度在10%以上的屋顶。与平屋顶相比较,坡屋顶的屋面坡度大,因而其屋面构造及屋面防水方式均与平屋顶不同。坡屋面的屋面防水常采用构件自防水方式,屋面构造主要由屋顶天棚、承重结构层及屋面面层组成。

1. 坡屋面的类型

(1) 平瓦屋面。平瓦有水泥瓦和黏土瓦两种,其外形按防水及排水要求设计制作,

10.3 坡 屋 顶

图 10.28 压型钢板屋面山墙排水构造

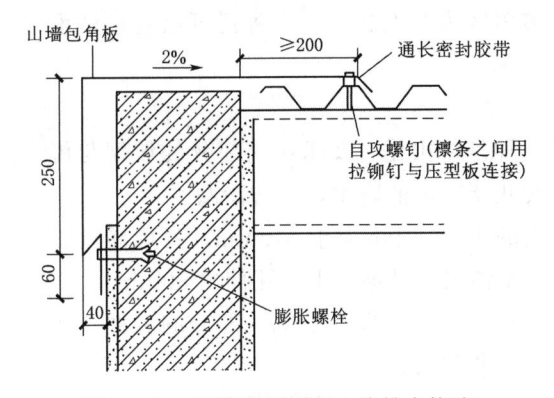

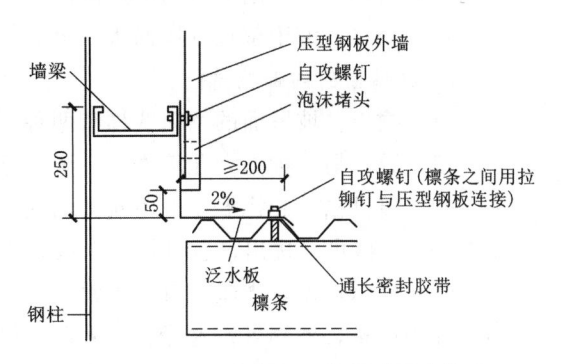

图 10.29 压型钢板屋面高低跨排水构造

平瓦的外形尺寸约为 400mm×230mm，其在屋面上的有效覆盖尺寸约为 330mm×200mm，每平方米屋面约需 15 块瓦。

平瓦屋面的主要优点是瓦本身具有防水性，不需特别设置屋面防水层，瓦块间搭接构造简单，施工方便。其缺点是屋面接缝多，如不设屋面板，雨、雪易从瓦缝中飘进，造成漏水。为保证有效排水，瓦屋面坡度不得小于 1∶2。在屋脊处需盖上鞍形脊瓦，在屋面天沟下需设置镀锌铁皮，以防漏水。

拓展阅读

平瓦屋面的构造方式

1. 有椽条、有屋面板平瓦屋面

在屋面檩条上放置椽条，椽条上稀铺或满铺厚度在 8～12mm 的木板（稀铺时在板面上还可铺芦席等），板面（或芦席）上方平行于屋脊方向铺干油毡一层，钉顺水条和挂瓦条，安装机制平瓦。采用这种构造方案，屋面板受力较小，因而厚度较薄。

2. 屋面板平瓦屋面

在檩条钉厚度 15～25mm 的屋面板（板缝不超过 20mm）平行于屋脊方向铺油毡一层，钉顺水条和挂瓦条，安装机制平瓦。这种方案屋面板与檩条垂直布置，为受力构件因而厚度较大。

(2) 冷摊瓦屋面。这是一种构造简单的瓦屋面，先在檩条上钉椽条，其截面 35mm×60mm，间距 500mm，然后在椽条上钉挂瓦条（注意挂瓦条间距符合瓦的标志长度），在挂瓦条上直接铺瓦。由于构造简单，它只用于简易或临时建筑。

(3) 波形瓦屋面。波形瓦屋面包括水泥石棉波形瓦、钢丝网水泥瓦、玻璃钢瓦、钙塑瓦、金属钢板瓦、石棉菱苦土瓦等。根据波形瓦的波形大小可分为大波瓦、中波瓦和小波瓦三种。波形瓦具有重量轻、耐火性能好等优点，但易折断，强度较低。

(4) 小青瓦屋面。小青瓦屋面在我国传统房屋中采用较多，目前有些地方仍然采用。小青瓦断面呈弧形，尺寸及规格不统一。铺设时分别将小青瓦仰俯铺排，覆盖成垅。仰铺瓦成沟，俯铺瓦盖于仰铺瓦纵向交接处，与仰铺瓦间搭接瓦长 1/3 左右。上下瓦间的搭接长在少雨地区为搭六露四,在多雨区为搭七露三。小青瓦可以直接铺设于椽条上,也可铺于望板(屋面板)上。

2. 坡屋面的细部构造

(1) 檐口。坡屋面的檐口式样有两种:一种是挑出檐,要求挑出部分的坡度与屋面坡度一致;另一种是女儿墙檐口,要做好女儿墙内侧的防水,以防渗漏。

(2) 砖挑檐。砖挑檐一般不超过墙体厚度的1/2,且不大于240mm。每层砖挑长为60mm,砖可平挑出,也可把砖斜放,用砖角挑出,挑檐砖上方瓦伸出50mm。

(3) 椽木挑檐。当屋面有椽木时,可以用椽木挑出,以支承挑出部分的屋面。挑出部分的椽条,外侧可钉封椽板,底部可钉木条并油漆。

(4) 屋架端部附木挑檐或挑檐木挑檐。如需要较大挑长的挑檐,可以沿屋架下弦伸出附木,支承挑出的檐口木,并在附木外侧面钉封檐板,在附木底部做檐口吊顶。对于不设屋架的房屋,可以在其横向承重墙内压砌挑檐木并外挑,用挑檐木支承挑出的檐口。

(5) 钢筋混凝土挑天沟。当房屋屋面集水面积大、檐口高度高、降雨量大时,坡屋面的檐口可设钢筋混凝土挑天沟,并采用有组织排水。

(6) 山墙。双坡屋面的山墙有硬山和悬山两种。硬山是指山墙与屋面等高或高于屋面成女儿墙。悬山是把屋面挑出山墙之外。

(7) 斜天沟。坡屋面的房屋平面形状有凸出部分,屋面上会出现斜天沟。构造上常采用镀锌铁皮折成槽状,依势固定在斜天沟下的屋面板上,以做防水层。

(8) 烟囱泛水构造。烟囱四周应做泛水,以防雨水的渗漏。一种做法是镀锌铁皮泛水,将镀锌铁皮固定在烟囱四周的预埋件上,向下披水。在靠近屋脊的一侧,铁皮伸入瓦下,在靠近檐口的一侧,铁皮盖在瓦面上。另一种做法是用水泥砂浆或水泥石灰麻刀砂浆做抹灰泛水。

(9) 檐沟和落水管。坡屋面房屋采用有组织排水时,需在檐口处设檐沟,并布置落水管。坡屋面排水计算、落水管的布置数量、落水管、雨水斗、落水口等要求同平屋顶有关要求。坡屋面檐沟和落水管可用镀锌铁皮、玻璃钢、石棉水泥管等材料。

3. 坡屋顶的承重结构

(1) 硬山搁檩。横墙间距较小的坡屋面房屋,可以把横墙上部砌成三角形,直接把檩条支承在三角形横墙上,叫作硬山搁檩,如图10.30所示。

檩条可用木材、预应力钢筋混凝土、轻钢桁架、型钢等材料。檩条的斜距不得超过1.2m。木质檩条常选用Ⅰ级杉圆木,木檩条与墙体交接段应进行防腐处理,常用的方法是在山墙上垫上油毡一层,并在檩条端部涂刷沥青。

(2) 屋架及支撑。当坡屋面房屋内部需要较大空间时,可把部分横向山墙取消,用屋架作为承重构件,如图10.31所示。坡屋面的屋架多为三角形。屋架可选用木材(Ⅰ级杉圆木)、型钢(角钢或槽钢)制作,也可用钢木混合制作(屋架中受压杆件为木材,受拉杆件为钢材),或用钢筋混凝土制作。若房屋内部有一道或两道纵向承重墙,可以考虑选用三点支承或四点支承屋架。

10.3 坡 屋 顶

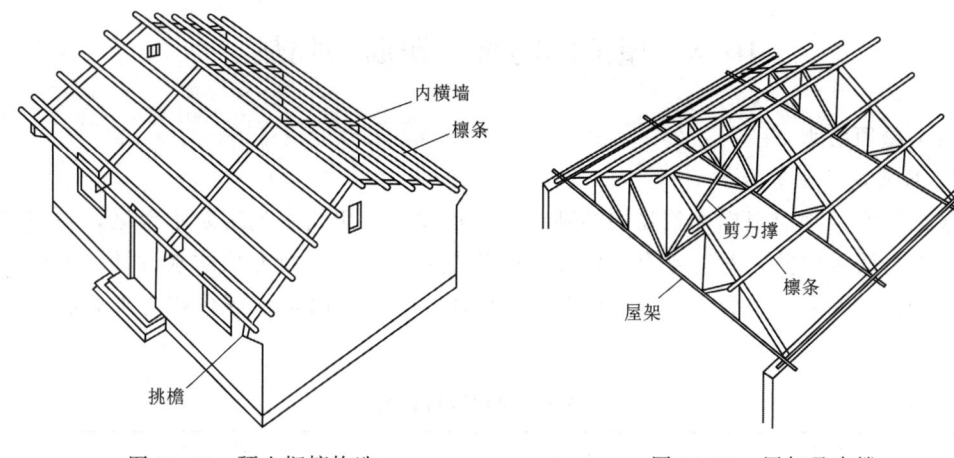

图 10.30 硬山搁檩构造

图 10.31 屋架及支撑

为了防止屋架的倾覆，提高屋架及屋面结构的空间稳定性，屋架间要设置支撑。屋架支撑主要有垂直剪刀撑和水平系杆等。

当房屋的平面有凸出部分时，屋面承重结构有两种做法。当凸出部分的跨度比主体跨度小时，可把凸出部分的檩条搁置在主体部分屋面檩条上，也可在屋面斜天沟处设置斜梁，把凸出部分檩条搭接在斜梁上。当凸出部分跨度比主体部分跨度大时，可采用半屋架。半屋架的一端支承在外墙上，另一端支承在内墙上；当无内墙时，支承在中间屋架上。对于四坡形屋顶，当跨度较小时，在四坡屋顶的斜屋脊下设斜梁，用于搭接屋面檩条；当跨度较大时，可选用半屋架或梯形屋架，以增加斜梁的支承点。

（3）木构架承重。木构架结构是我国古代建筑的主要结构形式，一般由立柱和横梁组成屋顶和墙身部分的承重骨架，檩条把一排排梁架联系起来形成整体骨架，如图10.32 所示。

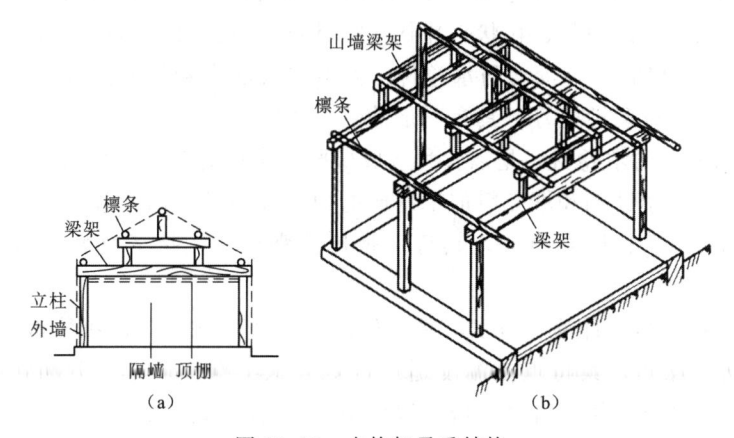

图 10.32 木构架承重结构

这种结构形式的内外墙填充在木构架之间，不承受荷载，仅起分隔和围护作用。构架交接点为榫齿结合，整体性及抗震性较好；但消耗木材量较多，耐火性和耐久性均较差，维修费用高。

10.4 屋顶的防水、保温与隔热

10.4.1 屋顶防水

1. 屋面的防水等级

屋面防水工程应根据建筑物的类别、重要程度、使用要求确定防水等级，并按相应等级进行防水设防，对防水有特殊要求的建筑屋面，应进行专项防水设计。屋面防水等级和设防要求应符合表 10.1 的规定，卷材、涂膜屋面防水等级和防水做法应符合表 10.2 的规定。

表 10.1　　　　　　　　屋面防水等级和设防要求

防水等级	建筑类别	设防要求
Ⅰ级	重要建筑和高层建筑	两道防水设防
Ⅱ级	一般建筑	一道防水设防

表 10.2　　　　　　　　屋面防水等级和防水做法规定

防水等级	防水做法
Ⅰ级	卷材防水层和卷材防水层、卷材防水层和涂膜防水层、复合防水层
Ⅱ级	卷材防水层、涂膜防水层、复合防水层

2. 屋面的防水材料

(1) 防水材料的种类。防水材料根据其防水性能和适应变形能力，分为柔性防水材料和刚性防水材料两大类。目前工程中大量采用的是柔性防水材料。

1) 柔性防水材料包括高聚物改性沥青类防水卷材、合成高分子防水卷材、防水涂料。

a. 高聚物改性沥青类防水卷材，是以高分子聚合物改性沥青为涂盖层，以纤维织物或纤维毡为胎体，以粉状、粒状、片状薄膜材料为覆面材料制成的可卷曲片状防水材料，如 SBS 或 APP 改性沥青防水卷材、再生橡胶防水卷材等。这些防水卷材的特点是抗拉强度高、抗裂性能好、具有一定的温度适应能力。

b. 合成高分子防水卷材，是以各种合成橡胶或合成树脂，也可以是两种混合为基料，加入适量的化学助剂和填充料加工制成的弹性或弹塑性防水卷材，如三元乙丙橡胶、聚氯乙烯、氯丁橡胶卷材等。其特点是抗拉强度高、抗老化性能好、低温柔韧性好。

c. 防水涂料，是一种液态防水材料，如沥青基防水涂料、高聚物改性沥青涂料、合成高分子防水涂料。其特点是温度适应性好、施工操作简单、劳动强度低、污染少、易于修补，特别适用于轻型、薄壳等异型屋面的防水。

2) 刚性防水材料。刚性防水材料包括防水砂浆和细石混凝土、玻纤胎沥青瓦。防水砂浆和细石混凝土是以水泥、砂石为原料，内掺少量外加剂、高分子聚合物等材料，通过调整配比，抑制或减少孔隙率，改变孔隙特征，增加原材料界面间密实性等方法，配制成具有一定抗渗透能力的水泥砂浆、混凝土。

玻纤胎沥青瓦，简称沥青瓦，是一种新型的屋面防水材料，因其优异的防水性能、较长的使用寿命以及美观的外观设计而得到广泛应用。

（2）防水材料的选择。防水材料的选择应符合下列规定：

1）外露使用的防水层，应选用耐紫外线、耐老化、耐候性好的防水材料。

2）上人屋面，应选用耐霉变、拉伸强度高的防水材料。

3）长期处于潮湿环境的屋面，应选用耐腐蚀、耐霉变、耐穿刺、耐长期水浸等性能的防水材料。

4）薄壳、装配式结构，钢结构及大跨度建筑屋面，应选用耐候性好、适应变形能力强的防水卷材。

5）倒置式屋面应选用适应变形能力强、接缝密封保证率高的防水材料。

6）坡屋面应选用与基层黏结力强、感温性小的防水材料。

7）屋面接缝密封防水，应选用与基材黏结力强和耐候性好、适应变形能力强的密封材料。

10.4.2 屋顶保温

在寒冷地区或装有空调设备的建筑中，屋顶应设计成保温屋顶。保温屋顶按稳定传热原理来考虑热工问题。在墙体设计中，防止室内热损失的主要措施是提高墙体的热阻，这一原则同样适用于屋顶的保温。为了提高屋顶的热阻，需要在屋顶设置保温层。

1. 保温材料的类型

保温材料应选用吸水率低、导热系数小，并具有一定强度的材料。屋面保温材料一般为轻质多孔材料，分为以下三种类型。

（1）松散保温材料。常用的有膨胀蛭石、膨胀珍珠岩、炉渣、矿棉等，膨胀蛭石粒径 3～15mm，堆积密度应小于 $300kg/m^3$，导热系数应小于 $0.14W/(m·K)$。

（2）板块材保温材料。常用的板块材保温材料加气混凝土板、泡沫混凝土板、膨胀珍珠岩板、膨胀蛭石板、矿棉板、岩棉板、泡沫塑料板、木丝板、刨花板、甘蔗板等。其中最常用的是加气混凝土板和泡沫混凝土板。泡沫塑料板价格较贵，只在高级工程中采用。植物纤维板适用于通风条件良好、不易腐烂的情况。

（3）现浇轻质混凝土保温材料。常用的有泡沫混凝土、陶粒混凝土、水泥膨胀珍珠岩、水泥膨胀蛭石等。保温材料的选用，应根据建筑物的使用性质、工程造价、铺设的具体部位等因素加以考虑。

2. 平屋顶的保温构造

平屋顶保温层通常放在防水层之下，结构层之上，如图 10.33 所示。保温卷材屋面与非保温卷材屋面有所不同的是增加了保温层和保温层上下的找平层和隔汽层。因为保温层强度较低，表面不够平整，故在其上必须找平后才能铺防水层。

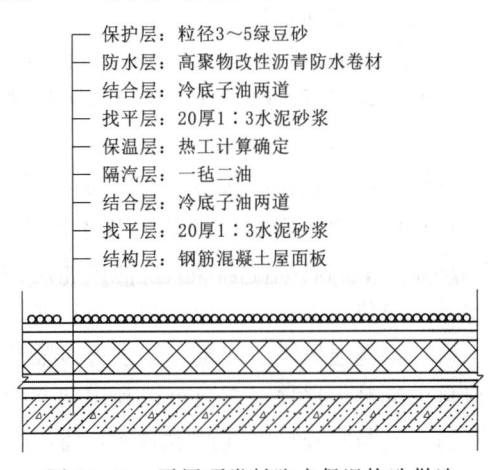

保护层：粒径3～5绿豆砂
防水层：高聚物改性沥青防水卷材
结合层：冷底子油两道
找平层：20厚1:3水泥砂浆
保温层：热工计算确定
隔汽层：一毡二油
结合层：冷底子油两道
找平层：20厚1:3水泥砂浆
结构层：钢筋混凝土屋面板

图 10.33 平屋顶卷材防水保温构造做法

保温层下面设隔汽层是因为冬季室内温度高于室外，热气流从室内向室外渗透，空气中的水蒸气随着热气流上升，从屋面板的孔隙渗透进保温层，冷凝后存于保温材料中。然而水的导热系数比空气大得多，一旦多孔隙的保温材料中浸入了水，便会大大降低其保温效果。另外，气温上升时滞留于保温材料中的水遇热后转化为蒸汽，体积膨胀会造成油毡防水层起鼓甚至开裂。基于上述这两个原因，宜在保温层下铺设隔汽层，通常的做法是一毡二油或两道热沥青。

    3. 坡屋顶的保温构造

坡屋顶的保温层一般布置在瓦格与檩条之间或吊顶棚上面。保温材料可根据工程具体要求选用松散材料、块体材料或现浇材料。在一般的小青瓦保温屋面中，常在基层上铺一层40mm厚的黏土稻草泥作为保温层，将小青瓦片黏结在该层上，如图10.34（a）所示。在平瓦保温屋面中，可将保温材料填充在檩条之间，如图10.34（b）所示。

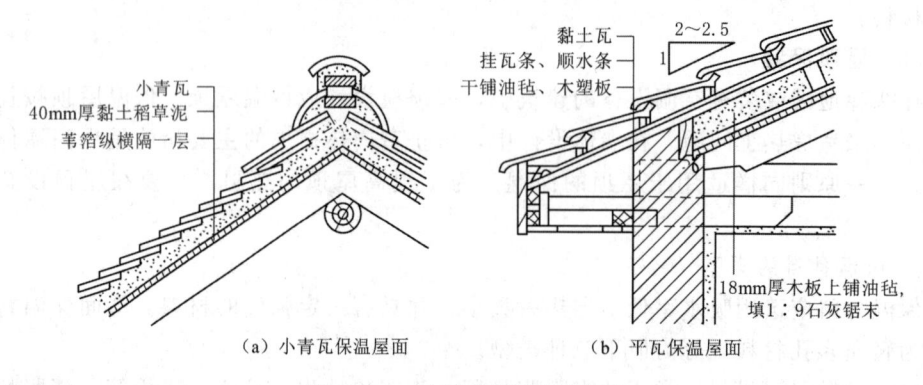

图10.34 坡屋顶保温构造做法

10.4.3 屋顶隔热

在夏季太阳辐射和室外气温的综合作用下，从屋顶传入室内的热量要比从墙体传入室内的热量多得多。在多层建筑中，顶层房间占有很大比例，屋顶的隔热问题应予以认真考虑。我国南方地区的建筑屋面隔热尤为重要，应采取适当的构造措施解决屋顶的降温和隔热问题。

屋顶隔热降温的基本原理是减少直接作用于屋顶表面的太阳辐射热量。所采用的主要构造方式有屋顶间层通风隔热、屋顶蓄水隔热、屋顶植被隔热、屋顶反射阳光隔热等。

    1. 屋顶间层通风隔热

通风隔热就是在屋顶设置架空通风间层，使其上层表面遮挡阳光辐射，同时利用风压和热压作用把间层中的热空气不断带走，使通过屋面板传入室内的热量大为减少，从而达到隔热降温的目的。通风间层的设置通常有两种方式：一种是在屋面上做架空通风隔热间层；另一种是利用吊顶棚内的空间做通风间层。

（1）架空通风隔热间层。架空通风隔热间层设于屋面防水层上，架空层内的空气可以自由流动，这样一方面可以利用架空的面层遮挡直射阳光，另一方面架空层内被加热的空气与室外冷空气产生对流，将层内的热量源源不断地排走，从而达到降低室内温度的目的。

架空通风隔热间层通常用砖、瓦、混凝土等材料及制品制作，如图10.35所示。

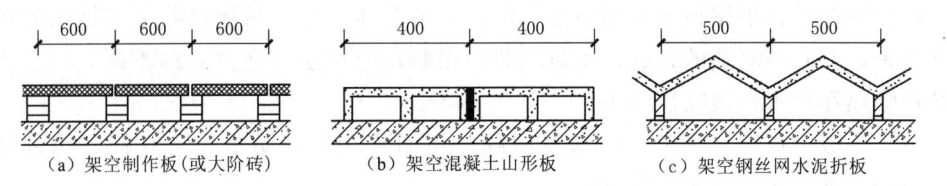

（a）架空制作板（或大阶砖）　（b）架空混凝土山形板　（c）架空钢丝网水泥折板

图10.35　架空通风隔热间层构造

（2）顶棚通风隔热间层。利用顶棚与屋面间的空间做通风隔热间层可以起到与架空通风隔热间层同样的作用。图10.36所示是几种常见的顶棚通风隔热屋面构造示意。

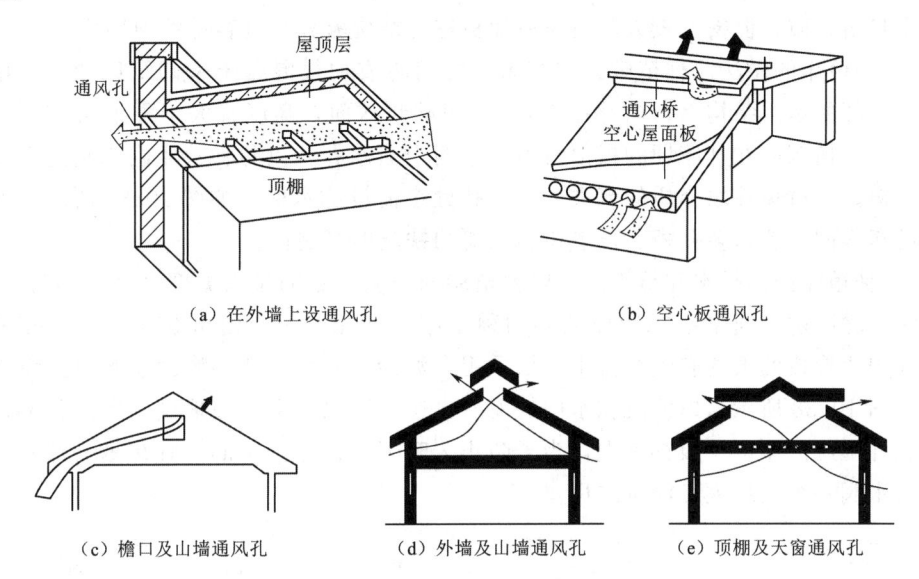

（a）在外墙上设通风孔　（b）空心板通风孔

（c）檐口及山墙通风孔　（d）外墙及山墙通风孔　（e）顶棚及天窗通风孔

图10.36　常见的顶棚通风隔热屋面构造示意图

2. 屋顶蓄水隔热

蓄水隔热屋面利用平屋顶所蓄积的水层来达到屋顶隔热的目的。在太阳辐射和室外气温的综合作用下，水能吸收大量的热而由液体蒸发为气体，从而将热量散发到空气中，减少了屋顶吸收的热能，起到隔热的作用。水面还能反射阳光，减少阳光辐射对屋面的热作用。此外，水层长期将防水层淹没，使混凝土防水层处于水的养护下，可减少由于温度变化引起的开裂和防止混凝土的碳化，并使诸如沥青和嵌缝胶泥之类的防水材料在水层的保护下推迟老化延长使用年限。总体来说，蓄水屋面具有既能隔热又能延长防水层使用寿命等优点。

我国南方部分地区也有采用深蓄水屋面做法的，其蓄水深度可达600～700mm，视各地气象条件而定。为了保证池中蓄水不致干涸，蓄水深度应大于当地气象资料统计提供的历年最大雨水蒸发量，即蓄水池中的水即使在连晴高温的季节也能保证不干。深蓄水屋面的主要优点是不需人工补充水，管理便利，池内还可养鱼增加收入。蓄水屋面的荷载很大，超过一般屋面板承受的荷载。为确保结构安全，应单独对屋面结构进行设计。

3. 屋顶植被隔热

植被隔热是在平屋顶上种植植物,借助栽培介质隔热及植物吸收并遮挡阳光的双重功效来达到降温隔热的目的。植被隔热根据栽培介质层构造方式的不同,可分为一般植被隔热和蓄水植被隔热两类。

(1) 一般植被隔热屋面。一般植被隔热屋面是在屋面防水层上直接铺填种植介质,栽培各种植物,其构造要点如下。

1) 选择适宜的种植介质。为了不过多地增加屋面荷载,宜尽量选用轻质材料作栽培介质,常用的有谷壳、蛭石、陶粒、泥炭等,即所谓的无土栽培介质。近年来,还有将聚苯乙烯、尿甲醛、聚甲基甲酸酯等合成材料作为栽培介质的,其重量更轻,耐久性和保水性更好。为了降低成本,也可在发酵后的锯末中掺入约30%体积比的腐殖土作栽培介质,但密度较大,需对屋面板进行结构验算,且容易污染环境。

2) 种植床的做法。种植床又称苗床,可用砖或加气混凝土来砌筑床埂。床埂最好砌在下部的承重结构上,内外用1∶3水泥砂浆抹面,高度宜大于种植层60mm左右。每个种植床应在其床埂的根部设不少于两个泄水孔,以防种植床内积水过多造成植物烂根。为避免栽培介质的流失,泄水孔处也需设滤水网,如图10.37所示,滤水网可用塑料网或塑料多孔板、环氧树脂涂覆的铁丝网等制作。

3) 种植屋面的排水和给水。一般种植屋面应有一定的排水坡度(1%～3%),以便及时排除积水。通常在靠屋面低侧的种植床与女儿墙间应留出300～400mm的距离,利用所形成的天沟有组织排水。如采用含泥沙的栽培介质,屋面泄水口处设挡水坎,如图10.38所示,以便沉积水中的泥沙,这种情况要求合理地设计屋面各部位的标高。种植层的厚度一般都不大,为了防止久晴天气苗床内干涸,宜在每一种植分区内设给水阀一个,供人工浇水之用。

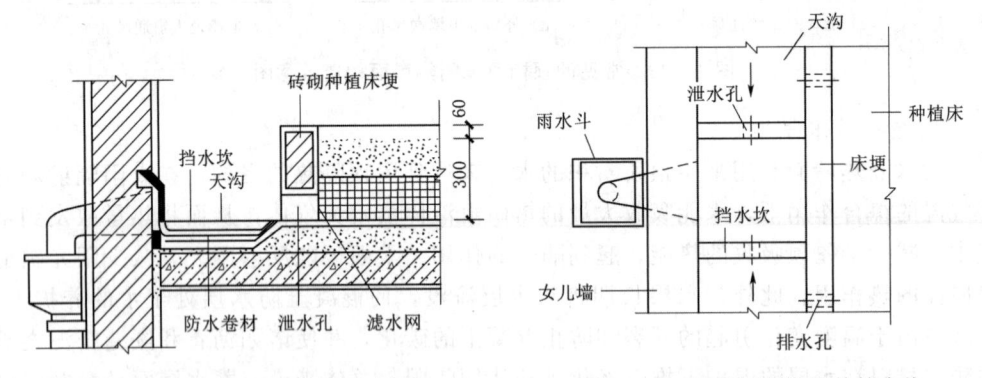

图10.37 种植屋面构造示意图　　图10.38 种植屋面设置的挡水坎

4) 种植屋面的防水层。种植屋面可以采用一道或多道(复合)防水设防,但最上面一道应为刚性防水层,要特别注意防水层的防蚀处理。防水层上的分格缝可用一布四涂盖缝,分格缝的嵌缝应选用耐腐蚀性能好的油膏。不宜种植根系发达、对防水层有较强穿刺作用的植物,如松、柏、榕树等。

5) 注意安全防护问题。种植屋面是一种上人屋面,需要经常进行人工管理(如浇水、施肥、栽种),因而屋顶四周应设女儿墙等作为护栏以利安全。护栏的净保护高度不宜小于1m，如屋顶栽有较高大的树木或设有藤架时，还应采取适当的紧固措施以免被风刮倒伤人。

(2) 蓄水种植隔热屋面。蓄水种植隔热屋面是将一般种植屋面与蓄水屋面结合起来，其基本构造层次如图10.39所示。其构造要点如下。

1) 防水层。蓄水种植屋面由于有一蓄水层，所以防水层应采用复合防水设施方式，以确保防水质量。

2) 蓄水层。种植床内的水层靠轻质多孔粗骨料蓄积，粗骨料的粒径不应小于25mm，蓄水层（包括水和粗骨料）的深度不应超过60mm。种植床埂以外的屋面也可蓄水，深度与种植床内相同。

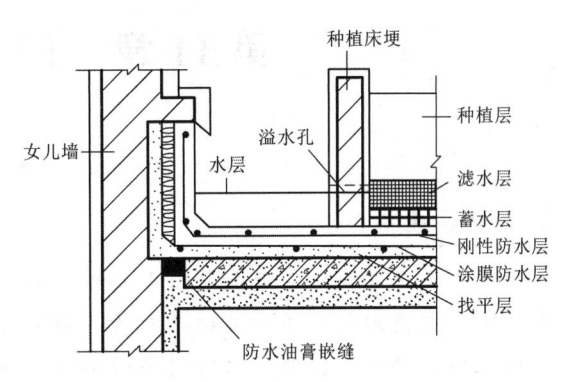

图10.39 蓄水种植隔热屋面构造做法

3) 滤水层。考虑到保持蓄水层的畅通，不致被杂质堵塞，应在粗骨料的上面铺60~80mm厚的细骨料滤水层。

4) 种植层。蓄水种植屋面的构造层次较多，为尽量减小屋面板的荷载，栽培介质的堆积重度不宜大于$10kN/m^3$。

5) 种植床埂。蓄水种植屋面应根据屋顶绿化设计用床埂进行分区，每区面积不宜大于$100m^2$。床埂宜高于种植层60mm左右，床埂底部每隔1200~1500mm应设一个溢水孔，孔下口与水层面持平。溢水孔处应铺设粗骨料或安设滤网以防止细骨料流失。

6) 人行架空通道板。架空板设在蓄水层上、种植床之间，供人在屋面活动和操作管理之用，兼有给屋面非种植覆盖部分增加一隔热层的功效。架空通道板应满足上人屋面的荷载要求，通常可支承在两边的种植床埂上。

本 章 小 结

本章深入探讨了屋顶在建筑中的重要作用，从屋顶的基本功能、类型和设计要求出发，详细介绍了平屋顶和坡屋顶的排水系统设计、构造方法，以及屋顶在防水、保温和隔热方面的关键技术。通过学习，读者可以掌握不同类型屋顶的设计原则和施工技术，了解如何通过合理的构造设计提升屋顶的性能，从而在实际工程中设计出安全、耐用且节能的屋顶结构。

思 考 题

1. 屋顶的结构要求有哪些？
2. 刚性防水屋顶和卷材防水屋顶的构造层次分别是什么？
3. 柔性防水材料有哪些种类及特点？
4. 屋顶的隔热构造方式有哪几种？

第 11 章 门　　窗

✓ 本章导读

门窗作为建筑物中不可或缺的重要组成部分，它们不仅仅是建筑外立面的主要构成元素，更是承担着多种关键功能的关键部件。这些功能包括但不限于通风、采光、防火以及隔声等。随着材料科学的不断进步和建筑技术的持续发展，门窗的设计和构造也在不断地变得更加多样化和复杂化。现代门窗不仅在外观上追求美观和个性化，还在性能上追求更高的安全性和舒适性，以满足人们对高品质生活的需求。

资源 11.1　门和窗

✓ 学习目标

◎知识目标

1. 熟悉木门窗构造设计。
2. 掌握铝合金门窗构造的特点及安装方法。
3. 掌握塑造门窗的特点及安装方法。
4. 熟悉门窗节能与遮阳设施的设计。
5. 了解特殊门窗的特点及设计。

◎能力目标

1. 能够根据工程条件，选择合理的门窗种类。
2. 能够根据工程条件，设计门窗与遮阳的构造做法。

◎素质目标

1. 培养学生追求精益求精的工匠精神，建造优质建筑工程。
2. 增强我国建筑文化自信及实业报国决心。

思维导图

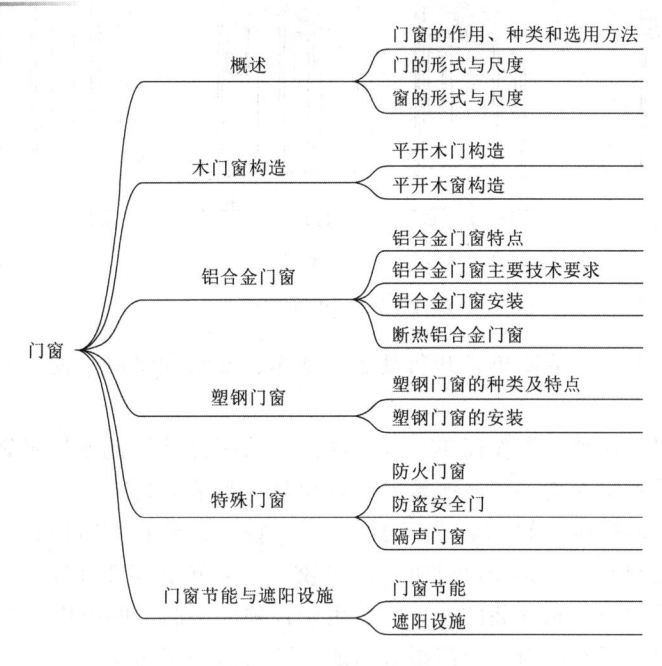

```
                    ┌─ 概述 ─────────────┬─ 门窗的作用、种类和选用方法
                    │                    ├─ 门的形式与尺度
                    │                    └─ 窗的形式与尺度
                    │
                    ├─ 木门窗构造 ───────┬─ 平开木门构造
                    │                    └─ 平开木窗构造
                    │
                    ├─ 铝合金门窗 ───────┬─ 铝合金门窗特点
             门窗 ──┤                    ├─ 铝合金门窗主要技术要求
                    │                    ├─ 铝合金门窗安装
                    │                    └─ 断热铝合金门窗
                    │
                    ├─ 塑钢门窗 ─────────┬─ 塑钢门窗的种类及特点
                    │                    └─ 塑钢门窗的安装
                    │
                    ├─ 特殊门窗 ─────────┬─ 防火门窗
                    │                    ├─ 防盗安全门
                    │                    └─ 隔声门窗
                    │
                    └─ 门窗节能与遮阳设施 ┬─ 门窗节能
                                         └─ 遮阳设施
```

11.1 概　　述

11.1.1 门窗的作用、种类和选用方法

1. 门窗的作用

门和窗属于建筑的围护构件。门具有出入、疏散、采光、通风、防火和突出建筑重点等作用；窗具有日照采光、通风、递物、观察、眺望和反映建筑性格等作用。同时，门窗还起到调节控制阳光、气流、声音及防火等方面的功能。

2. 门窗的种类

考虑节能要求，门窗按照主要材料及构造方式分为木门窗、铝合金门窗、塑料门窗、铝塑门窗、铝木门窗、木塑铝门窗、增强聚氨酯门窗、玻璃钢门窗、一体化集成型门窗、彩钢门窗等。

3. 门窗的选用方法

（1）门窗的外观、材料、尺寸及装配质量应符合国家现行相应产品标准的规定。

（2）参考图集中的门窗立面图，确定所设计工程项目的门窗立面及洞口尺寸。

（3）根据工程所在地区、工程性质、建筑高度等，确定门窗的抗风性、水密性、气密性、传热系数及采光性能等级。

11.1.2 门的形式与尺度

1. 门的形式

门按其开启方式通常有平开门、弹簧门、推拉门、折叠门、转门等，如图 11.1 所示。

（1）平开门。平开门是指水平方向开启的门，分单扇、双扇及内开和外开等形

第11章 门 窗

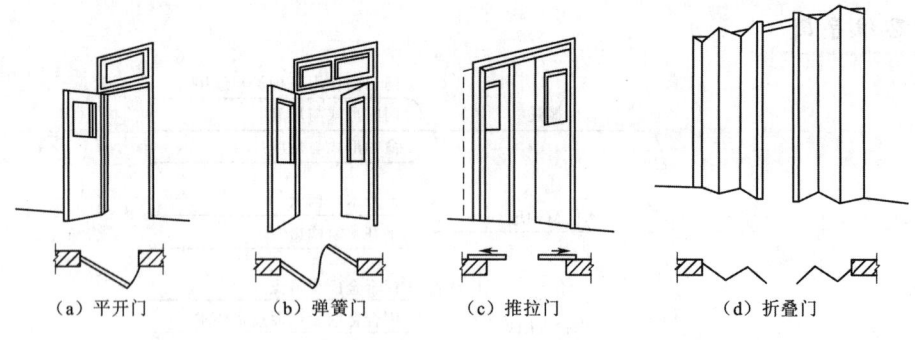

(a) 平开门　　(b) 弹簧门　　(c) 推拉门　　(d) 折叠门

图11.1 门的主要类型

式。平开门的特点是构造简单，开启灵活，制作、安装和维修方便。它是一般建筑中最常见的门。

(2) 弹簧门。这种门制作简单、开启灵活，采用弹簧铰链或地弹簧构造，开启后能自动关闭，适用于人流出入较频繁或有自动关闭要求的场所。

(3) 推拉门。推拉门的门扇开启时沿上、下设置的轨道左右滑行，有单扇和双扇两种。其优点是制作简单，开启时所占空间较少，但五金零部件较复杂，开关灵活性取决于五金零件的质量和安装的好坏，适用于各种大小洞口的民用及工业建筑。

(4) 折叠门。折叠门由多扇门拼合而成，开启后门扇可折叠在一起推移到洞口的一侧或两侧，优点是开启时占用空间少，但五金零部件较复杂，安装要求高，适用于各种大小洞口。

(5) 转门。转门为三扇或四扇门连成风车形，在两个固定弧形门套内旋转的门。对防止内外空气的对流有一定的作用，可作为公共建筑及有空气调节要求的房屋的外门。在转门的两旁还应设平开门或弹簧门，以作为不需要空气调节的季节或大量人流疏散之用。

(6) 卷帘门。卷帘门门扇是由条状金属（多为铝合金）扣板相互铰接组成。门上端设置滚筒，门洞内侧设有金属导槽，门扇可沿导槽被卷入滚筒而上升开启。开启可以用手动或电动，一般情况下，门宽超过6m，或门高超过4m时，宜采用电动上卷，但关闭时仍用人力拉下。把滚筒置于墙外的，称为反卷；把滚筒置于墙内的，称为正卷。卷帘门适用于车库和商店出入口。

另外，还有上翻门、升降门等形式，一般适用于需要较大活动空间（如车间、车库及某些公共建筑）的外门。

2. 门的尺度

门的尺度通常是指门洞的高宽尺寸。门作为交通疏散的构件，其尺度取决于人的通行要求、家具器械的搬运及与建筑物的比例关系等，并要符合《建筑模数协调标准》（GB/T 50002—2013）的规定。

一般民用建筑门的高度不宜小于2100mm。如门设有亮子时，亮子高度一般为300~600mm，则门洞高度为门扇高加亮子高，再加门框及门框与墙间的缝隙尺寸，即门洞高度一般为2400~3000mm。常用住宅门洞最小尺寸见表11.1。公共建筑大门高度可视需要适当提高。

11.1 概　　述

为避免门扇面积过大导致门扇及五金连接件等变形而影响门的使用，门的宽度也要符合规范的要求。单扇门为 700～1000mm，双扇门为 1200～1800mm。宽度在 2100mm 以上时，则多做成三扇门、四扇门或双扇带固定扇的门。辅助房间（如浴厕、储藏室等）门的宽度可窄些，一般为 700～800mm。

表 11.1　　　　　　　　　常用住宅门洞的最小尺寸

类别	门洞净宽度/m	门扇净宽度/m	门洞净高度/m	门扇净高度/m
共用外门	1.20	1.10	2.30	2.20
户（套）门	1.10	1.00	2.20	2.10
起居室（厅）	1.00	0.90	2.20	2.10
卧室门	1.00	0.90	2.20	2.10
厨房门	0.90	0.80	2.20	2.10
卫生间门	0.90	0.80	2.20	2.10
阳台门（单扇）	0.90	0.80	2.20	2.10
储藏室门	0.70	0.60	2.20	2.10

门的规格用洞口标志尺寸表示，为了使用方便，一般民用建筑门（木门、铝合金门、塑料门等）均编制成标准图，在图上注明类型及有关尺寸，设计时可按需要直接选用。

11.1.3　窗的形式与尺度

1. 窗的形式

窗按照开启方式有固定窗、平开窗、推拉窗、悬窗、立转窗等形式，如图 11.2 所示。

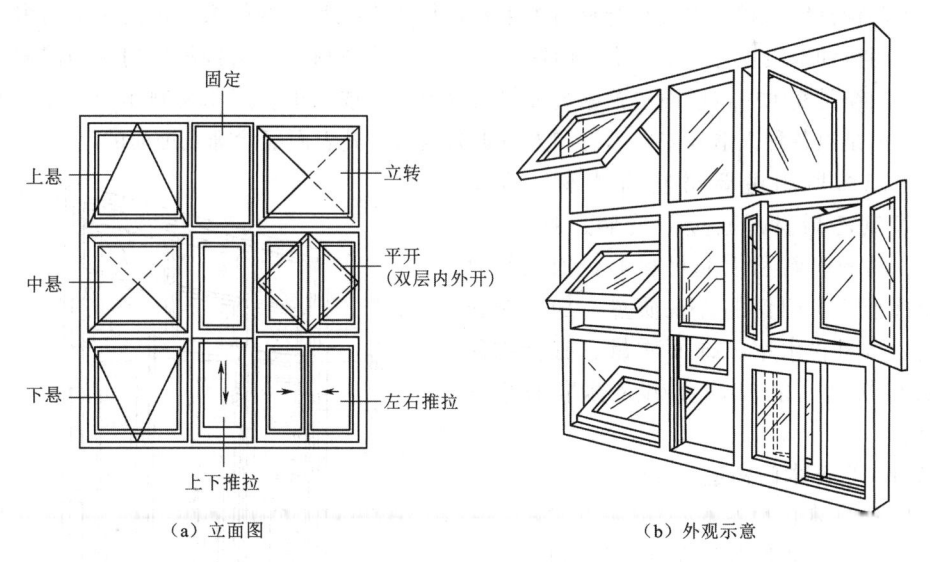

图 11.2　窗的开启方式

（a）立面图　　　（b）外观示意

（1）固定窗。固定窗的窗扇不能开启，一般将玻璃直接安装在窗框上，其作用是采光、眺望。

（2）平开窗。平开窗是将窗扇用铰链固定在窗框侧边，有内开、外开之分。平开窗构造简单、制作方便，开启灵活，广泛应用于各类建筑中。

(3) 推拉窗。推拉窗分垂直推拉和水平推拉两种，开启时不占据室内外空间，窗扇比平开窗扇大，有利于照明和采光，尤其适用于铝合金及塑钢窗。

(4) 悬窗。悬窗按窗的开启方式不同，分为以下三种。

1) 上悬式。其窗轴位于窗扇上方，外开时防雨性能好，但通风较差。

2) 中悬式。其构造简单、制作方便、通风较好，多用于厂房侧窗。

3) 下悬式。此类型窗不能防雨，开启时占用室内空间，只能用于特殊房间。

(5) 立转窗。立转窗有利于通风与采光，但防雨及封闭性较差，多用于有特殊要求的房间。

(6) 百叶窗。百叶窗具有遮阳、防雨、通风等多种功能，但采光较差。

2. 窗的尺度

窗的尺度主要取决于房间的采光通风、构造做法和建筑造型等要求，并要符合《建筑模数协调标准》(GB/T 50002—2013) 的规定。为使窗坚固耐久，一般平开木窗的窗扇高度为 800～1200mm，宽度不宜大于 500mm。上下悬窗的窗扇高度为 300～600mm，中悬窗的窗扇高不宜大于 1200mm，宽度不宜大于 1000mm；推拉窗的窗扇高宽均不宜大于 1500mm。对于一般民用建筑用窗，各地均有标准图集，各类窗的高度与宽度尺寸通常采用扩大模数 3M 数列作为洞口的标志尺寸，需要时只要按所需类型及尺度大小直接选用。

11.2 木门窗构造

木门窗是以木材、木质复合材料为主要材料制作框和扇的门窗，包括实木门窗、实木复合门窗和木质复合门窗。实木门窗是以木材、集成材（含指接材）制作的门窗。实木复合门窗是实木门窗扇面层覆贴装饰单板（薄木）或以单板层积材制作的门窗。木质复合门窗是以各种人造板或以木材和人造板为基材，其表面经涂饰或饰面的门窗。

木门窗所用主要材料有木材、人造板、聚氯乙烯材、五金、玻璃、胶黏剂、涂料、密封材料和填充材料等，均应符合相应标准。木门窗的外观质量、加工制作质量、木材含水率、饰面质量、有害物质含量和物理性能应符合相应标准的相关规定。

11.2.1 平开木门构造

1. 平开木门的组成

平开木门主要由门框（也称门樘）、门扇和建筑五金等组成。根据需要，还可附设门帘盒、贴脸板、筒子板等。门框可根据上亮和多扇门的要求设置中横框和中竖框，如图 11.3 所示。

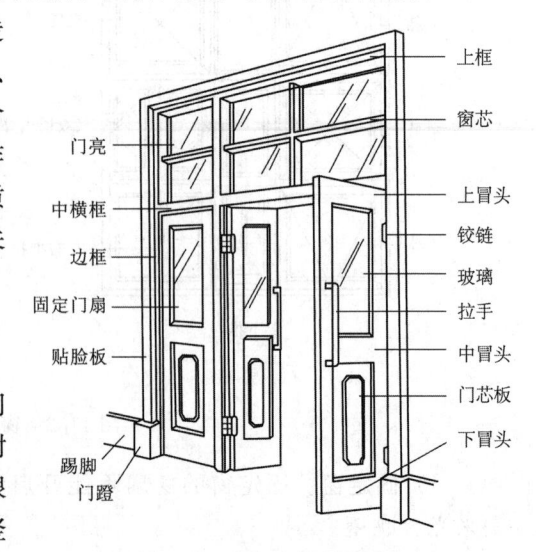

图 11.3 平开木门的组成

11.2 木门窗构造

2. 门框

木门框主要由上框和边框组成,当与洞口较大、带有亮子、有多扇组合时,需增加中横框和中竖框。

(1) 门框的断面。门框的断面形式与门的类型、层数有关,应便于门的安装,并具有一定的密闭性。门框的断面尺寸主要考虑接榫牢固与门的类型,还要考虑制作时的刨光损耗,毛面尺寸应比净断面尺寸稍大些,平开木门门框的断面形状如图11.4所示。

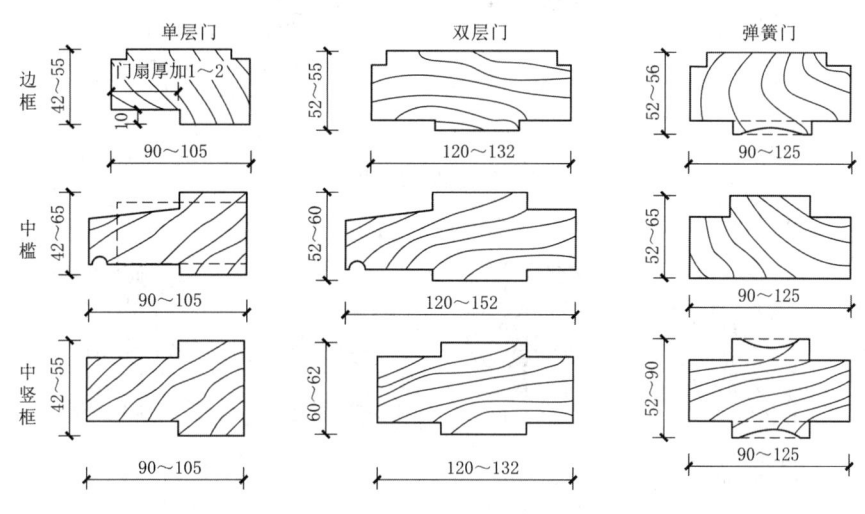

图 11.4 平开木门门框的断面形状

为便于门扇密闭,门框上要有裁口(或铲口)。根据门扇数与开启方式的不同,裁口的形式可分为单裁口与双裁口两种。单裁口用于单层门,双裁口用于双层门或弹簧门。裁口宽度要比门扇宽度大1~2mm,以利于安装和门扇开启。裁口深度一般为8~10mm。

由于门框靠墙一面易受潮变形,故常在该面开1~2道背槽,以免产生翘曲变形,同时也利于门框的嵌套。背槽的形状可为矩形或三角形,深度为8~10mm,宽为12~20mm。

(2) 门框的安装。门框的安装根据施工方式分塞口和立口两种,如图11.5所示。

塞口(又称塞樘子)是在墙砌好后再安装门框。采用此法时,洞口的宽度应比门框大20~30mm,高度比门框大10~20mm。门洞两侧砖墙上每隔800~1000mm预埋木砖或预留缺口,以使用圆钉或水泥砂浆将门框固定。框与墙间的缝隙需用沥青麻丝嵌填,如图11.6所示。

立口(又称立樘子)是在砌墙前即用支撑先立门框然后砌墙。框与墙的结合紧密,但是立樘与砌墙工序交叉,施工不便。

(3) 门框在墙中的位置。门框在墙中的位置,可在墙的中间或与墙的一边平齐,如图11.7所示。一般多与开启方向一侧平齐,尽可能使门扇开启时贴近墙面。门框四周的抹灰极易开裂脱落,因此在门框与墙结合处应做贴脸板和木压条盖缝,贴脸板一般为15~20mm厚、30~75mm宽。木压条厚与宽为10~15mm,装修标准高的建筑,还可在门洞两侧和上方设筒子板,如图11.7(a)所示。

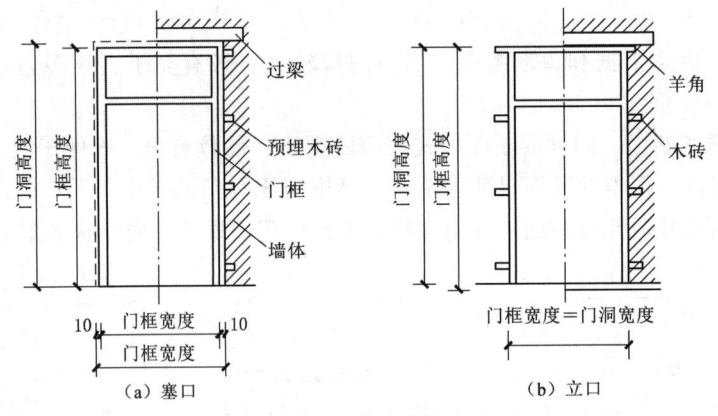

图 11.5 门框的安装方式

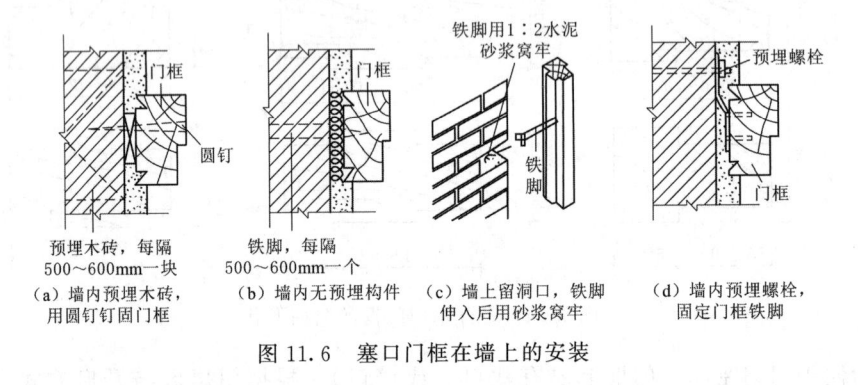

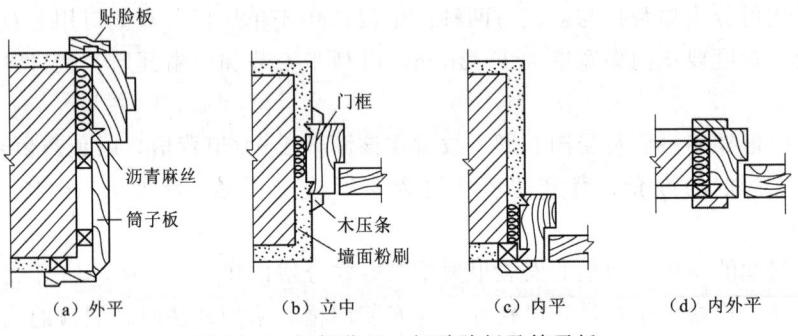

图 11.6 塞口门框在墙上的安装

图 11.7 门框位置、门贴脸板及筒子板

3. 门扇

常用的木门门扇有镶板门（包括玻璃门、纱门）、夹板门、无框木门等。

(1) 镶板门。镶板门门扇由边梃、上冒头、中冒头（可作数根）和下冒头组成骨架，内装门芯板而构成。其构造简单，加工制作方便，适用于一般民用建筑的内门和外门。

门扇的边梃与上、中冒头的断面尺寸一般相同，厚度为 40～45mm，宽度为 100～120mm。为了减少门扇的变形，下冒头的宽度一般加大至 160～250mm，并与边梃采用双榫结合。

门芯板在边梃和冒头中的镶嵌方式有暗槽、单面槽以及双边压条三种。其中，暗

11.2 木门窗构造

槽结合最牢,工程中用得较多,其他两种方法比较省料和简单,多用于玻璃、纱网及百叶的安装,如图 11.9 所示。

(2)夹板门。夹门板是用断面较小的方木做成骨架,两面粘贴面板而成,如图 11.10 所示。门扇面板可用胶合板、塑料面板和硬质纤维板。面板不再是骨架的负担,而是和骨架形成一个整体,共同抵抗变形。夹板门的形式可以是全夹板门、带玻璃或带百叶夹板门。

夹板门的骨架一般用厚约 30mm、宽 30~60mm 的木料做边框,中间的肋条用厚约 30mm、宽 10~25mm 的木条,可以是单向排列、双向排列或密肋形式,间距一般为 200~400mm,安门锁处需另加上锁木。为使门扇内通风干燥,避免因内外温湿度差产生变形,在骨架上需设通气孔。为节约木材,也有用蜂窝形浸塑纸来代替肋条的。

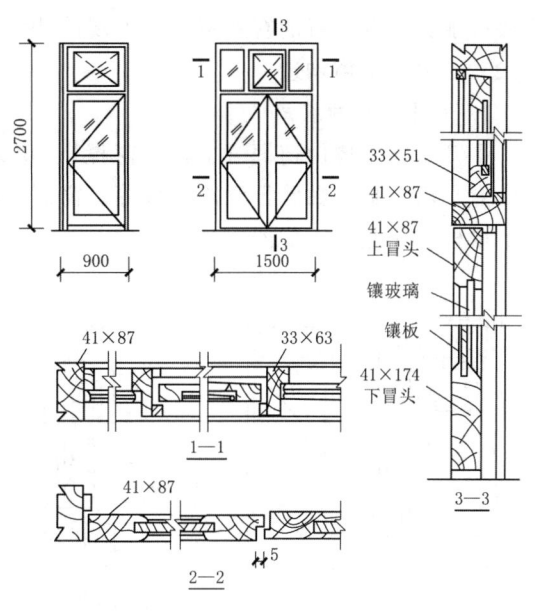

图 11.8 镶板门的构造

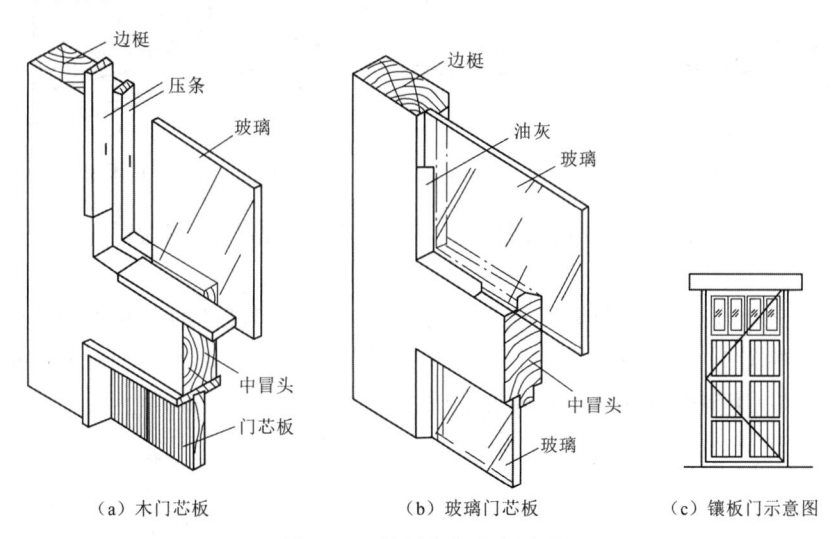

(a)木门芯板 (b)玻璃门芯板 (c)镶板门示意图

图 11.9 镶板门门芯板安装

由于夹板门构造简单,可利用小料、短料。其自重轻,外形简洁,在一般民用建筑中广泛用作建筑的内门。

(3)无框木门。无框木门是近年来新兴的做法。它的特点是无须制作门框,而是在洞口内用膨胀胶粘贴成品门套板(包括筒子板和贴脸板)。门套板是用高密度复合材料制成的,可以承受门扇悬挂并反复启闭的荷载。再在门套板上钉子口条,即可以限定门扇的关闭位置,即相当于门框的铲口。无框木门可以节约大量木材,简化安装程序，加大门洞通行的有效宽度，外观简洁大方，款式多样。

11.2.2 平开木窗构造

1. 平开木窗的组成

平开木窗主要由窗框（也称为窗樘）、窗扇和建筑五金组成，根据需要还可附设窗帘盒、窗台板、贴脸板和筒子板等。窗框可根据设计中有无上亮或下亮及多扇而设置中横框和中竖框，如图11.11所示。

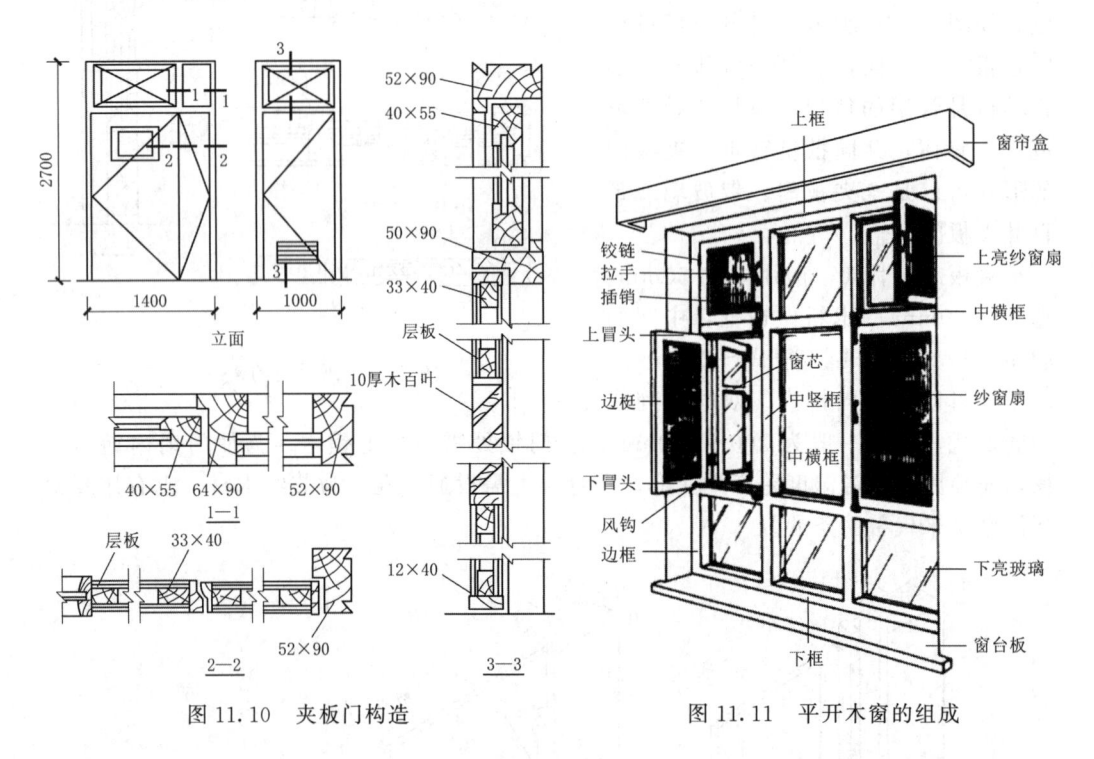

图11.10 夹板门构造

图11.11 平开木窗的组成

（1）窗框。最简单的窗框由边框及上下框组成，当窗尺寸较大时，应增加中横框或中竖框。

1）窗框断面。窗框的断面尺寸主要按材料的强度和接榫的需要确定，一般多为经验尺寸，如图11.12所示。图11.12中虚线为毛料尺寸，粗实线为刨光后的设计尺寸（净尺寸），中横框若加披水，其宽度还需要增加20mm左右。

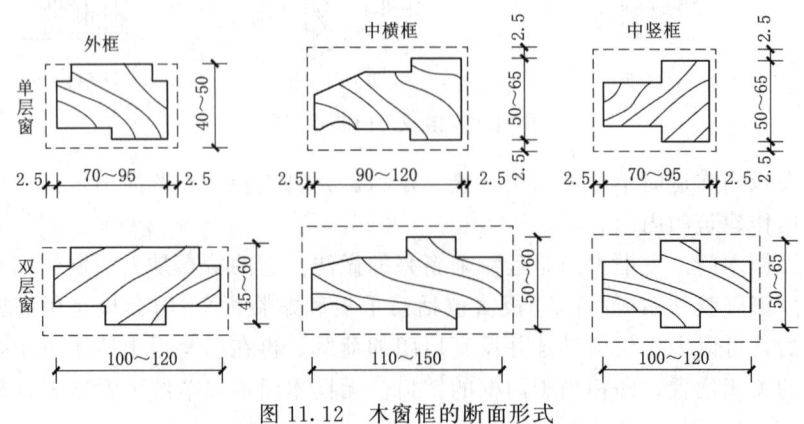

图11.12 木窗框的断面形式

11.2 木门窗构造

2) 窗框安装。窗框的安装方式与门框一样,分立口与塞口两种。塞口时洞口的高、宽尺寸应比窗框尺寸大 10~20mm。

3) 窗框在墙中的位置。窗框在墙体中的位置有内平、外平和立中三种。内平即窗框内表面与墙体内表面齐平。外平即窗框外表面与墙体外表面平齐。立中即立于洞口墙厚中部。窗框与墙体间的缝隙应填塞密实,以满足防风、挡雨、保温、隔声等要求。通常为保证嵌缝牢固,在窗框外侧开槽,俗称背槽,并做防腐处理嵌灰口,如图 11.13 所示。

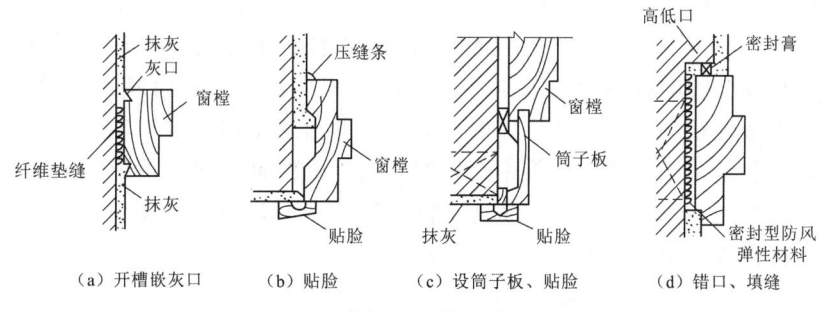

图 11.13 窗框与墙体的构造缝处理

(a) 开槽嵌灰口　(b) 贴脸　(c) 设筒子板、贴脸　(d) 错口、填缝

一般窗扇都用铰链、转轴或滑轨固定在窗框上。通常在窗框上做铲口,也可钉小木条形成铲口以减少对窗框木料的削弱。为了提高防风雨能力,可适当提高铲口深度或在铲口处钉镶密封条;或在窗框留槽,形成空腔的回风槽,对减弱风压、防止毛细现象流动、雨水排出及沉落风沙均有一定的效果。外开窗的上口和内开窗的下口,是防水的薄弱环节,雨水易从中渗入室内,一般须采取必要的防水措施,主要是在内开窗窗扇下冒头外面加设披水板,下边框设积水槽及排水孔将渗入的雨水排除,外开窗窗框中横框做披水及滴水。

(2) 窗扇。窗扇由上冒头、下冒头、边梃及窗芯等组成,由于木材强度较低,为避免变形,木窗扇的尺寸应控制在 600mm×1200mm 以内。按其镶嵌材料可分为玻璃窗扇、纱窗扇及百叶窗扇等形式。冒头及边框的截面形状和尺寸与其扇面大小、立面划分、玻璃厚度等因素有关,一般上下冒头截面尺寸为 40mm×55mm 左右,窗芯截面为 40mm×30mm 左右,裁口宽度为 15mm 左右,裁口深度在 8mm 以上。纱窗扇的截面略小于玻璃扇。窗扇通过铰链固定于窗框或中竖框上。

(3) 建筑五金。窗的五金零部件主要有铰链、插销、窗钩、拉手等。

2. 平开木窗的形式

(1) 单层窗。单层窗主要用于南方建筑;在寒冷地区,只用于内窗或不需采暖的建筑,如仓库、部分厂房等。单层窗的构造简单,成本低廉。窗的开启可以内开,也可以外开,如图 11.14 (a) 所示。

(2) 双层窗。寒冷地区的建筑外窗普遍采用双层窗,双层窗的开启可以分为内外开和双内开两种方式。在温暖地区和南方则用一玻一纱的双层窗。

1) 双层内外开木窗。双层内外开木窗的窗框在内侧与外侧均做铲口,内层向内开启,外层向外开启,构造安装合理,如图 11.14 (b) 所示。这种窗的内外窗扇基本相同,开启方便。内层窗可换成纱窗。

217

2）双层双内开木窗。双层双内开木窗［图 11.4（c）］的两层窗扇同时向内开启，外层窗扇较小，以便通过内层窗框，双层内开窗的窗框可以是一个，也可分为两个。单窗框的双内开窗窗框用料大，以便于铲成高、低双口，可采用拼合木框以减少木材的损耗。双窗框的外框边可比内框小一点，窗框之间的间距一般在 60mm 以上。为了防止雨水渗入，外层窗的窗扇下冒头要加设披水板。该窗特点是开启方便、安全，有利于保护窗扇免受风雨袭击，也便于擦窗，但构造复杂，结构所占面积较大，采光净面积有所减少。这种窗在我国严寒地区应用较多。

（3）单框双玻璃窗。单框双玻璃窗在一层窗扇上镶装两层或多层玻璃，各层玻璃的间距为 6～15mm，有一定的保温能力。两层玻璃间通过设置夹条以保持间距，这种窗的密闭程度会影响窗的保温效果和夹层内部积尘量。如采用成品密封中空玻璃，效果更好，但造价较高。中空玻璃口前一般采取的形式是在双层玻璃中间的边缘处夹以铝型条，内装专用干燥剂，并采用专用的气密性黏结剂密封，玻璃间充以干燥空气或惰性气体，如图 11.14（d）所示。玻璃的厚度一般取 3mm，面积较大的取 5mm，其间距视气候条件而定，多取 6mm、9mm。

（a）单层窗　（b）双层内外开木窗　（c）双层双内开木窗　（d）单框双玻璃窗

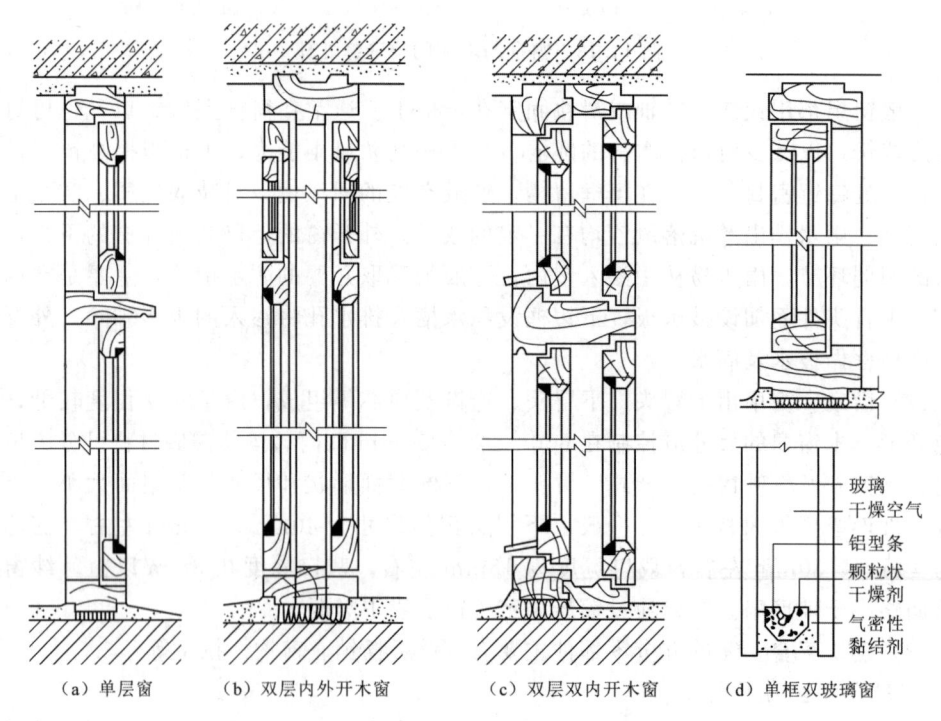

图 11.14　木窗构造

11.3　铝合金门窗

11.3.1　铝合金门窗特点

铝合金门窗以铝合金挤压型材为框料，轻质高强，具有良好的气密性，对有隔声、保温、隔热防尘等特殊要求的建筑以及受风沙、受暴雨、受腐蚀性气体环境地区

11.3 铝合金门窗

的建筑尤为适用。由于优点较多,发展迅速。铝合金门窗外表光洁、美观,强度高,可以有较大的分格,显得更加通透、明亮、耐久性和抗腐蚀性能较好。基本门窗是以单樘构件组合而成,组合门窗是以单樘门、窗加拼樘料组装而成的条窗、带窗以及连窗门等。用成品铝合金型材组装门窗工艺简单、方便,可以现场装配。

11.3.2 铝合金门窗主要技术要求

(1) 铝合金门窗所用材料及附件应符合有关标准的规定。

(2) 铝合金型材主要受力杆件壁厚应经过设计计算或试验确定。主型材截面主要受力部位基材最小实测壁厚,外门不应低于2.0mm,外窗不应低于1.4mm。

(3) 密封材料应按功能要求、密封材料特性、型材特点选用。

(4) 铝门窗框扇连接、锁固用功能性五金配件应满足整樘门窗承载能力的要求,其反复启闭性能应满足门窗反复启闭性能要求。

(5) 产品表面不应有铝屑、毛刺、油污或其他污迹;密封胶缝应连续、平滑,连接处不应有外溢的胶粘剂;密封胶条应安装到位,四角应镶嵌可靠,不应有脱开的现象。

(6) 门、窗构件按规定与主体结构的防雷系统连接。

(7) 铝合金型材表面处理层厚度符合相应标准的要求。

> **拓展阅读**
>
> **铝合金门窗框料**
>
> 铝合金门窗以框料的厚度尺寸来区分各种铝合金门窗的称谓。如70系列铝合金推拉窗是指窗框厚度构造尺寸为70mm。铝合金推拉门有70系列、90系列两种,住宅内部的铝合金推拉门用70系列即可。铝合金推拉窗有55系列、60系列、70系列、90系列四种,具体选用应根据窗洞大小及当地风压值而定,用作封闭阳台的铝合金推拉窗应不小于70系列。由于铝合金型材导热系数较大,如单玻铝合金窗的导热系数为6.20W/(m^2·K),远高于木窗及塑料窗,所以为提高铝合金窗保温性能,通过设置增强尼龙隔条形成断热铝合金框料,如图11.15所示。

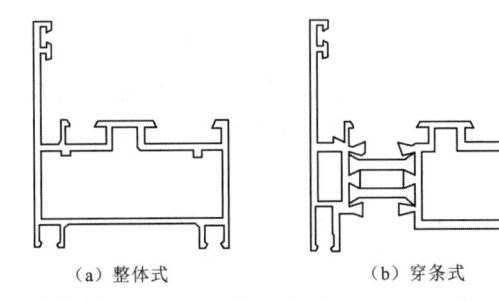

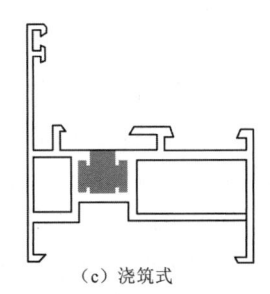

(a) 整体式　　(b) 穿条式　　(c) 浇筑式

图11.15 断热铝合金框料

11.3.3 铝合金门窗安装

铝合金门窗工程不得采用边砌口边安装或先安装后砌口的施工方法,安装施工宜在室内侧或洞口内进行。施工方式分为干法安装和湿法安装,铝合金门窗宜采用干法安装。

1. 干法安装

墙体门窗洞口预先安置附加外框并对墙体缝隙进行填充、防水密封处理，在墙体洞口表面装饰湿作业后，将门窗固定在金属附框上的安装方法，称为干法安装。铝合金门窗采用干法安装时，应符合下列规定。

(1) 金属附框宽度应大于30mm。

(2) 金属附框的内、外两侧宜采用固定片与洞口墙体连接固定；固定片宜采用Q235钢材，厚度不应小于1.5mm，宽度不应小于20mm，表面应做防腐处理。

(3) 金属附框固定片安装位置应满足：角部的距离不应大于150mm，其余部位的固定片中心距不应大于500mm（图11.16）；固定片与墙体固定点的中心位置至墙体边缘距离不应小于50mm（图11.17）。

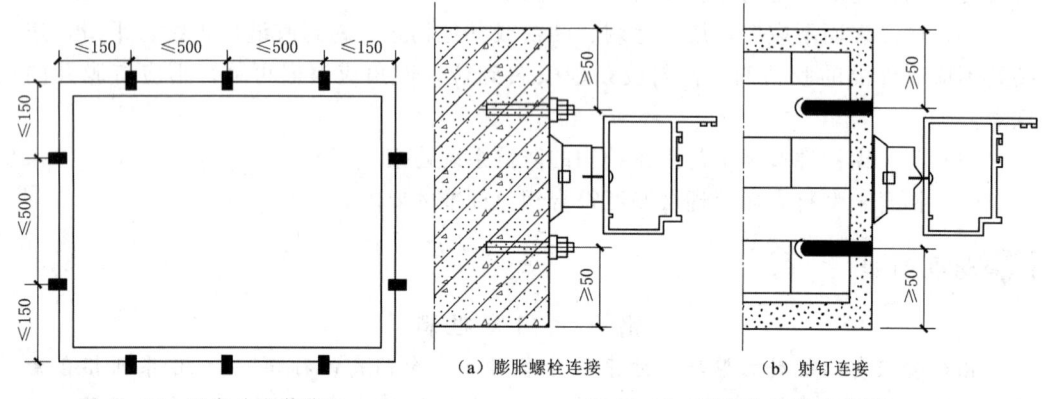

图11.16 固定片安装位置

图11.17 固定片与墙体位置
(a) 膨胀螺栓连接　(b) 射钉连接

(4) 相邻洞口金属附框平面内位置偏差小于10mm。金属附框内缘应与抹灰后的洞口装饰面齐平，金属附框宽度和高度允许尺寸偏差值为±3mm；对角线允许尺寸偏差值为±4mm。

(5) 铝合金门窗框与金属附框连接固定应牢固可靠。连接固定点位置应符合图11.17的要求。

2. 湿法安装

将铝合金门窗直接安装在未经表面装饰的墙体门窗洞口上，在墙体表面湿作业装饰时对门窗框与洞口的间隙进行填充和防水密封处理的方法称为湿法安装。铝合金门窗采用湿法安装时，应符合下列规定。

(1) 铝合金门窗框采用固定片连接洞口时，与干法安装要求相同。

(2) 铝合金窗框与墙体连接固定点的设置，与干法安装要求相同。

(3) 固定片与铝合金门窗框连接宜采用卡槽连接方式（图11.18）。与无槽口铝门窗连接时，可采用自攻螺钉或抽芯铆钉，钉头处应密封（图11.19）。

(4) 铝合金门窗安装固定时，其临时固定物不得导致门窗变形或损坏，不得使用坚硬物体。安装完成后，应及时移除临时固定物体。

(5) 铝合金门窗框与洞口缝隙，应采用保温、防潮且无腐蚀性的软质材料填塞密实，亦可使用防水砂浆填塞，但不宜使用海砂成分的砂浆。使用聚氨酯泡沫填缝胶，施工前应清除黏结面的灰尘，墙体粘接面应进行淋水处理，固化后的聚氨酯泡沫胶缝表面应作密封处理。

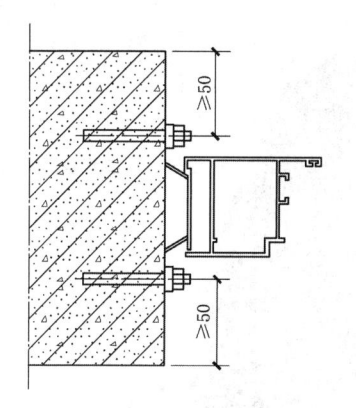

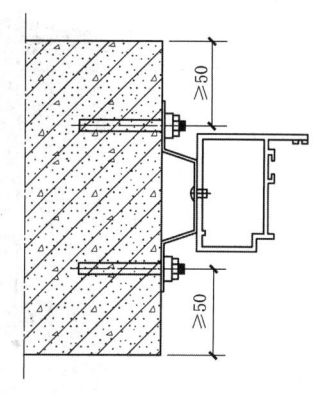

图11.18 卡槽连接方式　　图11.19 自攻螺钉连接方式

（6）与水泥砂浆接触的铝合金框应进行防腐处理。湿法抹灰施工前，应对外露铝型材进行可靠保护。

铝合金门窗安装就位后，边框与墙体之间应做好密封防水处理，一般应采用粘接性能良好并相容的耐候密封胶；砌体墙不得使用射钉直接固定门窗。

铝合金门窗玻璃尺寸较大，玻璃品种和厚度须根据节能要求选用，使用玻璃胶或铝合金弹性压条或橡胶密封条固定。铝合金门窗多用推拉式开启方式，如图11.20所示，但这种方式的密闭性较差，平开式铝合金玻璃门多采用地弹簧与门的上下梃连接，但框料需加强。

11.3.4 断热铝合金门窗

铝合金型材由于导热系数大，因此普通铝合金门窗的热桥问题十分突出，断桥隔热铝型材（简称断热铝型材）可以切断热桥。

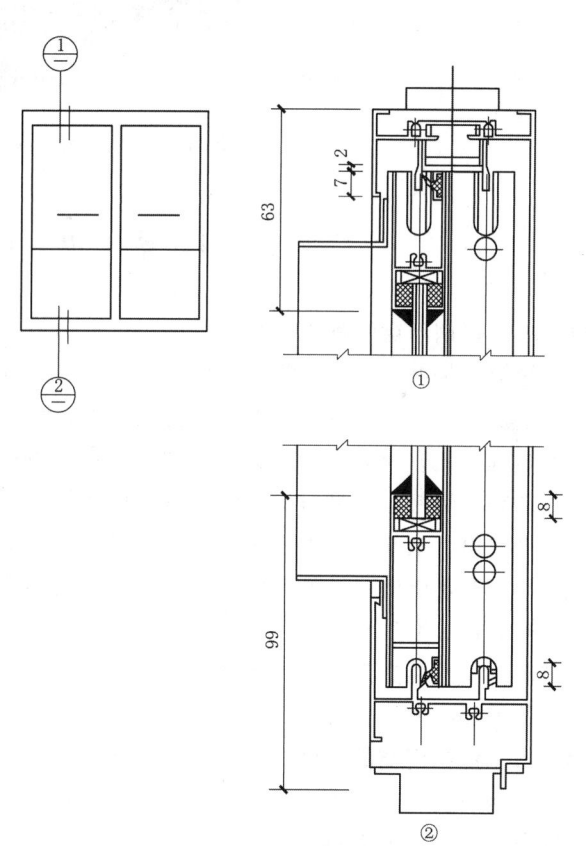

图11.20 铝合金推拉门窗构造

断热铝合金门窗的原理是利用PA66尼龙隔热条将室内外两层铝合金既隔开又紧密连接成一个整体，如图11.21所示，构成一种新的隔热铝型材，断热铝型材可选用硬质塑料隔热条式，也可选用注胶式。断热铝型材改善了普通铝型材传导散热快的弊端，隔热性优越，节能效果显著提高；采用新的结构配合形式，密封性好。断热铝合金门窗兼顾了尼龙和铝合金两种材料的优势，同时满足装饰效果、强度、耐久性等多种要求。

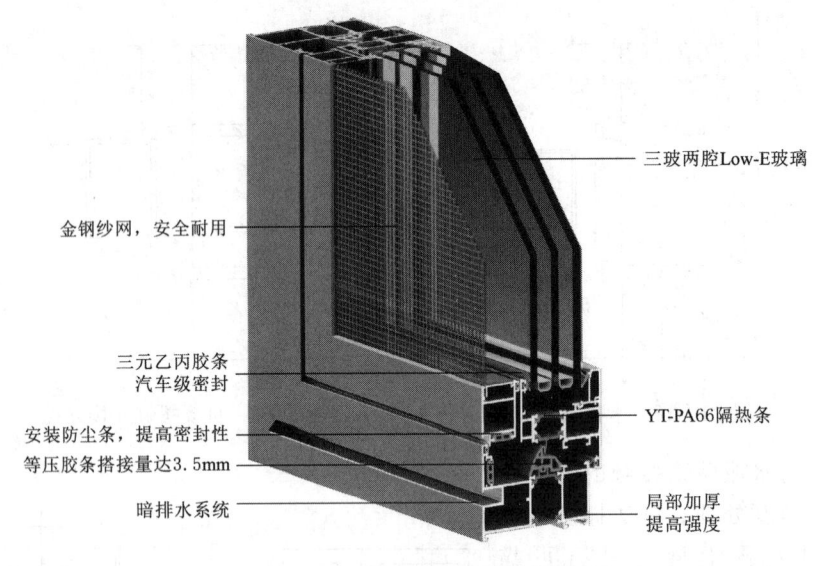

图中标注：
- 三玻两腔Low-E玻璃
- 金钢纱网，安全耐用
- 三元乙丙胶条 汽车级密封
- 安装防尘条，提高密封性
- 等压胶条搭接量达3.5mm
- 暗排水系统
- YT-PA66隔热条
- 局部加厚 提高强度

图 11.21 断热铝合金型材构造

11.4 塑钢门窗

11.4.1 塑钢门窗的种类及特点

塑钢窗是继木、铁、铝合金之后，在20世纪90年代中期被国家积极推广的一种窗户形式。由于其价格较低，性价比较高，现仍被广泛使用。这种窗户的边框以聚氯乙烯（PVC）树脂为主要原料，加上一定比例的稳定剂、着色剂、填充剂、紫外线吸收剂等，经挤出成型材。塑钢窗是现代建筑最常用的窗户类别之一，主要包括平开窗、推拉窗、上悬窗、平开下悬窗等。其特点为质轻、耐水、耐腐蚀，密闭性好，美观新颖，有足够的耐久性。塑钢门窗的料型断面为空腹，多空腔式，塑钢型材空腹内的钢衬改善了刚度和强度，如图 11.22 所示。五金配件多采用配套的专用配件。单框双玻塑钢窗的传热系数小，价格适中，运输、储存、加工要求较严格，更能满足保温节能的需要，使用较普遍。

11.4.2 塑钢门窗的安装

塑钢门窗一般采用塞口方式安装，不能直接与水泥砂浆接触。门窗框与洞口之间的缝隙应采用发泡聚氨酯、闭孔泡沫塑料、发泡聚苯乙烯等弹性材料分层填塞，填塞不宜过紧，并用玻璃胶密封。对于保温、隔声等级要求较高的工程，应在采用相应的隔热、隔声材料填塞后，拆掉临时固定用木楔或垫块，其空隙也应用闭孔弹性材料填塞。门窗与墙体通过窗附框和连接件与墙体相连接，安装时可用射钉或塑料、金属膨胀螺钉固定，也可用预埋件固定，如图 11.23 所示。安装应牢固、安全。砌体墙不得使用射钉直接固定门窗。

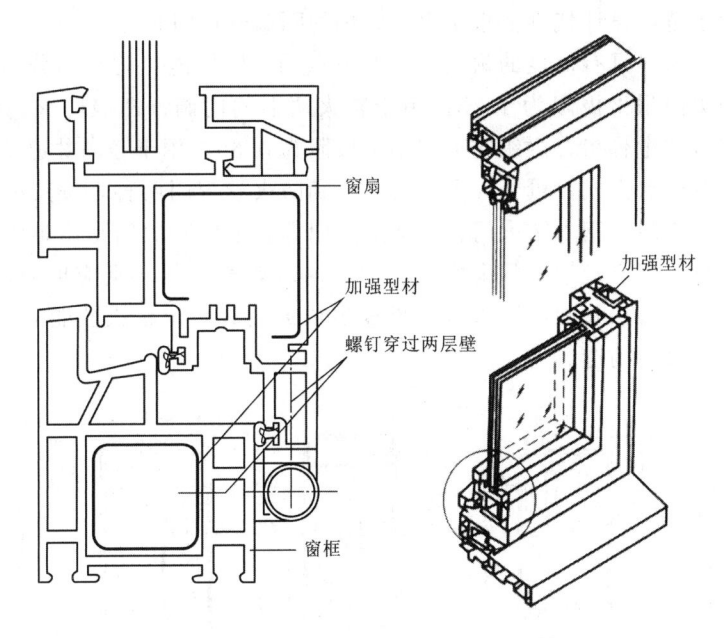

图 11.22 塑钢门窗构造

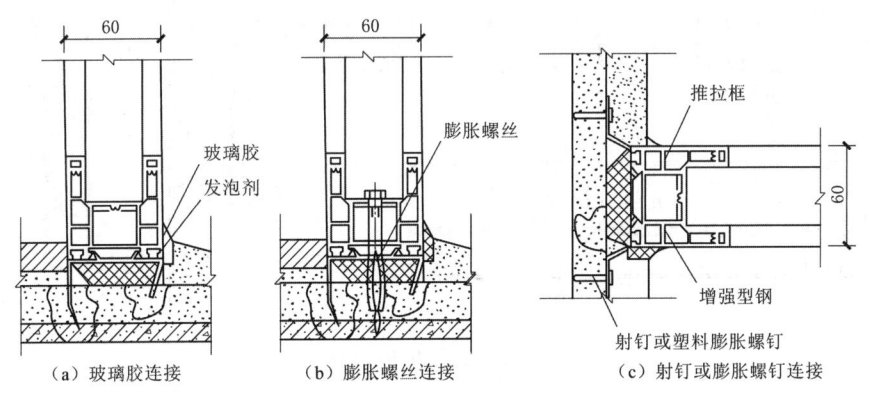

（a）玻璃胶连接　（b）膨胀螺丝连接　（c）射钉或膨胀螺钉连接

图 11.23 塑钢门窗的安装

11.5 特 殊 门 窗

11.5.1 防火门窗

防火门是指在一定时间内能满足耐火稳定性、完整性和隔热性要求的特制门，可在一定时间内阻止火势的蔓延和烟气扩散，确保人员疏散。防火门一般设在以下部位。

（1）封闭疏散楼梯，通向走道的门；封闭电梯间，通向前室及前室通向走道的门。

（2）电缆井、管道井、排烟道、垃圾道等竖向管道井的检查门。

（3）划分防火分区，控制分区建筑面积所设防火墙和防火隔墙上的门。当建筑物设置防火墙或防火门有困难时，要用防火卷帘门代替，同时须用水幕保护。

(4) 防火规范或设计特别要求防火、防烟的隔墙分户门。

防火门要求材料具有优良的耐火性能及节点的密闭性能。防火门分为甲、乙、丙三级。甲级防火门耐火极限为 1.2h，用于防火墙上的门洞；乙级防火门耐火极限为 0.9h，用于楼梯或电梯口；丙级防火门耐火极限为 0.6h，用于竖向井道检查口。

防火门按其开启方式，可分为平开防火门和防火卷帘门两种，按其材料分为木质防火门、钢质防火门、钢木防火门、其他防火门等。木质防火门是用难燃木材或难燃木材制品做门框、门扇骨架、门扇面板。门扇内若填充材料，则应填充对人体无毒、无害的防火隔热材料，并配以防火五金件所组成的具有一定耐火性能的门。图11.24所示为木夹板防火门构造。

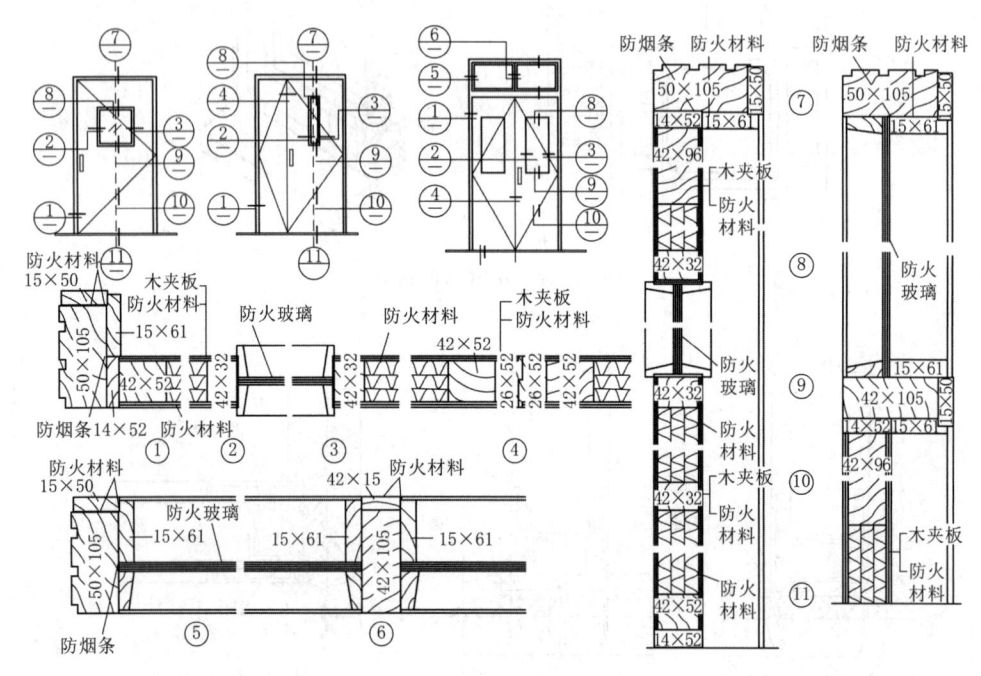

图 11.24 木夹板防火门构造

钢质防火门门框及门扇面板可以采用优质冷轧薄钢板，内填耐火隔热材料门扇也可以采用无机耐火材料。此外，在地下室或某些特殊场所还可以用钢筋混凝土密闭防火门。防火门应安装防火门闭门器，或设置在火灾发生时能自动关闭门扇的闭门装置。

在大面积的建筑物中常使用防火卷帘门，这种防火门平时不影响交通，而在发生火灾时又可以有效地隔离各防火分区。防火卷帘门可根据其耐风压强度、帘面数量、启闭方式、耐火极限等进行分类，可作防火门及防火分隔用，设在走道上的防火卷帘门，应在卷帘的两侧设置启闭装置，并应具有自动、手动和机械控制的功能。

防火窗是指用钢窗框、钢窗扇、防火玻璃组成的，能起隔离和阻止火势蔓延的窗。防火窗必须采用钢窗，并镶嵌铅丝玻璃以避免破碎后掉下，并防止火焰蹿入室内或者蹿出窗外。

11.5 特殊门窗

11.5.2 防盗安全门

防盗安全门是指配有防盗锁，在一定时间内可以抵抗一定条件下的非正常开启，具有一定安全防护性能并符合相应防盗安全级别的门。防盗门由门框、门扇、五金件、猫眼、门铃五部分组成。

防盗安全门按其开启方式可分为推拉栅栏式防盗门、平开式栅栏防盗门、平开封闭式防盗门、平开多功能防盗门、平开折叠式防盗门、平开对讲子母门等。

防盗安全门按防盗等级可分为甲、乙、丙、丁四个等级；按功能可分为普通防盗门、防火防盗门；按用途可分为入户门、单元门；按样式可分为单开门、子母门、双开门。

11.5.3 隔声门窗

普通门窗因为质量轻、缝隙多，噪声容易通过空气传声的途径进入室内，隔声性能较差。

沿街的住宅或当环境噪声较大时，可采用中空玻璃或双层窗，以提高其隔声性能。对声学环境要求比较高的厅室，如礼堂、会议厅、报告厅、影剧院、体育馆、播音室、录音室、演播室等，应安装隔声门窗。另外产生高噪声的工业厂房及辅助建筑也应安装隔声门窗。

隔声门窗从增加厚度、提高质量和密封性能等方面增强隔声能力。根据隔声质量定律，门窗的单位面积质量越大，隔声量越大，隔声效果越好，但过重则开关不便，且五金件容易损坏，所以隔声门窗常采用多层复合结构，即在两层面板之间填充吸声材料（如玻璃棉、玻璃纤维板等），而在一般门扇内用玻璃布包中级玻璃棉纤维或是用岩棉制品进行填充。木质隔声门窗构造如图 11.25 和图 11.26 所示。

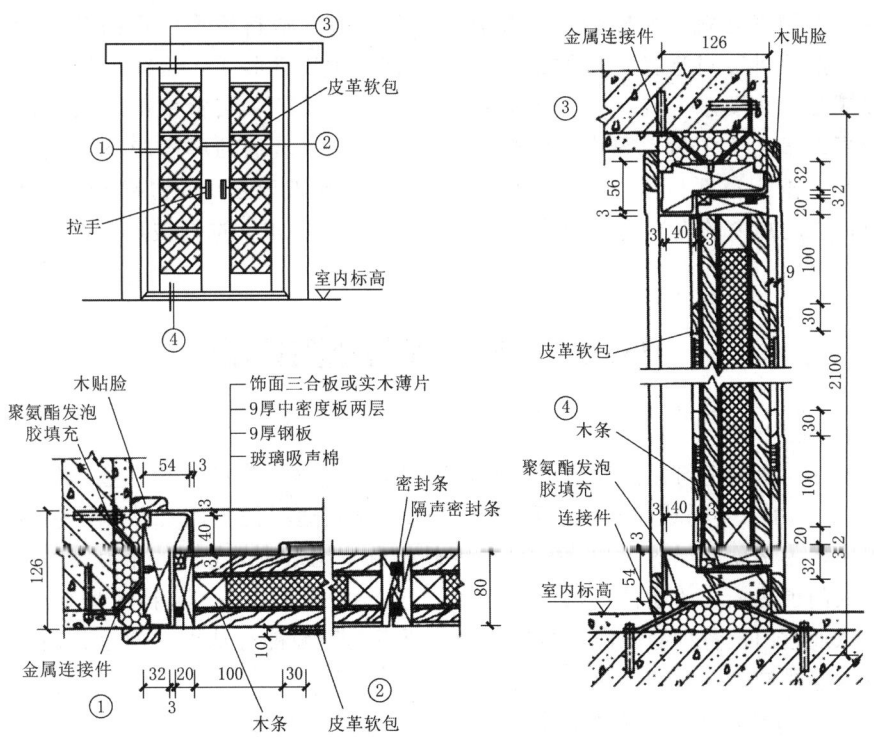

图 11.25 木质隔声门构造

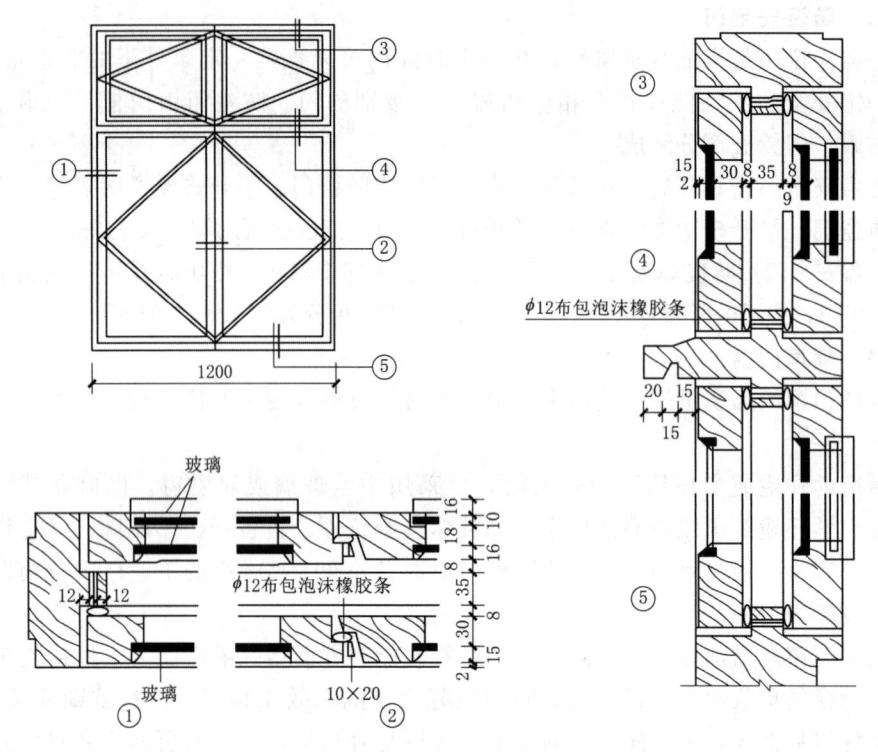

图 11.26 木质隔声窗构造

隔声门窗缝隙处的密闭情况也很重要，可以采用与保温门窗相似的方法，即在门缝内粘贴填缝材料，如橡胶管、海绵橡胶条、泡沫塑料条等以提高其隔声、保温性能；除此之外，可选择合理的裁口形式，如斜面裁口形式，这样比较容易关闭紧密，以满足隔声要求。隔声窗用于播音室、录影室及声学实验室等。其构造上采用至少双层玻璃，为了避免隔声窗出现吻合效应，双层玻璃的厚度应不相同。为了保证玻璃与窗框、窗框与墙壁之间严密的密封，窗两层玻璃之间的窗樘上，应布置强吸声材料，以增加窗的隔声量。设计中要根据隔声量的要求，选择玻璃层数和缝隙的密封做法。

11.6 门窗节能与遮阳设施

11.6.1 门窗节能

建筑外门窗是建筑保温的薄弱环节，我国寒冷地区外窗的传热系数比发达国家的大 2~4 倍。在一个采暖周期内，我国寒冷地区住宅通过门窗的传热和冷风渗透引起的热损失，占房屋能耗的 15%~50%，因此门窗节能是建筑节能的重点。

造成门窗热损失的途径有两个：一是门窗面由于热传导、辐射以及对流造成的；二是冷风通过门窗各种缝隙渗透所造成的。所以门窗节能应从以上两个方面考虑采取合理的构造措施。

1. 增强门窗的保温和隔热性能

为提高门窗的保温性能，应采用普通中空玻璃、Low-E 中空玻璃、充惰性气体的

Low-E中空玻璃、多层中空玻璃、Low-E真空玻璃等。严寒地区可采用双层外窗。采用中空玻璃时，中空玻璃气体间隔层的厚度不小于9mm。门窗型材可采用铝木、铝塑、塑料、隔热铝合金和玻璃钢等。

为提高建筑门窗的隔热性能，降低遮阳系数，可采用单片吸热玻璃、单片镀膜玻璃（包括热反射镀膜、Low-E镀膜等）、吸热中空玻璃、镀膜（包括热反射镀膜、Low-E镀膜等）中空玻璃、涂膜玻璃等。

2. 减少门窗缝隙

门窗缝隙是冷风渗透的根源，因此为减少冷风渗透，可采用大窗扇，扩大单块玻璃面积以减少门窗缝隙；合理减少可开窗扇的面积，在满足夏季通风的条件下扩大固定窗扇的面积。

3. 采用密封和密闭措施

框和墙间的缝隙密封可用弹性软型材料（如毛毡）、聚乙烯泡沫、密封膏以及边框设灰口等。框与扇间的密闭可用橡胶条、橡塑条、泡沫密闭条以及高低缝、回风槽等。扇与扇之间的密闭可用密闭条、高低缝及缝外压条等。窗扇与玻璃之间的密封可用密封膏、各种弹性压条等。

4. 缩小窗口面积

在满足室内采光和通风的前提下，我国寒冷地区的外窗应尽量缩小窗口面积，以达到节能要求。

11.6.2 遮阳设施

遮阳是为了防止夏季阳光直射室内，避免室内过热而采取的一种措施。遮阳的方法很多，如悬挂窗帘，利用门窗构件自身遮光以及窗扇开启方式的调节变化，利用窗前绿化以及雨篷、挑檐、阳台、外廊及墙面花格也都可以达到一定的遮阳效果。结合立面造型，利用窗户遮阳板遮阳的方式应用普遍，按其形状可分为水平式遮阳、垂直式遮阳、综合式遮阳和挡板式遮阳四种形式，如图11.27所示。

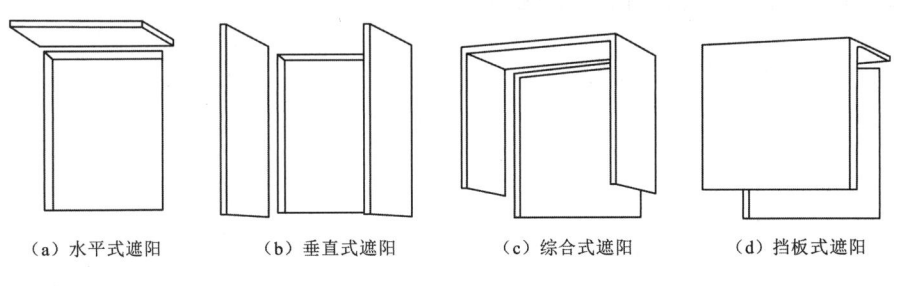

（a）水平式遮阳　　（b）垂直式遮阳　　（c）综合式遮阳　　（d）挡板式遮阳

图11.27　遮阳板形式

1. 水平式遮阳

水平式遮阳能够遮挡太阳高度角较大的、从窗口上方照射的阳光，适用于南向及其附近朝向的窗户，如图11.27（a）所示。

2. 垂直式遮阳

垂直式遮阳能够遮挡太阳高度角较小的、从窗口两侧斜射过来的阳光，主要适用于偏南或偏西的窗口，如图11.27（b）所示。

3. 综合式遮阳

综合式遮阳是水平式遮阳和垂直式遮阳的综合，能够遮挡从窗口左右两侧及前上方射来的阳光，遮阳效果比较均匀，主要适用于南向、东南、西向的窗口，如图 11.27（c）所示。

4. 挡板式遮阳

挡板式遮阳是在窗口前方离开窗口一定距离设置于窗户平行方向的垂直挡板，可以有效地遮挡高度较小的正射窗口的阳光，主要适用于东、西向及其附近朝向的窗口，如图 11.27（d）所示。

选择和设置遮阳设施时，需与建筑立面造型统一考虑，同时应尽量减少对房间采光和通风的影响，考虑到使用和维护的方便。

本 章 小 结

本章系统地介绍了门窗在建筑中的重要性和设计原则，涵盖了木门窗、铝合金门窗、塑钢门窗的构造特点及其优缺点，讨论了特殊门窗的应用场景，并深入探讨了门窗节能与遮阳设施的设计要点。通过学习，读者可以掌握门窗设计的基本技能，理解不同材料门窗的特性，并能够在实际工程中根据需求选择合适的门窗类型。

思 考 题

1. 简述平开木门、木窗构造。
2. 铝合金门窗的特点是什么？安装方式有哪些？
3. 塑钢门窗的安装要点有哪些？
4. 门窗保温节能与遮阳措施有哪些？

第 12 章 变 形 缝

📋 本章导读

变形缝是建筑结构中不可或缺的一部分，它们主要用于应对和适应因温度变化、地基沉降、地震等多种因素引起的建筑物变形问题。通过在建筑结构中合理设置变形缝，可以有效地缓解和分散这些外力因素对建筑结构产生的应力和变形。能够显著降低因变形过大而导致的建筑结构破坏的风险，从而确保整个建筑的安全性和耐久性。正确设计和设置变形缝，不仅能够延长建筑物的使用寿命，还能在一定程度上减少维修和维护成本，提高建筑物的整体经济效益。

📋 学习目标

◎知识目标

1. 了解变形缝的类型及设置原则。
2. 掌握各种变形缝的构造处理方法。

◎能力目标

1. 能够根据工程条件，合理选择变形缝的类型。
2. 能够进行变形缝的结构和构造方案设计。

◎素质目标

1. 提升对建筑结构安全的重视，增强在工程实践中的安全责任感。
2. 培养细致入微的设计思维，提升在复杂工程问题中的分析和解决能力。

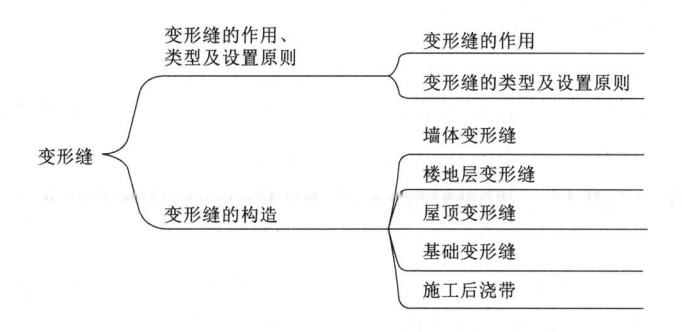

📋 思维导图

```
                 ┌─ 变形缝的作用、  ┬─ 变形缝的作用
                 │  类型及设置原则  └─ 变形缝的类型及设置原则
                 │
     变形缝 ─────┤                  ┌─ 墙体变形缝
                 │                  ├─ 楼地层变形缝
                 └─ 变形缝的构造 ───┼─ 屋顶变形缝
                                    ├─ 基础变形缝
                                    └─ 施工后浇带
```

12.1　变形缝的作用、类型及设置原则

12.1.1　变形缝的作用

由于建筑受到昼夜温差、地基不均匀沉降以及地震等因素影响，建筑构件产生变形，并出现裂缝甚至破坏，从而影响到建筑使用。为了预防和避免这种情况发生，可以在这些容易发生变形的地方预先留设缝隙，将建筑物分为若干个独立的部分，使其适应变形的需要，从而避免出现裂缝及破坏，这些缝隙统称为变形缝，如图12.1~图12.2所示。

图12.1　某酒店建筑变形缝设置　　　　图12.2　某建筑楼地面变形缝

资源12.1 变形缝设置的要求

12.1.2　变形缝的类型及设置原则

变形缝根据其作用可分为伸缩缝、沉降缝以及防震缝三种类型。

1. 伸缩缝

建筑物因受温度变化的影响而产生热胀冷缩，在结构内部产生温度应力，从而使得建筑构件出现变形甚至裂缝。为了防止和避免这种情况出现，往往通过在建筑中设置缝隙，使建筑分成若干个部分，这种缝隙即伸缩缝（又称为温度缝）。一般出现以下状况时可以考虑设置伸缩缝：

（1）建筑物长度超过一定限值。

（2）建筑平面变化较大，转折较多。

（3）建筑结构类型变化较大。

伸缩缝要求建筑物自地面以上的全部构件在垂直方向上断开，包括墙体、楼板层、屋顶等。伸缩缝把建筑分为若干部分，以此适应水平方向上的伸缩变形。因基础部分位于地下，受到的温度影响较小，一般无须断开。

伸缩缝的最大间距视不同结构类型而定，具体可查相关规范规定。

2. 沉降缝

为了预防建筑物各部分由于不均匀沉降产生破坏而设置的变形缝称为沉降缝，如图12.3所示。一般出现以下状况时可以考虑设置沉降缝：

（1）建筑物地基条件不同。

（2）建筑物不同组成部分基础或结构类型不同。

12.1 变形缝的作用、类型及设置原则

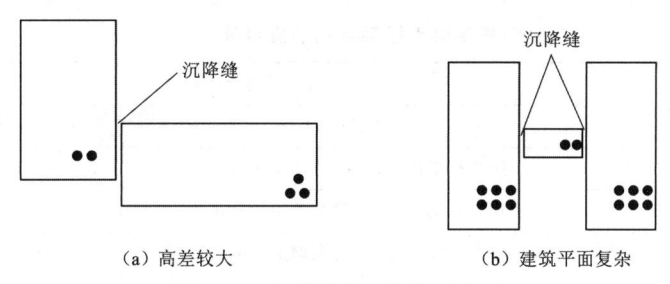

（a）高差较大　　　　（b）建筑平面复杂

图 12.3　沉降缝设置部位示意图

(3) 建筑平面变化复杂，转折较多。
(4) 建筑不同组成部分高差较大、长高比过大。
(5) 不同时期建造的相邻建筑交界处。

沉降缝一般自建筑基础（包括基础在内）以上构件全部断开，将建筑分为若干个组成部分，以此满足建筑各部分在垂直方向上的自由沉降变化。此外，沉降缝可以兼做伸缩缝，当两者合二为一，在构造设计时需考虑双重要求。

沉降缝的宽度随地基情况与建筑物高度不同而异，具体参见表 12.1。

表 12.1　沉 降 缝 的 宽 度

地 基 情 况	建筑物高度和层数	沉降缝宽度/mm
一般地基	<5m	30
	5~10m	50
	10~15m	70
软弱地基	2~3 层	50~80
	4~5 层	80~120
	5 层以上	≥120
湿陷性黄土地基	—	≥70

3. 防震缝

众所周知，在自然界中地震的破坏能力很大，建筑深受其扰。因此，在抗震设防地区，进行建筑设计时需充分考虑地震的影响。目前，我国已经发布了相关抗震设计规范，对防震缝的设置做出了明确规定。

(1) 在抗震设防地区内，应根据结构要求确定是否设置防震缝。有下列情况之一时需设防震缝：

1) 相邻建筑高度超过 6m。
2) 建筑错层楼板高差较大，高差超过层高的 1/4。
3) 建筑毗邻部分结构刚度、质量截然不同。

此时，防震缝宽度应根据烈度和房屋建筑高度确定，多层砌体房屋和底部框架砌体房屋可采用 70~100mm，钢结构房屋需要设置防震缝时，缝宽应不小于相应钢筋混凝土结构房屋的 1.5 倍。

(2) 当建筑为多层或者高层钢筋混凝土房屋时，防震缝最小宽度应符合表 12.2 的规定。

表 12.2　　　　　　　　　钢筋混凝土框架结构防震缝最小宽度

抗震设防烈度	建筑高度	
	>15m	≤15m
6度	建筑每增高 5m，缝宽增加 20mm	不应小于 100mm
7度	建筑每增高 4m，缝宽增加 20mm	
8度	建筑每增高 3m，缝宽增加 20mm	
9度	建筑每增高 2m，缝宽增加 20mm	

注　1. 当建筑采用框架-抗震墙结构时，防震缝的宽度不应少于上述表格规定数值的 70%；当建筑采用抗震墙结构时，防震缝的宽度小，应少于上述表格规定数值的 50%；且二者均不小于 100mm。
　　2. 当防震缝两侧结构类型不同时，宜按需要较宽防震缝的结构类型和较低房屋高度确定缝宽。

防震缝沿建筑全高布置，基础可断可不断。此外，防震缝应与伸缩缝、沉降缝的设置综合考虑。当其合设时，变形缝应满足防震缝的设计要求。

拓展阅读

变形缝的结构处理

体型复杂、平立面不规则的建筑，应根据不规则程度、地基基础条件和技术经济等因素进行比较分析，确定是否设置防震缝。当在适当部位设置防震缝时，宜形成多个较规则的抗侧力结构单元。防震缝应根据抗震设防烈度、结构材料种类、结构类型、结构单元的高度和高差以及可能的地震扭转效应情况，留有足够的宽度，其两侧的上部结构应完全分开。也可采用不设变形缝的做法，但应加强基础的处理。

变形缝的结构处理有两种方法：一是在变形缝的两侧设双墙或双柱，此做法较为简单，但易使缝两侧基础产生偏心，如图 12.4（a）所示；二是在变形缝的两侧用水平构件悬臂向变形缝的方向挑出 [图 12.4（b）]，该方法基础部分容易脱开距离，设缝较方便，特别适用于沉降缝。

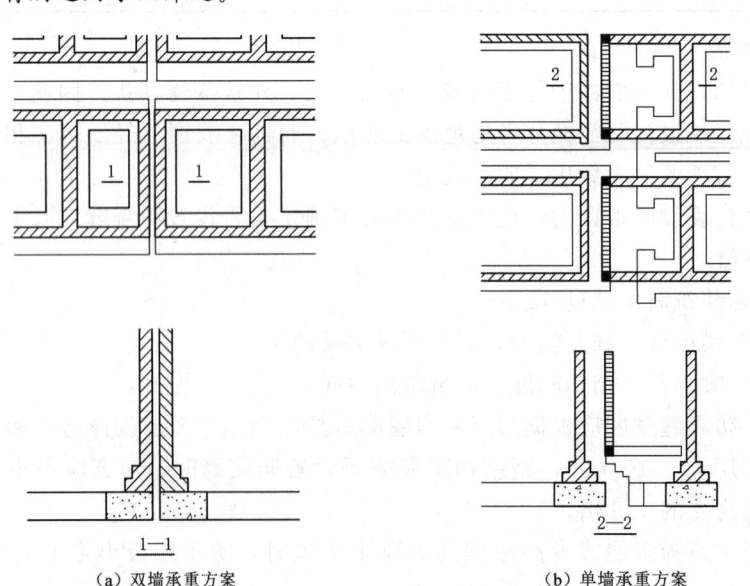

(a) 双墙承重方案　　　　　　　　　(b) 单墙承重方案

图 12.4　变形缝的结构处理方法

12.2 变形缝的构造

12.2.1 墙体变形缝

1. 墙体伸缩缝

墙体伸缩缝根据截面形式可分为平缝、错口缝及凹凸缝三种,如图 12.5 所示。其中,平缝形式最常见,当墙体厚度超过 240mm 时,也可采用后两种形式。

(a) 平缝　　(b) 错口缝　　(c) 凹凸缝

图 12.5　墙体伸缩缝截面形式

为了保证伸缩缝两侧墙体能在水平方向上自由伸缩不受影响,外墙变形缝中常用沥青麻丝、油膏等富有弹性的防水材料填缝,缝口可用镀锌铁皮、热塑橡胶等材料进行盖缝处理;内墙变形缝一般结合室内装修工程进行盖缝处理,常见盖缝材料有混凝土盖板、金属板等。

2. 墙体沉降缝

墙体沉降缝既要满足建筑垂直方向上的自由沉降,同时也要满足建筑水平方向上的自由伸缩。它通常采用镀锌铁皮、铝合金板等材料进行盖缝,如图 12.6 所示。墙体防震缝构造与沉降缝构造要求基本相同,如图 12.7 所示。

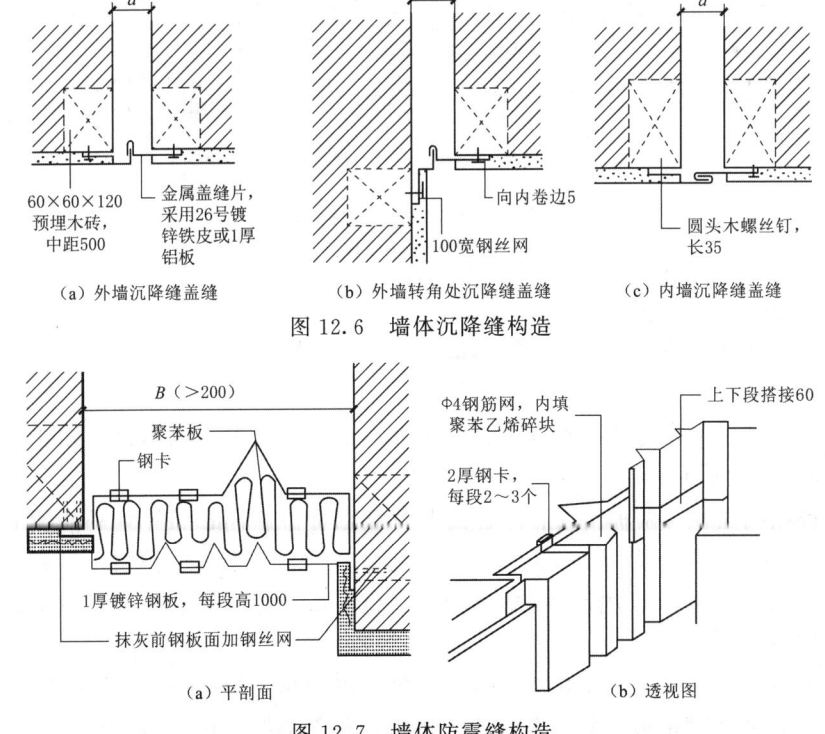

(a) 外墙沉降缝盖缝　　(b) 外墙转角处沉降缝盖缝　　(c) 内墙沉降缝盖缝

图 12.6　墙体沉降缝构造

(a) 平剖面　　(b) 透视图

图 12.7　墙体防震缝构造

注:变形缝宽度 B 视工程而定。

12.2.2 楼地层变形缝

楼地层变形缝的位置与墙体变形缝位置一致。变形缝内常用弹性材料做填、盖缝处理，上铺与地面材料相同的活动盖板、铁板或橡胶条等。

1. 楼地层伸缩缝

楼地层伸缩缝通常采用沥青麻丝、油膏、泡沫塑料条等进行填缝密封处理，并用混凝土、橡胶或金属材料盖缝，如图12.8所示。

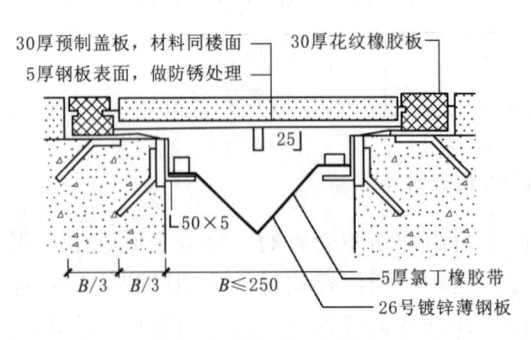

（a）采用与楼地面同样材料盖缝板的做法

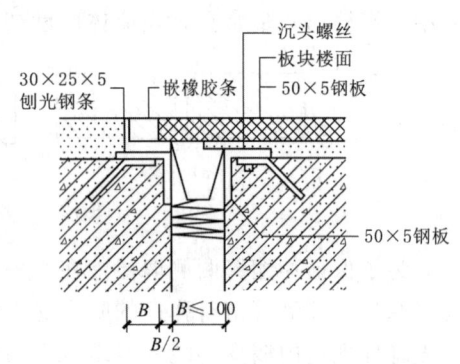

（b）单边挑出盖缝板的做法

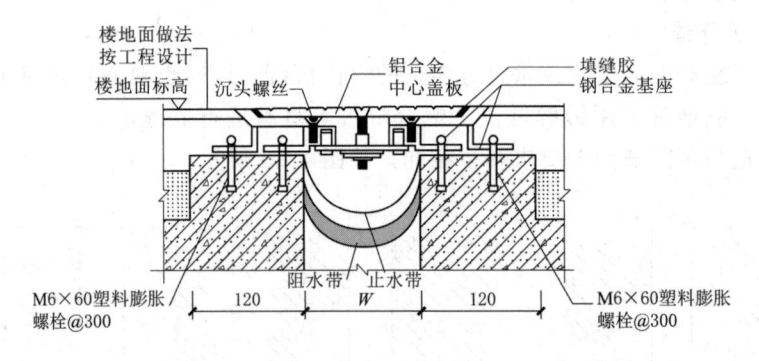

（c）成品变形盖缝板（集防火、防水、保温与装饰于一体）

图12.8 楼地层变形缝构造
W—变形缝净宽度

2. 楼地层沉降缝、防震缝

楼地层沉降缝、防震缝与伸缩缝构造要求基本相同。

12.2.3 屋顶变形缝

屋顶伸缩缝、沉降缝及防震缝三者做法基本上相似，本节以屋顶伸缩缝为例进行介绍，如图12.9所示。

屋顶伸缩缝通常有两种情况：一种是两侧屋顶标高相同；另一种是两侧屋顶存在高差。屋顶伸缩缝的设置一方面要保证屋顶能在水平方向上自由伸缩；另一方面还要具有防水、保温、隔热等功能，尽量减少或避免雨水、冷风等这些不利因素影响建筑物的正常使用。

当两侧屋面标高相同时即等高屋面，一般采用两侧砌筑矮墙，矮墙高度一般大于250mm，并用镀锌薄钢板、彩色薄钢板、铝板等材料盖缝，缝内做防水处理。

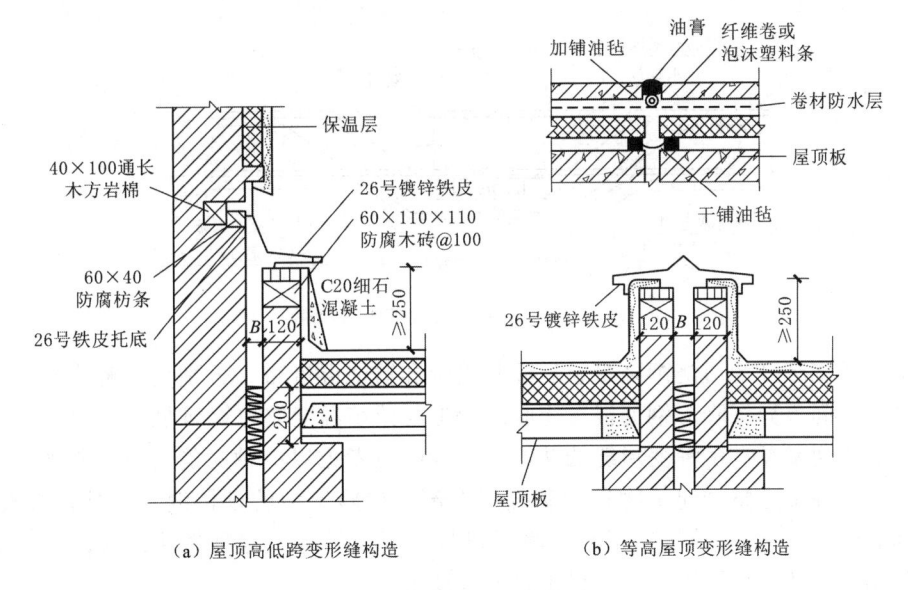

(a)屋顶高低跨变形缝构造　　　　(b)等高屋顶变形缝构造

图 12.9　屋顶变形缝构造
注：变形缝宽度 B 视工程而定。

当两侧屋面标高不同即屋面为高低跨，一般在低侧屋面采用砌筑矮墙，并用镀锌薄钢板等材料盖缝。此外，也可在高侧墙上悬挑钢筋混凝土板盖缝。

12.2.4　基础变形缝

基础通过设置沉降缝来应对建筑不均匀沉降，其处理方式因建筑所采用的结构类型而异。当建筑采用砖混结构或框架结构时，通常可以通过双墙承重、悬臂梁基础、双墙基础交叉排列三种方式设置沉降缝，如图 12.10 所示。

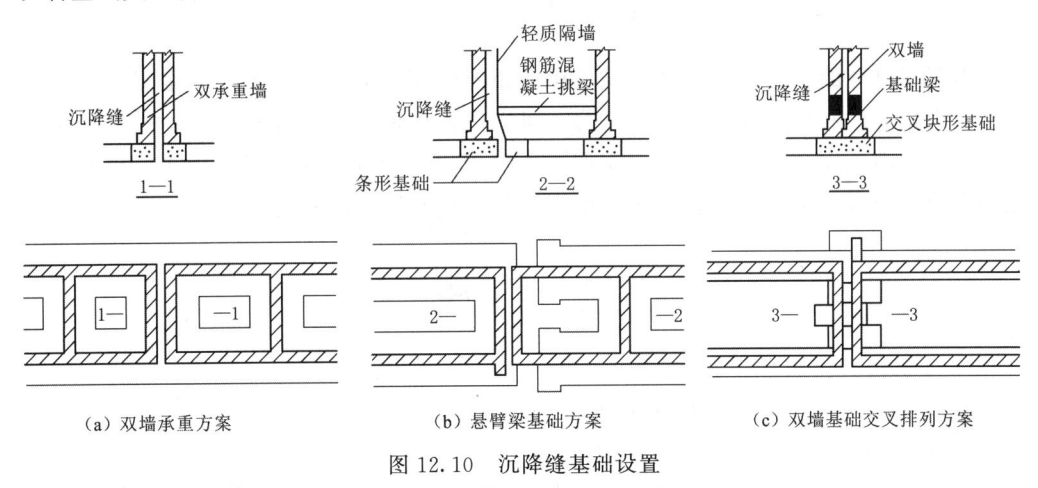

(a)双墙承重方案　　　(b)悬臂梁基础方案　　　(c)双墙基础交叉排列方案

图 12.10　沉降缝基础设置

12.2.5　施工后浇带

在建筑施工中为避免现浇钢筋混凝土结构由于温度或收缩不均可能引发的有害裂缝，按照设计或施工规范要求，在基础底板、墙、梁相应位置留设临时施工缝，将结构暂时划分为若干部分，经过构件内部收缩，在若干时间后再浇捣该施工缝混凝土，将结构连成整体，这些施工缝称为施工后浇带，如图 12.11 所示。

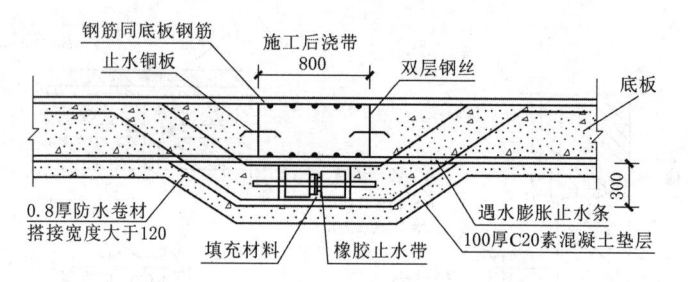

图 12.11 地下室底板施工后浇带

施工后浇带分为后浇沉降带、后浇收缩带和后浇温度带，分别用于解决高层主楼与低层裙房间差异沉降、钢筋混凝土收缩变形与减小温度应力等问题。

后浇带通常具有多种变形缝的功能，设计时应考虑以一种功能为主，其他功能为辅。施工后浇带是整个建筑物包括基础及上部结构施工中的预留缝（因预留缝较宽，故统称为带），待主体结构完成后，将后浇带混凝土补齐。这种做法既解决了高层主体与低层裙房的差异沉降，又可以不设永久变形缝。

施工后浇带的位置宜选在结构受力较小的部位，一般在梁、板的变形缝反弯点附近，或在梁、板的中部。前者位置弯矩不大，剪力也不大；后者位置弯矩虽大，但剪力很小，此外，后浇带施工浇筑会受到外部气温影响，宜选择气温较低时，可用浇筑水泥或水泥中掺微量铝粉的混凝土，其强度等级应比构件强度高一级，以防止新老混凝土之间出现裂缝，造成薄弱部位。设置后浇带的部位还应该考虑模板等措施不同的消耗因素。

本 章 小 结

本章详细介绍了变形缝在建筑结构中的重要作用及其设计原则，涵盖了变形缝的类型、设置方法和构造技术。通过学习，可以理解变形缝如何通过适应建筑结构的变形来保障建筑的安全性和耐久性。掌握了变形缝的设计和施工技术，读者能够在实际工程中合理设置变形缝，确保建筑结构在各种环境条件下的稳定性。

思 考 题

1. 变形缝的作用是什么？
2. 简述墙体伸缩缝的种类及处理方法。
3. 怎样设置沉降缝？

第 13 章　绿色建筑与建筑节能

本章导读

随着全球环境问题的日益严峻和资源消耗的不断增加，绿色建筑与建筑节能逐渐成为建筑行业的重要发展方向。绿色建筑不仅关注建筑本身的功能性和美观性，更强调其在全生命周期内对环境的友好性和资源的有效利用。

绿色建筑与建筑节能是现代建筑发展的重要方向，通过合理的设计和构造措施，可以有效减少建筑对资源的消耗和对环境的污染，提升建筑的使用性能和舒适度。掌握绿色建筑与建筑节能的基本概念、设计原则、评定标准和构造方法，对于建筑行业从业者具有重要意义，有助于设计出更加环保、节能、可持续的建筑项目。

学习目标

◎知识目标
1. 掌握绿色建筑的设计原则与方法。
2. 熟悉绿色建筑的评定标准。
3. 熟悉建筑节能设计标准。
4. 掌握建筑节能基本构造方法。

◎能力目标
1. 在实际项目中，能够根据绿色建筑的设计原则进行设计和优化。
2. 能够在实际项目中应用建筑节能构造技术。

◎素质目标
1. 提升对环境保护的重视，增强在工程实践中的社会责任感。
2. 提升自身综合素质，增强在多学科交叉中的适应能力。

思维导图

```
                              ┌─ 概述
                    ┌ 绿色建筑 ├─ 绿色建筑的设计原则与设计方法
                    │         └─ 绿色建筑的评定
绿色建筑与建筑节能 ─┤
                    │         ┌─ 概述
                    └ 建筑节能 ├─ 建筑节能设计标准
                              └─ 建筑节能基本构造
```

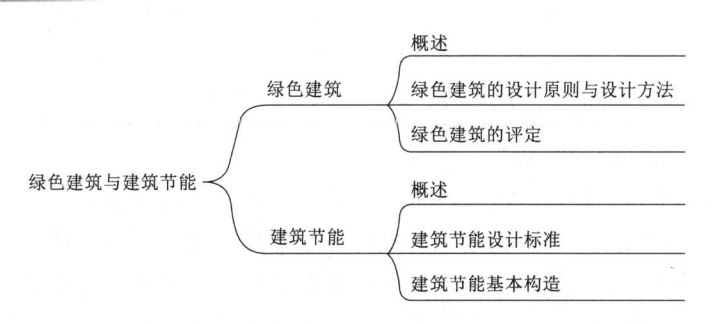

13.1 绿 色 建 筑

建筑是人类为了适应环境、改善环境而建造的介于人与自然之间的人工产物，它是人类生存与生活的场所。建筑从最初的规划设计，到之后的施工、运行及最终的拆除、报废，形成了一个完整的全生命周期。除规划、设计阶段外，在建筑的施工、运行、拆除的各阶段均存在资源、能源的输入及各种废弃物的排放问题。随着可持续发展理念的提出，绿色生态建筑在建筑领域逐渐成为一种发展趋势。

13.1.1 概述

根据《绿色建筑评价标准》（GB/T 50378—2019）（2024年版）所给的定义，绿色建筑是指在建筑的全生命周期内，最大限度地节约资源（节能、节地、节水、节材）、保护环境和减少污染，为人们提供健康、适用和高效的使用空间，与自然和谐共生的建筑。也可以将其理解为在规划、设计时充分考虑并利用环境因素，使施工过程中对环境的影响最小，且其运行阶段能为人们提供健康、舒适、低耗、无害的空间，拆除后又对环境危害降到最小，在建筑全生命周期内，通过降低资源和能源的消耗，减少各种废物的产生，实现与自然共生的建筑。

拓展阅读

绿色建筑的发展

20世纪60年代，美籍意大利建筑师保罗·索勒瑞将生态学（Ecology）与建筑学（Architecture）两词合并为"生态建筑"（Arology），他认为，生态建筑是尽可能利用建筑物当地的环境特色与相关的自然因素（如地质、气候、阳光、空气、水流），使之符合人类居住需求，并且降低各种不利于人类身心的环境因素作用，同时，尽可能不破坏当地环境因素循环，确保生态体系健康运行的建筑。这便是绿色建筑理念的雏形。20世纪70年代，美国建立了绿色建筑创新理论学术研究会，以研究绿色建筑问题。随后，不少国家均建立了绿色建筑评价标准体系，其中我国原建设部颁布《绿色生态住宅小区建设要点与技术导则》，主要内容包括：总则、能源系统、水环境系统、气环境系统、声环境系统、光环境系统、热环境系统、绿化系统、废弃物管理与处置系统、绿色建材系统。美国颁布 LEED，英国颁布 BREE.AM，澳大利亚颁布 NABERS 国家房屋环境评分标准体系。2014年中国建筑科学研究院和上海市建筑科学研究院（集团）有限公司会同有关单位在原国家标准《绿色建筑评价标准》（GB/T 50378—2006）基础上进行修订完成《绿色建筑评价标准》（GB/T 50378—2014），2019年再次修订完成《绿色建筑评价标准》（GB/T 50378—2019），并于2024年进行局部修订。

13.1.2 绿色建筑的设计原则与设计方法

绿色建筑并不是一种建筑的新风格，而是结合人类发展所面临的环境问题给出的一种建筑设计方向的探索。绿色建筑的出现标志着建筑设计不仅要从建筑的美学、空间利用、形式结构、色彩结构等角度考虑，还要从生态的角度看待建筑，这意味着建筑不仅是被作为非生命元素来看待，更被视为生态循环系统的有机组成部分。绿色建

13.1 绿 色 建 筑

筑的兴起是与绿色设计观念在全世界范围的广泛传播密不可分的，是绿色设计观念在建筑学领域的体现。绿色设计是指在产品全生命周期内优先考虑产品环境属性，同时保证产品应有的基本性能、使用寿命和质量的设计。因此，相比传统建筑，绿色建筑设计有两个特点：一是在保证建筑物的性能、质量、寿命、成本要求的同时，优先考虑建筑物的环境属性，从根本上防止污染，节约资源和能源；二是设计师所考虑的时间跨度长，涉及建筑物的全生命周期，即从建筑的前期策划、设计概念形成、建造施工、建筑物使用直至建筑物报废后对废弃物处置的全生命周期环节。

1. 绿色建筑的设计原则

绿色建筑的三个要素，即以保护环境减少污染为特征，以节约资源为基础，以提供舒适空间为目标。绿色建筑设计除满足传统建筑的一般设计原则外，还应遵循可持续发展理念，具体在规划设计时，应尊重设计区域内的土地和环境的自然属性，全面考虑建筑内外环境及周围环境的各种关系。绿色建筑理论的引入为建筑提供了新的设计准则和方法，归纳起来主要包括以下三个方面：

（1）资源利用的3R原则。建筑的建造和使用过程中经常提到"四节一环保"，所谓"四节一环保"是指"节能、节地、节水、节材和环境保护"，涉及的资源主要包含能源、土地、材料、水。3R原则即指减量、重用和循环，是绿色建筑中资源利用的基本原则。其中，"减量（Reducing）"是指减少投入建筑物建设和使用过程的资源消耗量。通过减少物质使用量和能源消耗量，从而达到节约资源和减少排放的目的。"重用（Reusing）"是指再利用，即尽可能保证所选用的资源在全生命周期中得到最大限度的利用，尽可能多次以及以多种方式使用建筑材料或建筑构件。"循环（Recycling）"是指在选用材料时须考虑其再生能力，尽可能利用可再生能源，使建筑在建造和使用期间所消耗的能量、原料及废料能循环利用或自行分解。3R原则中各原则的重要性并不是并列的，对待废物问题的优先顺序为避免产生（即减量），反复利用（即重用）和最终处置（即循环）。

（2）环境友好原则。建筑领域的环境包含室内环境和室外环境。室内环境需要考虑建筑的功能要求及使用者的生理和心理需求，在对室内材料进行选择时，尽量选用适宜的自然要素，努力营造优美、安全、健康和舒适的室内环境。室外环境需要在设计时尽量减少建筑对自然生态环境的破坏，将建筑对环境的影响尽量达到最低水平，从全生命周期上做到环境友好。

（3）地域性原则。在设计绿色建筑时，应注意与地域自然环境的结合，适应建筑物周边环境的地形、地貌和气候等自然条件，充分利用天然地形、阳光、水、风及植物等，将这些自然因素结合在设计之中。在选用建筑材料和绿化植物时，尽量优先选用当地材料，以降低管理、维护和运输成本。设计的建筑风格要符合当地的历史性和地域性，使建筑能够与周边环境和谐共存。

2. 绿色建筑的设计方法

绿色建筑的设计是一个极其复杂的过程，它需要建筑设计师根据建筑的客观环境要求以及居民的使用要求来进行设计，其最主要的内容还是环境保护与资源利用。

（1）现场设计方法。在选定建筑地址后，建筑设计师应根据当地的自然环境来对建筑进行设计，保证建筑能够与自然环境和谐相处，避免对当地的自然环境造成损害。现场设计时还应充分考虑当地的地理环境，做到具体问题具体分析。

(2) 全生命周期设计方法。一般建筑考虑的是全生命周期，即包括项目前期、建设运行期、维修拆除期；绿色建筑考虑的全生命周期，包括建筑材料开采期、加工建设运行期，以及维修改造期和最后的拆除。关注建筑的全生命周期，意味着在规划设计阶段需充分考虑并利用环境因素，尽量做到在施工阶段对环境的影响最低，在使用阶段能为使用人群提供健康、舒适、安全、低耗的空间，在拆除阶段又对环境危害降到最低，并使拆除材料尽可能地被再循环利用。

(3) 装配式建筑设计方法。装配式建筑是以构件工厂预制化生产，现场装配式安装为模式，以标准化设计、工厂化生产、装配化施工，以及一体化装修和信息化管理为特征，整合从研发设计、生产制造、现场装配等各个业务领域，实现建筑产品节能、环保、全生命周期价值最大化的可持续发展的新型建筑生产方式。装配式建筑循环经济特征显著，采用的钢模板可循环使用，节省了大量脚手架和模板作业，节约了木材资源。此外，由于构件在工厂生产，现场湿作业少，大大减少了施工现场的污染和噪声。

13.1.3 绿色建筑的评定

绿色建筑所践行的是生态文明和科学发展观，其内涵和外延极其丰富，并且随着人类文明进程不断地发展而发展。面对一个建筑物，判定它是否为绿色建筑，需要根据明确的绿色建筑评价标准来判定。绿色建筑评价体系在绿色建筑的发展中起到关键性作用，是绿色建筑从理念向实践转化的重要基础和工具。我国在绿色建筑评价体系制定方面也进行了许多有益的尝试，经过多年的理论研究和实践，经过数次修订，于2019年3月13日发布了绿色建筑的国家标准《绿色建筑评价标准》（GB/T 50378—2019），并于2024年6月19日局部修订。下面对该标准进行简要介绍。

1. 评价对象和范围

该标准适用于各类民用建筑绿色性能的评价，包括公共建筑和住宅建筑。绿色建筑评价应在建筑工程竣工后进行。在建筑工程施工图设计完成后，可进行预评价。绿色建筑应在施工图设计阶段提供绿色建筑设计专篇，在交付时提供绿色建筑使用说明书。

2. 特点

我国各地区在气候、环境、资源、经济发展水平与民俗文化等方面都存在较大差异，而因地制宜又是绿色建筑建设的基本原则，因此对绿色建筑的评价，也应综合考量建筑所在地域的气候、环境、资源、经济和文化等条件及特点。建筑物从规划设计到施工，再到运行使用及最终的拆除，构成一个全生命周期。《绿色建筑评价标准》（GB/T 50378—2019）（2024年版）以"四节一环保"为基本约束，以"以人为本"为核心要求，对建筑的安全耐久、健康舒适、生活便利、资源节约、环境宜居等方面的性能进行综合评价。

符合国家法律法规和有关标准是参与绿色建筑评价的前提条件。该标准重点在于对建筑绿色性能进行评价，并未涵盖通常建筑物所应有的全部功能和性能要求，故参与评价的建筑尚应符合现行国家有关标准的规定。

3. 评价指标体系与等级划分

《绿色建筑评价标准》（GB/T 50378—2019）（2024年版）的指标体系包括五大类指标：安全耐久、健康舒适、生活便利、资源节约、环境宜居。每类指标均包括控制项和评分项。为了鼓励绿色建筑采用提高、创新的建筑技术和产品建造更高性能的绿色建筑，评价指标体系还统一设置"提高与创新"加分项。控制项是绿色建筑的必要条件。评分项的评价依据评价条文的规定确定得分或不得分，得分时根据需要对具体评分子项确定得分值，或根据具体达标程度确定得分值。加分项的评价依据评价条文的规定确定得分或不得分。参评建筑的总得分由控制项基础分值、评分项得分和提高与创新项得分三部分组成，总得分满分为110分。绿色建筑评价分值见表13.1。

表 13.1　　　　　　　　　　　　绿色建筑评价分值

评价指标	控制项基础分值	评价指标评分项满分值					提高与创新加分项满分值
		安全耐久	健康舒适	生活便利	资源节约	环境宜居	
预评价分值	400	100	100	70	200	100	100
评价分值	400	100	100	100	200	100	100

注　预评价时，关于物业管理等项目不得分。

绿色建筑评价的总得分应按下式进行计算：

$$Q = (Q_0 + Q_1 + Q_2 + Q_3 + Q_4 + Q_5 + Q_A)/10 \tag{13.1}$$

式中：Q 为总得分；Q_0 为控制项基础分值，当满足所有控制项的要求时取 400 分；$Q_1 \sim Q_5$ 分别为评价指标体系 5 类指标（安全耐久、健康舒适、生活便利、资源节约、环境宜居）评分项得分；Q_A 为提高与创新加分项得分。

绿色建筑等级由低到高划分为基本级、一星级、二星级、三星级 4 个等级。当满足全部控制项要求时，绿色建筑等级应为基本级。一星级、二星级、三星级 3 个等级的绿色建筑均应满足本标准全部控制项的要求，且每类指标的评分项得分不应小于其评分项满分值的 30%；一星级、二星级、三星级 3 个等级的绿色建筑均应进行全装修，全装修工程质量、选用材料及产品质量应符合现行国家有关标准的规定；当总得分分别达到 60 分、70 分、85 分且满足表 13.2 的要求时，绿色建筑等级分别为一星级、二星级、三星级。

表 13.2　　　　　　　　一星级、二星级、三星级绿色建筑的技术要求

评价指标	一星级	二星级	三星级
围护结构热工性能的提高比例，或建筑供暖空调负荷降低比例	—	围护结构提高 5%，或负荷降低 3%	围护结构提高 10%，或负荷降低 5%
严寒和寒冷地区住宅建筑外窗传热系数降低比例	5%	10%	20%
节水器具水效等级	3 级	2 级	
住宅建筑隔声性能	—	卧室分户墙和卧室分户楼板两侧房间之间的空气声隔声性能（计权标准化声压级差与交通噪声频谱修正量之和）≥47dB，卧室分户楼板的撞击声隔声性能（计权标准化撞击声压级）≤60dB	卧室分户墙和卧室分户楼板两侧房间之间的空气声隔声性能（计权标准化声压级差与交通噪声频谱修正量之和）≥50dB，卧室分户楼板的撞击声隔声性能（计权标准化撞击声压级）≤55dB

续表

评价指标	一星级	二星级	三星级
室内主要空气污染物浓度降低比例	10%	20%	
绿色建材应用比例	10%	20%	30%
碳减排	明确全寿命期建筑碳排放强度，并明确降低碳排放强度的技术措施		
外窗气密性能	符合现行国家相关节能设计标准的规定，且外窗洞口与外窗本体的结合部位应严密		

13.2 建筑节能

面对世界能源危机和环境危机的大背景，各国开始努力提高用能效率，开发新能源和可再生能源，以保护环境为目标，走可持续发展的道路。而建筑行业用能占社会总能耗的比重较大，建筑节能自然成为一个热点问题，备受国内外高度关注。同时建筑节能并不是以牺牲人的舒适和健康为代价，而是在建筑中提高能源效率，以有限的资源和最小的能源消耗为代价取得最大的经济效益和社会效益。因此，建筑节能是实现国家节能规划目标、减排温室气体的重要措施，符合全球发展趋势。

为了贯彻落实国家关于节能减排和建筑节能的法律法规，我国发布了一系列的相关规范和标准，对推动节能减排和建筑节能工作起到了积极作用。与此同时，有关部门通过对许多示范工程进行积极的探索和深入的研究，并结合我国国情，对国家相关设计标准提出了许多行之有效的建筑节能构造方法，极大地推动了建筑节能工作的开展。

13.2.1 概述

1．建筑节能的概念

进入21世纪以来，能源短缺和环境污染问题成为世界关注的焦点问题，转变传统高能耗、高污染的经济增长方式，发展以低能耗、低排放为标志的低碳经济，实现可持续发展，正成为世界各国经济发展的共同选择。我国面对的资源和环境压力比以往任何时候都更加严峻，由于我国人口众多，人均资源不足，能源利用效率低，加之消费水平日益增长，能源消耗不断提高，当前严峻的国情决定了我国必须大力推进节能减排，发展低碳经济。

在所有推行节能减排的行业中，建筑节能无疑是最行之有效、最具潜力的行业之一。我国是能耗大国，能耗总量居世界第二，其中建筑能耗约占社会总能耗的三分之一。随着城市建设的高速发展，建筑能耗逐年大幅度上升，庞大的建筑能耗已成为国民经济的巨大负担，也成为能源安全的巨大威胁，因此，建筑行业全面节能势在必行。全面的建筑节能有利于从根本上促进能源资源的节约和合理利用，缓解我国能源资源供应与社会经济发展的矛盾；有利于加快发展循环经济，实现社会经济的可持续发展；有利于长远地保障国家能源安全、保护环境、提高人民群众生活质量、贯彻落实科学发展观。

建筑节能具体是指在建筑物的规划、设计、新建（改建、扩建）、改造和使用过程中，执行节能标准，采用节能型的技术、工艺、设备、材料和产品，提高其保温隔热性能、采暖供热和空调制冷制热系统效率，加强建筑物用能系统的运行管理，利用可再生能源，在保证室内热环境质量的前提下，增大室内外能量交换热阻，以减少供热系统、空调制冷制热、照明、热水供应等因大量热消耗而产生的能耗。

2. 建筑节能的途径

建筑节能技术包括很多方面，主要涉及建筑外围护结构、供热系统、制冷系统及可再生能源方面的节能技术。因此建筑节能工作主要围绕两个方面进行：一是减少能源总需求量，尽量减少不可再生能源的消耗，提高能源利用效率，减少围护结构的能量损失，降低建筑设施运行能耗；二是利用新能源。具体建筑节能途径如下：

(1) 合理的规划和建筑设计。在建筑规划阶段，要慎重考虑建筑的朝向、间距、体型、体量、绿化配置等因素对节能的影响，来改善热环境。在建筑设计中，原则上应减少建筑物外表面积，适当控制建筑体型系数，因此应重视造型规整；另外要重视屋檐、挑檐、遮阳板、窗帘、百叶窗等构造措施，其对调节日照、节省能源十分有效；并应充分利用建筑周围的自然条件，改善区域环境气候，从而达到既起到美化，又能降低建筑能源消耗的目的。

(2) 积极采用新技术节能降耗。降低建筑能耗，首先要通过围护结构、外墙、屋面、外门窗来实现。自20世纪80年代以来，新型墙体材料和高保温材料不断涌现，混凝土空心砌块、聚苯乙烯泡沫板等材料，逐渐代替了传统墙体材料，在建筑节能中发挥了重要作用。同时，近年来各种外墙外保温技术系统日益成熟并在工程中广泛应用，显示出了良好的应用前景。除此之外，还应当注意到通过门窗传热及其缝隙渗透空气的耗能约占整个住宅建筑耗热量的50%，因此，外门窗是住宅建筑节能的重点，应合理控制窗墙面积比，提高外门窗的气密性，以及采用热阻大、能耗低的节能材料制造新型保温节能门窗等方式降低建筑能耗。

(3) 最大限度地利用可再生能源。可再生能源包括太阳能、地热能、风能、生物质能等。人们对太阳能的利用方式进行了广泛的探索，使太阳能初步得到利用，如太阳能参与采暖和制冷。窗户是利用太阳能的关键部位，冬季通过太阳照射可直接获得热量。太阳能制冷技术与蓄存技术也得到大力发展，如用太阳能集热器供应热水，利用太阳能发电等。其他自然能源，如地热能，地源热泵可用于建筑采暖与制冷。风力资源丰富的地方也可以利用风能发电，沿海地区还可以利用潮汐发电，供建筑物照明。

(4) 充分利用废弃的资源。建筑消耗的资源巨大，但地球资源需要保护，所以应尽量减少资源消耗量，提高资源利用效率，充分利用好废弃的、再生的或者可再生资源，工业废弃物如粉煤灰、尾砂、煤矸石、灰渣等可以根据其性能做成建筑材料。既有建筑物拆下的材料，如钢材、木材、砖石、玻璃等可以重复利用或再生利用。

13.2.2 建筑节能设计标准

1. 建筑热工设计分区

适宜的室内温度和湿度状况是人们生活及生产的基本要求。对于建筑的外围护结构来说，建筑室内外都会存在温差，特别是处于寒冷地区且冬季需要采暖的建筑和在有些地区因夏季炎热而需要使用空调制冷的建筑，其围护结构两侧的温差在这样的情况下甚至可以达到几十摄氏度。因此在对建筑进行节能设计时，应根据各地的气候条件和建筑物的使用要求，合理解决建筑物能量传递过程中的保温和隔热问题。我国幅员辽阔，地形复杂，各地区气候相差悬殊（北方的大陆性气候、沿海的海洋性气候、南方的湿热气候、云南的高原气候、四川的盆地气候、吐鲁番的沙漠性气候等），空气温度、湿度、太阳的辐射、风、降水、积雪、日照时间等都是气候的要素，也是影响建筑节能设计的重要因素。在建筑节能设计时，必须根据各地区的气候特点进行有针对性的设计。为此，《民用建筑热工设计规范》（CB 50176—2016）把我国建筑热工设计划分为两级、5个大区和11个小区，建筑热工设计一级区划指标及设计原则见表13.3。

表 13.3　　　　　　　　　建筑热工设计一级区划指标及设计原则

分区名称	分区指标 主要指标	分区指标 辅助指标	设计要求
严寒地区	最冷月平均温度≤-10℃	日平均温度≤5℃的天数≥145d	必须充分满足冬季保温要求，一般可不考虑夏季防热
寒冷地区	最冷月平均温度0～-10℃	日平均温度≤5℃的天数90～145d	应满足冬季保温要求，部分地区兼顾夏季防热
夏热冬冷地区	最冷月平均温度0～10℃，最热月平均温度25～30℃	日平均温度≤5℃的天数0～90d，日平均温度≥25℃的天数40～110d	必须满足夏季防热要求，适当兼顾冬季保温
夏热冬暖地区	最冷月平均温度>10℃，最热月平均温度25～29℃	日平均温度≥25℃的天数100～200d	必须充分满足夏季防热要求，一般可不考虑冬季保温
温和地区	最冷月平均温度0～13℃，最热月平均温度18～25℃	日平均温度≤5℃的天数0～90d	部分地区应考虑冬季保温要求，一般可不考虑夏季防热

2. 居住建筑节能设计标准

（1）严寒和寒冷地区居住建筑节能设计。严寒和寒冷地区基本是我国的三北地区：东北、华北、西北。这些地区一年近一半的时间处于低温状态，这导致建筑采暖需消耗大量能量，所以设计时必须对建筑物的耗热量指标进行控制。根据《严寒和寒冷地区居住建筑节能设计标准》（JGJ 26—2018），建筑物应满足以下要求。

1）平面布置。建筑群的总体布置，以及单体建筑的平面、立面设计和门窗的设置，应考虑冬季需利用日照并避开主导风向。建筑物的朝向宜朝向南北或接近朝向南北；建筑物不宜设有三面外墙的房间；严寒和寒冷地区居住建筑的体型系数不应大于表13.4中的限值（建筑物体型系数是指建筑物的外表面积和外表面积所包围的体积之比）。

表 13.4　　　　　　　　　　　　体型系数限值

气候区	建筑层数 ≤3层	建筑层数 ≥4层
严寒地区（1区）	0.55	0.30
寒冷地区（2区）	0.57	0.33

2) 外门窗。寒冷B区建筑的南向外窗（包括阳台的透明部分）宜设置水平遮阳设施或活动遮阳设施，东、西向的外窗宜设置活动遮阳设施，居住建筑不宜设置凸窗。严寒地区除南向外不应设置凸窗，寒冷区北向的卧室、起居室不应设置凸窗。严寒和寒冷地区居住建筑的窗墙面积比不应大于表13.5规定的限值。严寒地区居住建筑的屋面天窗与该房间屋面面积的比值不应大于0.10，寒冷地区不应大于0.15，且应保证外窗及敞开式阳台门具有良好的密闭性能。

表 13.5　　　　　　　　　　　　窗墙面积比限值

朝　向	窗墙面积比	
	严寒地区（1区）	寒冷地区（2区）
北	0.25	0.30
东、西	0.30	0.35
南	0.45	0.50

3) 外围护结构。建筑围护结构主要包括墙体、门、窗和屋顶等。严寒和寒冷地区需要改进建筑物围护结构保温性能，进一步降低采暖所需热量。具体的外围护结构的热工性能参数需满足《严寒和寒冷地区居住建筑节能设计标准》（JGJ 26—2018）的具体要求。

4) 采暖供热。集中采暖和集中空气调节系统的施工图设计，必须对每一个房间进行热负荷和逐项逐时的冷负荷计算。位于严寒和寒冷地区的居住建筑，应设置采暖设施；位于寒冷B区的居住建筑，还宜设置或预留设置安装空调设施的位置和条件。除当地电力充足和供电政策支持，或者建筑所在地无法利用其他形式的能源外，严寒和寒冷地区的居住建筑内，不应设计采用直接电热采暖。

(2) 夏热冬冷地区居住建筑节能设计。夏热冬冷地区大体上是长江中下游地区，如成都、武汉、南京、上海等。夏热冬冷地区气候的显著特点是夏季炎热、冬季寒冷。根据该地区的气候特征，建筑物的围护结构热工性能首先要保证夏季隔热、冬季保温的要求。根据《夏热冬冷地区居住建筑节能设计标准》（JGJ 134—2010），在进行建筑节能设计时须满足以下条件：

1) 平面布置。建筑群的规划布置、建筑物的平面布置应有利于自然通风。组织好建筑物室内外春秋季和夏季凉爽时间的自然通风，不仅有利于改善室内的热舒适程度，而且可减少开空调的时间，有利于降低建筑物的实际使用能耗。因此在建筑单体设计和群体总平面布置时，考虑自然通风是十分必要的。建筑物的朝向宜采用南北向或接近南北向。太阳辐射热对建筑能耗的影响很大，夏季太阳辐射热增加制冷负荷，冬季太阳辐射热降低采暖负荷。

2) 体型系数。3层以下（含3层）建筑物的体型系数不应超过0.55，4～11层建筑物的体型系数不应超过0.40，12层及以上建筑物的体型系数不应超过0.35。

3) 围护结构设计参数。外窗（包括阳台门的透明部分）的面积不应过大。普通窗户（包括阳台门的透明部分）的保温隔热性能相较于外墙差很多，夏季白天通过窗户进入室内的太阳辐射热也比外墙多得多，窗墙面积比越大，则采暖和空调的能耗也越大。因此，从节能的角度出发，必须限制窗墙面积比。多层住宅外窗宜采用平开窗，外窗宜设置活动外遮阳设施。平开窗的开启面积大，有利于自然通风。同时为了保证采暖、使用空调时住宅的换气次数得以控制，要求窗户及阳台门具有良好的气密性，外窗可开启面积不应小于外窗所在房间地面面积的 5%。多层住宅外窗宜采用平开窗，一般而言，平开窗的气密性比推拉窗好。不同朝向、不同窗墙面积比的外窗，及其他围护结构各部分的传热系数和热惰性指标应符合《夏热冬冷地区居住建筑节能设计标准》(JGJ 134—2010) 的规定，其中外墙的传热系数应考虑结构性冷桥的影响。

(3) 夏热冬暖地区居住建筑节能设计。夏热冬暖地区大体上是华南地区：福州、广州、南宁、台北等。这些地区的建筑设计主要考虑的是夏季防热。由于夏季太阳辐射强烈，平均气温偏高，所以在当地建筑物设计中，屋顶、外墙的隔热和外窗的遮阳主要用于防止大量的太阳辐射的热量进入室内，同时通过房间的自然通风可有效地带走室内热量，并对人体舒适感起到调节作用。为了达到这些目的，可以从总体的防热和围护结构隔热着手。根据《夏热冬暖地区居住建筑节能设计标准》(JGJ 75—2012)，在进行建筑节能设计时须满足以下要求：

1) 体型系数。北区内，单元式、通廊式住宅的体型系数不宜大于 0.35，塔式住宅的体型系数不宜大于 0.40。

2) 窗墙面积比。居住建筑的外窗面积不应过大，各朝向的单一朝向窗墙面积比，南、北向不应大于 0.40；东、西向不应大于 0.30。建筑的卧室、书房、起居室等主要房间的房间窗地面积比不应小于 1/7。当房间窗地面积比小于 1/5 时，外窗玻璃的可见光透射比不应小于 0.40。居住建筑的天窗面积不应大于屋顶总面积的 4%，传热系数不应大于 $4.0W/(m^2 \cdot K)$，遮阳系数不应大于 0.40。

3) K、D 值。围护结构传热系数 K、热惰性指标 D 值直接影响建筑采暖空调房间冷热负荷的大小，也直接影响到建筑能耗。居住建筑屋顶及外墙的传热系数 K 和热惰性指标 D 以及外窗的传热系数和综合遮阳系数应符合《夏热冬暖地区居住建筑节能设计标准》(JGJ 75—2012) 规定。

4) 遮阳系数。居住建筑的外窗，尤其是东、西向的外窗宜采用活动或固定的建筑外遮阳设施。居住建筑外窗（包括阳台门）的可开启面积不应小于外窗所在房间地面面积的 8% 或外窗面积的 45%。在保证安全的前提下，应采用平开窗，这是因为推拉窗的最大可开启面积接近 50%，平开窗接近 100%。

5) 通风系统。对于夏热冬暖地区中的湿热地区，由于昼夜温差小，相对湿度较高，可以设计连续通风来改善室内环境。而对于干热地区，则考虑用白天关窗、夜间通风的方法来降温。另外，南方亚热带地区有季节风，因此在建筑物设计中要充分考虑利用海风、江风的自然通风优越性，并按以自然风为主、空调为辅的原则来考虑建筑朝向和布局。利用自然通风是能够适应气候的一种适宜性技术措施，可以在降低能源消耗的同时为室内引入新风，在现代技术的发展过程中，自然通风可与太阳能技术、地下蓄冷蓄热、自动控制等技术相结合，形成一个有组织的自然通风系统。

(4) 温和地区居住建筑节能设计。温和地区冬暖夏凉，四季如春，总的来说，温和地区有全年室外太阳辐射强、昼夜温差小、夏季日平均温度不高、冬季寒冷时间短且气温不极端的特征，一般可不考虑夏季防热，部分地区需注意冬季保温。依据《温和地区居住建筑节能设计标准》(JGJ 475—2019)，在进行建筑节能设计时须满足以下

13.2 建 筑 节 能

条件：

1) 平面布置。建筑群平面布置设计是节能设计的重要内容之一。温和地区节能设计可考虑在夏季利用自然通风降低房间室温，被动式遮阳能减少房间热量，降低房间自然室温；在冬季需避开主导风向，减少房间热损失，因此在建筑群的总体规划和建筑单体设计时，宜利用太阳能改善室内热环境，并宜满足夏季自然通风和建筑遮阳的要求，建筑物的主要房间开窗宜避开冬季主导风向。山地建筑的选址宜避开背阴的北坡地段。居住建筑的朝向宜为南北向或接近南北向。

2) 屋顶和外墙节能措施。基于温和地区的气候特点，考虑充分利用气候资源达到节能目的，进而提出相应的屋顶和外墙节能措施：宜采用浅色外饰面等反射隔热措施；东、西外墙宜采用花格构件或植物等遮阳；宜采用屋面遮阳或通风屋顶或者采用种植屋面和蓄水屋面。同时对冬季日照率不小于70%，且冬季月均太阳辐射量不少于400MJ/m^2的地区，应进行被动式太阳能利用设计；对冬季日照率大于55%但小于70%，且冬季月均太阳辐射量不少于350MJ/m^2的地区，也可进行被动式太阳能利用设计。

3) 围护结构热工设计。围护结构热工性能参数是影响建筑能耗效率的重要参数，因此温和地区居住建筑非透明围护结构各部分的平均传热系数、热惰性指标、外窗的窗墙面积比、外窗传热系数、综合遮阳系数等参数须满足《温和地区居住建筑节能设计标准》(JGJ 475—2019)规定。

4) 自然通风。温和B区居住建筑的主要房间宜布置于夏季迎风面，辅助用房宜布置于背风面；未设置通风系统的居住建筑，户型进深不应超过12m；温和A区居住建筑的外窗有效通风面积不应小于外窗所在房间地面面积的5%；温和B区居住建筑的卧室、起居室应设置外窗，窗地面积比不应小于1/7，其外窗有效通风面积不应小于外窗所在房间地面面积的10%等。

3. 公共建筑节能设计标准

随着建筑技术的发展和建设规模的不断扩大，超高超大的公共建筑在我国各地日益增多。超高超大类建筑多以商业用途为主，在建筑形式上追求特异即不同于常规建筑类型，且耗能多。加强对此类建筑能耗的控制，提高能源系统应用方案的合理性，选取最优方案，对建筑节能工作尤其重要。

《公共建筑节能设计标准》(GB 50189—2015)对公共建筑的结构、热工以及暖通空调、给水排水、电气以及可再生能源应用设计中应该控制的、与能耗有关的指标和应采取的节能措施做出了规定。从房屋建筑学的角度，简单介绍该标准对公共建筑节能的设计要求。

(1) 建筑总体设计及规划。建筑群的总体规划应考虑减轻热岛效应。建筑的总体规划和总平面设计应有利于自然通风以及冬季日照。建筑的主朝向宜选择本地区最佳朝向或适宜朝向，且宜避开冬季主导风向。建筑设计应遵循被动节能措施优先的原则，充分利用天然采光、自然通风并结合围护结构保温隔热和遮阳措施，降低建筑的用能需求。建筑体型宜规整，避免过多的凹凸变化。

(2) 建筑单体设计。公共建筑根据规模分为甲、乙两类，其中甲类公共建筑应符合单栋建筑面积大于300m^2的建筑，或单栋建筑面积小于或等于300m^2但总建筑面积大于1000m² 的建筑群；乙类公共建筑应符合单栋建筑面积小于或等于300m² 的建筑。在严寒和寒冷地区，当其单栋建筑面积大于300m² 且小于800m² 时，公共建筑体型系数应不大于0.5，当其建筑面积大于800m² 时，体型系数应不大于0.4。且严寒地区甲类公共建筑各单一立面窗墙面积比（包括透光幕墙）均不宜大于0.60；其他地区甲类公共建筑各单一立面窗墙面积比（包括透光幕墙）均不宜大于0.70。甲类公共建筑单一立面窗墙面积比小于0.40时，透光材料的可见光透射比不应小于0.60；甲类公共建筑单一立面窗墙面积比大于或等于0.40时，透光材料的可见光透射比不应小于0.40。甲类公共建筑的屋顶透光部分面积不应大于屋顶总面积的20%。

（3）围护结构热工设计。根据建筑热工设计的气候分区，一类公共建筑的围护结构热工性能参数限值如传热系数、保温材料层热阻、太阳得热系数，以及二类公共建筑屋面、外墙、楼板、外窗的传热系数等参数限值，标准均对此做出相应规定，此处不再一一列举。

4. 工业建筑节能设计标准

工业建筑节能是指在工业建筑规划、设计和使用过程中，在满足规定的建筑功能要求和室内外环境质量的前提下，通过采取技术措施和管理手段，实现零能耗或降低运行能耗、提高能源利用效率的过程。工业建筑节能是国家可持续发展战略的重要一环，是工业建筑发展的必然趋势。鉴于工业节能的迫切需求，为提高工业建筑环境控制能效，改善工业建筑环境质量，《工业建筑节能设计统一标准》（GB 51245—2017）编制完成，于2018年1月1日起实施，该标准对我国工业建筑节能事业发展有着重要意义。

该标准从各类工业建筑的共性问题出发，编制宏观的、导则性的工业建筑节能设计统一标准，涉及工业建筑节能设计分类、节能设计参数、建筑及其围护结构热工设计、暖通、空调、采光、照明、电力等专业节能设计的指导性条款。

（1）工业建筑节能设计分类。根据主要环境控制及能耗方式、室内源项特征将工业建筑分为两类，其类别有可能是指一栋单体建筑或一栋单体建筑的某个部位。一类工业建筑及二类工业建筑具体分类情况见表13.6。

表13.6 工业建筑节能设计分类

类别	环境控制及能耗方式	建筑节能设计原则
一类工业建筑	供暖、空调	通过围护结构保温和供暖系统节能设计，降低冬季供暖能耗；通过围护结构隔热和空调系统节能设计，降低夏季空调能耗
二类工业建筑	通风	通过自然通风设计和机械通风系统节能设计，降低通风能耗

对于一类工业建筑，冬季以供暖能耗为主，夏季以空调能耗为主，通常无强污染源及强热源，其环境控制方式和节能设计方法与民用建筑相近，如图13.1所示。一类工业建筑节能设计原则是通过围护结构保温隔热遮阳设计和供暖空调系统节能设计，来降低冬季供暖、夏季空调的能耗。对于二类工业建筑，以通风能耗为主，通常有强污染源或强热源，其室内环境控制方式和节能设计方法与民用建筑存在显著差异。二类工业建筑节能设计原则是通过围护结构保温隔热遮阳设计、自然通风设计和机械通风系统节能设计，降低通风能耗和避免供暖空调能耗，如图13.2所示。

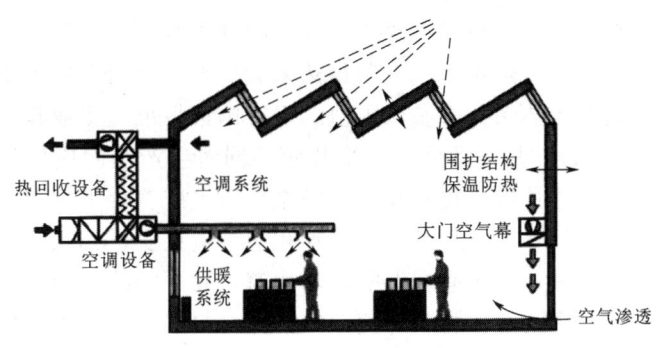

图 13.1　一类工业建筑示意图

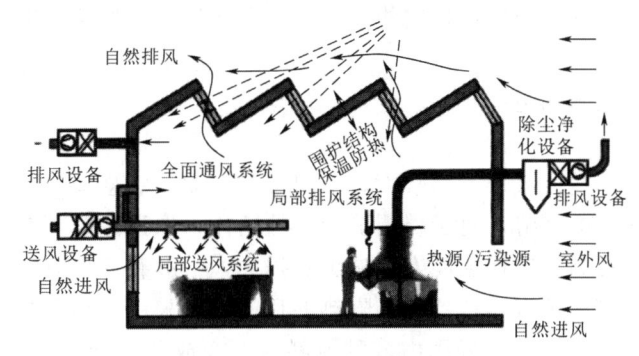

图 13.2　二类工业建筑示意图

（2）总图与建筑设计。工业厂区选址应综合考虑区域的生态环境因素，充分利用有利条件，并符合可持续发展原则。工业建筑总图设计应避免大量热、蒸汽或有害物质向相邻建筑散发而造成能耗增加的问题，应采取控制建筑间距、选择最佳朝向、确定建筑密度和绿化构成等措施。建筑总图设计应合理确定能源设备机房的位置，缩短能源供应输送距离。且有利于冬季日照、夏季自然通风和自然采光等条件，合理利用当地主导风向。在满足工艺需求的基础上，建筑内部功能布局应区分不同生产区域。对于大量散热的热源，宜放在生产厂房的外部，并与生产辅助用房保持距离；对于生产厂房内的热源，宜采取隔热措施，并宜采用远距离控制或自动控制。建筑设计应优先采用被动式节能技术，根据气候条件，合理采用围护结构保温隔热与遮阳、天然采光、自然通风等措施，以降低建筑的供暖、空调、通风和照明系统的能耗。建筑设计应充分利用工业厂区水资源、植被等自然条件，合理选择绿化和铺装形式，营建有利的区域生态条件。而且一类工业建筑总窗墙面积比不应大于 0.50，屋顶透光部分的面积与屋顶总面积之比不应大于 0.15。

（3）自然通风与采光。工业建筑宜充分利用自然通风消除工业建筑余热、余湿，同时应避免自然进风对室内环境的污染或无组织排放造成室外环境的污染。当外墙进风面积不能保证自然通风要求时，可采用在地面设置地下风道作为进风口的方式；对于常年温差大、地层温度较低的地区，宜利用地道作为进风冷却的方式。以风压形成自然通风为主的工业建筑，其迎风面与夏季主导风向宜成 60°～90°，且不宜小于 45°。建筑设计应充分利用天然采光。大跨度或大进深的厂房在采光设计时，宜采用顶部天窗采光或导光管采光系统等采光装置。

（4）围护结构热工设计。根据建筑热工设计的气候分区，一类工业建筑的围护结构的热工性能参数限值如传热系数、太阳得热系数、地面热阻、地下室外墙热阻，二类工业建筑围护结构的传热系数等参数限值，现行国家标准《工业建筑节能设计统一标准》（GB 51245—2017）均对此做出相应规定。同时生产车间应优先采用预制装配式外墙围护结构，当采用预制装配式复合围护结构时，应符合下列规定：①根据建筑功能和使用条件，应选择保温材料品种和设置相应构造层次。②预制装配式围护结构应有气密性和水密性要求；对于有保温隔热的建筑，其围护结构应设置隔汽层和防风透气层。③当保温层或多孔墙体材料外侧存在密实材料层时，应进行内部冷凝受潮验算，必要时采取隔汽措施。④屋面防水层下设置的保温层为多孔或纤维材料时，应采取排气措施。除此之外，建筑围护结构应采取阻断热桥，变形缝采取保温措施、防结露及防水排潮措施。

13.2.3 建筑节能基本构造

1. 墙体节能

我国幅员辽阔，地区气候差异较大，不同季节温度差别悬殊，同时面对目前环境恶化、能源日益紧张的趋势，对于外围护构件的墙体，加强保温隔热和提高气密性也就显得格外重要。提高外墙保温能力，减少热损失，一般有三种方法：①仅通过增加外墙厚度，使传热过程延缓，达到保温隔热的目的；②采用导热系数小、保温效果好的材料作为外墙围护构件；③采用由多种材料组合而成的组合墙解决保温隔热问题。随着国内墙体改革浪潮的兴起，建筑节能已纳入国家强制性规范的设计要求之中。目前常用的有以下方式：外墙外保温墙体、外墙内保温墙体、外墙夹心保温构造。

（1）外墙外保温墙体。外墙外保温墙体是一种将保温隔热材料放在外墙外侧（即低温一侧）的复合墙体，具有较强的耐候性、防水性和防水蒸气渗透性。同时，其具有绝热性能优越，能消除热桥，减小保温材料内部凝结水的出现概率，以及便于室内装修等优点。但是由于保温材料是直接做在室外的，需承受如风雨、冻晒、磨损与撞击等影响因素较多，因而对此种墙体的构造处理要求很高，即必须对外墙面另加保护层和防水饰面，在我国寒冷地区外保护层厚度需达到30～40mm，其构造如图13.3所示。

（2）外墙内保温墙体。外墙内保温墙体在我国应用也较为广泛，其常用的构造方式有粘贴式、挂装式、粉刷式三种。外墙内保温墙体，施工简便、保温隔热效果好、综合造价低、特别适用于夏热冬冷地区。由于保温材料的蓄热系数小，有利于室内温度的快速升高或降低，其性价比高，故适用范围广，但必须注意外围护结构内部产生冷凝结水的问题，其构造形式如图13.4所示。

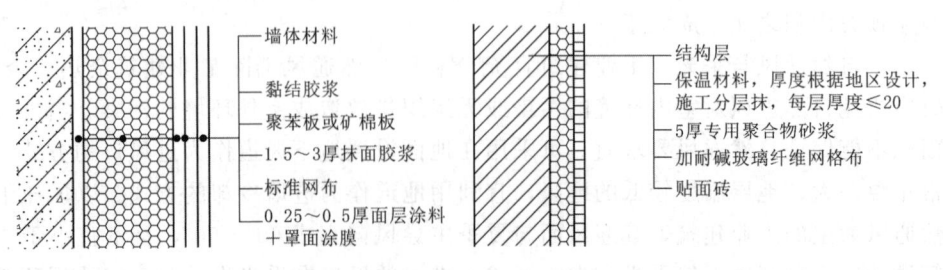

图13.3 外墙外保温构造　　图13.4 外墙内保温厨房、卫生间构造

(3) 外墙夹心保温构造。在复合墙体保温形式中，为了避免蒸汽由室内高温一侧向室外低温侧移动，在墙内形成凝结水，或为了避免受室外各种不利因素的袭击，常采用半砖或其他预制板材加以处理，使外墙形成夹心构件，即双层结构的外墙中间放置保温材料，或留出封闭的空气间层，外墙夹心保温构造如图 13.5 所示。这种构造保温材料不易受潮，且对保温材料的要求也较低。外墙空气间层的厚度一般为 40～60mm，并且要求处于密闭状态，以保证其具有较强的保温性能。

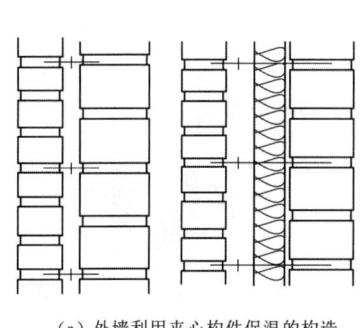

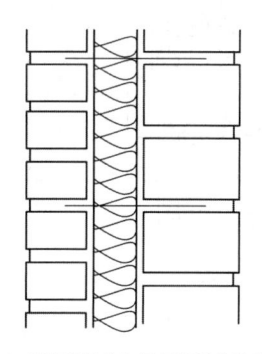

(a) 外墙利用夹心构件保温的构造　　　　(b) 外墙利用空气间层保温的构造

图 13.5　外墙夹心保温构造

2. 门窗节能

门窗是围护结构中保温隔热的薄弱环节，是影响建筑室内热环境和造成能耗过高的主要原因。例如，在传统建筑中，通过窗的耗热量占建筑总能耗的 20% 以上；在节能建筑中，由于保温材料的墙体热阻增大，窗的热损失占建筑总能耗的比例更大；在空调建筑中，通过窗户（特别是阳面的窗户）进入室内的太阳辐射热，极大地增加了空调负荷，并且随着窗墙面积比的增加而增大。造成门窗能量损失大的原因是门窗与周围环境进行了热交换，如通过门窗框、玻璃、热桥、门窗缝隙造成的热损失。因此，门窗节能设计主要应从门窗形式、门窗型材、玻璃密封等方面着手。

(1) 控制窗墙面积比。窗墙面积比是指窗洞口面积与房间里面单元面积的比值。为了获得开阔的视野和良好的采光而加大窗洞口面积，这种做法对保温节能十分不利。尽管南向窗在冬季晴天可以获得更多的日照来补充室内的热量，但从保温性能来看，窗的传热系数是屋面及外墙的 3～5 倍，而其他朝向的窗户过大，对节能更为不利。另外，窗洞口太大，在夏季通过太阳辐射热会过多，还会增加空调负荷。因此，从降低建筑能耗的角度出发，在满足室内采光要求的情况下，要严格控制窗墙面积比。

(2) 选用低传热的门窗型材。门窗框多采用轻质薄壁结构，是室外门窗中能量流失的薄弱环节，因此，门窗型材的选用至关重要。目前节能门窗要改进其隔热性能，多做成断桥或复合式的，如断热铝材、断热钢材、玻璃钢材以及铝塑、铝木等复合型材料。铝塑复合节能门窗型材构造如图 13.6 所示。

(3) 选用节能玻璃。玻璃面积通常占门窗总面积的 58%～87%，因此采用节能玻璃也是提高门窗保温节能效果的一个重要因素。节能玻璃的种类包括吸热玻璃、镀膜玻璃、热反射玻璃和低辐射（Low-E）玻璃、中空玻璃和真空玻璃。吸热玻璃、镀膜玻璃、钢化玻璃（又称为强化玻璃）、夹层玻璃等品种的玻璃又可以组成中空玻璃或真空玻璃。其中，建筑门窗中使用中空玻璃是一种有效的节能环保途径，在实际工程中应用广泛，如图13.7所示。

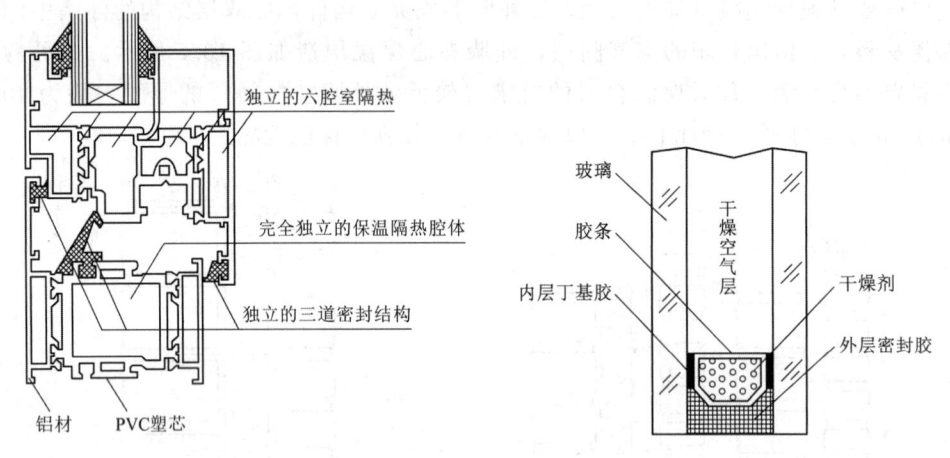

图13.6 铝塑复合节能门窗型材构造

图13.7 中空玻璃示意图

（4）门窗密封严密。门窗框与墙体之间、框扇之间、玻璃与框扇之间的缝隙，是空气流动的通道，影响门窗节能效果，应密封严密。门窗框与墙体间的缝隙不得用水泥砂浆填塞，应采用弹性材料填嵌饱满，表面用密封胶密封。如塑钢门窗框与墙体间的缝隙，通常用聚氨酯发泡剂进行填充，其不仅有填充作用，而且还有良好的密封保温和隔热性能，如图13.8所示。框扇之间、玻璃与框扇之间用密封条挤紧密封。密封条分为毛条和胶条。密封胶条必须具有足够的抗拉强度、良好的弹性、耐温性和耐老化性，其断面尺寸应与门窗型材匹配，否则胶条经过太阳长期暴晒会老化变硬、失去弹性、容易脱落，此时，其不仅密封性差，且易造成玻璃松动，产生安全隐患。密封条在窗内的分布如图13.9所示。

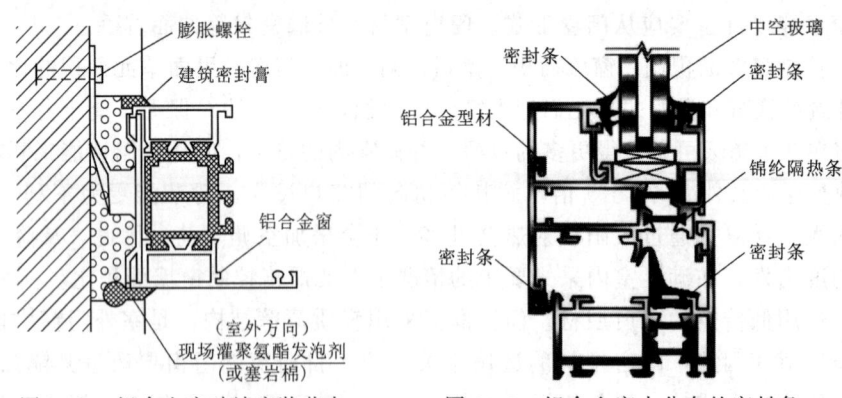

图13.8 铝合金窗砖墙安装节点

图13.9 铝合金窗内分布的密封条

3. 屋面节能

屋面的保温、隔热是围护结构节能的重点之一。在寒冷地区，屋面设保温层以阻止室内热量散失；在炎热地区，屋面设置隔热降温层以阻止太阳的辐射热传至室内；在冬冷夏热地区，建筑节能则要冬、夏兼顾。屋顶保温与隔热技术有倒置式保温隔热屋面、种植屋面、蓄水屋面和通风屋面。

13.2 建筑节能

（1）倒置式保温隔热屋面。将保温隔热层设在防水层的上方的屋面称为倒铺式或倒置式保温隔热屋面。由于倒置式保温隔热屋面采用的是外隔热保温形式，即外隔热保温材料层的热阻作用首先对室外综合温度波进行了衰减，使其后产生在屋面材料上的内部温度低于传统保温隔热屋顶内部温度，屋面所蓄有的热量始终低于传统屋面保温隔热形式蓄有的热量，且其向室内散热也少，因此，是一种隔热保温效果较好的节能屋面构造形式。

（2）种植屋面。随着我国城市化进程的高速发展和建筑面积急剧增加，产生的建筑能耗将更加巨大，"城市热岛"现象将更为严重。而城市建筑实行屋面绿化，可以大幅度降低建筑能耗、减少温室气体的排放，同时可增加城市绿地面积、美化城市、改善城市气候环境。

种植屋面分为覆土种植和无土种植两种：①覆土种植是在钢筋混凝土屋面上覆盖100～150mm厚的种植土壤，种植植被的隔热性能比架空通风间层的屋面好，可大大降低内表面的温度。②无土种植具有自重轻、屋面温差小，有利于防水防渗的特点，它是采用水渣、蛭石或者是木屑代替土壤，重量减轻的同时隔热性能也得到提升，且对屋面构造没有特殊要求，只是在檐口和走道板处须防止蛭石或木屑在雨水外溢时被冲走。

（3）蓄水屋面。在平屋面上蓄积一层水，利用水的蒸发吸收大量太阳辐射和室外气温的热量，而水蒸发又将热量散发，以减少屋面吸收热能，达到隔热降温的目的。不仅如此，水面还可反射阳光，减少阳光对屋面的直射作用。另外，水层长期将防水层淹没，使混凝土防水层处于水的养护下，可减少由变化引起的开裂和防止混凝土的炭化，使沥青和嵌缝胶泥之类的防水材料在水层的保护下推迟老化过程，延长使用年限。蓄水屋面构造如图13.10所示。

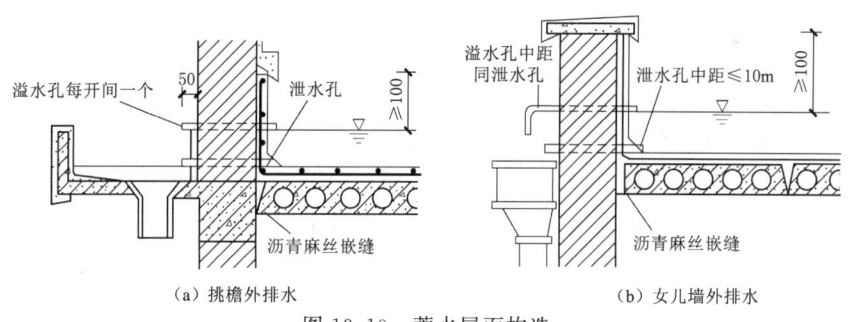

图13.10 蓄水屋面构造

蓄水屋面也存在一些缺点，在夜间屋面蓄水后外表面温度始终高于无水屋面，这时很难利用屋面散热，且屋面蓄水也增加了屋面的净重，以及为防止渗水还需加强屋面的防水措施。

（4）通风屋面。通风屋面是在屋面中设置通风间层，其上层表面可遮挡太阳辐射，并利用风压和热压作用将间层内的热空气带走，达到隔热降温的目的。通风间层一般有屋面架空通风隔热间层和顶棚通风隔热间层两种，如图13.11所示。

4. 建筑幕墙节能

目前，建筑幕墙使用范围十分广泛，特别是城市的地标性建筑基本都采用了各种形式的建筑幕墙，其不仅能够把建筑围护结构的使用功能与装饰功能巧妙地融为一

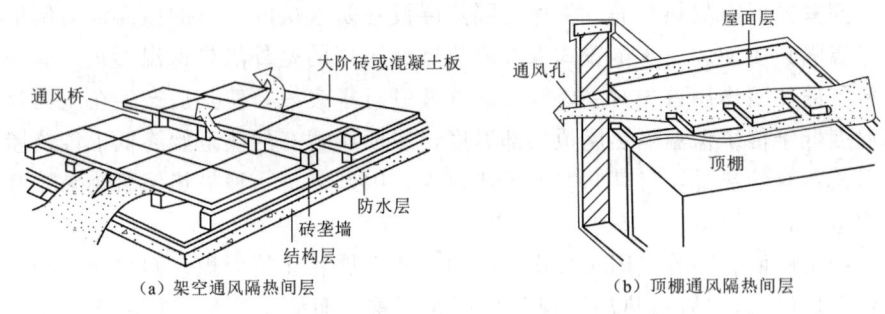

图 13.11　通风屋面节能原理示意图

体，而且使建筑更具现代感和装饰艺术性。建筑幕墙是一种新型的墙体，是连接建筑室内人居环境和室外自然环境的中间媒介，因此增强建筑幕墙节能作用，是实现建筑节能的重要途径之一。下面介绍一种双层呼吸式幕墙的节能原理。

双层呼吸式幕墙是由内、外两道幕墙组成，与传统幕墙相比，它的最大特点是在内外两层幕墙之间形成一个通风换气层，空气可以从下部进风口进入，又从上部排风口离开这一空间，使这一空间经常处于空气流动状态，并伴随着热量在这一空间流动，因此又称为呼吸式幕墙。冬季时，关闭通风层两端的进、排风口，换气层中的空气在阳光的照射下温度升高，形成一个温室，有效地提高了内层玻璃的温度，减少建筑物的采暖费用。夏季时，打开换气层的进、排风口，在阳光的照射下换气层空气温度升高自然上浮，形成自下而上的空气流，由于烟囱效应带走通道内的热量，降低内层玻璃表面的温度，减少制冷费用。另外，通过对进、排风口的控制以及对内层幕墙结构的设计，可达到由通风层向室内输送新鲜空气的目的，从而提高建筑通风质量。

本 章 小 结

本章系统地介绍了绿色建筑与建筑节能的发展历程、设计原则、评定标准和构造方法。通过学习，可以全面理解绿色建筑的核心理念和设计方法，掌握建筑节能的基本概念和设计标准，了解常见的建筑节能构造技术。掌握了这些知识和技术，读者将能够在实际工程中应用绿色建筑与建筑节能的理念，设计出环保、节能且可持续的建筑项目。

思 考 题

1. 什么是绿色建筑？绿色建筑的三要素是什么？
2. 绿色建筑的评定分为哪几个等级？
3. 什么是建筑节能？
4. 建筑节能的途径有哪些？

第2篇 工业建筑

第14章 工业建筑概述

📋 本章导读

工业建筑是工业生产的重要支撑，其设计和建设需要综合考虑多种因素，确保满足生产工艺、安全、环保和经济等方面的要求。工业建筑的分类和设计任务与要求紧密相关，需要设计人员综合考虑功能性、经济性、环境友好性和可持续性等因素，为工业生产提供安全、高效和可持续的建筑环境。

资源 14.1
工业建筑
概述

📋 学习目标

◎知识目标

1. 熟悉工业建筑的分类。
2. 了解工业建筑设计的任务及要求。

◎能力目标

1. 能够理解工业建筑的分类，并能解释它们的特点和功能需求。
2. 能够深入了解和运用工业建筑的先进技术和创新方法，以提升工业建筑的效能和可持续性。

◎素质目标

1. 强调创新意识和实践能力，推动工业建筑设计领域的创新和发展。
2. 培养对工业建筑环境和产业发展的理解和关注，为产业发展和社会进步作出贡献。

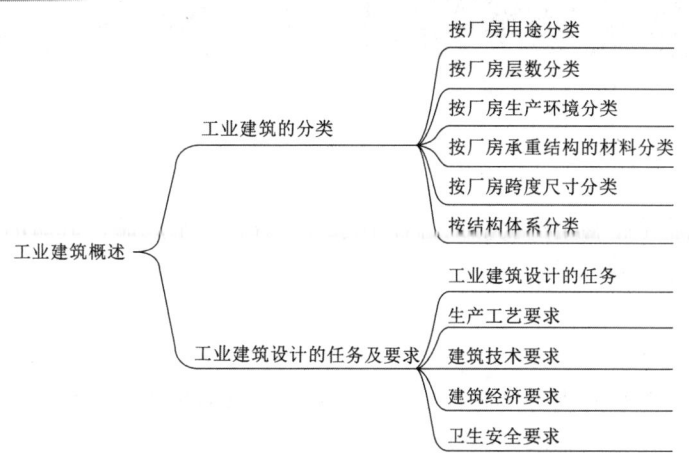

📋 思维导图

工业建筑概述
- 工业建筑的分类
  - 按厂房用途分类
  - 按厂房层数分类
  - 按厂房生产环境分类
  - 按厂房承重结构的材料分类
  - 按厂房跨度尺寸分类
  - 按结构体系分类
- 工业建筑设计的任务及要求
  - 工业建筑设计的任务
  - 生产工艺要求
  - 建筑技术要求
  - 建筑经济要求
  - 卫生安全要求

第14章 工业建筑概述

14.1 工业建筑的分类

14.1.1 按厂房用途分类

1. 主要生产厂房

主要生产厂房是指从原料、材料至半成品、成品的整个加工装配过程中直接从事生产的厂房,如图14.1所示,如在拖拉机制造厂中的铸铁车间、铸钢车间、锻造车间、冲压车间、铆焊车间、热处理车间、机械加工及装配等车间。"车间"一词,本意是指工业企业中直接从事生产活动的管理单位,后来也用来代替"厂房"。

图14.1 主要生产厂房

2. 辅助生产厂房

辅助生产厂房是指间接从事工业生产的厂房,如拖拉机制造厂中的机器修理车间、电修车间、木工车间、工具车间等,如图14.2所示。

3. 动力用厂房

动力用厂房是指为生产提供能源的厂房。这些能源有电、蒸汽、燃气、乙炔、氧气、压缩空气等,其相应的建筑是发电厂、锅炉房、燃气发生站、乙炔站、氧气站、压缩空气站等,如图14.3所示。

图14.2 辅助生产厂房   图14.3 动力用厂房

4. 储存用房屋

储存用房屋是指为生产提供储备各种原料、材料、半成品、成品的房屋,如炉料库、砂料库、金属材料库、木材库、油料库、易燃易爆材料库、半成品库、成品库等,如图14.4所示。

5. 运输用房屋

运输用房屋是指管理、停放、检修交通运输工具的房屋,如机车库、汽车库、电瓶车库、消防车库等,如图14.5所示。

258

14.1 工业建筑的分类

图 14.4 储存用房屋

图 14.5 运输用房屋

6. 其他

如水泵房、污水处理站及办公、管理、科研及后勤服务用房等。

14.1.2 按厂房层数分类

厂房按层数分类，可分为单层厂房、多层厂房、混合厂房，如图 14.6 所示。

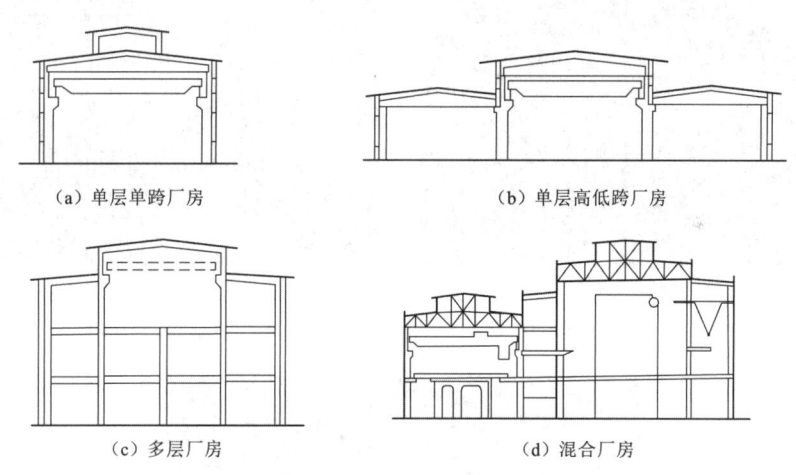

(a) 单层单跨厂房　　(b) 单层高低跨厂房

(c) 多层厂房　　(d) 混合厂房

图 14.6 按层数分类的厂房

1. 单层厂房

这类厂房主要用于重型机械制造工业、冶金工业、纺织工业等。其优点是内外联系方便，缺点是占地多、土地利用效率低。单层厂房可以是单跨，也可以是多跨联列。

2. 多层厂房

这类厂房广泛用于食品工业、电子工业、化学工业、轻型机械制造工业、精密仪器工业等。多层厂房占地面积少、建筑面积大、造型可塑性强，从当今土地日益紧张和高效利用土地资源等角度考虑，应予以提倡。

3. 混合厂房

混合厂房为同一厂房内既有多层也有单层的厂房，单层或跨层内设置大生产设备，多用于化工和电力工业。

14.1.3 按厂房生产环境分类

1. 冷加工车间

冷加工车间生产操作是在常温下进行的，如机械加工车间、机械装配车间等，如图14.7所示。

2. 热加工车间

热加工车间生产中散发大量余热，有时伴随烟雾、灰尘、有害气体，如铸造车间、锻压车间等，如图14.8所示，应着重解决通风问题。

3. 恒温恒湿车间

为保证产品质量，车间内部要求稳定的温度、湿度条件，如精密机械车间、纺织车间等，如图14.9所示。厂房中除应安装空调设备外，厂房建筑的围护构件应具有较好的保温隔热性。

图14.7 在正常温度、湿度状况下进行生产的车间

（a）轧钢车间内景　　（b）轧钢预热

图14.8 在高温或熔化状态下进行生产的车间

图14.9 恒温恒湿状态下的棉织厂生产车间

4. 洁净车间

为保证产品质量，防止大气中灰尘及细菌的污染，要求保持车间内部高度洁净，厂房需要有严密的围护结构，如精密仪器加工及装配车间、集成电路车间等，如

图 14.10 所示。

(a) 大型洁净厂房立面　　(b) 洁净厂房工作区

图 14.10　洁净车间

5. 其他特种状况的车间

如有爆炸可能性、有大量腐蚀物、有放射性散发物、防微振、高度隔声、防电磁等的车间。

14.1.4　按厂房承重结构的材料分类

1. 砌体结构厂房

其构造简单、方便经济，但结构性能较差，主要适用于小型单层和多层厂房，如图 14.11（a）所示。

2. 钢筋混凝土结构厂房

其坚固耐久，结构性能好，承载力大，材料易得，施工方便，耐火耐蚀，适应面广，可以预制，也可现场浇筑，是我国目前单层和多层厂房的主要形式。

3. 钢结构厂房

其施工速度快、构件轻、强度大、抗震性能好，但易锈蚀、耐火性能差、日常维护费用高，多用在大跨度、大空间或振动较大的生产车间，但要采取防火、防腐蚀措施。最好采用工业化体系建筑，以节省投资、缩短工期，如图 14.11（b）所示。

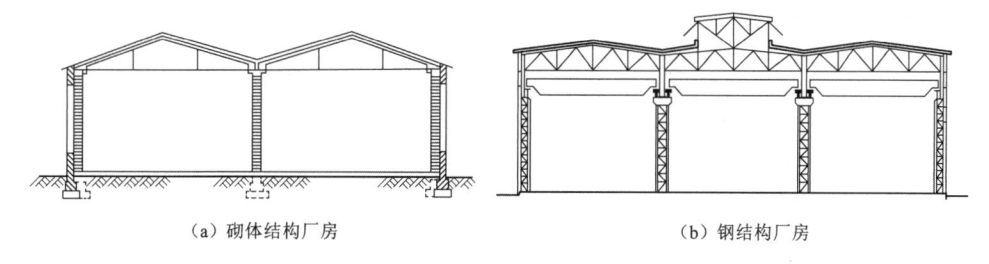

(a) 砌体结构厂房　　(b) 钢结构厂房

图 14.11　按承重结构材料分类的厂房

4. 钢骨混凝土组合结构厂房

钢骨混凝土组合结构是一种继混凝土结构和钢结构之后发展起来的新型结构。与钢结构相比，钢骨混凝土结构可提高钢结构整体和局部屈曲性能，增加结构刚度和阻尼，节约钢材，防锈防腐性能更好；与混凝土结构相比，内埋的钢骨可提高结构的承载力，减小构件的截面尺寸。适用于大型工业厂房。

14.1.5 按厂房跨度尺寸分类

1. 小跨度厂房

小跨度厂房是指跨度小于或等于12m的单层工业厂房，结构类型以砌体结构为主。

2. 大跨度厂房

大跨度厂房是指跨度大于12m的单层工业厂房，其中15～30m的厂房以钢筋混凝土结构为主，跨度在36m及36m以上时，一般以钢结构为主。

14.1.6 按结构体系分类

1. 排架结构

排架结构单层厂房是常见的一种结构形式，有钢筋混凝土排架（现浇或预制装配施工，见图14.12）和钢排架两种类型。它是由柱基础、柱子、屋面大梁或屋架等横向排架和屋面板、连系梁、支撑等纵向连系构件组成。横向排架起承重作用，纵向连系构件起纵向支撑、保证结构的空间刚度和稳定性作用，由于排架体系的房屋刚度小，重心高，需承受动荷载，因此需要安装柱间斜支撑与屋盖部分的水平支撑和垂直支撑，还要在两侧山墙设置抗风柱。排架结构主要适用于跨度、高度、吊车荷载较大及地震荷载较高的单层厂房建筑。

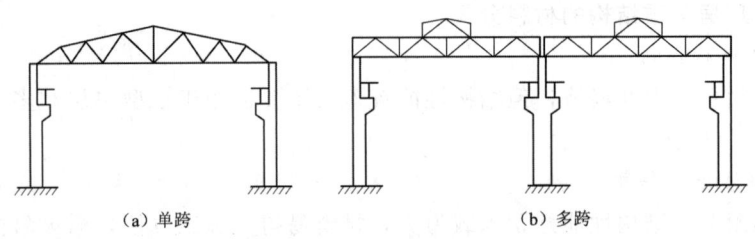

(a) 单跨　　　　　　　(b) 多跨

图14.12　钢筋混凝土排架

2. 刚架结构

刚架结构是指梁、柱之间为刚性连接的结构，多层多跨的刚架结构通常称为框架，单层刚架也称为门式刚架（图14.13），分为两铰刚架和三铰刚架。单层刚架为梁柱合一的结构，其内力小于排架结构，梁柱截面高度小，造型轻巧，内部净空较大，广泛应用于中小型厂房。

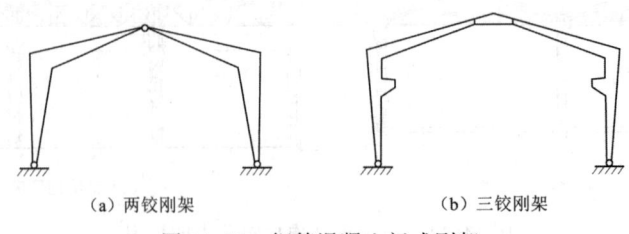

(a) 两铰刚架　　　　　　　(b) 三铰刚架

图14.13　钢筋混凝土门式刚架

14.2　工业建筑设计的任务及要求

14.2.1　工业建筑设计的任务

建筑设计人员根据设计任务书和工艺设计人员提出的生产工艺资料，设计厂房的平面形状、柱网尺寸、剖面形式、建筑体型，合理选择结构方案和围护结构类型，进行细部构造设计，协调建筑、结构、水、暖、电、气、通风等各专业设计，正确贯彻"技术先进、安全适用、经济合理"的原则。

14.2.2 生产工艺要求

生产工艺要求是确定建筑设计方案的基本出发点。工艺流程直接影响厂房各工段、各部门平面的次序和相互关系。运输工具和运输方式与厂房平面、结构类型和经济效果密切相关。结构设计要结合不同厂房的生产特点，如散发大量余热和烟尘，排出大量酸、碱等腐蚀物质或有毒、易燃、易爆气体等。因此，其建筑设计在建筑面积、平面形状、柱距、跨度、剖面形式、厂房高度、结构方案和构造措施等方面，必须满足生产工艺的要求。

14.2.3 建筑技术要求

（1）工业建筑的耐久性应符合建筑的使用年限，由于厂房荷载较大，建筑设计应为结构设计的合理性创造条件，使结构设计更利于满足坚固和耐久的要求。

（2）生产工艺不断更新，生产规模逐渐扩大，因此，建筑设计应使厂房具有较大的通用性和改建扩建的可能性。

（3）应严格遵守《厂房建筑模数协调标准》（GB/T 50006—2010）及《建筑模数协调标准》（GB/T 50002—2013）的规定，合理选择厂房建筑参数（柱距、跨度、柱顶标高），以便采用标准通用的结构构件，从而提高厂房建筑工业化水平。

14.2.4 建筑经济要求

（1）在不影响卫生、防火及室内环境要求的条件下，有时将若干个车间合并成联合厂房，对现代化连续生产极为有利。充分发挥联合厂房建设用地较少、外墙面积相应减少、管网线路相对集中的优势，使建筑经济性更趋合理。

（2）建筑的层数是影响建筑经济性的重要因素，因此，应根据工艺要求、建筑技术经济条件等，合理选择厂房层数。

（3）在满足生产要求的前提下，应尽量减少结构所占面积，扩大使用面积，并设法缩小建筑体积，充分利用建筑空间。

（4）在不影响厂房的坚固、耐久、生产操作和施工速度的前提下，应尽量降低材料消耗、减轻构件自重，以降低建筑造价。

（5）设计方案应优先采用先进配套的结构体系和工业化施工方法。

14.2.5 卫生安全要求

（1）应有良好的采光和照明。一般厂房多为自然采光，采光均匀度较差。如纺织厂的精纺和织布车间多为自然采光，但应解决日光直射问题。如果自然采光不能满足工艺要求，则应采用人工照明。

（2）应有良好的通风。如采用自然通风，要了解厂房内部状况（散热量、热源状况等）和当地气象条件，设计好排风通道。某些散发大量余热的热加工和有粉尘的车间（如铸造车间）应重点解决好自然通风问题。

（3）有效控制噪声。除采取一般降噪措施外，还可设置隔声间。

（4）对于某些对温度、湿度、洁净度、无菌、防微振、电磁屏蔽、防辐射等方面有特殊工艺要求的车间，则要在建筑平面、结构以及空气调节等方面采取相应措施。

(5) 美化室内外环境，注意厂房内外整体环境的设计，包括色彩和绿化等。

拓展阅读

工业建筑设计和建造的起源与工业建筑的起源同步。1784年，詹姆斯·瓦特发明了蒸汽机，随着此类机器的发展，工业建筑也应运而生。然而，这些技术革新所带来的社会分工太单一了。17世纪以来，机器的进步导致人口增长，而人口增长使得人们对商品的需求日益增加，使得资本进一步积累，这才是导致工业建筑设计和建造出现的主要因素。尤其是英国的兰开夏郡棉花工业的膨胀致使机器化工厂增加，本来机器化工厂是与传统的、工业化前的生产并存的。在这个过程中，手工业作坊被加工厂所取代，而加工厂随之又被大工厂取代了。

高温熔铁技术的发展，宣告着工业建筑进程中的一个新时代在英国开始了。1775—1779年，达比（Abraham Darby）和威尔森在英国的煤溪谷（Coalbrookdale）的塞文（Severn）河上建成了第一座铸铁拱桥，如图14.14所示，此桥跨度30m。紧接着，1793—1796年，Rondelet.J.B在森德兰（Sunderland）的威尔（Wear）河上建成了又一座铸铁拱桥，此桥跨度72m。1825—1826年，托马斯·泰尔福特建成了梅奈（Menai）海峡大桥。

图14.14 铸铁拱桥

在造桥经验的基础上，铁随后就应用于工厂的建筑。1805年，霍兹沃思（Henry Houldsworth）将一个创新的铁支撑结构用在了格拉斯哥的纺纱厂中，圆柱支撑的横梁与砖砌的围墙结合使用，形成了多层工厂建筑的框架。

本章小结

本章主要内容包括工业建筑的分类、工业建筑设计的任务及要求。本章的教学重点和难点为工业建筑的分类和工业建筑设计的要求。在学习过程中，读者应该注重实践和理论相结合，通过案例分析和实际操作来加深对工业建筑设计和分类的理解。同时，读者还需要关注新技术和新材料的发展，了解其在工业建筑设计中的应用，以不断提升自己的设计水平和创新能力。

思 考 题

1. 工业建筑按厂房用途如何分类？
2. 工业建筑设计的任务有哪些？
3. 工业建筑设计有哪方面的要求？

第15章 单层工业厂房设计

✅ 本章导读

单层工业厂房（单层厂房）设计是一种专门针对工业生产需求的建筑设计，其主要目标是创建一个适合各种生产工艺和设备布置的厂房空间。在进行单层工业厂房设计时，设计师需要充分考虑生产流程、设备选型、安全性能、节能环保等多个方面，以实现高效、安全、环保的工业生产环境。

资源 15.1
单层工业建筑设计

✅ 学习目标

◎知识目标

1. 了解影响单层厂房总平面布置的因素。
2. 了解影响单层厂房平面设计的因素。
3. 掌握单层厂房剖面设计需要掌握的因素。
4. 掌握单层厂房定位轴线的设计。

◎能力目标

1. 能够根据单层厂房的用途，合理选择厂房组成构件和支承方式。
2. 能够应用可持续性设计理念，推动厂房建设与运营的可持续发展。

◎素质目标

1. 培养创新意识和设计思维，能够在工业厂房设计中提出符合生产需求且具有创新性的方案和解决方案。
2. 注重责任意识和安全意识，确保设计方案符合相关法规和标准，保障工作场所的安全性。

思维导图

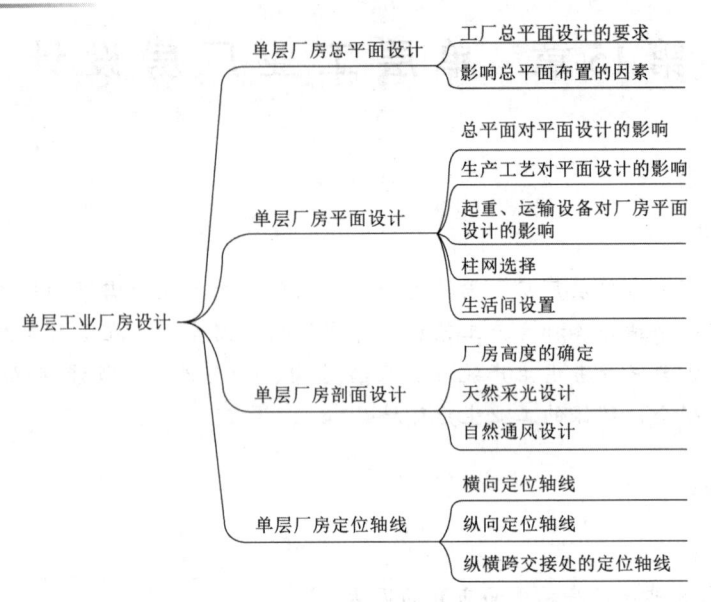

- 单层工业厂房设计
  - 单层厂房总平面设计
    - 工厂总平面设计的要求
    - 影响总平面布置的因素
  - 单层厂房平面设计
    - 总平面对平面设计的影响
    - 生产工艺对平面设计的影响
    - 起重、运输设备对厂房平面设计的影响
    - 柱网选择
    - 生活间设置
  - 单层厂房剖面设计
    - 厂房高度的确定
    - 天然采光设计
    - 自然通风设计
  - 单层厂房定位轴线
    - 横向定位轴线
    - 纵向定位轴线
    - 纵横跨交接处的定位轴线

15.1 单层厂房总平面设计

15.1.1 工厂总平面设计的要求

一个工厂由许多建筑物和构筑物组成。一般由四个部分组成：生产工段，是加工产品的主体部分；辅助工段，是为生产工段服务的部分；库房部分，是存放原料、材料、半成品、成品的地方；行政办公及生活用房。

进行工厂总平面设计时应满足如下条件：

(1) 根据全厂的生产工艺流程、交通运输、卫生、防火、风向、地形、地质以及建筑群体艺术等条件确定建筑物、构筑物的相对位置。

(2) 合理地组织人流和货流，避免交叉和迂回。

(3) 布置地上和地下的各种工程管线，进行厂区竖向布置及美化、绿化厂区等。

工厂总平面图包括生产区和厂前区两部分，在生产区布置主要生产厂房和辅助建筑、动力建筑、露天和半露天的原料堆场、产品仓库、水塔、泵房等；在厂前区布置行政办公楼、传达室、门卫等。

15.1.2 影响总平面布置的因素

1. 厂区人流、货流

一个厂房不是孤立存在的，而是工厂总平面图中的有机组成部分，并在生产中和周围其他厂房有着密切的联系。其具体表现为原材料、半成品和成品的运输及人流进出厂路线的组织。因此，设计时尽可能减少人流和物流的交叉迂回。厂房人流主要出入口及生活间的位置应面向厂区主要干道，方便职工上下班；物流出入口除面向厂区道路外并和相邻厂房出入口位置相对应，以使运输路线快捷方便。

2. 地形

地形坡度的大小对厂房的平面形状有直接影响。在山区建厂，为减少土石方工程和投资，加快施工进度，厂房平面形式在工艺条件许可的情况下要适应地形，而不应像在平坦地形上那样强调简单、规整。

3. 气候条件

厂址所在地区的气象条件对厂房朝向影响很大。其主要影响因素有两个：一是日照，二是风向。厂房对朝向的要求随地区气候条件而异。在我国广大温带和亚热带地区，理想的朝向应该是：夏季室内既不受阳光照射，又易于进风，有良好的自然通风条件。为此，厂房宽度不宜过大，平面最好采用长方形，朝向接近南北向，厂房长轴与夏季主导风向垂直或大于45°。寒冷地区，厂房的长边应平行于冬季主导风向，并在迎风面的墙面上少开或不开门窗，以避免寒风对室内气温的影响。

15.2 单层厂房平面设计

厂房的平面、剖面和立面设计是不可分割的整体，设计时必须统一考虑。在进行厂房设计时，首先要进行平面设计，平面设计主要解决以下几方面的问题。

15.2.1 总平面对平面设计的影响

工厂总平面设计应在城市规划、工业区规划和总体布置的基础上进行。总平面设计主要根据生产流程、防火、安全等要求，结合内外部运输条件和场地、地形、地质、气象条件、建设程序以及远期发展规划等因素进行设计。

厂房总平面设计首先应考虑生产特征，明确厂区功能分区，应使人、货流线互不干扰，同时根据生产加工程序及防火、日照、风向、地形等条件，基本确定各个厂房的相对位置和形状。

15.2.2 生产工艺对平面设计的影响

厂房平面形式与生产工艺流程、生产特征有直接关系。常用的厂房平面形式有矩形、方形、L形、T形、Π形和山形。

矩形平面厂房构件类型少，车间之间交通联系方便，管线短，节约用地，节省外墙面积及门窗。

方形平面厂房除具备矩形平面的特点外，还可节约围护结构周长约25%，通用性强，有利于抗震，应用较多，如图15.1所示。

图 15.1 平面形式的比较

（a）方形　（b）矩形　（c）L形

当生产工艺要求设置垂直跨、热加工车间或需进行某种隔离的车间，可采用L形、T形、Π形或山形平面。其特点是通风、排气、散热、除尘效果好，但纵横跨交接处的结构构造复杂，抗震性差，外墙及管线较长，造价较高。

15.2.3 起重、运输设备对厂房平面设计的影响

由于生产工艺要求，厂房内应设置必要的起重运输设备。厂房内的起重运输设备主要有三类：一是地面运输设备，如板车、电瓶车、汽车、火车等；二是安装在厂房上部空间的各种类型的起重吊车；三是各种输送管道、传送带等。在这些起重设备中，以吊车对厂房的布置、结构选型等影响最大。

15.2.4 柱网选择

在骨架结构厂房中，柱子是最主要的承重构件，作为厂房平面设计重要内容之一的结构布置，要求确定柱子的平面位置，即柱网选择。柱子在厂房平面上排列所形成的网格称为柱网，柱网尺寸是由跨度和柱距组成的，如图15.2所示。柱子纵向定位轴线之间的距离称为跨度，横向定位轴线之间的距离称为柱距。柱网的选择实际上就是选择厂房的跨度和柱距。

图 15.2 柱网实例

工艺设计人员根据工艺流程和设备布置状况，对跨度和柱距提出初始的要求，建筑设计人员在此基础上，依照建筑及结构的设计原则，最终确定厂房的跨度和柱距。选择柱网时要综合考虑以下方面：满足生产工艺提出的要求；遵守《厂房建筑模数协调标准》（GB/T 50006—2010）的有关规定；尽量扩大柱网，提高厂房的通用性；满足建筑材料、建筑结构和施工等方面的技术性要求；尽量降低工程造价。

1. 跨度尺寸的确定

厂房跨度实际上指屋架或屋面大梁的跨越尺寸，厂房跨度一旦确定，厂房结构中屋架的跨度尺寸也随即而定。

> **拓展阅读**
>
> **确定跨度尺寸的影响因素**
>
> 跨度尺寸主要应根据下列因素确定。
>
> 1. 生产设备的大小和布置方式
>
> 生产设备的大小是影响跨度尺寸的主要因素，具体表现为设备越大，所占面积越大，厂房跨度尺寸相应增加；设备的布置方式也影响到跨度尺寸，设备采用纵向或横向排列时，直接影响跨度尺寸与车间通道宽度的设计。例如，横向布置可能扩大跨度尺寸以容纳设备，而纵向布置则需增加通道宽度以满足运输需求。
>
> 2. 不同类型的水平运输设备
>
> 如电瓶车、汽车、火车等所需通道宽度是不同的，同样影响跨度的尺寸。
>
> 3.《厂房建筑模数协调标准》（GB/T 50006—2010）的要求
>
> 当厂房跨度小于或等于18m时，应采用扩大模数30M（3000mm）的尺寸系列，即跨度可取9m、12m、15m。当跨度大于18m时，按60M（6000mm）模数增长，即

15.2 单层厂房平面设计

跨度可取 18m、24m、30m 和 36m。钢筋混凝土结构厂房山墙处抗风柱的柱距，宜采用扩大模数 15M 数列，如图 15.3 所示。

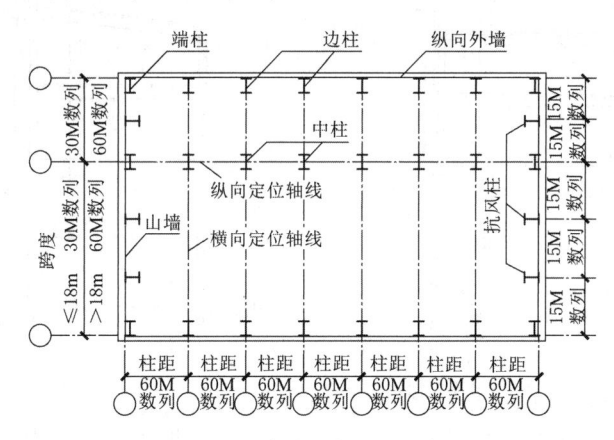

图 15.3 单层厂房的柱网布置

2. 柱距尺寸的确定

柱距是两柱之间的纵向间距。根据我国设计、制作、运输、安装等方面的经验，柱距通常采用 6m，称为基本柱距。《厂房建筑模数协调标准》（GB/T 50006—2010）要求，柱距应采用扩大模数 60M（6000mm）数列，常用 6m 和 9m。

3. 扩大柱网及其优越性

现代工业生产的显著特征之一在于生产工艺、生产设备和运输设备在不断更新变化，而且其周期越来越短。为适应这种变化，厂房应具有相应的灵活性与通用性，这种通用性、灵活性在厂房平面设计中的技术表现之一就是采用扩大柱网（跨度×柱距），也就是扩大厂房的跨度和柱距。将柱距由 6m 扩大至 12m、18m，乃至 24m，如采用柱网为 12m×12m、15m×12m、18m×12m、24m×12m、18m×18m、24m×24m 等。

15.2.5 生活间设置

生活间是用以满足工人生产、卫生和生活需要用房而设置的专用房间。生活间包括生产管理（行政、计划调度、技术、财务等）用房、生产辅助用房（工具室、材料库等）、生产卫生用房（浴室、存衣室、盥洗室、洗衣房等）、生活卫生用房（休息室、厕所等）、妇幼卫生用房（女工卫生室、乳儿托儿所）、医疗卫生机构用房。生活间的布置方式有毗连式生活间、独立式生活间和厂房内部式生活间三种。

（1）毗连式生活间是紧靠厂房外墙（山墙或纵墙）布置的生活间。毗连式生活间和厂房的结构方案不同，荷载相差大，应设置沉降缝。其处理方案如图 15.4 所示。

（2）独立式生活间是距厂房一定距离、分开布置的生活间。独立式生活间适用于散发大量生产余热、有害气体及有易燃易爆物品的车间。独立式生活间与车间的连接方式有走廊连接、天桥连接和地道连接三种。

（3）厂房内部式生活间是将生活间布置在车间内部可以充分利用的空间内。只要在生产工艺和卫生条件允许的情况下，均可采用这种布置方式。其优点是使用方便、经济合理、节省建筑面积和体积；缺点是只能将生活间的部分房间布置在车间内，如存衣室、休息室等，车间的通用性也受到限制。

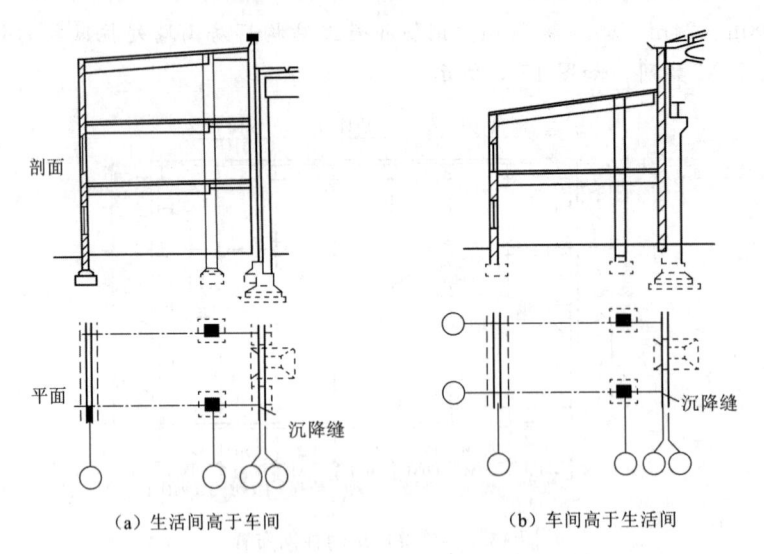

(a) 生活间高于车间　　　　(b) 车间高于生活间

图15.4　毗连式生活间沉降缝的处理

15.3　单层厂房剖面设计

剖面设计的重点是在满足生产工艺要求的前提下，经济合理地确定厂房高度和选择厂房的剖面形式，妥善解决厂房的采光、通风和排水问题。

选择厂房的剖面形式，要综合考虑生产工艺、采光、通风的要求，屋面排水方式及厂房结构形式的影响。

15.3.1　厂房高度的确定

厂房高度指室内地面（相对标高±0.000）至柱顶（或倾斜屋盖最低点或下沉式屋架下弦底面）的距离。厂房的高度必须根据生产使用要求以及建筑统一化的要求确定，同时，还应考虑到空间的合理利用，如图15.5所示。

柱顶标高的确定方法如下：

1. 无吊车厂房的柱顶标高的确定

无吊车厂房的柱顶标高按最大生产设备及其使用、安装、检修时所需净空高度确定，同时兼顾采光和通风，一般不低于3.9m，根据《厂房建筑模数协调标准》（GB/T 50006—2010）的规定，应为300mm的倍数。

2. 有吊车厂房高度的确定

有吊车厂房高度（图15.6）的确定方法如下。

柱顶标高

$$H = H_1 + H_2 \tag{15.1}$$

轨顶标高

$$H_1 = h_1 + h_2 + h_3 + h_4 + h_5 \tag{15.2}$$

式中：h_1为需跨越最大设备，室内分隔墙或检修所需的高度；h_2为起吊物与跨越物间的安全距离，一般为400～500mm；h_3为被吊物体的最大高度；h_4为吊索最小高度，根据起吊物件大小和起吊方式而定，一般大于 1000mm；h_5 为吊钩至轨顶面的最小尺寸，由吊车规格表中查得。

轨顶至柱顶高度

$$H_2 = h_6 + h_7 \tag{15.3}$$

式中：h_6 为吊车梁轨顶至小车顶面的净空尺寸，由吊车规格表中查得；h_7 为屋架下弦至小车顶面之间的安全距离，主要应考虑到屋架下弦及支撑可能产生的下垂挠度，以及厂房地基可能产生不均匀沉降时对吊车正常运行的影响，如屋架下弦悬挂有管线等其他设施时，还需另加必要的尺寸。

图 15.5 厂房内部示例

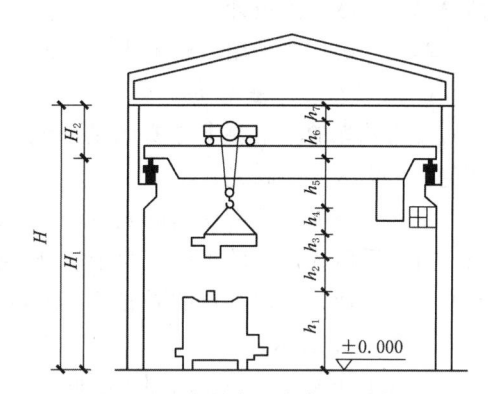

图 15.6 有吊车厂房高度的确定

《厂房建筑模数协调标准》(GB/T 50006—2010) 规定，钢筋混凝土结构厂房自室内地面至柱顶的高度，应采用扩大模数 3M 数列，有起重机的厂房，自室内地面至支承起重机梁的牛腿面的高度也应采用扩大模数 3M 数列；当自室内地面至支承起重机梁的牛腿面的高度大于 7.2m 时，宜采用扩大模数 6M 数列。在工艺有高低要求的多跨厂房中，当高差不大于 1.5m 或高跨一侧仅有一个低跨且高差不大于 1.8m 时，不宜设置高度差，如图 15.7 所示。

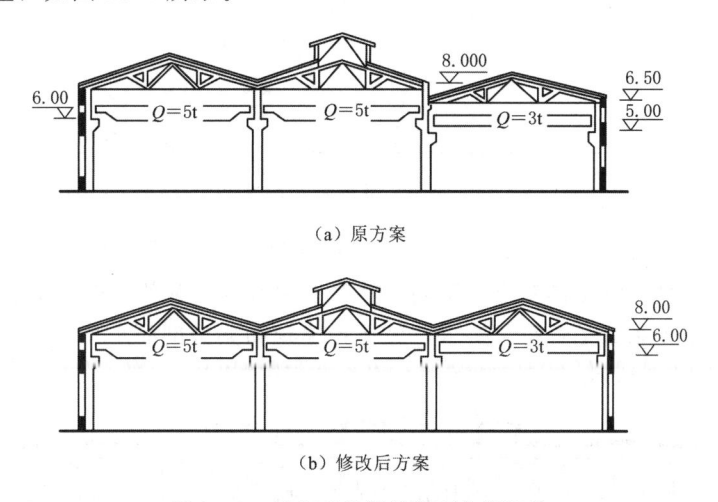

(a) 原方案

(b) 修改后方案

图 15.7 某金工车间的剖面方案比较

3. 剖面空间的利用

确定厂房高度时,应在不影响生产使用的前提下,充分挖掘建筑空间的潜力,降低建筑造价。在厂房内部有个别高大设备或需高空操作的工艺时,可采取降低局部地面标高的方法,从而减小厂房空间高度。在工艺条件允许的情况下,把高大设备布置在两榀屋架之间,利用屋顶空间起到缩短柱子长度的作用,从而降低了厂房高度。

4. 室内、外地坪标高的确定

厂房室内地坪的绝对标高是在总平面设计时确定的。室内外高差取 100~150mm,常用坡道连接。在山地建厂时,应结合地形,因地制宜。

15.3.2 天然采光设计

单层厂房主要采用天然采光,当天然采光不能满足要求时,辅以人工照明。

1. 天然采光的基本要求

天然采光的基本要求是要满足采光系数最低值的要求、满足采光均匀度的要求、避免在工作区产生眩光。

室内工作面上应有一定的光线,光线的强弱通常用照度来衡量。照度表示单位面积上所接受的光通量的多少。由于室外天然光线随时都在变化,室内的照度值也随之而变化。因此,室内某点的采光情况不可能用这个变化不定的照度值来表示,而是以采光系数 C 来表示。

室内工作面上某一点的照度与同时间露天场地上照度的百分比称为室内某点的采光系数 C,如图 15.8 所示,即

$$C=\frac{E_n}{E_w}\times 100\% \tag{15.4}$$

式中:C 为室内某点的采光系数,%;E_n 为室内某点的照度,lx;E_w 为同一时间室外全云天水平面的天然照度,lx。

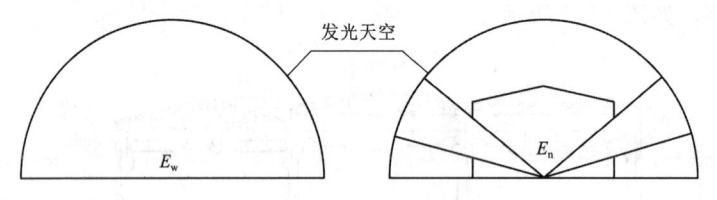

图 15.8 确定采光系数

《建筑采光设计标准》(GB 50033—2013)中将我国工业生产的视觉工作分为五级,并提出了各级视觉工作要求的室内天然光照度最低值及各级采光系数最低值。

工作面上采光系数是否符合要求,应选择建筑物典型剖面工作面上的采光曲线进行检验,如图 15.9 所示。

图 15.9 采光曲线示意

15.3 单层厂房剖面设计

2. 采光面积的确定

在建筑方案设计时,对于Ⅲ类光气候区的采光,窗地面积比和采光有效进深可按《建筑采光设计标准》(GB 50033—2013)进行估算,见表15.1。

表15.1　　　　　　　　窗地面积比 A_c/A_d 和采光有效进深 b/h_s

采光等级	侧面采光		顶部采光
	窗地面积比	采光有效进深	窗地面积比
Ⅰ	1/3	1.8	1/6
Ⅱ	1/4	2.0	1/8
Ⅲ	1/5	2.5	1/10
Ⅳ	1/6	3.0	1/13
Ⅴ	1/10	4.0	1/23

注　A_c—窗洞口面积；A_d—地面面积；b—房间的进深或跨度；h_s—参考平面至窗上沿的高度。

顶部采光指平开窗采光,锯齿形天窗和矩形天窗可分别按平开窗的1.5倍和2倍窗地面积比进行估算。

3. 采光方式和采光窗的选择

根据窗的位置不同,采光方式分为侧窗采光、顶部采光、混合采光,如图15.10所示。

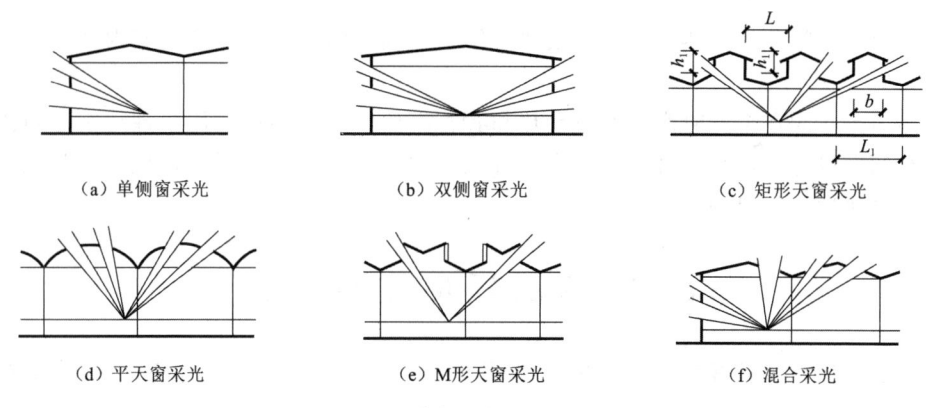

(a) 单侧窗采光　　(b) 双侧窗采光　　(c) 矩形天窗采光

(d) 平天窗采光　　(e) M形天窗采光　　(f) 混合采光

图15.10　单层厂房天然采光方式

15.3.3 自然通风设计

厂房的通风方式分为自然通风和机械通风两种。自然通风是利用空气的流动,将新鲜空气引入室内,把温度较高和污浊的空气排至室外。它是一种既简单又经济的通风方式,但易受气候、环境、周边建筑物高度及间距等因素影响,通风效果不稳定。机械通风是以机械动力作为空气流动的动力来实现通风换气,其特点是通风稳定,不受自然条件等因素影响,但造价较高。一般来说,除生产工艺有要求而选用机械通风外,厂房的通风仅采用自然通风,或以自然通风为主,辅以简单的机械通风。

1. 自然通风的基本原理

厂房自然通风的基本原理是利用室内外温差造成的热压和风吹向建筑物在不同表

面上造成的压差来实现通风换气的。所以有效地利用热压、风压,选择合适的进、排风口位置及通风天窗形式是自然通风设计的主要任务。

(1) 热压通风。利用室内外冷热空气产生的压力差（室外温度低处的空气比重大,室内温度高处的空气比重小,因此产生压力差）进行通风的方式,称为热压通风,如图 15.11 所示。

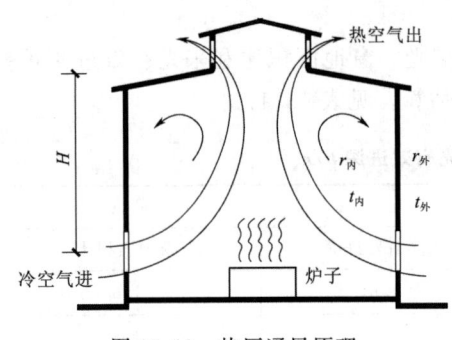

图 15.11 热压通风原理

热压值按下列公式计算:

$$\Delta P = gH(r_{外} - r_{内}) \tag{15.5}$$

式中: ΔP 为热压, Pa; g 为重力加速度, 取 9.8N/kg; H 为进风口中心线至排风口中心线的垂直距离, m; $r_{外}$ 为室外空气密度, kg/m^3; $r_{内}$ 为室内空气密度, kg/m^3。

从式 (15.5) 中可以看出热压大小取决于两个因素：一是上下进排气口的距离；二是室内外温差。

(2) 风压通风。当风吹向建筑物时,在建筑物中,正压区（用"＋"号表示）的洞口为进风口,负压区（用"－"号表示）的洞口为排风口,这样就会使室内外空气进行交换。这种由于风产生空气压力差而进行通风的方式称为风压通风。

2. 厂房的自然通风

冷加工车间无大的热源,室内余热量较小,利用门窗就可以满足室内通风换气的要求。

热加工车间在生产时产生大量余热和有害气体,可以利用热压原理组织好自然通风。在剖面设计中,只要合理布置进、排风口的位置和选择合适的通风天窗形式,就能达到自然通风的目的。

15.4 单层厂房定位轴线

单层厂房定位轴线是确定厂房主要承重构件的平面位置及其标志尺寸的基准线,同时也是工业建筑施工放线和设备安装的定位依据。确定厂房定位轴线必须执行我国《厂房建筑模数协调标准》（GB/T 50006—2010）的有关规定。

厂房长轴方向的定位轴线称为纵向定位轴线,相邻两条纵向定位轴线间的距离为该跨的跨度。将短轴方向的定位轴线称为横向定位轴线,相邻两条横向定位轴线之间的距离为厂房的柱距。纵向定位轴线自下而上用 A、B、C…顺序进行编号（I、O、Z 三个字母不用）；横向定位轴线自左至右按 1、2、3、4…顺序进行编号,如图 15.12 所示。

15.4.1 横向定位轴线

1. 柱与横向定位轴线

除两端的边柱外,中间柱的截面中心线与横向定位轴线重合,而且屋架中心线也与横向定位轴线重合,中柱横向定位轴线如图 15.13 所示。纵向的结构构件如屋面

15.4 单层厂房定位轴线

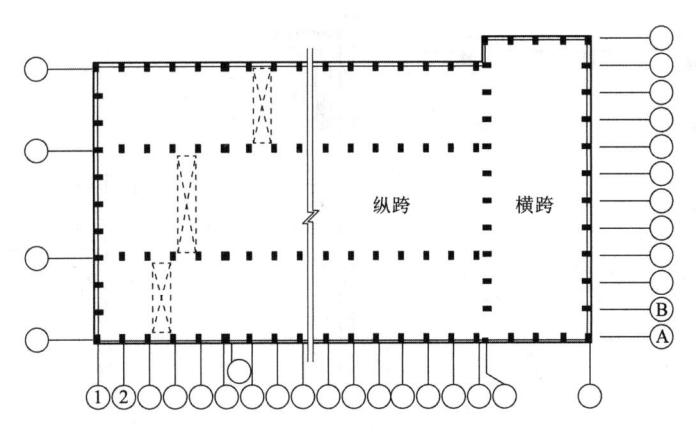

图 15.12 单层厂房定位轴线示意图

板、起重机梁、连系梁的标志长度皆以横向定位轴线为界。

在横向伸缩缝处一般采用双柱处理，为保证缝宽的要求，应设两条定位轴线，缝两侧柱截面中心均应自定位轴线向两侧内移 600mm。横向伸缩缝的双柱处理如图 15.14 所示。两条定位轴线之间的距离称为插入距，用 a_i 表示，在这里插入距 a_i 等于变形缝的宽度 a_e。

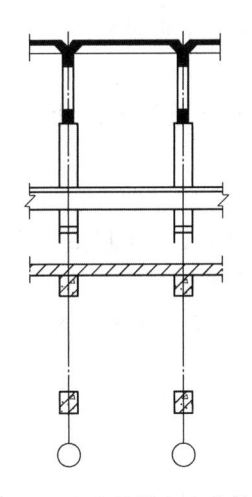

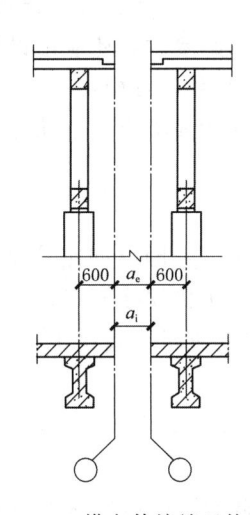

图 15.13 中柱横向定位轴线　　图 15.14 横向伸缩缝双柱处理

2. 山墙与横向定位轴线

(1) 当山墙为非承重墙时，山墙内缘与横向定位轴线重合，如图 15.15 所示，端部柱截面中心线应自横向定位轴线内移 600mm。这是因为山墙内侧设有抗风柱，抗风柱上的柱应符合屋架上弦连接的构造需要（有些刚架结构厂房的山墙抗风柱直接与刚架下面连接，端柱不内移）。

(2) 当山墙为承重山墙时，承重山墙内缘与横向定位轴线的距离应按砌体块材的半块或者取墙体厚度一半 λ，如图 15.16 所示，以保证构件在墙体上有足够的支承长度。

(a) 平面图　　　　　　(b) 1—1剖面图

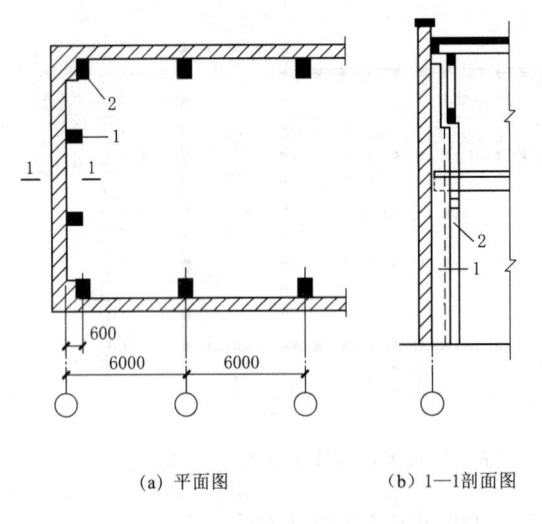

图 15.15　非承重山墙横向定位轴线
1—抗风柱；2—端柱

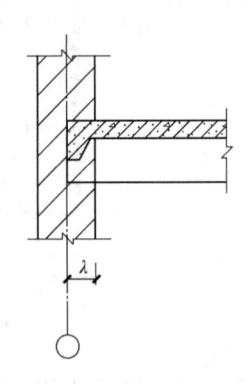

图 15.16　承重山墙横向
定位轴线

15.4.2　纵向定位轴线

单层厂房的纵向定位轴线主要用来标注厂房横向构件，如屋架或屋面梁长度的标志尺寸。纵向定位轴线应使厂房结构和起重机的规格协调，保证起重机与柱之间留有足够的安全距离，必要时，还应设置检修起重机的安全走道板。

1. 外墙、边柱的定位轴线

在支承梁式或桥式起重机厂房设计中，屋架和起重机的设计制作都是标准化的，建筑设计应满足：

$$L = L_k + 2e \tag{15.6}$$

式中：L 为屋架跨度，即纵向定位轴线之间的距离；L_k 为起重机跨度，也就是起重机的轮距，可查起重机规格资料；e 为纵向定位轴线至起重机轨道中心线的距离，一般为 750mm，当起重机为重级工作制需要设安全走道板或起重机起重量大于 50t 时，可采用 1000mm。

由图 15.17（a）可知

$$e = h + K + B \tag{15.7}$$

式中：h 为上柱截面高度；K 为起重机端部外缘至上柱内缘的安全距离；B 为轨道中心线至起重机端部外缘的距离，由起重机规格资料查出。

由于起重机起重量、柱距、跨度、有无安全走道板等因素的不同，边柱与纵向定位轴线的联系有以下两种情况。

（1）封闭式结合。在无起重机或只有悬挂式起重机，桥式起重机起重量小于或等于 20t，柱距为 6m 条件下的厂房，其定位轴线一般采用封闭式结合，如图 15.17（a）所示。

此时相应的参数为：$B \leqslant 260\text{mm}$，h 一般为 400mm，$e = 750\text{mm}$，$K = e - (h + B)$ 且大于或等于 90mm，满足大于或等于 80mm 的要求。封闭式结合的屋面板可全部采用标准板，不需设补充构件，具有构造简单、施工方便等优点。

（2）非封闭式结合。在柱距为 6m、起重机起重量大于或等于 30t/5t 时，$B=300mm$，如继续采用封闭式结合，已不能满足起重机运行所需安全间隙的要求。解决此问题的办法是将边柱外缘自定位轴线向外移动一定距离，这个距离称为联系尺寸，用 D 表示，如图 15.17（b）所示。为了减少构件类型，D 值一般取 300mm 或 300mm 的倍数。采用非封闭结合时，如按常规布置屋面板只能铺至定位轴线处，与外墙内缘出现了非封闭的构造间隙，需要非标准的补充构件板，非封闭式结合构造复杂，施工也较为麻烦。

2. 中柱与纵向定位轴线的关系

多跨厂房的中柱有等高跨和不等高跨两种。等高跨厂房中柱通常为单柱，其截面中心与纵向定位轴线重合。此时上柱截

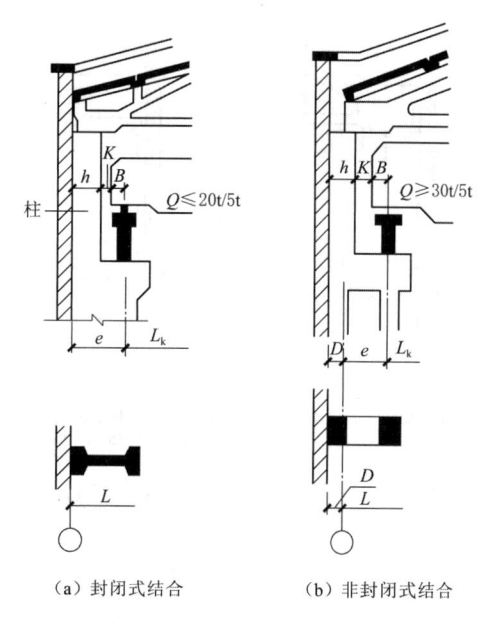

图 15.17 外墙边柱与纵向定位轴线

面一般取 600mm，以满足屋架和屋面大梁的支承长度。高低跨中柱与定位轴线的关系也有以下两种情况。

（1）设一条定位轴线。当高低跨处采用单柱时，如果高跨起重机起重量 $Q \leqslant 20t/5t$，则高跨上柱外缘和封墙内缘与定位轴线相重合，单轴线封闭结合如图 15.18 所示。

（2）设两条定位轴线。当高跨起重机起重量较大，如 $Q \geqslant 30t/5t$ 时，应采用两条定位轴线。高跨轴线与上柱外缘之间设联系尺寸 D，为简化屋面构造，低跨定位轴线应自上柱外缘、封墙内缘通过。此时同一柱子的两条定位轴线分属高低跨，当高跨和低跨均为封闭结合，而两条定位轴线之间设有封墙时，则插入距等于墙体厚度；当高跨为非封闭结合，且高跨上柱外与低跨屋架端部之间设有封墙时，两条定位轴线之间的插入距等于墙体厚度与联系尺寸之和。

15.4.3 纵横跨交接处的定位轴线

有纵横跨的厂房，由于纵跨和横跨的长度、高度、吊车起重量都可能不相同，为了简化结构和构造，设计时，常将纵跨和横跨的结构分开，并在两者之间设置变形缝，纵横跨连接处采用双柱单墙设置，相交处外墙不落地，成为悬墙。同时设置双定位轴线，两定位轴线之间设插入距 A（图 15.19）。当纵跨的山墙比横跨的侧墙低，长度小于或等于侧墙，横跨又为封闭结合时，则可采用双柱单墙处理［图 15.19（a）］，插入距 A 为砌体墙厚度与变形缝宽度之和。当横跨为非封闭结合时，仍采用单墙处理［图 15.19（b）］，这时，插入距 A 为砌体墙厚度、变形缝宽度与联系尺寸 D 之和。当墙体不是砌体而是墙板时，为满足吊装所需操作尺寸，可增大变形缝宽度 C 值。

有纵横相交跨的单层厂房，其定位轴线编号常以跨数较多的部分为准。本节所述定位轴线，主要适用于装配式钢筋混凝土结构或混合结构的单层厂房，对于钢结构厂房，可参照《厂房建筑模数协调标准》（GB/T 50006—2010）执行。

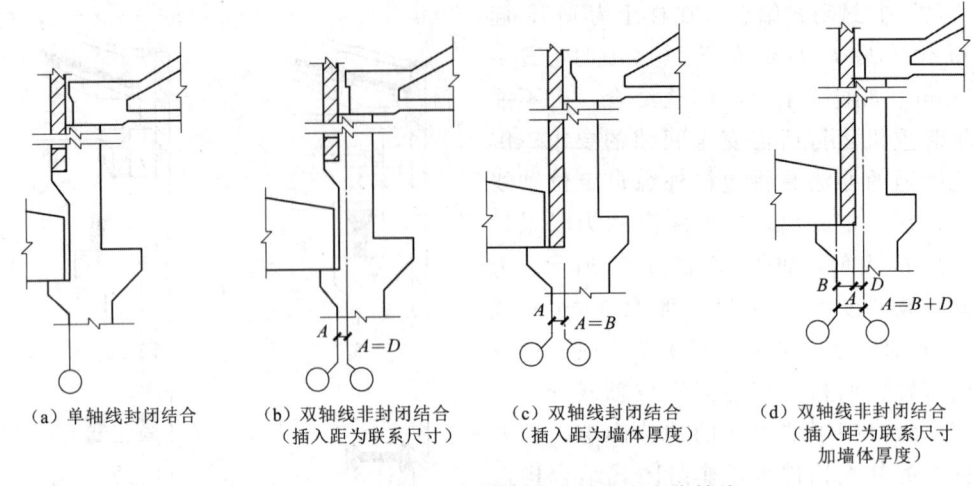

(a) 单轴线封闭结合　　(b) 双轴线非封闭结合　　(c) 双轴线封闭结合　　(d) 双轴线非封闭结合
　　　　　　　　　　　　（插入距为联系尺寸）　　（插入距为墙体厚度）　　（插入距为联系尺寸
　　　　　　　　　　　　　　　　　　　　　　　　　　　　　　　　　　　　加墙体厚度）

图 15.18　无变形缝不等高跨中柱纵向定位轴线

(a) 横跨封闭结合　　　　(b) 横跨非封闭结合

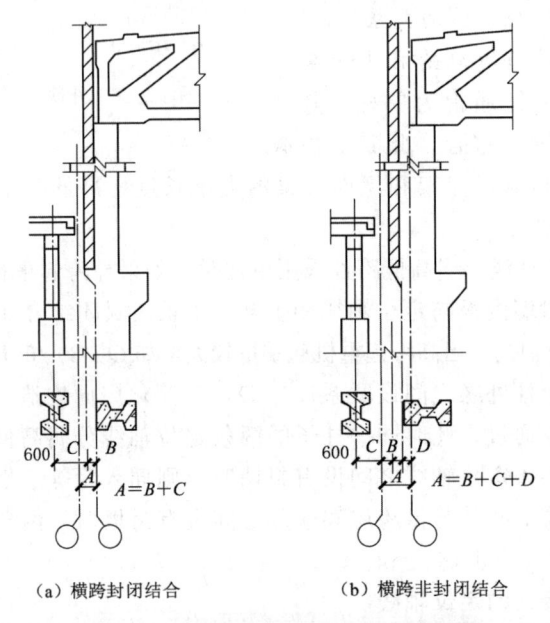

图 15.19　纵横跨交接处定位轴线设置

有纵横相交跨的单层厂房，其定位轴线编号常以跨数较多的部分为准。

本节所述定位轴线，主要适用于装配式钢筋混凝土结构或混合结构的单层厂房，对于钢结构厂房，可参照《厂房建筑模数协调标准》（GB/T 50006—2010）执行。

本 章 小 结

本章的主要内容为单层厂房总平面设计、单层厂房平面设计、单层厂房剖面设计及单层厂房定位轴位轴线。本章的教学难点为厂房高度确定的方法，纵横向定位轴线。通过对本章的学习，读者应掌握单层工业厂房设计的基本要求和各种影响因素，了解单层厂房设计的要点和适用范围。同时，还需要掌握厂房高度确定的方法和纵横向定位轴线的相关知识，为后续的学习和实践打下坚实的基础。

思 考 题

1. 单层厂房影响总平面布置的因素有哪些？
2. 常见的采光天窗有哪几种形式？
3. 什么是柱网？选择柱网时需要考虑哪些因素？
4. 天然采光的基本要求是什么？

第 16 章　单层工业厂房构造

本章导读

单层工业厂房在我国工业建筑中占据重要地位，广泛应用于冶金、机械制造、化工、纺织等领域。由于其受力合理、布置灵活以及制造和安装易于施工等特点，排架结构被广泛应用于单层工业厂房的设计与施工。单层工业厂房的构造既要满足工艺要求，又要体现简约、美观、适用、施工方便、便于维修的特点。

学习目标

◎知识目标

1. 熟悉单层厂房外墙构造。
2. 熟悉单层厂房天窗构造。
3. 熟悉单层厂房屋顶排、防水的构造。
4. 了解单层厂房侧窗、大门及其他构造。

◎能力目标

1. 掌握单层厂房屋顶排、防水构造的做法。
2. 掌握单层工业厂房的结构设计原理和施工技术。

◎素质目标

1. 培养细致认真的工作态度和责任感，保证结构设计的准确性和完整性。
2. 提高项目管理和执行能力，能够在厂房建设项目中有效组织和协调结构设计工作。

思维导图

单层工业厂房构造
- 单层厂房外墙
  - 块材墙
  - 板材墙
- 单层厂房天窗
  - 矩形天窗
  - 平天窗
  - 下沉式天窗
- 单层厂房屋顶
  - 厂房屋顶的类型与组成
  - 单层厂房屋顶的排水
  - 单层厂房屋顶的防水
- 单层厂房侧窗、大门及其他构造
  - 侧窗
  - 大门
  - 其他构造

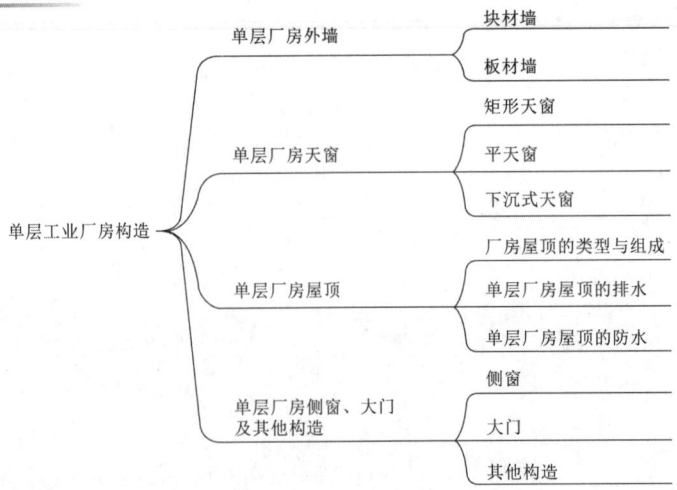

16.1 单层厂房外墙

单层厂房的外墙,按其承重情况可分为承重墙、自承重墙及骨架墙等类型;按其材料及构造方式可分为块材墙和板材墙。承重墙整体性差,抗震能力弱,当厂房跨度小于15m且柱顶标高不大于6.6m,起重机吨位不超过5t时,可采用砖墙承重结构,承重外墙设基础,并设置壁柱加强稳定性。

当厂房跨度和高度较大,起重设备较重时,通常采用自承重墙及骨架墙等非承重墙。由厂房的排架柱承担屋盖与起重设备等荷载,外墙只承担自重,仅起围护作用,自承重墙如图16.1所示。骨架墙适应高大及有振动的厂房以及厂房的改建、扩建等,当前应用广泛。在单层厂房中,除有特殊工艺要求的厂房采用钢筋混凝土骨架结构承重,其余大多数厂房或地震烈度高的地区的厂房应采用钢骨架承重。骨架墙可分为块材墙、板材墙和开敞式外墙等。厂房的结构形式和墙体材料向高强、轻型和配套化发展。

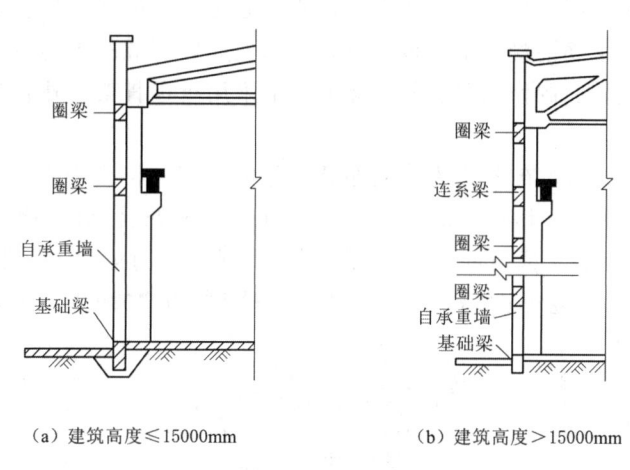

(a) 建筑高度≤15000mm (b) 建筑高度>15000mm

图 16.1 自承重墙与结构的关系

16.1.1 块材墙

单层厂房非承重外墙宜采用排架结构承重,填充墙外墙自重一般由基础梁、连系梁承担,外墙只起围护作用。建筑高度小于或等于15m时,采用外墙支承于基础梁上的方式;高度大于15m时,连系梁上部外墙支承于连系梁上。

单层厂房外墙与柱的平面位置关系如图16.2所示,图16.2(b)中外墙设在柱的外侧,具有构造简单、施工方便、热工性能好、便于厂房构配件的定型化和统一化等特点,应用最多。图16.2(c)、(d)、(e)中外墙位于柱子之间,能节约用地,提高柱列的刚度,但构造复杂,热工性能差。

块材围护墙一般不设基础,下部墙身通过基础梁将荷载传至柱下基础,上部墙身支承在连系梁上,连系梁将荷载通过柱子传至基础。柱和屋架端部常用钢筋拉接块材墙,由柱、屋架沿高度每隔500~600mm伸出2φ6钢筋砌入墙内。为增加墙体的稳定性,可沿高度每4m左右设一道圈梁。

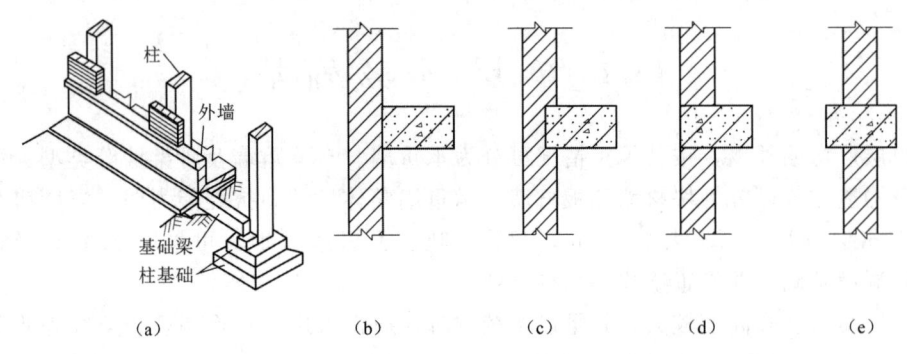

图 16.2　单层厂房外墙与柱的平面位置关系

16.1.2　板材墙

板材墙主要有钢筋混凝土板材和波形板材。采用板材墙能减轻劳动强度，充分利用工业废料，加快施工速度，提高墙体的抗震性能，是厂房建筑工业化的重要措施。

1. 钢筋混凝土板材墙

（1）墙板类型。根据材料和构造方式，墙板分为单一材料墙板和复合墙板。单一材料墙板常见的有钢筋混凝土槽形板、空心板和配筋轻型混凝土墙板，用钢筋混凝土预制的墙板耐久性好，制作简单。复合墙板是指采用承重骨架、外壳及各种轻质夹芯材料所组成的墙板。

（2）墙板布置。墙板布置分为横向布置、竖向布置和混合布置，如图 16.3 所示。其中横向布置用得最多，其次是混合布置。竖向布置因板长受侧窗高度的限制，板型和构件较多，故应用较少。横向布板以柱距为板长，可省去窗过梁和连系梁，板型少，并有助于加强厂房刚度，接缝处也较容易处理。混合布置墙板虽增加板型，但立面处理灵活。

（a）横向布置　　　　（b）竖向布置　　　　（c）混合布置

图 16.3　墙板布置

（3）墙板和柱的连接。墙板和柱的连接应安全可靠，并便于安装和检修，一般分为柔性连接和刚性连接。柔性连接的特点是墙板与厂房骨架以及板与板之间在一定范围内可相对独立位移，能较好地适应由振动引起的变形。如图 16.4 所示，螺栓挂钩柔性连接是在垂直方向每隔 3~4 块板在柱上设钢支托支承墙板荷载，在水平方向用螺栓挂钩将墙板拉结固定在一起。其安装、维修方便，但用钢量较多，暴露的金属多，易腐蚀。如图 16.5 所示，刚性连接就是将每块板材与柱子用型钢焊接在一起，无须另设钢支托。其优点是连接件钢材少，但由于失去了能相对位移的条件，在基础出现不均匀沉降或有较大振动荷载时，墙板易产生裂缝等现象。

2. 波形板材墙

波形板材墙按其材料可分为压型薄钢板、石棉水泥波形板、玻璃钢波形板等，这类墙板主要用于无保温要求的厂房和仓库等建筑，连接构造基本相同。压型薄钢板是通过自攻螺钉连接在型钢墙梁上，型钢墙梁既可通过预埋件焊接，也可用螺栓连接在柱子上，如图16.6所示。

图16.4　螺栓挂钩柔性连接

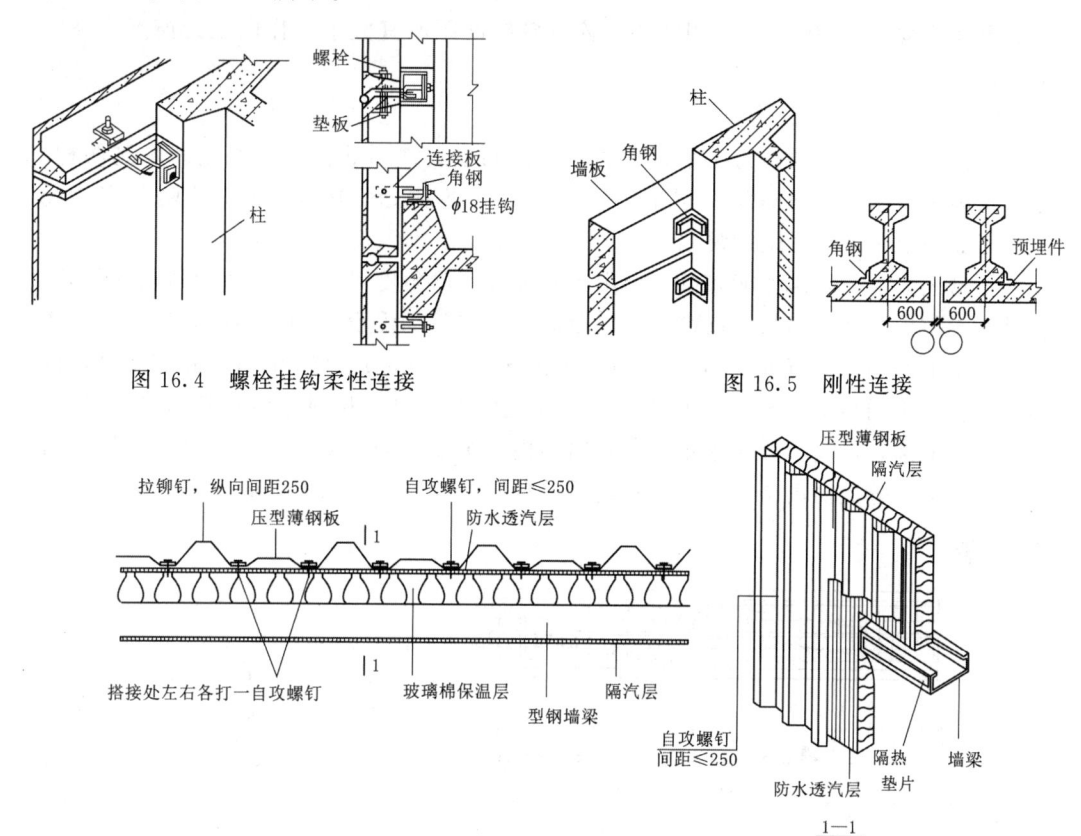

图16.5　刚性连接

图16.6　压型薄钢板连接构造

16.2　单层厂房天窗

天窗是在厂房跨度较大时，解决中部位置天然采光和自然通风的顶部构件。根据其作用，可分为以采光为主的天窗和以通风为主的天窗。其主要形式有矩形天窗、平天窗及下沉式天窗等，其中矩形天窗应用最为广泛。

16.2.1　矩形天窗

矩形天窗沿厂房的纵向布置，每段天窗的端部设上天窗屋顶的检修梯。天窗的两侧根据通风要求可设挡风板。如图16.7所示，矩形天窗主要由天窗架、天窗扇、天窗端壁板、天窗侧板、天窗屋顶及檐口等组成。

1. 天窗架

天窗架是天窗的承重构件，它直接支承在屋架上弦节点上。其常用的有钢筋混

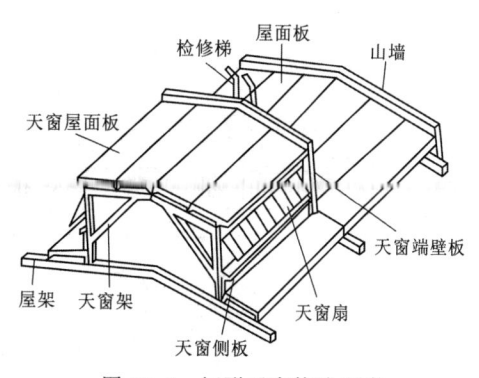

图16.7　矩形天窗构造组成

凝土天窗架和钢天窗架两种形式。为获得良好的采光效率,天窗架的跨度一般为厂房跨度的 1/2～1/3,且应符合扩大模数 3M。天窗架的高度结合天窗扇的尺寸确定,多为天窗架跨度的 3/10～1/2。相邻两天窗的轴线间距不宜大于工作面至天窗下缘高度的 4 倍。

2. 天窗扇

天窗扇的作用主要是为了采光、通风和挡雨。其常用的类型有钢制和木制两种。钢天窗扇具有耐久、耐高温、重量轻、挡光少、使用过程中不变形、关闭紧密等优点。工业建筑中常采用钢天窗扇。目前有定型的上悬钢天窗扇和中悬钢天窗扇。

上悬钢天窗扇防雨性能较好,但由于其最大开启角度仅为 45°,故通风功能较差。上悬钢天窗扇的开启扇与天窗端壁板以及扇与扇之间均需设置固定扇,以起竖框的作用。定型上悬钢天窗扇的高度有三种:900mm、1200mm、1500mm。根据需要可以将其组合成不同高度的天窗。上悬钢天窗扇主要由开启扇和固定扇等基本单元组成,可以布置成通长窗扇和分段窗扇。通长窗扇由两个端部固定窗扇及若干个中间开启窗扇连接而成。分段窗扇是在每个柱距内设单独开关的窗。上悬钢天窗扇构造如图 16.8 所示。

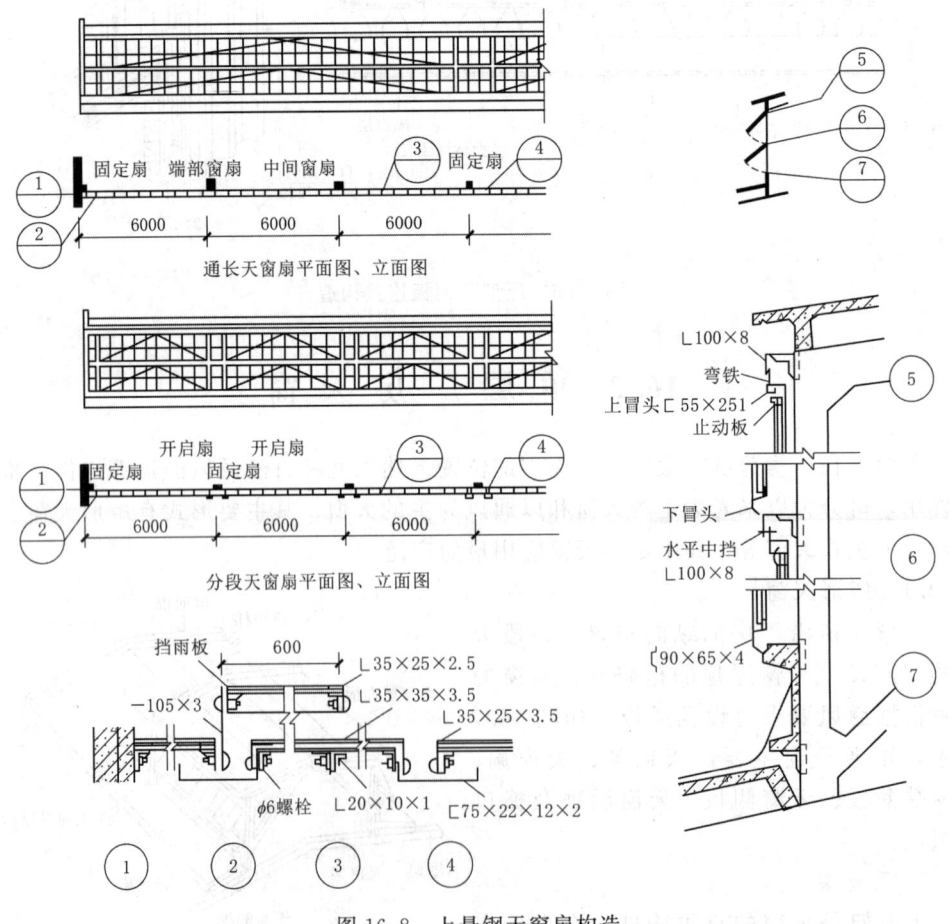

图 16.8 上悬钢天窗扇构造

3. 天窗端壁板

天窗两端的承重围护构件称为天窗端壁板。钢天窗采用压型钢板端壁板，钢筋混凝土屋架则采用钢筋混凝土端壁板，端壁板及天窗架与屋架上弦的连接均通过预埋件焊接，端壁板下部与屋面板相接处要做泛水，需要保温的厂房一般在端壁板内侧加设保温层。

4. 天窗侧板

为防止雨水溅入厂房和积雪影响天窗采光及开启，在天窗扇下方设置侧板，一般高出屋面板不少于 300mm，积雪较深地区可采用 500mm。

5. 天窗屋顶及檐口

天窗屋顶多采用无组织排水的带挑檐屋面板，挑出长度 300~500mm。采用有组织排水时，可用带檐沟的屋面板，或用焊在天窗架上钢牛腿支承的天沟板排水，或用固定在檐口板上的金属天沟排水。

矩形通风天窗由天窗及其两侧的挡风板构成。矩形通风天窗多用于热加工车间。除有保温要求的厂房外，矩形通风天窗一般不设天窗扇，仅在进风口处设置挡风板，以此提高通风效率。除寒冷地区采暖的车间外，其窗口开敞，不装设窗扇，为了防止飘雨，需设置挡雨设施。

16.2.2 平天窗

平天窗采光效率高，布置灵活，构造简单，适应性强，但应注意避免眩光，做好玻璃的安全防护，及时清理积尘，选用合适的通风措施。它适用于一般冷加工车间。

平天窗的类型有采光罩、采光板、采光带三种，如图 16.9 所示。采光罩是在屋面板的孔洞上设置锥形、弧形透光材料。采光板是在屋面板的孔洞上设置平板透光材料。采光带是在屋面的通长（横向或纵向）孔洞上设置平板透光材料。

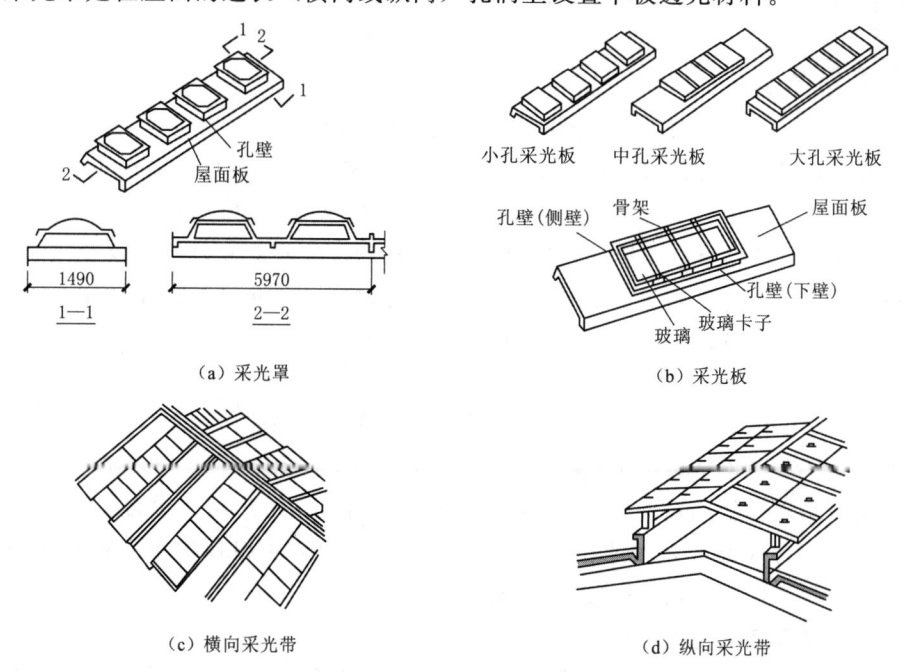

图 16.9 平天窗的类型

透光材料可采用玻璃、有机玻璃和玻璃钢等。由于玻璃的透光率高,光线质量好,所以采用玻璃最多。从安全考虑,可选择钢化玻璃、夹层玻璃、夹丝玻璃等,如果采用非安全玻璃应在其下设金属安全网。

平天窗若需兼作自然通风时,可通过以下方式实现。

(1) 采用开启的采光板［图 16.10 (a)］或采光罩。

(2) 带通风百叶的采光罩。

(3) 组合式通风采光罩,在两个采光罩相对的侧面做百叶,在百叶两侧加挡风板,构成一个通风井,如图 16.10 (b)、(c) 所示。

(4) 在南方炎热地区,可采用平天窗结合通风屋脊进行通风的方式。

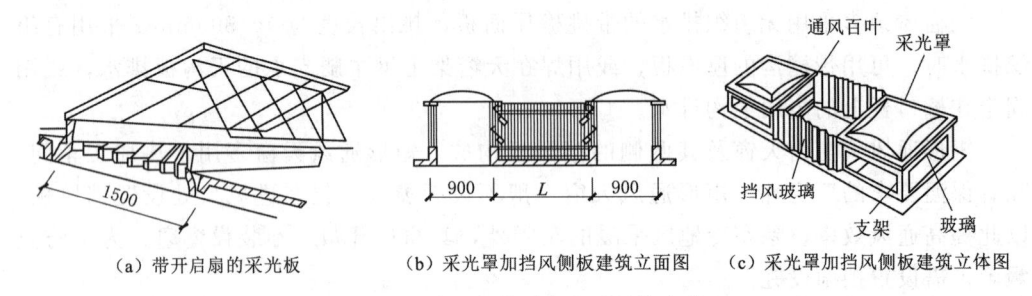

(a) 带开启扇的采光板　　(b) 采光罩加挡风侧板建筑立面图　　(c) 采光罩加挡风侧板建筑立体图

图 16.10　平天窗的采光和通风结合处理

16.2.3　下沉式天窗

下沉式天窗应用最少,它是在拟设置天窗的部位,把屋面板下移铺在屋架的下弦上,从而利用屋架上下弦之间的空间构成天窗。其可分为纵向下沉、横向下沉、井式下沉等类型。与矩形通风天窗相比,其省去了天窗架和挡风板,但增加了构造和施工的复杂程度。

拓展阅读

下沉式通风天窗的特点

下沉式通风天窗与矩形通风天窗相比,其优点有:可降低厂房高度 4～5m,减少风荷载及屋架上的集中荷载,可相应减小柱、基础等结构构件的尺寸,节约建筑材料,降低造价;由于重心下降,抗震性能好;下沉式通风天窗的通风口处于负压区,通风稳定;布置灵活,热量排出路线短,采光均匀等。其缺点为:屋架上下弦受扭,屋面排水复杂,因屋面板下沉有时室内会产生压抑感。

16.3　单层厂房屋顶

单层厂房屋顶的构造与民用建筑屋顶基本相同。单层厂房多数是多跨大面积建筑,为解决厂房内部采光和通风常需要设置天窗,为解决屋顶排水、防水常设置天沟、雨水口等,因此屋顶构造较为复杂。

16.3.1　厂房屋顶的类型与组成

厂房屋顶的基层结构类型分为有檩体系和无檩体系两种。有檩体系是指先在屋架上搁置檩条,然后放小型屋面板,小型屋面板的长度为檩条的间距,如图16.11（a）所示。这种体系构件小,重量轻、吊装容易,多用于施工机械起吊能力小的施工现场。无檩体系是指将大型屋面板直接搁置在屋架上,大型屋面板的长度是柱子的间距,如图16.11（b）所示,这种体系构件大、类型少,便于工业化施工。单层厂房较多采用无檩体系的大型屋面板,钢结构厂房屋面一般采用压型钢板有檩体系。

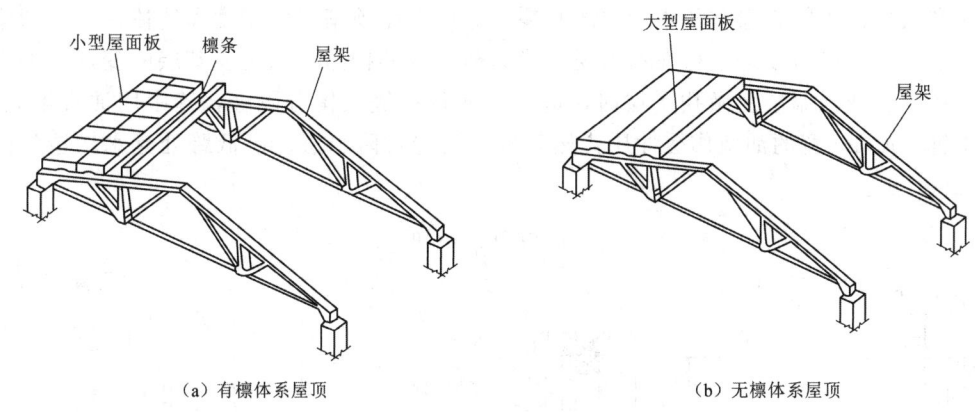

（a）有檩体系屋顶　　　　　　　　　（b）无檩体系屋顶

图 16.11　有檩体系屋顶和无檩体系屋顶

16.3.2　单层厂房屋顶的排水

单层厂房屋顶的排水类同于民用建筑,根据地区气候状况、工艺流程、厂房的剖面形式以及技术经济等确定排水方式。单层厂房屋顶的排水方式分为无组织排水和有组织排水两种。无组织排水常用于降雨量小的地区,适合屋顶坡长较小、高度较低的厂房。有组织排水又分为内排水和外排水。有组织内排水主要用于大型厂房及严寒地区的厂房,如图16.12所示为女儿墙墙内排水;有组织外排水常用于降雨量大的地区,如图16.13和图16.14所示。

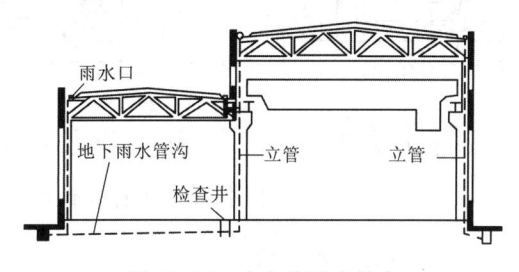

图 16.12　女儿墙墙内排水

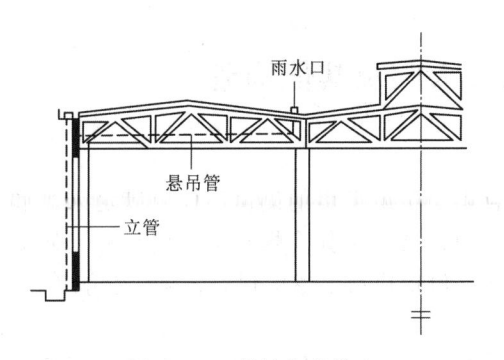

图 16.13　挑檐沟外排水

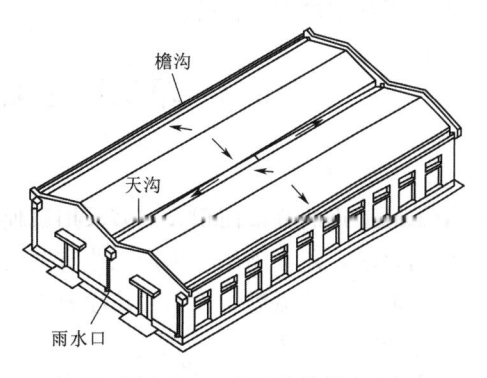

图 16.14　长天沟外排水

16.3.3 单层厂房屋顶的防水

单层厂房屋顶依据防水材料和构造的不同，分为卷材防水屋顶、各种波形瓦防水屋顶及钢筋混凝土构件自防水屋顶（目前已很少应用）。

1. 卷材防水屋顶

卷材防水屋顶的构造做法类同于民用建筑。因为厂房屋顶面积大，受到各种振动的影响多，屋顶的基层变形情况较民用建筑严重，容易因产生屋顶变形而引起卷材的开裂和破坏。为防止卷材防水屋顶的开裂，应增强屋顶基层的刚度和整体性，以减小基层的变形；同时改进卷材在易出现裂缝的横缝处的构造，以适应基层的变形。如在大型屋顶板或保温层上做找平层时，应先在构件接缝处留分隔缝，缝中用油膏填充，其上铺 300mm 宽的油毡作缓冲层，然后再铺设卷材防水层。高低跨处泛水构造如图16.15 所示。

（a）有天沟高低跨处泛水(1)　　（b）有天沟高低跨处泛水(2)　　（c）无天沟高低跨处泛水

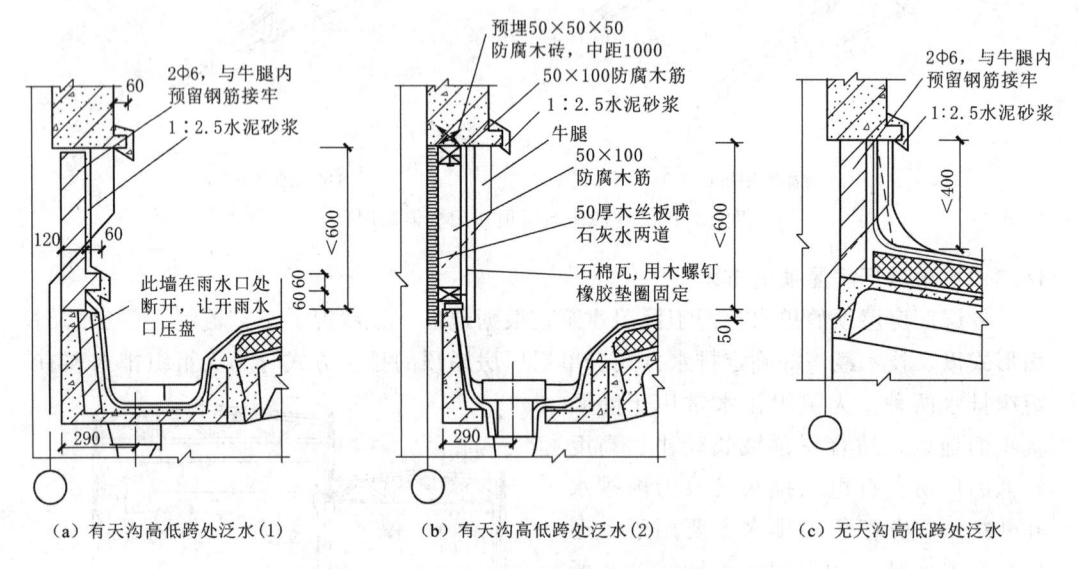

图 16.15　卷材防水屋顶高低跨处泛水构造示例

2. 波形瓦防水屋顶

波形瓦防水屋顶属于有檩体系，波形瓦类型主要有石棉水泥瓦、镀锌薄钢板瓦、压型钢板瓦及玻璃钢瓦等。

16.4　单层厂房侧窗、大门及其他构造

16.4.1　侧窗

单层厂房的侧窗面积大，多采用拼樘组合窗。单层厂房的侧窗不仅要满足采光和通风的要求，还应满足与生产工艺有关的一些特殊要求，如有爆炸危险的厂房，侧窗应便于泄压；有恒温、恒湿和洁净要求的厂房，侧窗应有足够的保温、隔热性能等。

1. 侧窗的类型

根据侧窗采用的材料可分为钢窗、木窗及塑钢窗等，多用钢侧窗。侧窗根据开关方式可分为中悬窗、平开窗、垂直旋转、固定窗等。工业厂房侧窗与民用建筑窗户

16.4 单层厂房侧窗、大门及其他构造

的材料、开启方式等基本相同，但由于其面积较大，往往需进行拼榫组合。根据厂房通风的需要，厂房外墙的侧窗，一般将悬窗、平开窗或固定窗等组合在一起。

2. 钢侧窗构造

钢窗具有坚固耐久、防火、关闭紧密、遮光少等优点，比较适用于厂房侧窗。对于钢组合窗，需采用拼榫构件来连系相邻的基本窗，以加强窗的整体刚度和稳定性。

钢侧窗的构造及安装方式同民用建筑部分。厂房侧窗高度和宽度较大，窗的开关常借助于开关器，有手动和电动两种形式。

16.4.2 大门

1. 大门的尺寸与类型

单层厂房大门主要用于生产运输、人流通行以及紧急疏散。大门的尺寸应根据运输工具的类型、运输货物的外形尺寸及通行方便等因素确定。一般门的尺寸比装满货物的车辆宽出 600～1000mm，高度应高出 400～600mm。门洞尺寸较大时，应当防止门扇变形，常用型钢做骨架的钢木大门或钢板门。

大门根据开启方式分为平开门、折叠门、上翻门、推拉门、升降门、卷帘门，如图 16.16 所示。厂房大门可用人力、机械或电动开关。

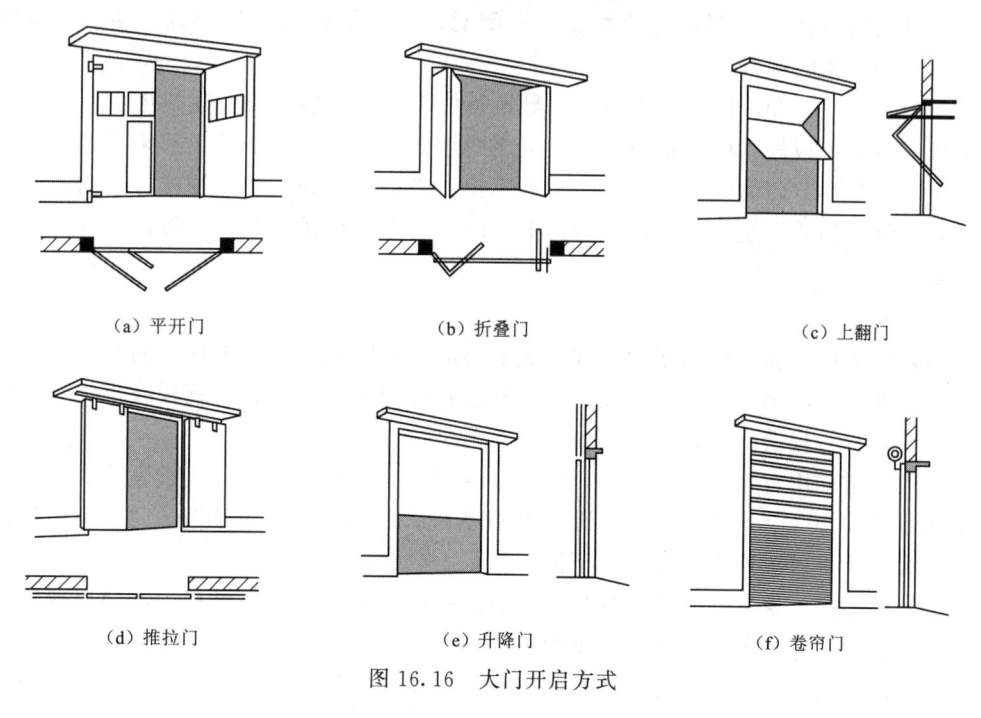

(a) 平开门　　(b) 折叠门　　(c) 上翻门

(d) 推拉门　　(e) 升降门　　(f) 卷帘门

图 16.16 大门开启方式

平开门受力状况较差，易产生下垂和扭曲变形，门洞较大时不宜采用；推拉门构造简单，门扇受力状况较好，不易变形，应用广泛，但密闭性差，不宜用于在冬季需要采暖的厂房；折叠门占用空间较少，适用于较大的门洞口；上翻门开启时门扇随水平轴沿导轨上翻至门顶过梁下面，不占使用空间，可避免门扇的碰损，多用作车库大门；升降门开启时门扇沿导轨上升，不占使用空间，但门洞上部要有足够的上升高度，开启方式有手动和电动，常用于大型厂房；卷帘门开启时通过门洞上部的转动轴叶片卷起，适用于 4～7m 宽的门洞，高度不受限制。

2. 一般大门的构造

(1) 平开钢木大门。平开钢木大门由门扇和门框组成。门洞尺寸一般不大于 3.6m×3.6m。门扇较大时采用焊接型钢骨架，如角钢横撑和交叉横撑增强门扇刚度，上贴 15～25mm 厚的木门芯板。寒冷地区有保温要求的大门，可采用双层木板中间填保温材料。当门洞宽度小于 3m 时可用砖砌门框；门洞宽度大于 3m 时，宜采用钢筋混凝土门框。在安装铰链处预埋件，一般每个门扇设两个铰链，铰链焊接在预埋件上。

(2) 推拉门。推拉门由门扇、上导轨、地槽（下导轨）及门框组成。每个门扇宽度一般不大于 1.8m。门扇尺寸应比洞口宽 200mm。门扇不太高时，门扇角钢骨架中间只设横撑，在安装滑轮处设斜撑。推拉门的支承方式可分为上挂式和下滑式两种。当门扇高度小于 4m 时采用上挂式，即门扇通过滑轮挂在门洞上方的导轨上；当门扇高度大于 4m 时，采用下滑式。在门洞上下均设导轨，下面导轨承受门的重量。

(3) 折叠门。折叠门一般可分为侧挂式、侧悬式和中悬式。侧挂式折叠门可用普通铰链，靠框的门扇如为平开门，在它侧面只挂一扇门，不适用于较大的洞口。侧悬式和中悬式折叠门，在洞口上方设有导轨，各门扇间除用铰链连接外，在门扇顶部还装有带滑轮的铰链，下部装地槽滑轮，开闭时，上下滑轮沿导轨移动，带动门扇折叠，适用于较大的洞口。

(4) 卷帘门。卷帘门主要由帘板、导轨及传动装置组成。工业建筑中的帘板由镀锌钢板或铝合金板轧制的页板组成，页板之间用铆钉连接。帘板的下部采用钢板和角钢，用以增强卷帘门的刚度，并便于安设门钮。帘板的上部与卷筒连接，开启时，帘板沿着门洞两侧的导轨上升，卷在卷筒上。门洞的上部设传动装置，传动装置分为手动和电动。

3. 特殊要求的门

(1) 防火门。防火门用于加工或存放易燃品的车间或仓库。根据车间对防火门耐火等级的要求，门扇可以采用钢板、木板外贴石棉板再包以镀锌薄钢板或木板外直接包镀锌薄钢板等构造措施。

防火门常采用自重下滑关闭门，门上导轨有 5%～8% 的坡度，火灾发生时，易熔合金的熔点为 70℃，易熔合金熔断后，重锤落地，门扇依靠自重下滑关闭。当门洞口尺寸较大时，可做成两个门扇相对下滑。

(2) 保温门。保温门要求门扇具有一定的热阻值和门缝密闭处理，在门扇两层面板间填以轻质、疏松的材料（如玻璃棉、矿棉、软木等）。

(3) 隔声门。隔声门的隔声效果与门扇的材料和门缝的密闭有关，虽然门扇越重隔声越好，但门扇过重开关不便，五金件也易损坏，因此隔声门常采用多层复合结构，即在两层面板之间填吸声材料（如矿棉、玻璃棉、玻璃纤维等）。

一般保温门和隔声门的面板常采用整体板材，不易发生变形。门缝密闭处理对门的隔声、保温以及防尘等使用要求有很大影响，通常采用的措施是在门缝内粘贴填缝材料，填缝材料应具有足够的弹性和压缩性，如橡胶管、海绵橡胶条、羊毛毡条等。还应注意其裁口形式，裁口做成斜面比较容易关闭紧密，可避免由于门扇胀缩而引起的缝隙不密合。

16.4.3 其他构造

1. 地面

工业厂房地面一般面积较大，承受的荷载较大，要求具有抵抗各种破坏作用的能力，并能满足生产使用的要求。如生产精密仪器和仪表的车间，地面要求防尘，易于清洁；有化学侵蚀的车间，地面应有足够的抗腐蚀性等。工业厂房地面一般由地基、垫层和面层组成。

垫层可分为刚性垫层和柔性垫层。刚性垫层采用混凝土，或钢筋混凝土，一般用于承受较大荷载的地面，且不允许面层变形或出现裂缝，或有侵蚀性介质，或有大量水的作用。柔性垫层一般用于有重大冲击、剧烈振动作用或储放笨重材料的地面，材料有砂、碎石、矿渣、灰土、三合土等。垫层厚度根据作用在地面上的荷载经计算确定。

(1) 地面类型与面层选择。面层是直接承受各种物理和化学作用的表面层，应根据生产特征、使用要求和影响地面的各种因素来选择地面。例如：生产精密仪器和仪表的车间，地面要求防尘；在生产中有爆炸危险的车间，地面应不致因摩擦撞击而产生火花；有化学侵蚀的车间，地面应有足够的抗腐蚀性；生产中要求防水、防潮的车间，地面应有足够的防水性等。地面面层的选用见表 16.1。

表 16.1　　地面面层的选用

对垫层的要求	面层材料	适用范围
机动车行驶、受坚硬物体磨损	混凝土、铁屑水泥、粗石	车行通道、仓库、钢绳车间等
10kg 以内的坚硬物体对地面产生冲击	混凝土、块石、缸砖	机械加工车间、金属结构车间
50kg 以上的坚硬物体对地面产生冲击	矿渣、碎石、素土	铸造、锻压、冲压、废钢处理车间等
受高温（500℃）作用地段	矿渣、凸缘铸铁板、素土	铸造车间的熔化浇注工段、轧钢车间加热和轧机工段、玻璃熔制工段
有水和其他中性液体作用地段	混凝土、水磨石、陶板	选矿车间、造纸车间
有防爆要求	菱苦土、木砖沥青砂浆	精苯车间、氢气车间、火药仓库
有酸性介质作用	耐酸陶板、聚氯乙烯塑料	硫酸车间的净化、硝酸车间的吸收浓缩
有碱性介质作用	耐碱沥青混凝土、陶板	纯碱车间、液氨车间、碱熔炉工段
不导电地面	石油沥青混凝土、聚氯乙烯塑料	电解车间
高度清洁要求	水磨石、陶板、马赛克、拼花木地板、聚氯乙烯塑料、涂料	光学精密器械、仪器仪表、钟表、电信器材装配

(2) 地面细部构造。混凝土垫层需考虑温度变化产生的附加应力的影响，同时防止因混凝土收缩变形所导致的地面裂缝。垫层应设置纵向、横向缩缝。纵向缩缝根据要求采用平头缝或企口缝，其间距一般为 3~6m；横向缩缝采用假缝，其间距为 6~12m。在混凝土垫层上做细石混凝土面层时，其面层应设分格缝，分格缝应与垫层的缩缝对齐；如果采用沥青类面层或块材面层时，其面层可不设缝；设有隔离层的水玻

璃混凝土、耐碱混凝土面层的分格缝可不与垫层的缩缝对齐。

2. 平台与钢梯

起重机钢梯是供从室内地坪至起重机驾驶室使用的钢梯，驾驶室的边距起重机梁中心线之间的距离为1.1m，梯宽为600mm，柱距为6.0m。

3. 走道板

起重机梁走道板又称安全走道板，是为维修起重机轨道和检修起重机而设，一般由支架、走道板及栏杆组成。走道板沿起重机梁顶面铺设，一般采用钢筋混凝土板或防滑钢板。走道板在适当部位应设上人孔及钢梯。栏杆可用角钢或钢管制作。

本 章 小 结

在单层厂房建筑设计中，外墙、天窗、屋顶、侧窗、大门以及其他细节设计都扮演着重要的角色。这些元素不仅影响着厂房建筑的外观美观，还直接关系到厂房内部环境的舒适性、利用效率以及安全性。因此，在单层厂房的设计过程中，上述各个方面都需要进行深入的规划和设计，以确保厂房在结构、功能和安全性各方面都能达到最佳的状态。

思 考 题

1. 单层厂房天窗的主要形式有哪些？
2. 厂房屋顶的类型有哪些？其组成结构是怎样的？
3. 单层厂房卷材防水屋顶的做法有哪些？

第 17 章　多层工业厂房设计

本章导读

新中国成立初期，多层工业厂房（多层厂房）在工业建筑中占的比例较小。但随着国家产业结构的调整，精密机械、精密仪表、电子工业、轻工业、国防工业的迅速发展，工业用地日趋紧张，从 20 世纪 70 年代中期开始，多层厂房迅速发展起来。

学习目标

◎知识目标
1. 了解多层厂房的平面设计原理。
2. 熟悉多层厂房剖面设计的基本要求。

◎能力目标
1. 能够根据生产工艺流程和土地条件，设计多层厂房的合理平面布局。
2. 能够进行多层厂房剖面设计，并考虑到结构、通风、采光等因素，使得多层厂房内部空间利用最优化，功能布局合理。

◎素质目标
1. 提高学生的沟通与协作能力，增强学生的团队意识和组织能力；
2. 加强房屋建筑学科的国际化视野，培养跨文化沟通能力和全球化视野。

思维导图

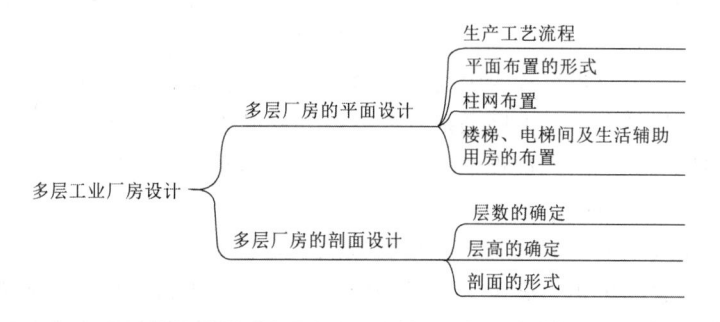

多层工业厂房设计
- 多层厂房的平面设计
  - 生产工艺流程
  - 平面布置的形式
  - 柱网布置
  - 楼梯、电梯间及生活辅助用房的布置
- 多层厂房的剖面设计
  - 层数的确定
  - 层高的确定
  - 剖面的形式

17.1　多层厂房的平面设计

多层厂房的平面设计首先应满足生产工艺的要求。其次，运输设备和生活辅助用房的布置、基地的形状、厂房方位等都对平面设计有很大影响，必须全面、综合地加以考虑。

17.1.1 生产工艺流程

根据生产工艺流向的不同，多层厂房的生产工艺流程布置可归纳为自上而下式、自下而上式、上下往复式三种类型，如图17.1所示。

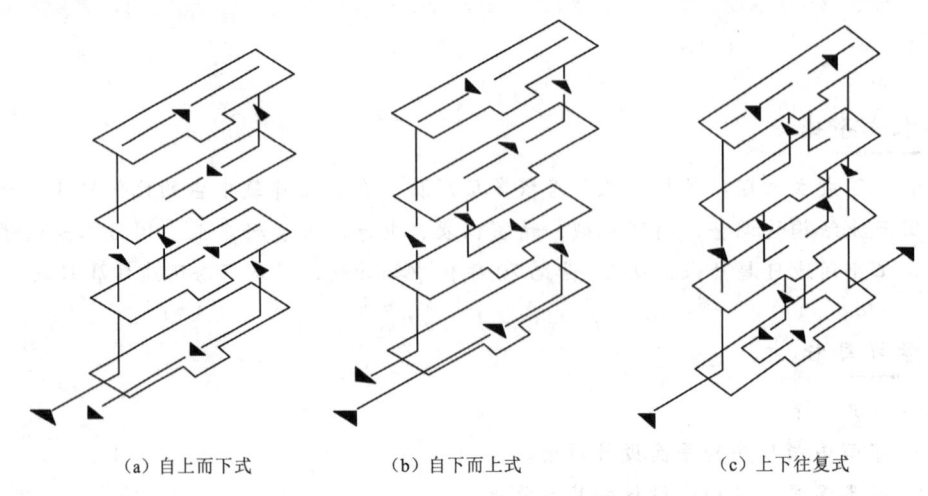

(a) 自上而下式　　(b) 自下而上式　　(c) 上下往复式

图 17.1　多层厂房的生产工艺流程

17.1.2 平面布置的形式

由于企业的生产性质、生产特点和使用要求不同，平面布置形式也不相同。一般有以下几种布置形式：

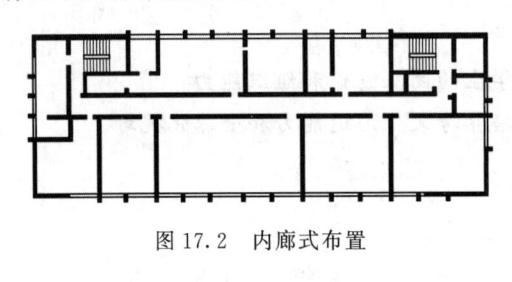

图 17.2　内廊式布置

（1）内廊式。内廊式布置的中间为走廊，两侧布置等进深或不等进深的生产房间和办公、服务房间，适用于面积不大、生产联系紧密且不互相干扰的车间。对有恒温恒湿、防尘、防振等要求的车间，可分别集中布置，以减少设备投资，如图17.2所示。

（2）统间式。统间式布置的中间只有承重柱，不设隔墙，又称为大厅式布置，适用于生产车间面积较大，各工序联系紧密不宜分隔成小间的厂房。这种布置有利于自动化流水线的生产，当生产过程中需布置少数特殊车间时，可集中布置在端部、中部等位置，如图17.3所示。

（3）大宽度式。大宽度式布置是通过加大厂房宽度形成的大宽度式的平面形式，又称为厅廊式布置，主要为满足生产车间大面积、大空间和高精度的要求。其特点是平面布置相对较灵活，一般将交通运输枢纽和生活等用房布置在采光较差的厂房中部。对有恒温恒湿、洁净等要求的车间，可用环廊式布置。环廊可以布置在车间外围，也可以布置在各车间中部。

（4）混合式。混合式布置一般由内廊式布置和统间式布置混合而成。它能更好地满足生产工艺的要求，并具有较大的灵活性，但施工复杂，对防震不利。

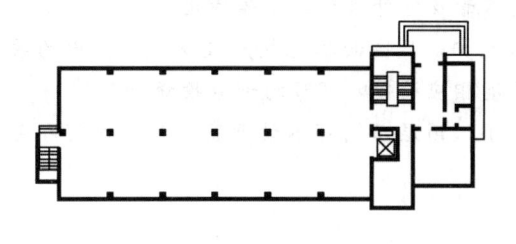

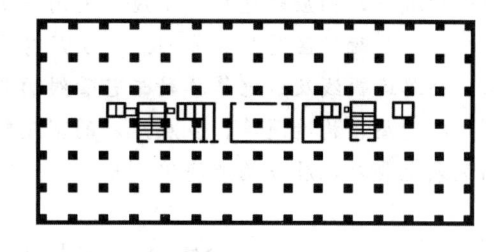

(a) 交通运输布置在厂房一侧　　　　　(b) 交通运输及辅助用房布置在厂房中部

图 17.3　统间式布置

17.1.3　柱网布置

多层厂房的柱网选择时，首先应满足生产工艺的需要，并应符合《建筑模数协调标准》（GB/T 50002—2013）和《厂房建筑模数协调标准》（GB/T 50006—2010）的要求，钢筋混凝土结构和普通钢结构厂房的跨度小于或等于12m时，宜采用扩大模数15M数列，大于12m时宜采用30M数列，且宜采用6.0m、7.5m、9.0m、10.5m、12.0m、15.0m、18.0m；钢筋混凝土结构和普通钢结构厂房的柱距，应采用扩大模数6M数列，且宜采用6.0m、6.6m、7.2m、7.8m、8.4m、9.0m；内廊式厂房的跨度可采用6M数列，如6.0m、6.6m和7.2m；走廊的跨度应采用3M数列，如2.4m、2.7m和3.0m。此外，还应考虑厂房的结构形式、采用的建筑材料、构造做法以及在经济上是否合理等。常用的多层厂房柱网布置主要有内廊式柱网、等跨式柱网、对称不等跨柱网、大跨度式柱网。

17.1.4　楼梯、电梯间及生活辅助用房的布置

楼梯和电梯是多层厂房竖向交通运输工具。一般情况下，楼梯解决人流的交通和疏散，电梯解决货物运输。通常将电梯和主要楼梯布置在一起，组成交通枢纽。为使用方便和节约建筑空间，交通枢纽常和生活辅助用房组合在一起。

拓展阅读

多层厂房的特点

1. 生产在不同标高的楼层上进行

多层厂房的最大特点是生产在不同标高的楼层上进行，每层之间不仅有水平方向的联系，还有垂直方向的联系。因此，在厂房设计时，不仅要考虑同一楼层各车间应有合理的联系，还必须解决好楼层与楼层间的垂直联系，并安排好垂直方向的交通。

2. 节约用地

多层厂房具有占地面积少、节约用地的特点。如建筑面积为10000m^2的单层厂房，它的占地面积就需要10000m^2，若改为五层厂房，其占地面积仅需要2000m^2就够了，比单层厂房节约4/5的用地。

3. 节约投资

（1）减少土建费用。由于多层厂房占地少，从而使地基的土石方工程量减少，屋

面面积减少，相应地也减少了屋面天沟、雨水管及室外排水工程等费用。

（2）缩短厂区道路和管网。多层厂房占地少，厂区面积也相应减少，厂区内的铁路、公路运输线及水电等各种工艺管线的长度相应缩短，可节约部分投资。

（3）屋顶构造简单。多层厂房的宽度较小，顶层房间可不设天窗，利用侧窗即可满足采光要求，屋顶构造简单。

17.2 多层厂房的剖面设计

多层厂房的剖面设计主要是确定厂房的层数、层高、剖面形式及工程管线布置等问题。

17.2.1 层数的确定

多层厂房的层数选择主要取决于生产工艺、城市规划和经济因素等方面，其中生产工艺是起主导作用的。

1. 生产工艺对层数的影响

厂房根据生产工艺流程进行竖向布置，在确定各车间的相对位置和面积时，厂房的层数也相应地确定了。图17.4所示为面粉加工车间的剖面图，结合工艺流程的布置，确定了厂房的层数为6层。对于工艺限制小、设备与产品较轻的厂房，如电子、医药、服装等多层厂房，用电梯就能解决所有垂直运输的需要，适当增加厂房的层数，既可节省占地面积，又给使用带来较大的灵活性。

2. 城市规划及其他条件的影响

多层厂房布置在城市时，层数的确定要符合城市规划、城市建筑面貌、周围环境及工厂群体组合的要求。此外厂房层数还随着厂址的地质条件、结构形式、施工方法及是否位于地震区等而有所变化。

3. 经济因素的影响

多层厂房的经济问题通常应从设计、结构、施工、材料等多方面进行综合分析。

厂房的层数与厂房的造价有直接关系。层数增加，建造技术难度增加，工期延长，直接或间接影响单位面积的造价，如图17.5所示。但层数低，用地浪费，也会增加造价。从图17.6可以看出，当层数一定时，$B \times L$越大，单位面积造价越小；当面积一定时，随着层数的增加，单位造价呈先减小后增加的趋势。

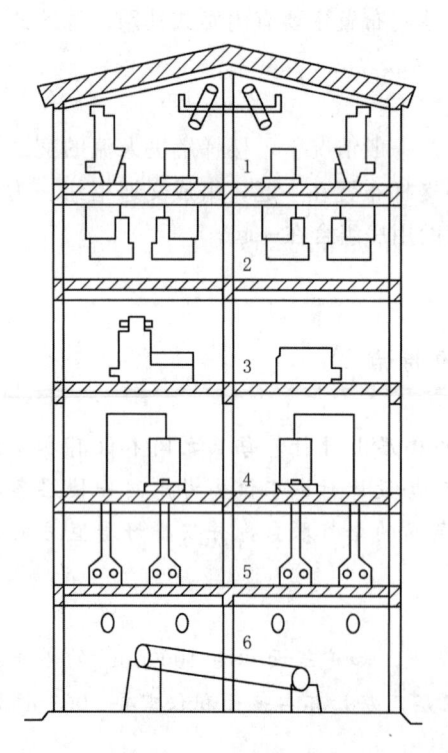

图17.4 面粉加工车间的剖面图
1—除尘间；2—平筛间；3—清粉间；4—吸尘、刷面、管子间；5—磨粉机间；6—打包间

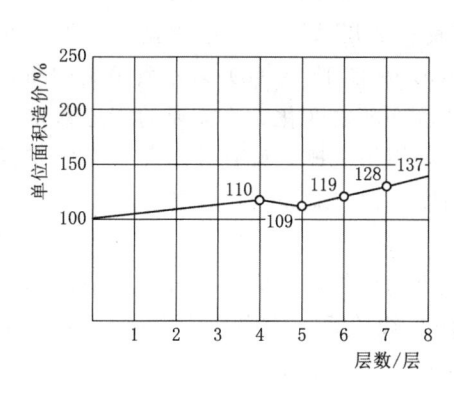

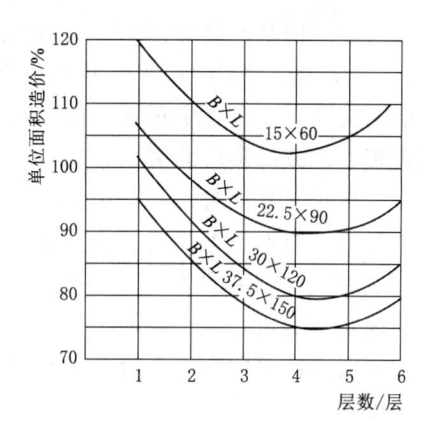

图 17.5　厂房层数和单位面积造价的关系

图 17.6　厂房层数和面积与单位面积造价的关系
B—厂房长度，m；L—厂房宽度，m

17.2.2　层高的确定

多层厂房的层高指由地面（或楼面）至上一层楼面的高度。其主要取决于生产工艺、生产设备、运输设备（有无吊车或悬挂传送装置）、管道的敷设所需要的空间；同时也与厂房的宽度、采光和通风要求有密切的关系。目前我国多层厂房常采用的层高有 3.6m、3.9m、4.2m、4.5m、4.8m、5.1m、5.4m、6.0m、6.6m、7.2m 等数值。其中层高为 3.6~6.0m 较为经济。

1. 层高与生产、运输设备的关系

多层厂房的层高在满足生产工艺要求的同时，还要考虑起重运输设备对厂房层高的影响。一般只要在生产工艺许可的情况下，都应把一些重量、体积大和运输量大的设备布置在底层，这样可相应地加大底层层高。有时遇到个别特别高大的设备时，还可以采用把局部楼层抬高，处理成参差层高的剖面形式，或局部降低地面的方法解决。

2. 层高与采光、通风的关系

为了保证多层厂房室内有必要的天然光线，一般采用双面侧窗天然采光居多。当厂房宽度过大时，就必须提高侧窗的高度，相应地需增加建筑层高才能满足采光要求。设计时可参考单层厂房天然采光面积的计算方法，根据我国《建筑采光设计标准》（GB 50033—2013）的规定进行计算。

对采用自然通风的车间，厂房的净高应满足《工业企业设计卫生标准》（GBZ 1—2010）的有关规定。对散热量较大或有害气体的车间，则应根据通风计算，确定厂房的层高。通常，层高越高，对改善环境越有利，但造价也随之提高。

对生产有特殊要求的厂房，如恒温恒湿、洁净、无菌等，车间内部通常采用空气调节和人工照明，应在符合卫生标准的情况下，尽量降低厂房层高。

3. 层高与室内空间比例关系

在满足生产工艺要求和经济合理的前提下，厂房的层高还应适当考虑室内建筑空间的比例关系，具体尺度可根据工程的实际情况确定。

4. 层高与管道布置的关系

生产上所需要的各种管道对多层厂房层高的影响较大。在要求恒温恒湿的厂房中，空调管道的高度是影响层高的重要因素。常用的管道布置方式如图 17.7 所示。其中图 17.7（a）和图 17.7（b）表示干管布置在底层或顶层，这时就需要加大底层或顶层的层高，以利集中布置管道。图 17.7（c）和图 17.7（d）表示管道集中布置在各层走廊上部或吊顶层的情形。这时厂房层高也将随之变化。当需要的管道数量和种类较多，布置又复杂时，则可在生产空间上部采用吊天棚，设置技术夹层集中布置管道。这时就应根据管道高度、检修操作空间高度，相应地提高厂房层高。

5. 层高与经济的关系

在确定厂房层高时，除需综合考虑上述几个问题外，还应从经济角度予以具体分析。不同层高的单位面积造价的变化是向上的直线关系，即层高每增加 0.6m，单位面积造价提高 8.3%左右。

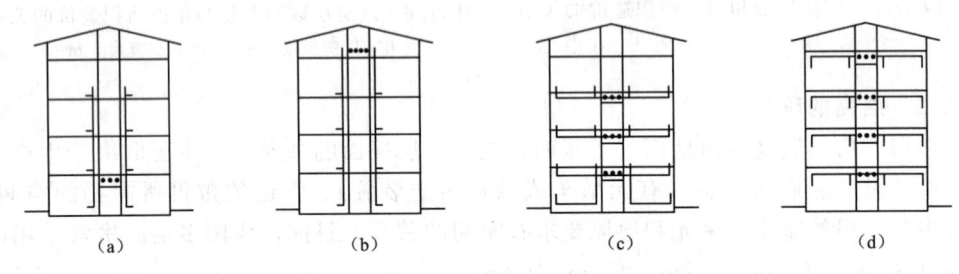

图 17.7 多层厂房的管道布置方式

17.2.3 剖面的形式

多层厂房柱网的布置不同，其剖面形式也不相同。不同的结构形式，不同的工艺布置，对剖面形式的影响也很大。根据柱网的布置，在多层厂房设计中常采用的剖面形式如图 17.8 所示。

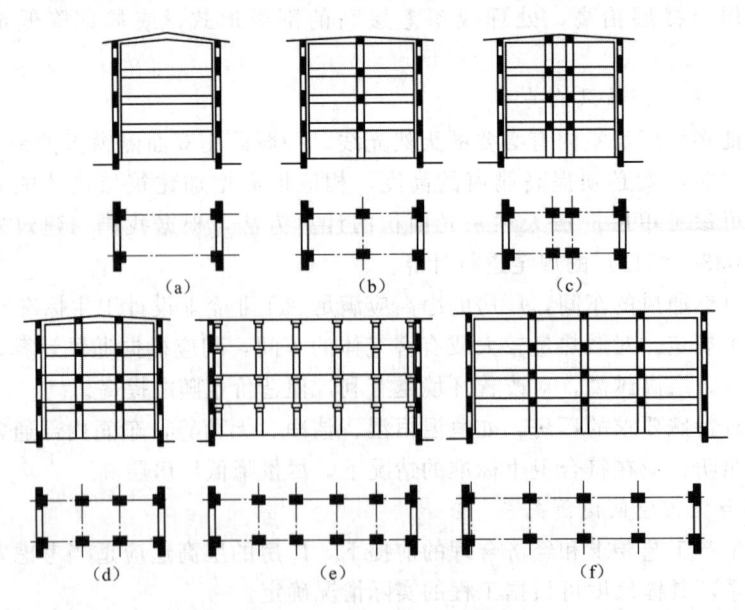

图 17.8 多层厂房的剖面形式

本章小结

在进行多层厂房的平面设计和剖面设计时，需要综合考虑建筑规划的功能性、实用性和美观性等要求，同时结合相关的建筑标准和法规进行细致规划和设计。这样才能确保多层厂房在结构和功能上都能达到最佳状态，提升生产效率和员工的工作体验。

思 考 题

1. 多层工业厂房的生产工艺流程有哪些？
2. 多层厂房平面布置的形式有哪些？
3. 多层厂房剖面设计的基本要求有哪些？

参 考 文 献

［1］ 李宏男．房屋建筑学［M］．3版．大连：大连理工大学出版社，2024．
［2］ 姜立婷．房屋建筑学［M］．2版．北京：机械工业出版社，2024．
［3］ 黄云峰，刘惠芳，王强．房屋建筑学［M］．3版．武汉：武汉大学出版社，2023．
［4］ 陈晓霞．房屋建筑学［M］．2版．武汉：武汉大学出版社，2022．
［5］ 董海荣，赵永东．房屋建筑学［M］．2版．北京：中国建筑工业出版社，2022．
［6］ 张艳芳．房屋建筑构造与识图［M］．2版．北京：中国建筑工业出版社，2022．
［7］ 李必瑜．房屋建筑学［M］．武汉：武汉理工大学出版社，2021．
［8］ 裴刚，安艳华．建筑构造：上册［M］．武汉：华中科技大学出版社，2021．
［9］ 齐慧峰，王林申，朱铎，等．城市居住区规划设计规范图解［M］．北京：机械工业出版社，2021．
［10］ 王倩．房屋建筑学［M］．北京：清华大学出版社，2020．
［11］ 宿晓萍，隋艳娥．房屋建筑学［M］．北京：北京大学出版社，2013．
［12］ 崔艳秋，吕树检．房屋建筑学［M］．4版．北京：中国电力出版社，2020．